PSIM을 이용한
전력전자실습

전찬용 · 이승요 공저

도서출판 태영문화사

머리말

전력전자 과목을 학습함에 있어 실습을 수행하는 방법은 크게 두 가지로, 그 한 가지는 컴퓨터를 이용한 시뮬레이션을 수행하는 것이고 또 한 가지는 실험 세트를 구성하여 실물을 통한 실험을 수행하는 방법이다. 컴퓨터를 이용하여 시뮬레이션을 한다는 것은 컴퓨터 시뮬레이션 소프트웨어가 제공하는 회로 컴포넌트 모델들을 이용하여 해석하고자 하는 회로를 구성하고, 그 회로의 동작결과를 바로 컴퓨터 상에서 얻어 그 특성을 해석하도록 하는 것을 의미한다. 실험 세트를 구성하여 실제 회로물을 통해 실험을 수행하는 실습은 전력전자회로에 대한 관련 부품을 직접 만져보고 실제 회로를 실질적으로 다루어 볼 수 있는 기회와 경험을 제공한다.

본 교재는 기본적인 전력전자 회로물들의 동작에 대한 이해를 돕기 위해 컴퓨터를 이용한 시뮬레이션 실습과 일부 실물 회로를 통한 실습을 수행해 볼 수 있도록 구성되었다. 우선 컴퓨터를 이용한 시뮬레이션 실습 수행을 위하여 시뮬레이션 소프트웨어 중 하나인 PSIM을 이용하도록 하였으며, 이를 통해 해석하고자 하는 회로는 컴퓨터 소프트웨어 상에서 소프트웨어가 제공하는 부품과 제어 모델들을 이용하여 구성된다. 실물 회로를 통한 실습을 위해서 본 교재에서는 직류 전력변환 장치인 DC-DC 컨버터 중 벅 컨버터와 부스트 컨버터 두 종류에 대하여 직접 하드웨어적인 실물을 가지고 실험을 해볼 수 있도록 별도의 파트를 교재 후반부에 구성하도록 하였다.

본 교재의 구성은 다음과 같다. 제 1장에서는 서론적인 내용으로 시뮬레이션과 실험을 통한 실습 방식 및 전력전자 분야에 대한 개괄적 이해를 돕기 위한 내용을 다루었으며, 제 2장에서는 PSIM을 이용한 실습 진행을 위해 PSIM 소프트웨어의 사용법을 다루었다. 제 3장에서는 전력전자 분야에서 다루는 4가지 전력변환 유형을 이해하는데 반드시 필요한 기본적 요소로서 전력용 반도체 스위칭 소자에 대한 내용을 다루도록 하였다. 제 4장~7장까지는 전력변환 시스템 4가지 유형, 즉 교류-직류 변환 시스템으로서 정류기, 교류-교류 전력변환 시스템으로서 AC-AC 컨버터, 직류-직류 전력변환 장치로서 DC-DC 컨버터 및 직류-교류 전력변환 시스템으로서 인버터에 대한 내용을 각각 PSIM 시뮬레이션 실습을 통해 상세히 알아 갈 수 있도록 구성 하였다. 제 8장~9장은 직접 하드웨어적인 실물을 가지고 실험을 해볼 수 있도록 구성한 부분으로, DC-DC 컨버터 중 벅 컨버터와 부스트 컨버터에 대한 실습을 수행할 수 있도록 하였는데, 제 8장에서는 벅 컨버터를 제 9장에서는 부스트 컨버터를 실험해 볼 수 있도록 하였다.

아무쪼록 컴퓨터 시뮬레이션과 실험에 의한 실습을 통해 전력전자 회로에 대한 이해를 넓히고 실무적 감각과 능력을 키워가고자 하는 독자들에게 이 교재가 조금이나마 도움이 되기를 바라는 바이다. 본 교재를 집필하는 과정 중에 있어 부족한 부분들과 실수들에 대해서는 독자 제위 여러분들의 고견과 지도편달이 큰 도움이 될 것이며, 이러한 부분들에 대해서는 앞으로 지속적인 수정과 보완을 해나가도록 하겠다. 끝으로 본 교재의 출판을 위해 많은 도움을 주신 도서출판 태영문화사 관계자 여러분께 깊은 감사를 드린다.

저자 씀

차 례

제1장 서 론

제2장 PSIM 시뮬레이션 소프트웨어의 사용법

제3장 반도체 스위칭 소자의 개요

제4장 정류회로 PSIM 시뮬레이션 실습

제5장 교류 - 교류 전력변환기(AC - AC 컨버터) PSIM 시뮬레이션 실습

제6장 DC-DC 컨버터 PSIM 시뮬레이션 실습

제7장 인버터 회로 PSIM 시뮬레이션 실습

제8장 벅 컨버터 제작 실습

제 1 장 서 론

1.1 시뮬레이션과 실험

이론적으로 얻어진 사실을 실험적으로 증명해 보이는 것은 공학적 입장에서 매우 중요한 일이라고 할 수 있다. 이는 아무리 이론적으로 훌륭해 보이는 것 일지라도 실험적으로 증명이 되지 않는다면 실생활에 응용하여 우리에게 필요한 것으로 만들어 내는 것이 힘들기 때문이다. 따라서 공학을 공부하는 학생들이 이론적으로 배운 내용을 실습이나 실험을 통해 증명해 보고 또 경험해 보는 것은 매우 중요한 일로서, 실습을 통해 이론적으로 배운 내용을 보다 확실하게 이해하고 자신의 것으로 만들어 나갈 수 있는 기회를 습득할 수 있게 된다.

전력전자 과목을 학습함에 있어 실습을 수행하는 방법은 크게 두 가지로, 그 한 가지는 컴퓨터를 이용한 시뮬레이션을 수행하는 것이고 또 한 가지는 실험 세트를 구성하여 실물을 통한 실험을 수행하는 방법이다. 컴퓨터를 이용하여 시뮬레이션을 한다는 것은 컴퓨터 시뮬레이션 소프트웨어가 제공하는 회로 컴포넌트 모델들을 이용하여 해석하고자 하는 회로를 구성하고, 그 회로의 동작 결과를 바로 컴퓨터상에서 얻어 그 특성들을 해석해 나가는 것을 의미한다. 현재 전력전자 회로를 해석하기 위한 여러 가지 시뮬레이션 소프트웨어들이 나와 있으며 Pspice, Saber, Matlab Simulink, Simplorer, ACSL 및 PSIM 등과 같은 소프트웨어들이 이에 해당한다. 본 교재에서는 우선 첫 번째로 시뮬레이션 소프트웨어 중 하나인 PSIM을 이용하여 전력전자회로들에 대한 실습을 수행하도록 한다. 시뮬레이션 소프트웨어를 이용하여 실습을 하는 경우의 장점은 회로를 이해하고 해석하는데 있어, 직접 하드웨어적인 실물 회로를 구성하지 않고 많은 다양한 회로들을 빠르게 다루어 볼 수 있다는 점이다. 해석하고자 하는 회로 및 제어부의 구성은 컴퓨터 소프트웨어 상에서 소프트웨어가 제공하는 부품과 제어 모델들을 이용하여 이루어지며 해석결과는 실험을 통해 얻어지는 결과와 거의 유사하다. 전력전자 과목을 학습함에 있어 실습을 수행하는 방법 중 또 하나의 방법은 실험 세트를 구성하여 실물을 통한 실험을 수행하는 방법이다. 이는 전력전자회로의 부품을 실제적으로 사용하여 회로를 구성하고, 그 구성된 회로를 직접 다루어 볼 수 있는 기회를 제공하는데, 본 교재에서는 직접 하드웨어적인 실물을 가지고 실험을 해볼 수 있는 파트를 별도로 구성하여 제공한다.

하드웨어적인 실제 회로를 직접 구성하지 않아도 다양한 회로를 빠르게 경험해 볼 수 있도록 해준다는 것이 시뮬레이션을 통한 실습의 장점이기는 하지만, 이는 한편으로는 실제 하드웨어적인 실물을 직접 만져보고 경험해 볼 수 없다는 측면에서는 시뮬레이션 소프트웨어를 이용한 실습의 단점이 되기도 한다. 반면 회로 실물을 통한 실험 실습은 하나의 회로를 이해하기 위해 회로를 구성하는 데에만도 많은 시간과 노력이 필요하고, 다양한 실습결과를 바로 바로 획득하기가 어렵다는 단점을 가지나, 실물 회로를 다루는 실질적인 현실 감각을 키울 수 있다는 장점을 제공한다.

따라서 본 교재에서는 컴퓨터를 이용한 시뮬레이션 실습과 실물 회로를 직접 제작 및 실험해 볼 수 있는 기회를 모두 제공한다. 이와 같은 실습과정들을 통해 컴퓨터 시뮬레이션이 많은 회로를 빠른 시간 안에 다양한 방법으로 다루어 볼 수 있도록 한다는 점에서 매우 강력한 학습 도구로 이용될 수 있다는 점과, 실험을 통해 직접 하드웨어적으로 회로를 꾸며 보고 실물 회로를 다룰 수 있는 능력을 키워나가는 것 역시 공학 분야의 학습에 있어서 매우 중요한 일임을 이해해 가도록 한다.

1.2 전력변환 시스템 및 전력전자 기술

일반적인 전력변환 시스템의 구성은 그림 1-1에 보여주고 있는 바와 같다. 다른 형태의 입력 전력으로부터 부하가 필요로 하는 형태의 전력을 공급하기 위하여 그에 상응하는 전력변환회로를 구성하도록 하며, 전력변환회로는 대부분의 경우 반도체 스위칭 소자로 구성된다. 따라서 부하가 요구하는 형태의 출력을 얻기 위해서는 반도체 스위칭 소자를 제어기에 의해 적절히 턴 온(Turn On) 및 턴 오프(Turn Off) 하도록 하여 원하는 출력이 나오도록 제어하여야 한다. 어떠한 의미에서 전력전자라는 분야는 부하에 가장 적합한 형태의 전력 즉, 전압과 전류를 공급함으로써 부하의 원활한 동작이 이루어지도록 에너지의 흐름을 처리하고 제어하는 분야라고 생각 할 수 있다. 그림의 전력변환 시스템은 피드백 제어기를 사용함으로써 전력변환회로의 출력과 기준신호의 값을 비교하고 그 오차가 최소가 되도록 동작시키고, 그에 따라 부하가 요구하는 전압과 전류를 원활히 공급하도록 해주는 개념을 보여주고 있다. 따라서 그림 1-1의 시스템은 부하가 요구하는 전력을 적절히 공급하거나, 부하의 올바른 동작을 보장하고 제어하기 위하여 출력값을 피드백하여 제어기에 공급하게 되며, 제어기는 전력변환회로를 구성하는 반도체 스위칭 소자를 적절히 온, 오프 하기 위한 스위치 게이트 신호를 발생시킨다.

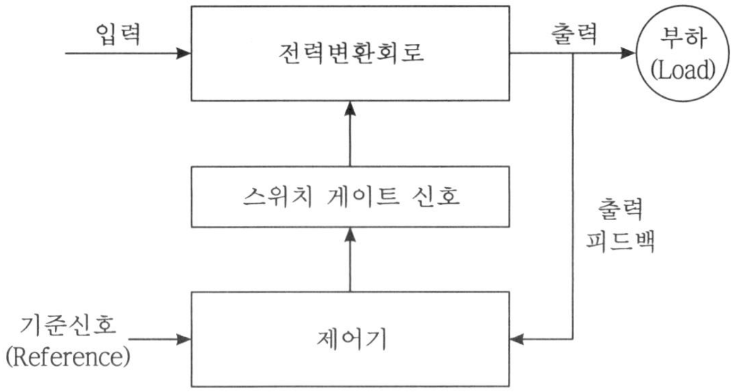

그림 1-1 피드백 제어기를 갖는 전력변환 시스템

그림 1-2는 반도체 스위칭 소자로 구성되는 전력변환회로의 구성 예를 보여주고 있는 그림으로 전력변환은 그림에서와 같이 한 종류 이상의 변환기를 사용하여 여러 단계의 변환이 가능하다. 그림에 나타낸 것과 같이 각 전력변환 단계의 동작은 커패시터나 인덕터와 같은 에너지 저장 요소에 의해 분리가 되는데 각 전력 변환기는 전력전자 시스템의 기본적인 모듈이라고 말할 수 있다. 그림에서는 교류를 직류로 변환하는 전력변화 장치인 정류기, 직류를 교류 전력으로 변환시켜 주는 인버터, 그리고 다른 크기의 직류 전압을 또 다른 크기의 직류전압으로 변환시키는 직류-직류 전력변환기 두 개를 보여주고 있는데, 직류-직류 전력변환기 중 하나는 변압기를 사용하는 절연형 컨버터로서 플라이백 컨버터(Flyback Converter)이고 다른 하나는 변압기를 사용하지 않는 비절연형 컨버터로서 벅 컨버터(Buck Converter)를 나타내고 있다. 그림에서 볼 수 있는 것처럼 전체적으로 구성된 전력변환기들은 부하의 목적 및 사용 용도에 따라 여러 단계로 나뉘어 구성이 가능하며, 그림 1-2는 그림 1-1의 전력변환회로부에 해당하는 것으로 각 단계의 전력변환회로 마다 각각의 제어기와 게이트 신호 발생부가 사용되어야 한다.

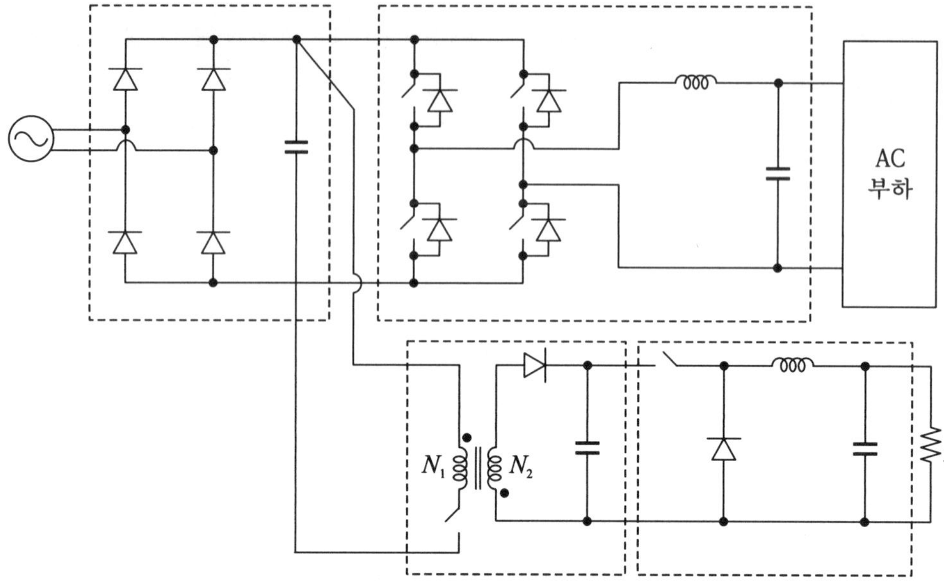

그림 1-2 여러 단계를 갖는 전력변환회로의 구성 예

그림 1-1의 전력변환회로부는 그림 1-2에서 보여주고 있는 것처럼 반도체 스위칭 소자인 전자부품과 인덕터, 커패시터, 변압기 등과 같은 수동소자로 구성된다. 그리고 그림 1-1에서와 같은 전력변환 시스템은 입력전력을 부하가 요구하는 형태의 전력으로 변환을 시킨다. 이때 기준신호(Reference)에 따르는 원하는 출력을 발생시키기 위해서는 출력단 피드백을 갖는 제어부에 의한 제어동작이 이루어 질 필요가 있다. 즉, 전력전자 기술을 기반으로 하는 전력변환 시스템은 전력의 형태를 변환하기 위하여 반도체 스위칭 소자와 같은 전자부품을 사용하고, 이러한 전자부품을 적절히 제어함으로써 원하는 결과을 얻어 낼 수 있다. 따라서 전력전자 분야의 기술은 전력, 제어, 전자라고 하는 기술 분야가 복합적으로 어우러져서 비로소 완성될 수 있다고 볼 수 있는데, 그림 1-3은 이러한 개념을 나타내는 전력전자 구성의 3요소를 나타내고 있다. 즉, 그림 1-3에서 전력전자 기술은 전력, 제어 및 전자 분야가 기초로 되어 구성됨을 보여주고 있다.

이와 같이 전력용 반도체 스위칭 소자에 기초하여 전력, 전자 및 제어 분야가 결합된 총체적 기술 분야인 전력전자 기술은 어떠한 형태의 전력을 또 다른 어떠한 형태의 전력으로 변환하는 기술 분야라고 말 할 수 있다. 이는 교류전력을 직류전력의 형태로 또는 직류전력을 교류전력의 형태로 변환하거나, 어떤 크기를 갖는 직류에서 다른 크기를 갖는 직류로 그리고 임의의 크기와 주파수를 갖는 교류에서 다른 크기와 주파수를 갖는 교류로 변환하는 것 등을 의미한다.

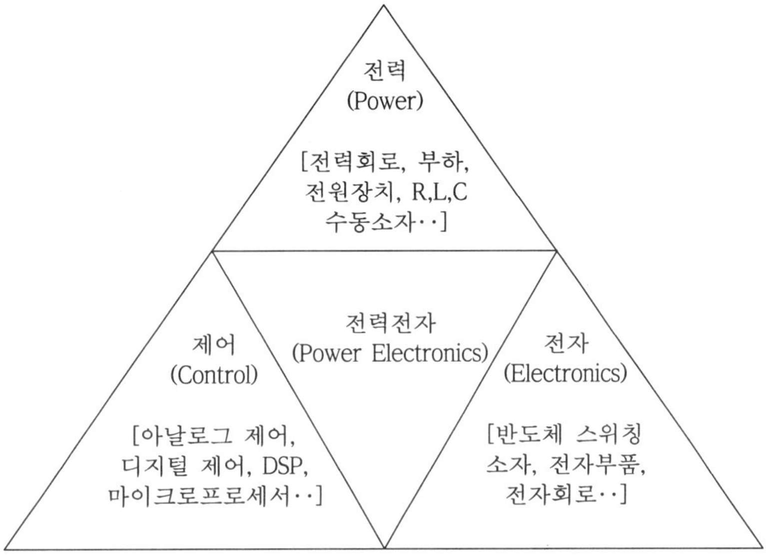

그림 1-3 전력전자의 구성 3요소

이러한 전력전자 기술을 기반으로 하는 전력변환장치에 대한 기술적 설계는 전기공학 관련 여러 분야에 걸친 지식과 경험을 필요로 하는데, 일반적으로 전력전자공학은 전기회로, 전자회로, 전자기학, 전기기기, 전력공학, 제어공학 및 신호처리를 포함한 마이크로프로세서와 컴퓨터 시뮬레이션 기술 등에 대한 지식을 요구한다. 뿐만 아니라 전력전자 기술을 이용한 전력변환기 설계 분야에 있어서는 열 문제, EMC(Electromagnetic Compatibility) 관련 노이즈 문제 등에 관한 내용도 매우 중요한 관심사이다.

전력전자 기술은 전력용 반도체 스위칭 기술의 발달과 함께 꾸준히 발전해 왔으며, 전력용 반도체 스위칭 소자의 온, 오프 속도와 전력을 취급 할 수 있는 용량의 획기적인 향상은 전력전자를 이용한 전력변환 기술 분야에 커다란 영향을 미치게 되었다. 아울러 신호를 처리할 수 있는 마이크로프로세서 또는 DSP(Digital Signal Processing) 기술의 발달도 전력전자 회로 제어 기술 분야의 발전에 막대한 영향을 주었다고 볼 수 있다. 이를 바탕으로 전력전자 기술은 이미 현대의 다양한 산업기술 분야에서 없어서는 안 될 중요한 기술로서 자리매김 하고 있으며, 대부분의 전기, 전자 및 기계 제품에 들어가고 있는 전원공급 시스템과 조명 장치, 유도가열 시스템, 전기 자동차 및 철도 차량 추진 시스템, 전동기 제어 등의 분야, 그리고 신재생 에너지 분야로서 풍력, 연료전지, 태양광 발전 시스템 및 항공, 우주 시스템 등에도 폭 넓게 응용 및 이용되고 있다.

1.3 전력변환의 유형

전력전자회로는 어떤 형태의 전압, 전류 파형을 다른 형태의 전압, 전류로 변환하므로 전력 변환기 또는 컨버터(Power Converter)라고도 불린다. 전력전자회로의 목적은 이와 같이 어떤 일정한 형태의 입력전원으로 부터 전력변환회로를 이용하여 부하가 요구하는 전압과 전류의 다른 형태로 출력을 제공해 주도록 하는 것이라고 볼 수 있다. 이와 같은 전력변환의 관계는 입력과 출력이 어떠한 관계를 갖느냐로 부터 시작되는데, 입력이 교류이고 출력이 직류인 경우 이는 교류-직류 전력변환 시스템이 되고 일반적으로 정류기(Rectifier)라 불리 운다. 반면 입력이 직류이고 출력이 교류인 경우는 직류-교류 전력변환 시스템이 되며 인버터(Inverter) 시스템이라 불린다. 한편, 입력이 교류이고 출력 또한 교류인 경우는 교류-교류 전력제어 시스템, 입력이 직류이고 출력도 직류인 경우는 직류-직류 변환 시스템이 되며, 각각의 경우 전자는 AC/AC 전력변환기(AC/AC Converter) 후자의 경우는 보통 DC/DC 전력변환기(DC/DC Converter)라고 불리는데, 이와 같은 기본적인 전력변환 간의 4가지 유형에 대한 관계는 그림 1-4에서 보여주고 있는 바와 같다. 이러한 전력 변환기들의 전력변환 관계를 입출력 관계에 따라 분류하여 설명하면 다음과 같다.

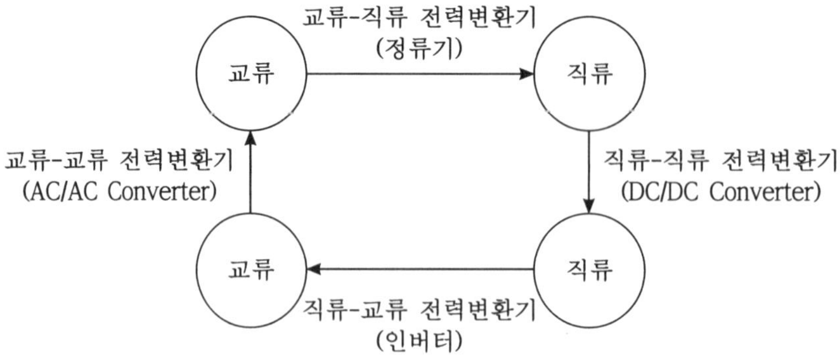

그림 1-4 전력변환 4가지 유형에 대한 관계도

1.3.1 교류-직류 전력변환기(AC/DC Converter : Rectifier)

교류-직류 전력변환기(AC/DC Converter)는 정류기(Rectifier)라고도 하며, 교류 상용전원을 입력으로 하여 직류부하에 전력을 공급하기 위한 직류 출력 전압을 발생시킨다. 따라서 전력이 교류전원으로 부터 직류부하로 전송된다. 교류-직류 전력변환은 직류전원을 필요로 하는 거의 모든 분야에서 찾아 볼 수 있으며, 그 사용 예로 직류 전동기, 전기 화학 분야 그리고 가전제품은 물론 각종 전기·전자 및 기계 장비 등의 전원장치를 들 수 있다. 그림 1-5는 교류-직류 전력변환기의 입출력에 관한 개념을 보여주고 있다.

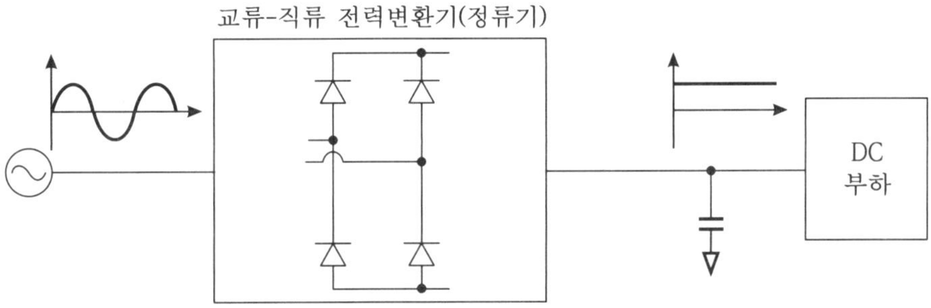

그림 1-5 교류-직류 전력변환기의 입출력 관계

1.3.2 직류-교류 전력변환기(DC/AC Converter : Inverter)

직류-교류 전력변환기는 배터리와 같은 직류전원을 이용하여 주파수를 갖는 교류 출력을 발생시키는 전력변환장치로, 직류측의 평균전력이 교류측으로 전달된다. 이와 같은 직류-교류 전력변환기는 전력전자 분야의 중요한 기술 영역중의 하나로, 인버터(Inverter)라고도 불리우며, 이는 교류 전동기의 제어, 무정전 전원장치(UPS : Uninterruptible Power Supply), 유도가열 및 풍력, 태양광발전 시스템과 같은 신재생에너지 분야 등에도 널리 이용되고 있다. 그림 1-6은 직류-교류 전력변환기의 개념을 나타내고 있다.

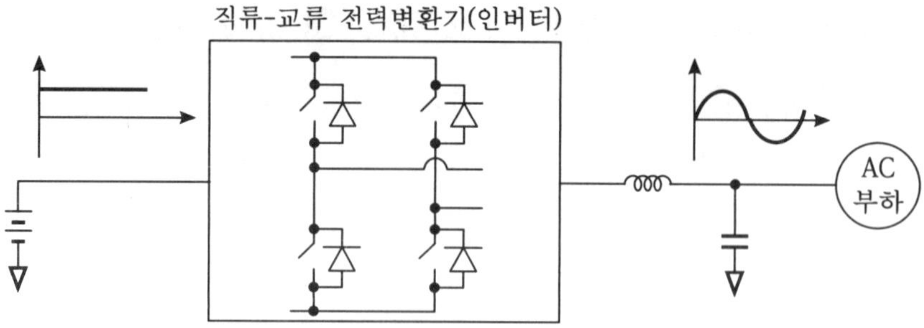

그림 1-6 직류-교류 전력변환기의 입출력 관계

1.3.3 직류 - 직류 전력변환기(DC/DC Converter)

직류-직류 전력변환기는 어떠한 크기의 직류입력을 다른 크기의 직류 출력전압으로 변환시키는 전력변환장치 중의 한가지이다. 직류-직류 전력변환은 반도체 스위칭 소자의 스위칭 한주기에 대한 스위치 온(on) 시간의 비 즉, 듀티(Duty) 비에 따라 직류 출력전압의 크기를 변화시킬 수 있다는 사실에 기초하고 있다. 직류-직류 전력변환기는 DC/DC 컨버터(DC/DC Converter)라고도 하며, 직류전동기의 속도 제어, 각종 전기 및 전자 제품의 전원회로부 등에 매우 많이 사용되고 있다. 직류-직류 전력변환 기술은 전력전자 분야에서 매우 중용한 응용 기술 분야 중의 하나로 자리매김 되어져 왔으며, 그림 1-7은 직류-직류 전력변환기에 대한 입출력 관계의 개념을 나타내고 있다.

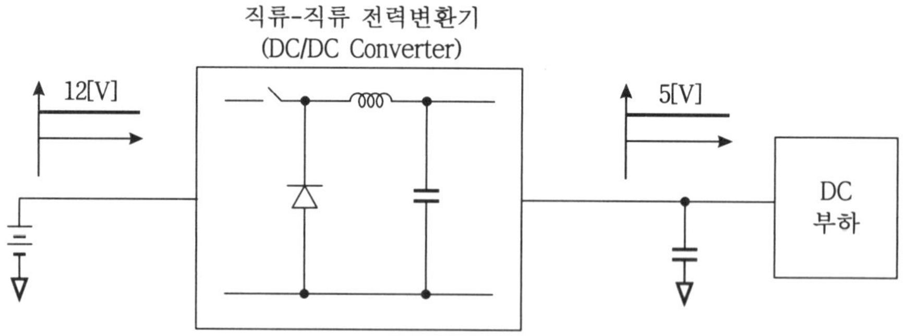

그림 1-7 직류-직류 전력변환기의 입출력 관계

1.3.4 교류-교류 전력변환기(AC/AC Converter)

교류-교류 전력변환기는 전열제어, 조광기 회로의 제어, 유도전동기의 속도 제어 및 주파수 변환기 등에 사용되며, AC/AC 컨버터(AC/AC Converter)라고 한다. 교류-교류 전력변환기는 어떤 크기와 주파수의 교류입력을 다른 크기 및 주파수를 갖는 교류출력으로 변환시킨다. 즉, 교류-교류 전력변환기는 교류 파형의 크기나 주파수를 변화시킬 때 이용되며, 그림 1-8은 교류-교류 전력변환기의 입출력 관계에 대한 개념을 보여주고 있다.

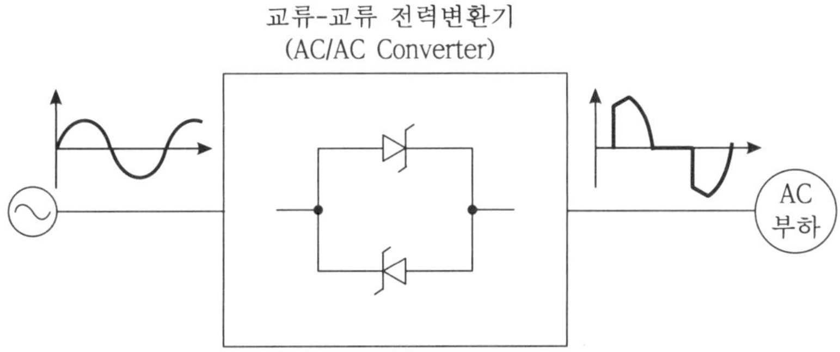

그림 1-8 교류-교류 전력변환기의 입출력 관계

제 2 장 PSIM 시뮬레이션 소프트웨어의 사용법

PSIM(Power Simulation)은 Powersim Inc. 사의 컴퓨터 시뮬레이션 프로그램으로 하드웨어적인 실험을 직접 수행하지 않고 전력전자 회로에 대한 실험을 컴퓨터 상에서 수행해 볼 수 있도록 한 것으로, 본 장에서는 앞으로 수행될 전력변환 회로에 대한 실습을 컴퓨터 시뮬레이션을 통해 수행해 볼 수 있도록 PSIM 소프트웨의 사용법에 대하여 학습해 보도록 한다.

2.1 PSIM 소프트웨어

컴퓨터를 이용하여 시뮬레이션을 하게 되는 경우의 장점은 직접 하드웨어적인 실험 회로를 구성하지 않고도 간편하게 컴퓨터 소프트웨어를 이용하여 컴퓨터 화면 상에서 회로의 동작을 확인하고 이해할 수 있다는 점이다. 컴퓨터 시뮬레이션 소프트웨어 중의 하나인 PSIM은 특히 전력전자 회로를 시뮬레이션하고 해석하는데 매우 적합하게 설계되어 있어 전력전자공학이라는 학문 분야를 공부하는 학생은 물론 관련 산업분야에서 일하는 엔지니어, 연구원들에게 큰 도움을 주고 있다.

다른 회로해석 시뮬레이션 소프트웨어들과 유사하게 PSIM의 경우도 스케메틱(Schematic) 화면 상에서 소프트웨어 프로그램이 제공해주는 소자 라이브러리를 이용하여 해석하고자 하는 회로의 부품, 즉 소자들을 배치하고 이 소자들에 대한 선(wire) 연결을 통해 회로를 구성하며, 일정 시간 동안의 프로그램 실행을 통해 결과 파형을 얻고 이에 대한 분석을 실시 할 수 있도록 하고 있다. 따라서 컴퓨터를 이용한 시뮬레이션을 수행하는 경우 해석하고자 하는 회로를 컴퓨터 소프트웨어 상에서 구성하기 때문에 실제적인 하드웨어를 구성하여 실험을 실시하는 경우보다 다양한 회로를 분석하고 이해하도록 한다는 측면에서 훨씬 편리하고 간편하다는 장점을 갖는다. 뿐만 아니라 하드웨어를 구성하여 실험을 하는 경우에는 회로의 구성을 변경하거나 부품을 교체하거나 할 때 시간적이나 경제적 측면에서 많은 번거로움이 존재할 수 있으나 시뮬레이션의 경우에는 컴퓨터 상에서 손쉽게 부품의 변경이나 소자 값의 변경이 가능하므로 회로를 해석하기 위한 과정이 많이 간편해지고 회로를 구성하고 변경하는데 드는 수고를 많이 덜게 되는 장점을 얻게 된다.

컴퓨터 시뮬레이션을 이용하는 경우의 어려운 점은 우선 컴퓨터 시뮬레이션을 수행하기 위해서는 컴퓨터 시뮬레이션 소프트웨어가 준비되어 있어야 한다는 것인데, 만일 풀 버전의 시뮬레이션 소프트웨어를 이용할 환경이 되어 있지 않다면, 대부분의 경우 소프트웨어 판매사에서 데모 버전을 제공하고 있기 때문에 기능상의 제약이 있기는 하나 제한된 범위 내의 간단한 회로를 해석하는 경우에는 데모 버전(Demo Version)을 사용해 볼 수 있고 데모 버전의 경우 누구나 이용이 가능하다. PSIM을 판매하고 있는 Powersim Inc. 사의 경우도 회사 홈페이지에서 데모 버전을 제공하고 있으므로 필요한 경우 언제든지 다운로드하여 사용이 가능하다. 또 한 가지, 컴퓨터 시뮬레이션을 사용하는데 있어서 유의 할 점은 컴퓨터 시뮬레이션을 사용하는 경우 소자의 이상 모델을 사용하는 것 대신 실제 소자의 모든 특성을 반영할 수 있는 모델을 정확히 구성하여 사용하는 것이 어렵고, 실제 회로가 가지고 있는 기생성분(Parasitic Components)이나 노이즈 현상 등과 같은 부분이 실제적으로 회로해석에 반영되기 위해서는 매우 숙련된 고급의 기술적 노하우가 있어야 한다는 점이다. 그러나 회로의 이상적인 동작을 이해하고 해석하는데 있어서는 초보자도 쉽게 접근이 가능하므로 크게 걱정할 필요는 없다.

2.2 PSIM Schematic 구성화면

그림 2-1은 PSIM이 제공하고 있는 Schematic 메인 구성화면으로, 구성은 우선 주메뉴 바, 단축아이콘 바, 부품툴 바 및 상태표시 바로 구성되어 있으며 화면에 점선(그리드)으로 채워져 있는 빈 공간은 사용자가 해석을 하고자 하는 회로가 작성되어 들어가는 부분이 된다. 주메뉴 바에는 [File], [Edit], [View], [Subcircuit], [Elements], [Simulate], [Options], [Utilities], [Window], [Help]와 같은 메뉴가 포함되어 있고, 단축아이콘 바에는 자주 사용되는 아이콘을 밖으로 표시하여 간편하게 선택하여 사용할 수 있도록 해 놓은 곳이다. 밑 부분의 부품 툴바에는 주메뉴 바의 [Elements] 안에 포함되어 있는 부품들 중 많이 사용되는 부품들을 밖으로 끄집어내어 보여 줌으로써 [Elements] 안을 찾아보지 않더라도 쉽게 필요한 부품들을 선택하여 사용할 수 있도록 해 놓은 부분이다. 상태표시바는 현재 선택한 부

품이 무엇인지에 관한 설명을 보여 주거나 프로그램이 수행하고 있는 현재의 동작 상태를 보여주는 부분이다. 내부의 점선(그리드)으로 채워져 있는 빈 공간은 회로도를 그리거나 수정하는 영역이다. 그림의 메인 화면은 맨 처음 컴퓨터에서 PSIM 프로그램을 실행시킨 후 주메뉴 바에서 [File]→[New]를 선택 하던지 [Ctrl+N] 키를 이용하여 나타나게 할 수 있다. 메인 화면을 불러 오도록 하는 또 하나의 방법은 그림의 단축아이콘 바에서 모양의 아이콘을 선택하는 것이다.

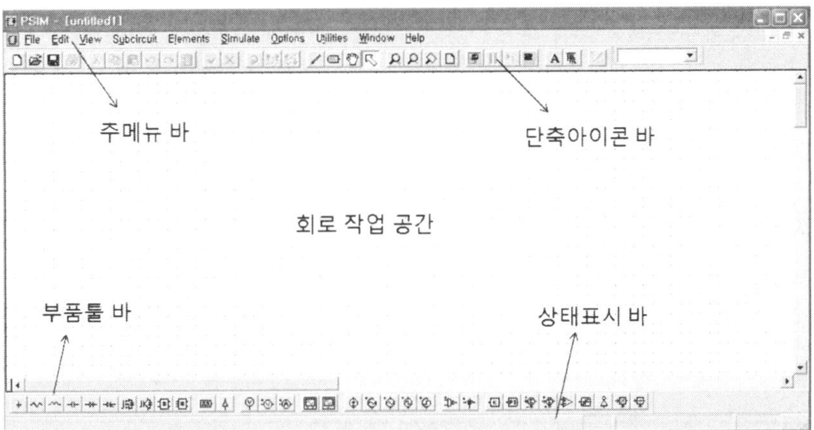

그림 2-1 PSIM 메인 화면(그리드가 있는 경우)

그림 2-2는 그림 2-1과 같이 PSIM 메인 화면을 나타내는데 이 경우는 작업공간에 점선(그리드)이 없는 경우이다. 메인 화면에서 그리드가 없도록 해주고자 한다면 주메뉴 바의 [Options]→[Settings]를 선택하고 <Options> 창의 Editing 부분에서 Display grid의 체크표시를 해제하면 된다. 그림 2-3은 화면에서 그리드를 없애기 위한 과정을 나타내고 있는 것으로, 그림 2-3의 (a)는 주메뉴 바의 [Options]→[Settings]를 선택할 때 화면에 나타나는 상태를 보여 주고 있으며, 그림 2-3의 (b)는 그 후 화면에 나타나는 <Options> 창의 Editing 부분에서 Display grid 체크표시를 해제한 상태를 나타내고 있다.

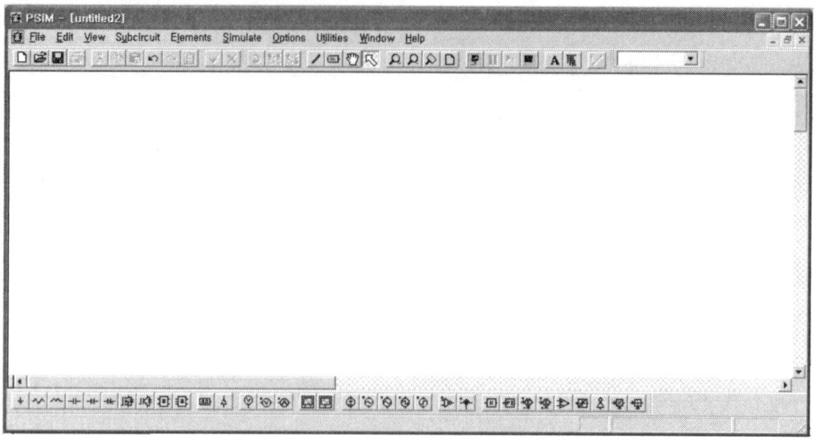

그림 2-2 PSIM 메인 화면(그리드가 없는 경우)

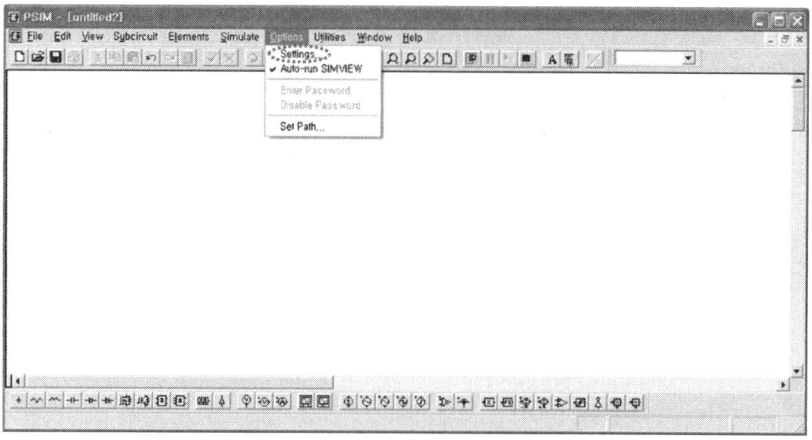

(a) 화면에서 그리드를 없애기 위한 과정([Options] → [Settings] 선택)

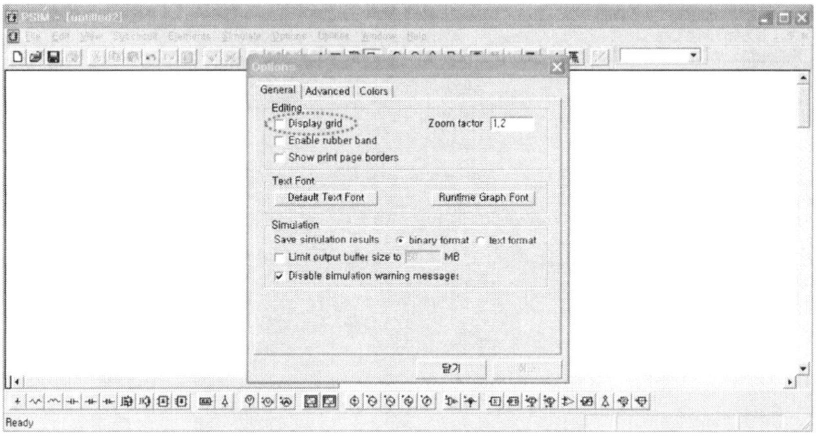

(b) Display grid 체크표시 해제 화면

그림 2-3 화면에서 그리드를 없애기 위한 과정([Options] → [Settings] 선택 후 Editing 부분에서 Display grid 체크표시 해제)

2.3 Schematic 파일 작성

PSIM 시뮬레이션을 수행하기 위해서는 우선 필요한 회로도를 작성하여야 하는데 회로도의 작성은 Schematic 화면상에서 이루어진다. 이는 회로도가 그림 2-1 또는 2-2와 같은 Schematic 화면의 작업 공간상에 작성되는 것을 의미하며 작성된 회로도를 저장하게 되면 이 파일은 Schematic 파일(버전에 따라 .sch 또는 .psimsch 확장자 파일)로 저장된다. 그림 2-4는 Schematic 화면의 작업 공간상에 구성된 회로도의 예를 나타낸 것으로 화면의 왼쪽 그림은 회로의 기본 구성을 나타낸 것이고 오른쪽에 보여주고 있는 그림은 회로상의 각 부분의 전압과 전류를 측정하기 위하여 프로브를 함께 연결한 상태를 나타내고 있다. Schematic파일을 작성하는 방법은 크게 다음과 같은 절차를 통하여 이루어진다.

① 부품 불러오기
② 와이어(Wire) 연결(배선하기)
③ 각 부품 및 전원 파라미터(Parameter)값 입력
④ 전압, 전류 등을 측정하기 위한 프로브(Probe)의 연결

각각의 절차에 대한 내용 설명은 다음과 같다.

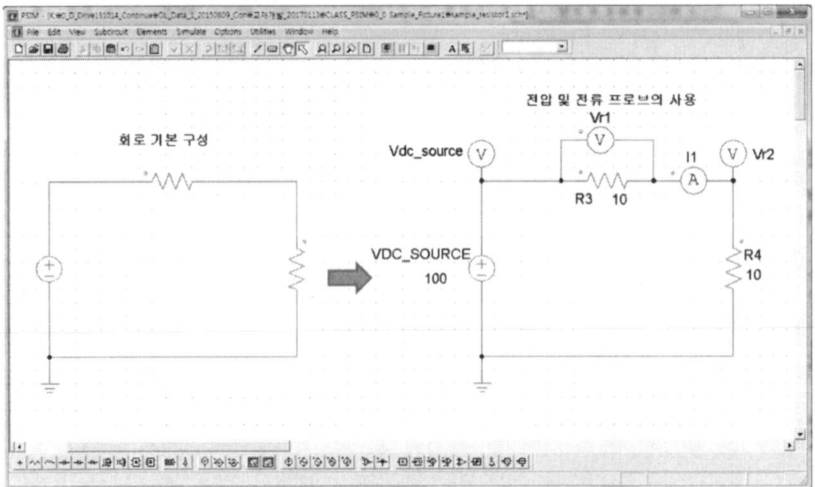

그림 2-4 Schematic 화면의 작업 공간상에 구성된 회로도의 예

2.3.1 부품 불러오기

시뮬레이션을 수행하기 위한 회로도 구성을 위하여 소자, 전원 및 프로브 등을 불러오기 위해서는 Schematic 주메뉴 바의 [Elements]를 이용하면 되는데, 예를 들어 하나의 부품 또는 소자인 저항(Resistor)을 화면상에 불러오기 위해서는 그림 2-5에서와 같이 [Elements] → [Power] → [RLC Baranches] → [Resistor]를 선택하면 된다. 보다 간편하게 소자를 불러오는 방법으로는 그림 2-5에서 보이고 있는 바와 같이 Schematic 화면 아래 부품툴 바에서 바로 저항을 선택하면 되는데, 많이 사용되는 소자, 전원 및 프로브 등이 부품툴 바에 표시되어 있으므로, 필요한 것들이 부품툴 바에 제시되어 있는 경우라면 주메뉴 바의 [Elements]를 사용하지 않고 부품툴 바로부터 직접 필요한 소자나 전원, 프로브 등을 편리하게 가져다 사용할 수 있다. 따라서 위에서 설명된 바와 같이 저항의 경우라면 주메뉴 바의 [Elements]를 이용해서 부품을 가져올 수도 있고, 그림에서와 같이 부품툴 바에서 저항을 직접 선택하여 가져올 수도 있다. 그림 2-4의 직류전원과 접지 그리고 전압 및 전류 프로브들도 비슷한 방법과 절차를 거쳐 Schematic 화면 상에 가져올 수 있으며, 그림 2-4에 나타나 있는 저항, 직류전압원 및 접지는 모두 부품툴 바에 존재하는 것들로 이것들을 바로 부품툴 바에서 가져오는 것이 가능하다. 만일 주메뉴 바의 [Elements]를 이용한다면 직류전압원은 그림 2-6에서와 같이 [Elements] → [Sources] → [voltage] → [DC] 순서로 선택하여 얻을 수 있고, 접지의 경우는 그

림 2-7에서와 같이 [Elements]→[Sources]→[Ground]를 순서적으로 선택하여 얻을 수 있다.

위에서와 같이 주메뉴 바의 [Elements]를 통해서 부품을 가져오던지 부품툴 바로부터 부품을 직접 선택하여 작업공간 상에 가져오면 작업공간 상에 나타난 부품들은 마우스를 따라 화면상에서 움직이게 된다. 따라서 마우스를 움직여 Schematic 화면상의 원하는 곳에 가져온 부품들을 위치시키고 마우스의 왼쪽 버튼을 누르면 Schematic 작업 공간상의 한 위치에 부품이 놓이게 된다. 마우스 왼쪽 버튼을 누르기 전에 부품을 회전시키기 위해서는 마우스의 오른쪽 버튼을 누르면 되는데 한 번 누를 때 마다 90°씩 오른쪽으로 회전하게 된다. 부품 소자를 회전시키는 또 하나의 방법은 소자를 Schematic 작업 공간상에 우선 위치시킨 후 부품을 다시 마우스로 선택하고 그림 2-8에서와 같이 [Edit]→[Rotate]를 선택하면 위에서 설명된 바와 마찬가지로 부품은 90°씩 오른쪽으로 회전하게 된다. 만일 불러온 부품을 작업 공간상에 위치시키기 전 취소하여 사라지게 하기 위해서는 키보드의 ESC키를 누르면 된다.

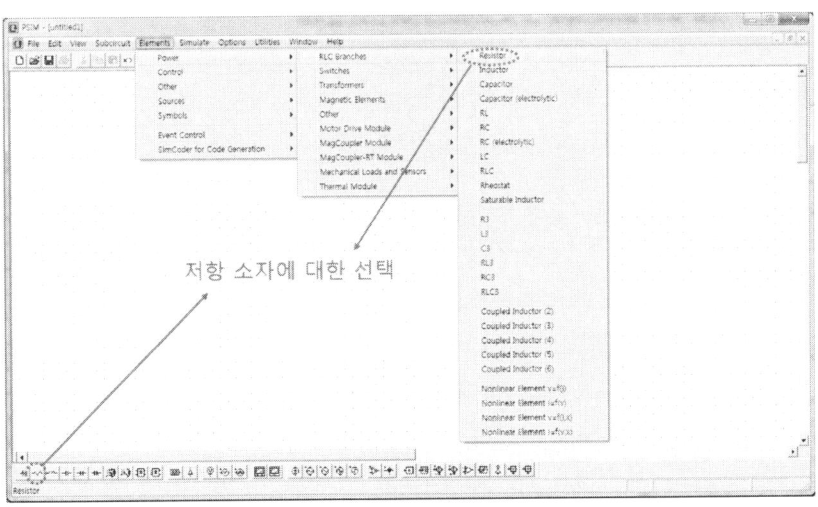

그림 2-5 Schematic 화면상에 저항 가져오기

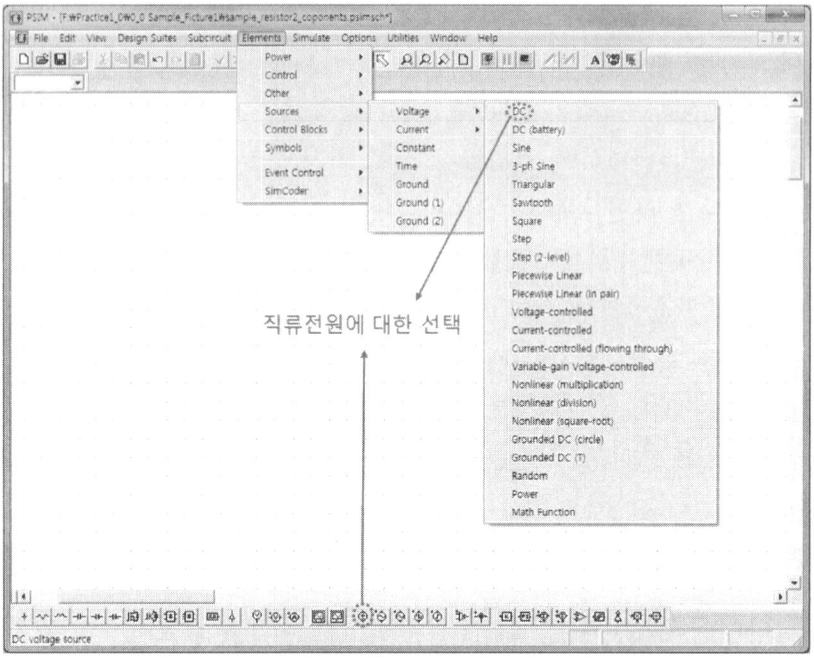

그림 2-6 Schematic 화면상에 직류전압원 가져오기

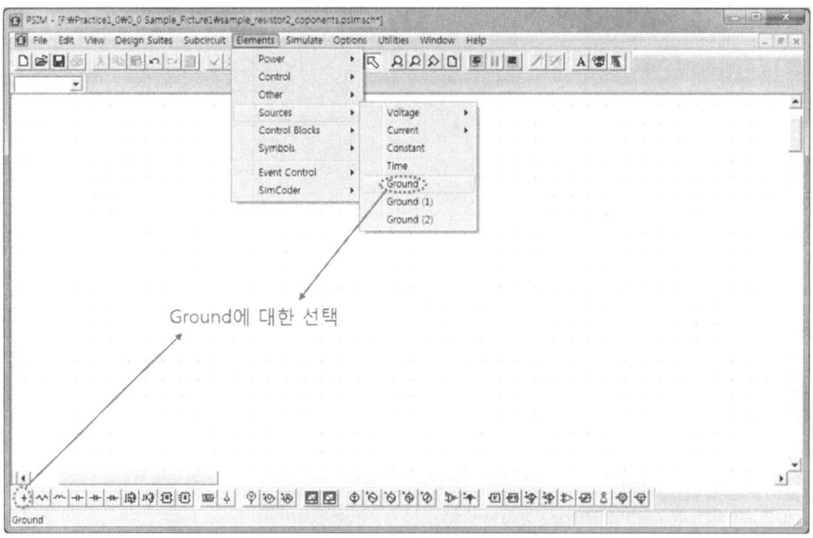

그림 2-7 Schematic 화면상에 Ground 가져오기

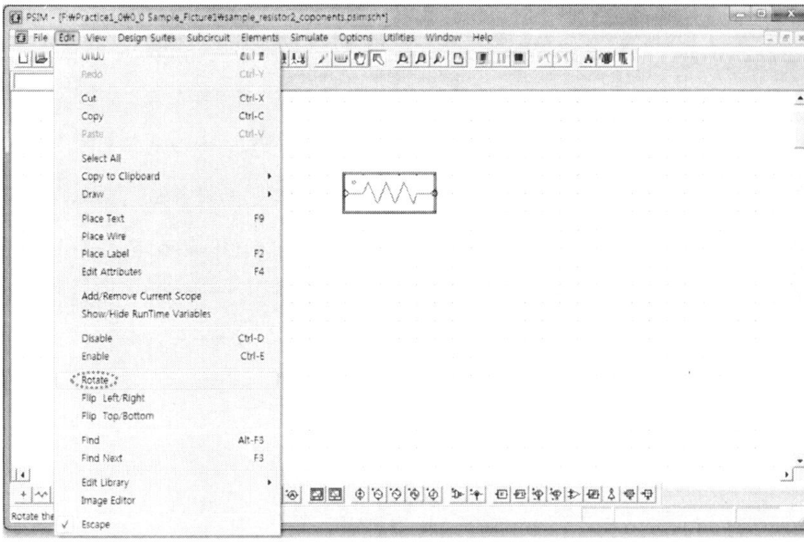

(a) 불러온 부품을 회전시키기 위해 주메뉴 바의 [Edit]→[Rotate] 선택

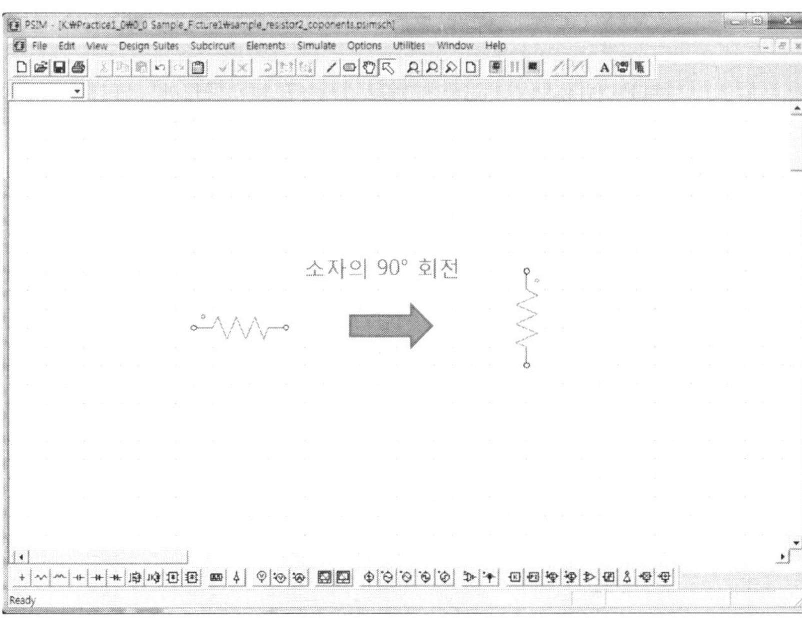

(b) 부품(저항)의 90° 회전된 모습

그림 2-8 Schematic 화면상 가져온 부품의 회전
(주메뉴 바의 [Edit]→[Rotate] 사용시)

2.3.2 와이어(Wire) 연결(배선하기)

필요한 부품을 원하는 위치에 배치한 후에는 회로의 완성을 위해서 각 부품을 전선에 해당하는 와이어(Wire)로 연결하여야 하며, 그림 2-9와 그림 2-10은 각각 이와 같이 배선하는 방법을 나타내고 있다. 와이어를 사용하여 배선하기 위해서는 그림 2-9에서와 같이 단축아이콘 바에 있는 연필 모양의 아이콘을 마우스로 선택하면 되는데, 아이콘 선택 후 Schematic 화면상에 연필 모양이 나타나면 마우스를 부품의 한 쪽 단자에 대고 왼쪽 버튼을 누른 다음 그 상태에서 선을 그어 다른 쪽 단자에 와이어가 연결이 되면 마우스 왼쪽 버튼을 놓으면 된다. 그림 2-10은 와이어의 연결(배선)을 위해 연필 모양의 도구를 화면상에 가져오기 위한 다른 방법으로, 주메뉴 바의 [Edit]→[Wire]를 선택하여 사용하는 경우를 나타내고 있다. 주메뉴 바의 [Edit]→[Wire]를 선택하면 위의 경우와 같이 연필 모양의 도구가 화면상에 나타나며, 배선을 하는 방법은 위에서 설명한 단축아이콘 바에 있는 연필 모양을 선택하여 사용하는 방법과 동일하다.

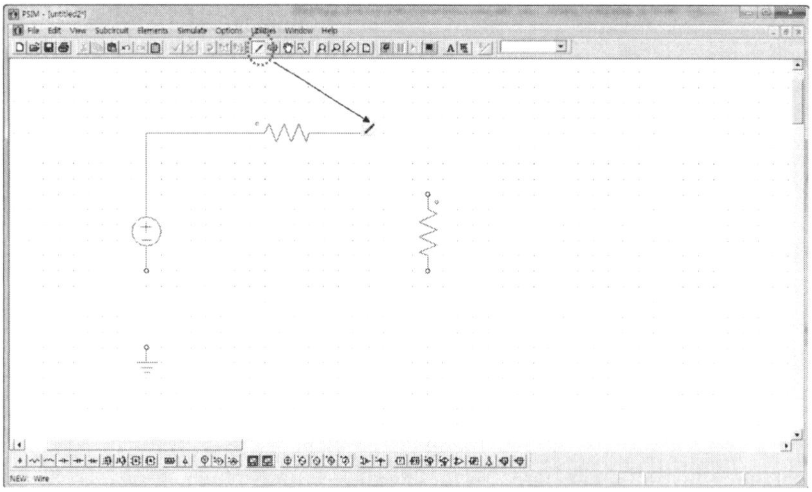

그림 2-9 와이어의 연결(배선하기)

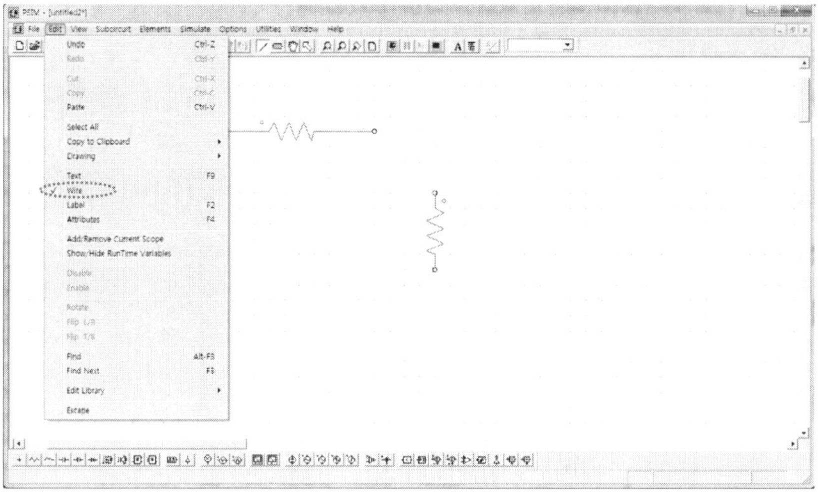

그림 2-10 와이어의 연결(배선)을 위해 주메뉴 바의 [Edit]→[Wire]의 사용

2.3.3 각 부품 및 전원 파라미터(Parameter)값 입력

시뮬레이션을 수행하기 위해서는 각 부품 또는 소자가 가지고 있는 파라미터값을 입력해 주어야 하는데, 예를 들어 시뮬레이션을 수행하고자 하는 회로에 저항이 사용된다면 그 사용되는 저항에 대한 저항값을 정의해 주어야 한다. 그림 2-11은 해석하고자 하는 회로에 저항이 사용되는 경우 그 저항값을 입력해 주는 방법을 보여주고 있는 그림으로, 그림에서와 같이 사용되는 저항의 값을 입력하고자 한다면 값을 입력하고자 하는 해당 저항을 마우스로 두 번 클릭하여 그림에서와 같은 팝업창이 나타나도록 한다. 만일 회로에 사용되는 저항의 저항값이 10[Ω]이라면 그림의 Resistor라고 하는 팝업창의 Resistance 칸에 10이라고 입력해 주면 된다. 팝업창의 Name은 사용자가 그 부품에 대한 이름을 부여해 주는 것으로 그림에서는 사용 저항의 이름을 R1이라고 정의한 예를 보여주고 있다. 그리고 그림의 Display 박스를 체크해 주면 부여해준 저항에 대한 이름과 저항값을 Schematic 화면상에 나타나도록 해 줄 수 있으며 체크 표시를 없애면 화면상에 저항의 이름과 값이 나타나지 않게 된다. 한편, 그림의 대화상자에서 Current Flag라고 표시되어 있는 칸의 값을 1로 설정하면 시뮬레이션을 수행하고 나서 전류 프로브를 사용하지 않더라도 저항에 흐르는 전류의 결과값을 파형으로 확인할 수 있다. Current Flag의 값을 0으로 설정하는 경우에는 부품 소자에 흐르는 전류의 결과값을 파형으로 나타내 주지 않게 된다.

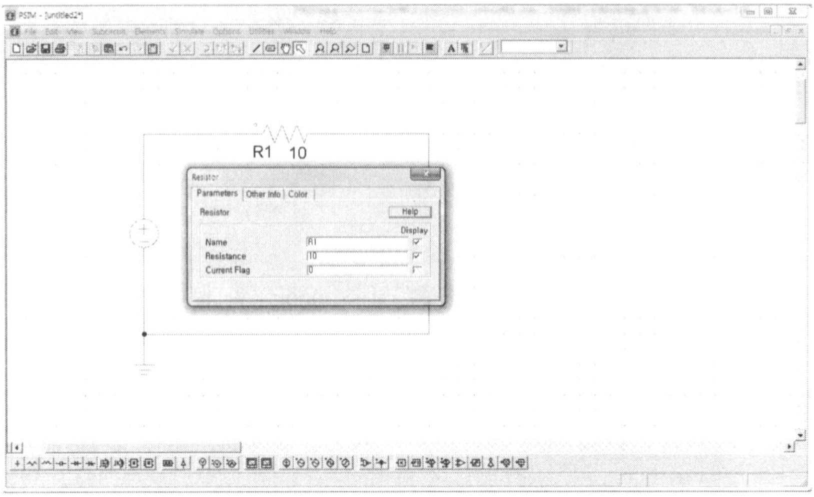

그림 2-11 저항의 파라미터값 입력 예

시뮬레이션 수행을 위한 회로도에서 직류전원에 대한 파라미터값을 입력해 주는 예는 그림 2-12에 보여 주고 있는 바와 같으며, 파라미터값 입력을 위해서는 그림에서 보여주고 있는 직류전원을 마우스로 두 번 클릭하고 DC라고 하는 대화 상자가 나타나면 직류전원의 크기를 대화상자의 Amplitude라고 하는 칸에 입력하도록 한다. 그림의 예에서는 직류전원의 크기를 100[V]로 설정한 경우이며 이 경우에 있어서도 Name은 사용자가 설정하는 직류전원의 이름이다. 앞에서와 마찬가지로 대화상자의 Display 칸을 체크해 놓게 되면 전원의 이름과 전원의 크기가 Schematic 화면상에 나타나게 되고 체크 표시를 해제하게 되면 화면상에서 사라지게 된다. 시뮬레이션을 수행하기 위해서는 이상과 같은 방식으로 시뮬레이션 하고자 하는 회로의 모든 부품들에 대한 파라미터값을 미리 입력하도록 하여야 한다.

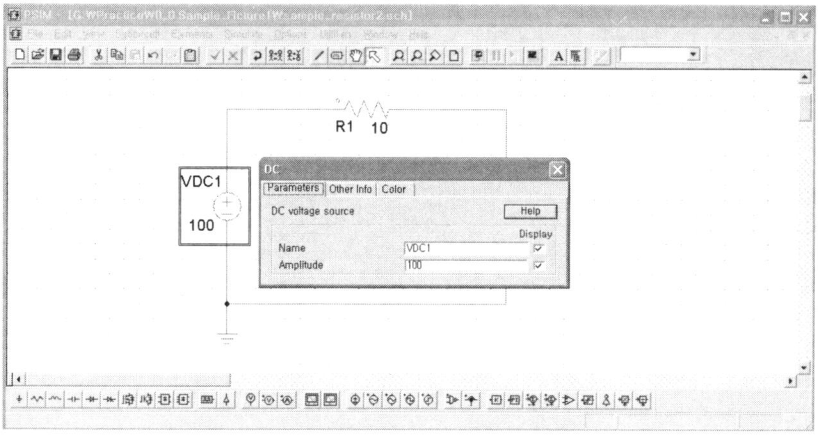

그림 2-12 직류전원의 파라미터값 입력 예

2.3.4 전압, 전류 등을 측정하기 위한 프로브(Probe)의 연결

해석하고자 하는 회로의 파라미터 값들이 모두 입력되고 나면 회로의 동작을 파악할 수 있도록 하기 위한 프로브(Probe)들을 연결해 주어야 한다. 사용하고자 하는 프로브들은 그림 2-13에서와 같이 주메뉴 바의 [Elements]→[Other]→[Probes]를 차례로 찾아 들어가 선택하여 사용할 수 있으며, 주로 많이 사용되는 전압 프로브들(Voltage Probe와 Voltage Probe(node to node)) 및 전류 프로브(Current Probe)는 그림의 점선으로 표시해 놓은 부분에서 찾아 볼 수 있다. 뿐만 아니라 이상과 같이 많이 사용되는 3가지 프로브들은 그림에서 보여주고 있는 바와 같이 부품툴 바에 또한 놓여 있기 때문에 [Elements]에서 일일이 찾지 않아도 부품툴 바로부터 손쉽게 가져와 사용할 수 있다.

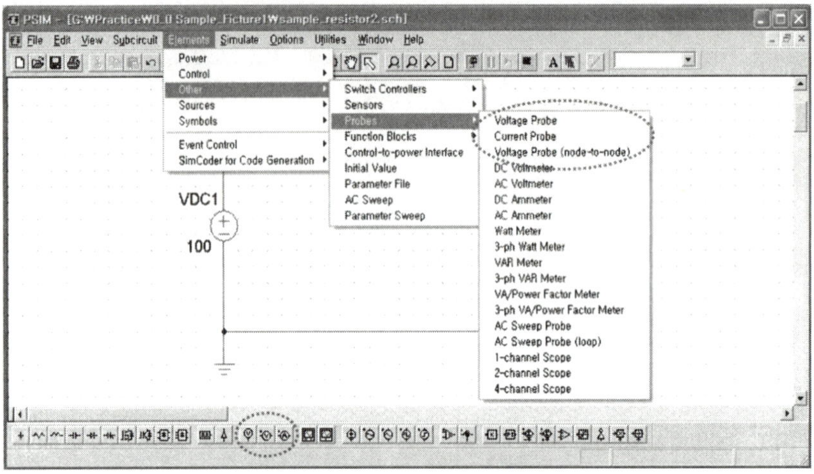

그림 2-13 전압 및 전류 프로브(Probe)의 선택

전압 프로브에서 Voltage Probe()와 Voltage Probe(node to node)()의 차이는 전압 프로브가 그라운드(접지)를 기준으로 전압을 측정하는 것인지 아니면 부품이나 소자의 양단간 전압을 측정한 것인지에 있다. Voltage Probe의 경우는 그라운드를 기준으로 하여 전압을 측정하며 Voltage Probe(node to node)의 경우는 부품 또는 소자의 양 단자 즉 두 노드 사이의 전압을 측정하도록 한다. PSIM의 Voltage Probe(node to node)는 실제 실험에 있어서 Differential Probe를 사용하는 것과 같이 생각하면 된다. 예로 든 회로의 전압 및 전류 프로브를 연결한 상태는 그림 2-14에 나타낸 바와 같다. 그림 2-14의 Voltage Probe인 Vdc1은 직류 전압원인 VDC1의 전압의 크기를 측정하기 위한 프로브이며, 그라운드(접지)를 기준으로 하여 전압의 크기를 측정한다. 한편 그림 2-14에서 프로브의 이름이 VP_R1이라고 표시되어 있는 것은 Voltage Probe(node to node)로서 저항 R1의 양단간 전압을 측정하기 위한 것으로, 그라운드를 기준으로 전압의 크기를 측정하는 것이 아니라 소자 양 노드 사이의 전압 차이를 측정하도록 한다. 이는 저항 R1이 그라운드에 직접 연결된 부분이 없기 때문에 Voltage Probe(node to node)를 사용한 것으로 생각 할 수도 있다. 반면 V_R2 프로브는 저항 R2의 전압을 측정하기 위한 프로브인데 이 경우에 있어서는 Voltage Probe를 사용하고 있다. 이는 전압을 측정하고자 하는 저항의 한 쪽 노드가 그라운드에 연결되어 있기 때문에 Voltage Probe(node to node)를 사용할 필요가 없음에 따라 Voltage Probe를 사용한 것으로 볼 수 있다. 그러나 사실상 회로를 구성하는데 있어 복잡하거나 큰 불편이 없다

면 소자가 그라운드에 연결되어 있는 경우이든지 그라운드에 연결되어 있지 않은 경우이든지 간에 전압 측정시 Voltage Probe(node to node)를 사용한다고 해서 문제될 것은 없다. 이는 저항 R2의 경우는 한 쪽 노드가 그라운드에 연결되어 있기 때문에 Voltage Probe를 사용할 수도 있고, Voltage Probe(node to node)를 사용할 수도 있음을 의미한다. 따라서 저항 R2의 전압을 측정하는데 있어서 Voltage Probe를 사용하는 경우나 Voltage Probe(node to node)를 사용하는 경우 모두에 있어서 결과는 동일하다. 그러나 저항 R1의 경우는 소자의 어느 쪽도 그라운드에 연결되어 있지 않기 때문에 Voltage Probe(node to node)를 사용하여 소자 양단간에 걸리는 전압을 측정할 수는 있으나 Voltage Probe를 사용할 수는 없다. 만일 Voltage Probe를 사용하여 저항 R1의 전압을 측정하고자 한다면 저항 R1 앞, 뒤로 Voltage Probe를 각각 1개씩 두고 이 2개의 Voltage Probe에서 읽히는 전압의 차이를 사용하면 된다.

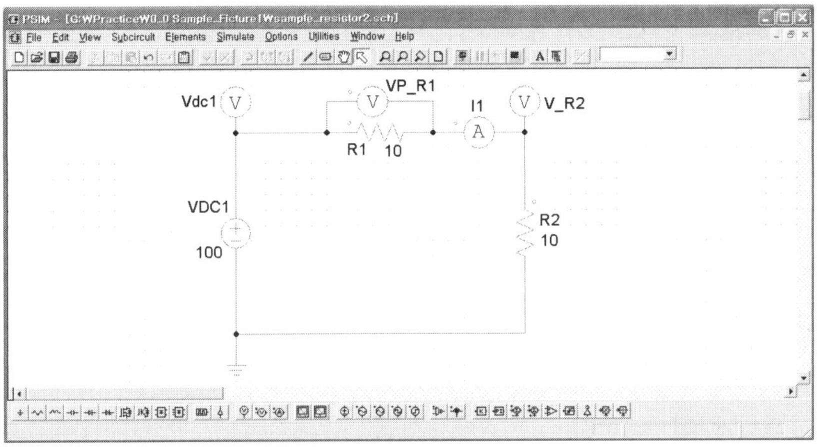

그림 2-14 회로의 전압 및 전류 프로브 연결 상태 예

그림 2-14에서 전류 프로브(-Ⓐ-)인 I1은 회로에 흐르는 전류를 측정하기 위한 것으로, 전류를 측정하고자 하는 부분의 와이어를 끊고 그 사이에 프로브를 삽입해 주어야 한다. 예의 회로에서는 저항 R1과 R2에서 흐르는 전류의 크기가 모두 같으므로 어느 위치에서 전류를 측정하든지 같은 결과를 얻을 수 있다. 그런데 만일 그림 2-11에서 보여주고 있는 저항 소자의 파라미터를 입력하는 대화창에서 Current Flag를 1로 설정하면, 이 경우에는 전류 프로브를 설치하지 않아도 저항에 흐르는 전류를 파형으로 확인 할 수 있다.

전압 및 전류 프로브를 사용하는데 있어서 한 가지 주의 할 점은 소자와 프로브에 표시되어 있는 동그라미 표시(▫)의 방향이다. 일반적으로 소자의 동그라미 표시가 있는 방향은 전류가 흘러들어 가는 방향을 바라보도록 위치시키며, 프로브의 경우 동그라미 표시가 놓이는 방향에 따라 얻어지는 파형의 극성이 반대가 된다. 즉, 프로브의 경우 전류가 흘러들어 가는 방향으로 동그라미 표시가 놓이도록 하면 파형은 정(+)방향으로 얻어지고, 프로브의 동그라미 표시 방향이 전류가 흘러들어 가는 방향의 반대 쪽에 놓이게 되면 파형은 반대 방향 즉, 부(−)방향으로 얻어지게 된다.

회로의 전력을 측정하는 경우는 그림 2-13에서 확인 할 수 있는 바와 같이 [Elements]→[Other]→[Probes]를 통해 얻어지는 Wattmeter를 사용하면 되며, 기타 다른 프로브 및 계측기(meter)들에 대한 자세한 사항은 PSIM의 User Manual을 통해 확인 할 수 있다.

2.4 시뮬레이션 수행하기

2.4.1 시뮬레이션 조건 설정

프로브의 설치까지 해석할 회로도가 다 완성이 되면 시뮬레이션을 수행하도록 하는데, 시뮬레이션을 수행하기 위해서는 우선 시뮬레이션 수행을 위한 조건을 설정하여야 한다. 시뮬레이션을 수행하기 위한 조건은 그림 2-15에서와 같이 주메뉴바의 [Simulate]→[Simulation Control]을 선택하면 시계모양의 이미지가 나타나면서 동시에 Simulation Control이라는 시간 파라미터들의 값을 설정할 수 있는 대화상자가 나타나게 된다. 여기에서 가장 중요한 파라미터는 Time Step과 Total time으로 Time Step은 시뮬레이션을 수행하는데 있어 얼마의 시간 간격 즉 샘플링 간격으로 시뮬레이션을 할 것인가를 결정하는 것이고 Total time은 전체 시뮬레이션을 얼마동안 할 것인가를 결정하는 것이다.

- Time step : 시뮬레이션을 수행하는 시간 간격. 샘플링 타임(Sampling Time).
- Total time : 전체 시뮬레이션을 수행하는 시간

따라서 Time step 시간 간격이 작으면 작을수록 시뮬레이션은 매우 정밀하게 진행이 되며 Total time이 같다고 했을 때 그만큼 시뮬레이션을 수행하는데 걸리는 시간은 길어지고 데이터의 수는 많아지게 된다. Total time은 시뮬레이션 결과를

보여줄 때 시간 축의 길이를 결정하는 파라미터라고 생각해도 좋으며 시뮬레이션의 정상상태 결과가 얻어지기까지의 시간과 전체 시뮬레이션을 수행하는데 걸리는 시간을 고려해서 Time Step과 함께 결정을 해야 한다. 그림 2-16의 Simulation Control 대화상자 화면에서는 Time step을 1E-005으로, Total Time을 0.01초(10[msec])로 설정 해 놓은 예를 보여주고 있으며, 이는 시뮬레이션을 10^{-5}초의 시간 간격 즉, 10[μsec] 마다 한 번씩 0.01초 까지 계산을 수행하도록 한 것을 의미한다. 따라서 이 경우 총 샘플링 횟수는 1천회(10[msec]/10[μsec])가 된다.

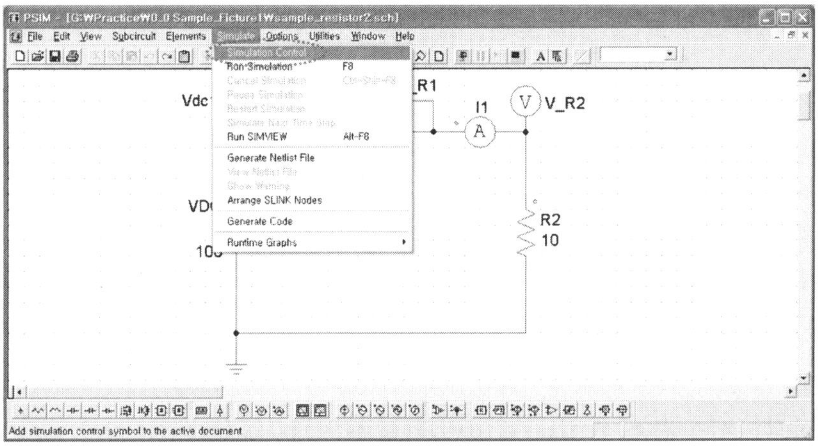

그림 2-15 Simulation Control 불러오기

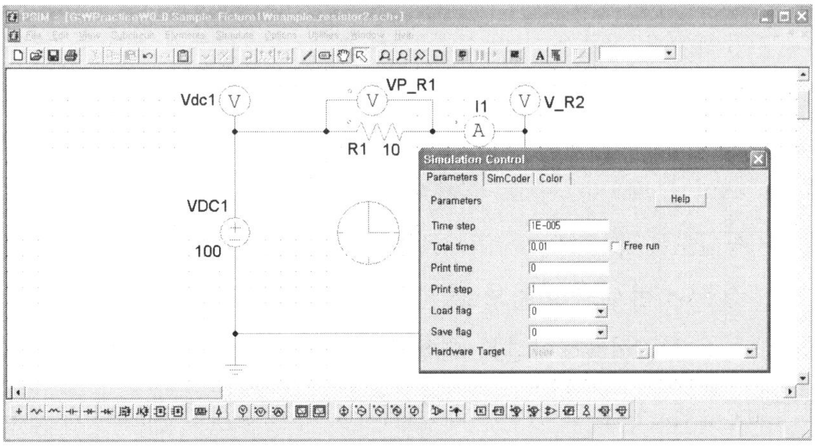

그림 2-16 Simulation Control 창 화면

한편 그림 2-16에서 Print time은 시뮬레이션 결과가 출력 파일(output file)에 저장되기 시작하는 시간을 나타내는 것으로, Print time으로 설정된 이전 시간의 결과는 출력 파일에 저장되지 않는 것을 의미한다. 이를 달리 설명하면 Print time은 결과 파형이 보여지기 시작하는 시간을 결정하는 것으로 볼 수 있고, 그림에서 Print time이 0으로 설정되어 있으므로 이 경우에는 결과 파형은 0초부터 시작하고 10[μsec] 간격으로 Total time 0.01초 까지 결과를 만들어 낸다. 만일 Print time이 0.005초로 설정되어 있다면 결과 파형은 시간 축 상에서 0.005초부터 0.01초 까지의 결과를 보여주게 될 것이다. 또한 그림의 대화 상자에서 Print step이라는 것이 있는데 이는 출력파일의 크기를 줄이고자 할 때 도움을 줄 수 있는 것으로, 이 값이 1인 경우 모든 데이터 포인트가 출력파일에 저장이 되나, 만일 이 값이 10으로 설정되어 있다면 매 10개의 데이터 중에서 1개의 데이터만이 출력파일에 저장이 되도록 한다. 따라서 Print step은 결과 화면상에 뿌려주는 데이터의 양을 조절해 주는 기능을 갖는 것으로도 생각해 줄 수 있는데, 이는 Print step이 그림에서와 같이 1로 주어진 경우에는 얻어진 모든 결과 데이터를 출력 화면상에 보여주게 되고, 만일 Print step이 2라고 한다면 데이터 포인트 2개당 1개씩 만을 결과화면에 뿌려주게 되어 화면에 보여주는 데이터의 수는 전체 데이터 포인트 수의 반이 되는 것을 의미한다. 이는 결과 데이터 포인트의 수가 많은 경우 출력파일의 크기를 줄이고 데이터를 처리하는 시간을 단축시키는 효과를 얻을 수 있도록 해 준다. 특별히 이러한 효과들을 얻고자 하는 경우가 아니라면 Print time은 0, Print step은 1로 설정해 놓으면 된다. 아울러 그림의 Load Flag는 시뮬레이션 초기 조건으로 앞에서 수행된 시뮬레이션 값들을 .ssf 확장자를 갖는 파일로부터 로드할 것인지를 결정하는 플래그이며, 만일 이 플래그가 1로 설정되어 있다면 이전 시뮬레이션 결과값들이 현재 수행된 시뮬레이션의 초기 조건으로 로드되게 된다. 그림 2-16의 Save Flag의 경우는 현재 수행된 시뮬레이션의 마지막 결과값이 .ssf 확장자를 갖는 파일에 저장되도록 할 것인지 말 것인지를 결정하는 플래그로, 만일 이 값이 1로 설정되는 경우는 현재 수행된 시뮬레이션의 마지막 결과값이 .ssf 확장자를 갖는 파일에 저장된다. 이전에 수행된 시뮬레이션의 결과값을 이용하는 경우가 아니라면 Load Flag와 Save Flag의 값은 0으로 두면 된다.

2.4.2 시뮬레이션 수행

이상에서와 같이 시뮬레이션을 수행할 준비가 되면 다음과 같이 시뮬레이션을 수행하도록 한다. 시뮬레이션을 수행할 때는 그림 2-17에서와 같이 주메뉴 바에서 [Simulate]→[Run Simulation]을 선택하거나(또는 F8 선택) 단축아이콘 바에서 꽃 모양의 아이콘을 선택하면 바로 시뮬레이션이 수행되며, 그림 2-18에서와 같이 상태표시 바에는 시뮬레이션의 진행상태가 나타나고 시뮬레이션이 완전히 완료되면 상태 표시 바의 진행 상태는 100[%]로 표시된다.

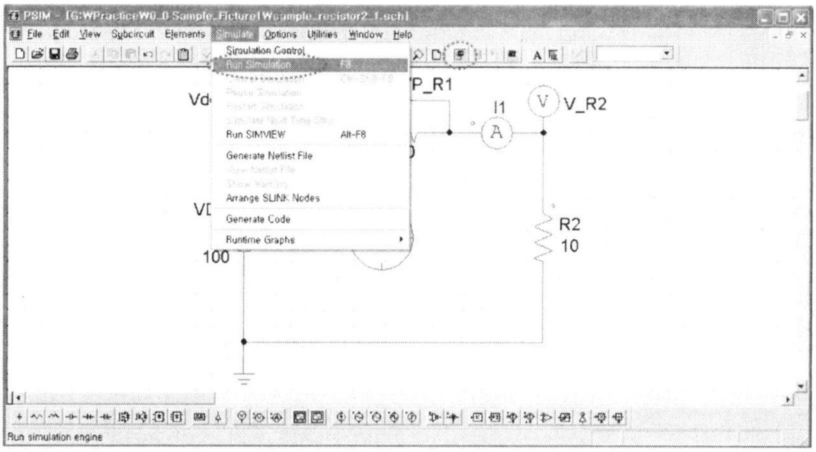

그림 2-17 PSIM 시뮬레이션 수행

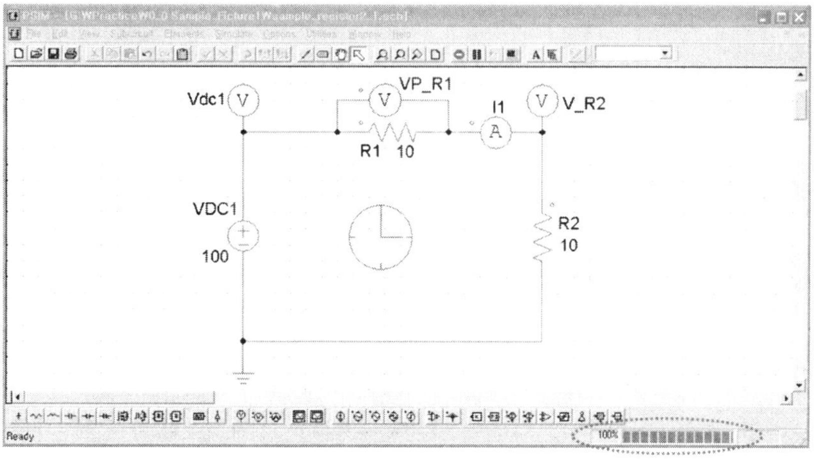

그림 2-18 PSIM 시뮬레이션 수행 완료시 상태표시 바의 완료상태 표시

2.5 시뮬레이션 결과 보기

PSIM 시뮬레이션 수행이 완료되면 시뮬레이션 결과를 확인하도록 하는데, 시뮬레이션 결과를 확인하는데 사용되는 윈도우 창이 Simview이다. Simview를 통해서 우리는 우선 시간영역에서 과도해석(Transient Analysis)의 결과 파형을 확인해 볼 수 있으며, 얻어진 시간영역에서의 결과를 이용하여 FFT(Fast Fourier Transform)를 수행함으로써 주어진 결과에 대한 주파수 특성을 확인해 보는 것이 가능하다. 여기에서는 예로 보여준 회로가 직류회로이므로 시간영역에서의 결과만을 설명하기로 하며, FFT 해석에 관련된 내용은 교류출력을 다루는 부분에서 다루기로 한다. 한편, PSIM에서는 회로나 제어 루프의 주파수 응답을 AC Analysis를 이용하여 얻을 수 있는데 이 부분에 대한 설명은 본서에서 생략하기로 하며 필요한 경우에는 PSIM의 User's Guide를 통해 필요한 정보를 얻을 수 있다.

2.5.1 Simview 화면

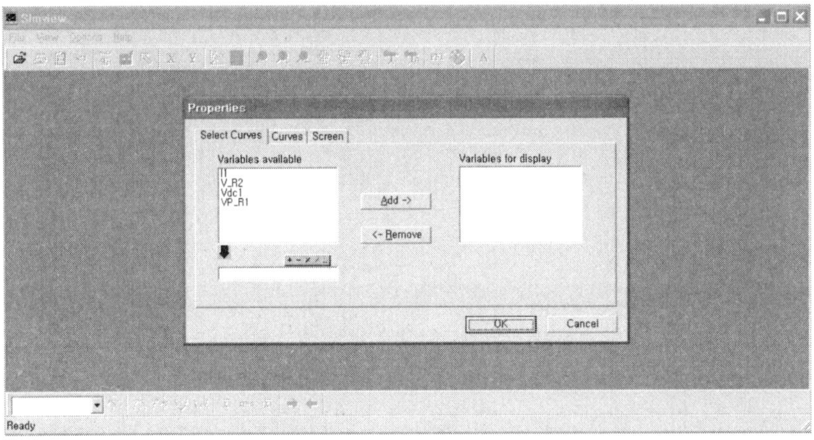

그림 2-19 PSIM 시뮬레이션 수행 완료 후 나타나는 Simview 화면

Simview 윈도우 창은 시뮬레이션이 완료되고 나면 자동으로 컴퓨터 화면상에 나타나게 되는데, 그림 2-19는 예로 제시된 그림 2-18의 회로 시뮬레이션이 완료된 후 열린 Simview 화면을 보여주고 있다. Simview 화면이 자동으로 나타나면 Properties라고 하는 대화창이 화면에 함께 나타나 보이고, 대화창의 좌측 [Select Curves] 메뉴에서 Variables available이라고 하는 공간에 그림 2-18에 설치해 놓

왔던 프로브들의 이름이 나열되어 있는 것을 확인할 수 있다. 이때 확인해 보고자 하는 프로브 이름을 선택하고 Add 버튼을 누르면 오른쪽 Variables for display라는 공간으로 프로브 이름이 나타나는 것을 알 수 있으며, 그림 2-20은 직류전원(Vdc1)의 결과를 파형으로 보여주기 위해 직류전원 프로브인 Vdc1을 선택하는 과정을 보여주고 있다.

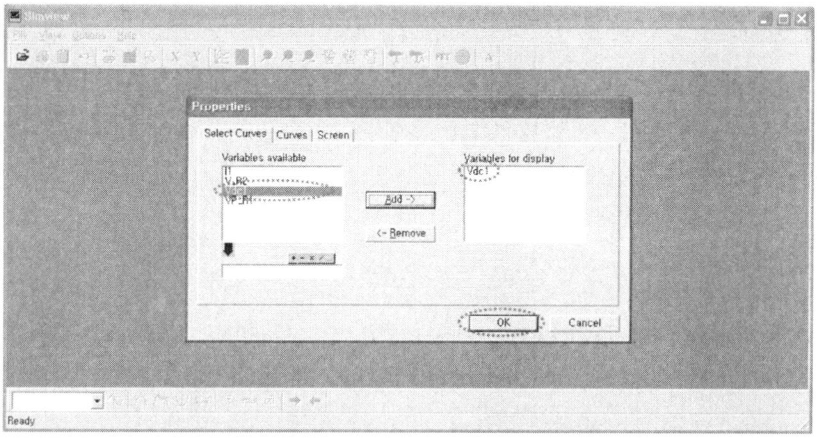

그림 2-20 확인하고자 하는 파형의 선택과정

2.5.2 결과 확인

그림 2-20의 Properties 대화창에서 보고자하는 프로브의 변수가 Variables for display로 옮겨진 후 OK 버튼을 누르게 되면 그림 2-21과 같이 직류전원(Vdc1)에 대한 결과 파형을 보여 주게 되며, 회로도에서 직류전원의 값을 100[V]로 주었기 때문에 결과 파형에 시뮬레이션 조건에서 Total Time을 0.01초로 설정한 시간동안 100[V]의 크기가 유지되고 있음을 확인할 수 있다. 이제 그림 2-18의 나머지 프로브들을 통해 측정되는 결과들을 같은 화면상에 나타내 보여주기 위해서 Variables available 공간상에 있는 프로브들을 Variables for display 공간에 Add하여 결과를 확인해 보도록 한다. 그림 2-22에서와 같이 Simview 창에서 단축 아이콘 바의 Add or Delete Curves to selected Screen 아이콘( )을 클릭하면 Properties 대화상자가 다시 열리게 되는데, 이때 왼쪽의 Variables available 공간에서 확인하고자 하는 프로브의 이름들을 선택하여 Variables for display 공간상에 Add하도록 한다. 보고자 하는 프로브들의 이름이 Variables for display 공간상에 Add 되어 나

타났는지 확인이 되면 OK 버튼을 눌러 보고자 하는 프로브들에 대한 출력을 확인할 수 있다. 그림 2-22의 예에서는 기존 직류전원의 전압을 측정하고자 한 전압프로브 Vdc1에 저항 R1 및 R2에 걸리는 전압과 회로에 흐르는 전류를 확인하기 위한 프로브들 즉, VP_R1, V_R2 및 I1이 함께 선택되어 Variables for display 공간상에 나타나 있음을 확인 할 수 있고, 이에 따라 그림 2-23은 프로브 Vdc1의 출력을 보여주었던 같은 스크린 상에 저항 R1 및 R2에 걸리는 전압과 회로에 흐르는 전류가 함께 나타나게 됨을 보여주고 있다. 예로 보여주고 있는 그림 2-18의 회로는 그림 2-23의 출력 결과 파형을 통해 직류 전압원 100[V]에 대해 각각 10[Ω]인 값을 갖는 2개의 저항이 각각 50[V]씩 분압을 하고 있는 회로임을 확인 할 수 있고, 회로에 흐르는 전류를 측정하고 있는 프로브 I1이 보여주고 있는 5[A]는 회로상에서 옴의 법칙에 의해 계산한 전류값 100[V]/20[Ω]=5[A]와 동일한 것임을 확인 할 수 있다. 참고로 Simview의 단축아이콘 바에서 망원경 모양의 Show values of X and Y at the selected curve 아이콘(🔭)을 선택하면 Y축에 그려지는 점선이 나오는데 이 점선과 파형이 만나는 지점의 값들은 Measure 창에 디스플레이 되어 나타난다. 한편, 측정하고자 하는 각각의 전압, 전류 파형들을 각각 다른 스크린에 보여주기 위해서는 단축아이콘 바의 Add one Screen 아이콘(▤)을 사용하면 되고, 그림 2-24는 Add one Screen 아이콘을 사용하여 각각 다른 스크린에 프로브들을 통해 얻어지는 파형들을 각각 개별적으로 나타내고 있는 경우를 보여 주고 있다.

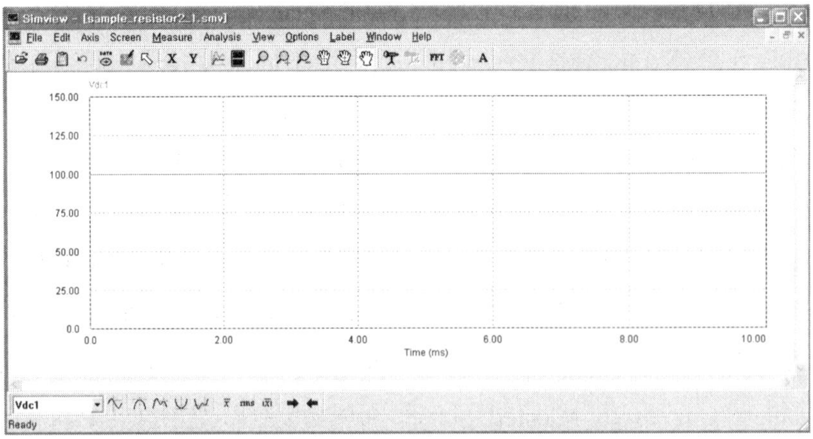

그림 2-21 선택 파형의 결과 화면 예

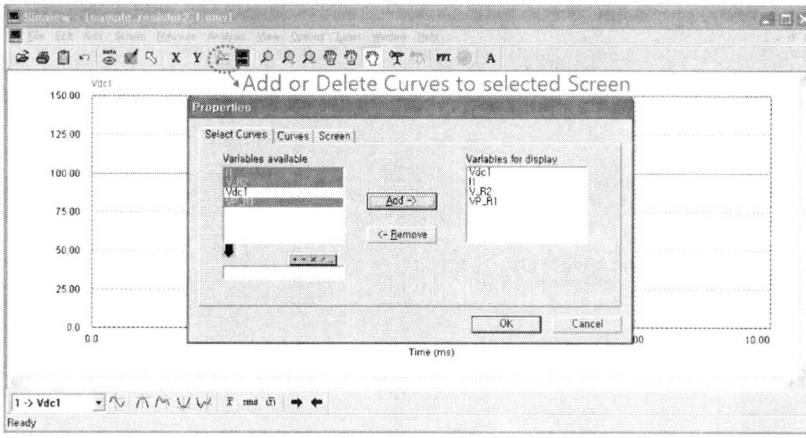

그림 2-22 선택 파형을 Add하거나 Delete 하기

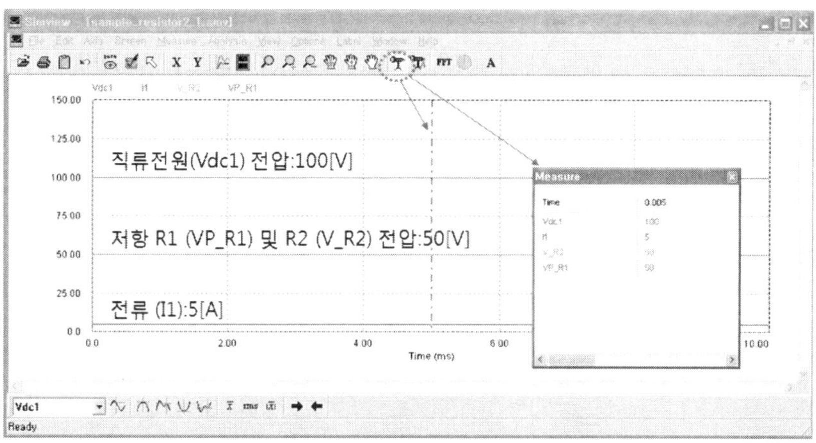

그림 2-23 프로브 측정 파형 확인 및 Measure 기능을 이용한 결과 파형의 값 확인

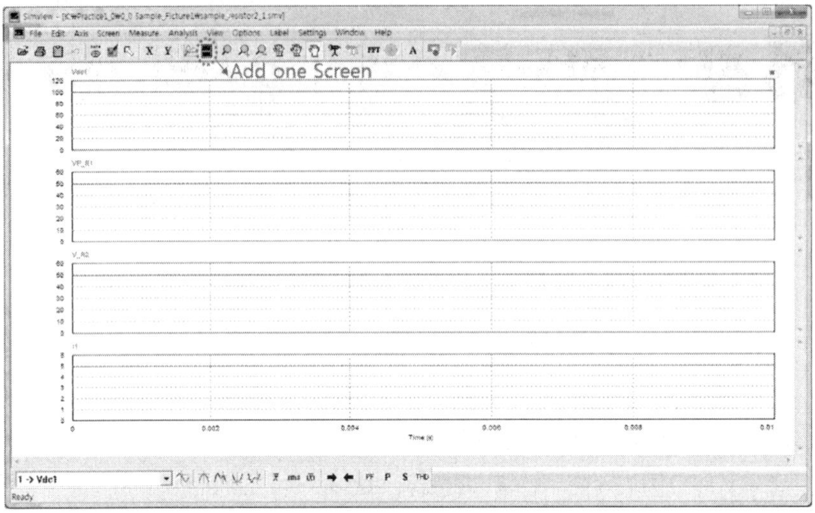

그림 2-24 Add one Screen을 통한 프로브 측정 파형 확인

제 3 장 반도체 스위칭 소자의 개요

전력전자 기술을 이용한 전력변환회로는 기본적으로 전력용 반도체 스위칭 소자를 이용하여 구성된다. 따라서 전력전자 기술을 이용한 회로들을 잘 이해하기 위해서는 각 전력용 반도체 스위칭 소자들이 어떠한 조건에서 턴 온(Turn on) 되고 턴 오프(Turn off) 되는지에 대해서 알아 둘 필요가 있다. 전력전자 분야에서 사용되는 반도체 스위칭 소자의 부류는 스위치의 온, 오프 상태를 직접 제어할 수 있느냐 없느냐에 따라 크게 3가지로 분류할 수 있다. 이중 첫째는 스위치의 온, 오프 상태를 직접 제어할 수 없는 스위치로서 연결되어 있는 전력회로의 상태 또는 조건에 따라 온, 오프가 결정되는 스위치이고, 이에는 다이오드가 있다. 두번째의 경우는 제어신호(게이트 신호)에 의해 온은 되지만 오프 시킬 수는 없는 소자인데, 이에는 사이리스터가 있다. 사이리스터는 펄스 전류 게이팅 신호에 의해 소자를 온 시킬 수는 있으나 다이오드와 마찬가지로 제어신호에 의해 스위치를 오프 시킬 수 없고, 전력회로의 상태 또는 조건에 따라 스위치의 오프 상태가 결정된다. 스위치의 세 번째 부류는 사용자가 원하는 시점, 즉 제어신호의 시점에서 스위치의 온, 오프가 가능한 제어용 스위치들인데 이에는 트랜지스터, MOSFET, IGBT 및 GTO 등의 소자들이 속한다. 본 장에서는 반도체 전력용 스위칭 소자들의 물성이나 성능에 관해서 보다는 스위치가 켜지고 꺼지는 기본적인 동작에 대해 주안점을 가지고 알아보도록 한다.

3.1 반도체 스위치 개요

3.1.1 다이오드(Diode)

가장 간단한 스위치로서 다이오드는 P형 및 N형 반도체의 접합으로 구성된다. 다이오드의 기호와 전류-전압 특성은 그림 3-1 및 그림 3-2와 같으며 다이오드의 온, 오프는 다이오드가 연결되어 있는 회로의 상태에 의해 결정된다. 즉, 다이오드는 회로 상태에 의해 다이오드의 애노드(Anode) 쪽에 높은 전위가 걸리고 캐소드(Cathode) 쪽에 낮은 전위가 걸린 상태에서만 온이 된다. 이와 같이 다이오드가 온이 되는 상태를 순방향 바이어스(Forward Bias) 되었다고 하며, 반대로 애노드 쪽에 낮은 전위가 걸리고 캐소드 쪽에 높은 전위가 걸리면 다이오드가 오프 되는데 이러한 상태를 다이오드가 역방향 바이어스(Reverse Bias) 되었다고 한다. 따라서 다이오드는 켜지고(on) 꺼지는(off) 조건이 회로상태, 즉 회로의 전위 및 전류 상태에 의해 결정되는 비제어용 스위치로서 다이오드는 한쪽 방향, 즉 그림 3-1에서 보여주고 있는 것처럼 애노드(Anode) 쪽에서 캐소드(Cathode) 쪽으로 전류가 흘러갈 수는 있으나 그 반대로 전류가 흐를 수는 없다. 다이오드를 이상적인 소자로 생각한다면 다이오드가 순방향 바이어스일 때는 스위치가 닫혀 있는 단락회로 상태로 생각 할 수 있으며 역방향 바이어스일 때는 스위치가 열려 있는 개방 상태인 것으로 볼 수 있다.

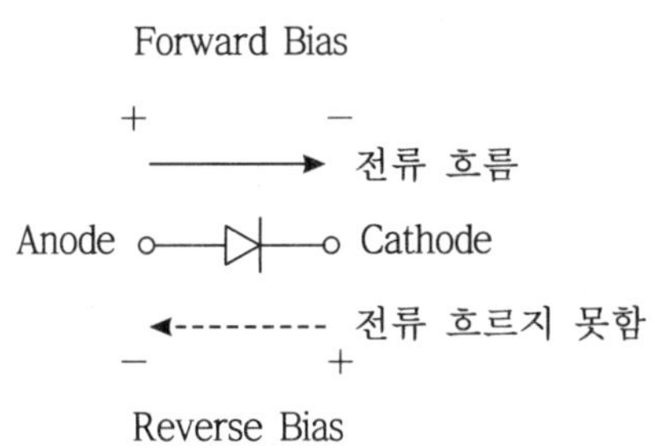

그림 3-1 다이오드 기호 및 전류의 흐름 방향

그림 3-2는 실제의 경우와 이상적인 경우의 i-v(전류-전압) 특성을 보여주고 있으며, 실제 다이오드의 경우인 그림 3-2 (a)에서는 다이오드가 순방향 바이어스 되어 온 상태가 되더라도 약간의 순방향 전압(대략 1 [V] 이내의 전압강하)이 다이오드에 걸리게 되고, 반대로 다이오드가 역방향 바이어스가 걸려 오프 상태가 되더라도 매우 작은 크기의 전류 즉, 수 [μA] 정도의 역방향 누설전류 I_o가 흐르게 됨을 보여주고 있다. 반면 그림 3-2 (b)의 특성곡선에서 보여주고 있는 것처럼 이상적인 다이오드의 경우에서는 다이오드가 순방향 바이어스가 되는 순간 바로 양의 전류가 흘러 다이오드 양단의 전압은 0으로 되고, 반대로 다이오드에 역방향 바이어스가 걸리는 경우는 다이오드가 전류를 전혀 흘리지 못하고(누설전류는 0) 회로가 차단된다는 것을 나타내고 있다.

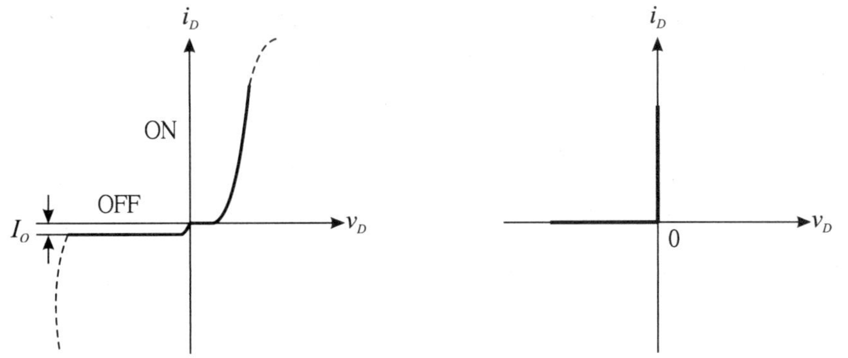

(a) 실제 다이오드 특성곡선　　(b) 이상적인 다이오드 특성곡선

그림 3-2 다이오드의 i-v 특성곡선

그림 3-3 및 그림 3-4는 PSIM을 이용하여 다이오드에 순방향 바이어스를 걸어 주었을 때와 역방향 바이어스를 걸어 주었을 때의 상태를 확인해 보기 위한 것으로, 그림 3-3의 (a)는 순방향 바이어스를 걸었을 때의 상태를, 그림 3-4의 (a)는 역방향 바이어스를 걸었을 때의 상태를 각각 나타내고 있다. 그림 3-3의 (a)에서 보면 다이오드의 애노드 쪽에 직류전원인 배터리의 양의 극성(+)이 연결되어 있고 캐소드 쪽으로는 저항을 통해 배터리의 음의 극성(−) 측, 그라운드 단자가 연결되어 순방향 바이어스가 된 경우이다. 이때 PSIM의 다이오드 모델은 순방향 전압강하(Diode Threshold Voltage)를 0.7[V]로 설정하였으며 다이오드에 순방향으로 걸리는 전압이 0.7[V] 이상이면 다이오드는 온 된다. PSIM 시뮬레이션 모델에 사용된 다이오드, DC (battery) 모델의 파라미터 설정은 그림 3-5 및 그림 3-6에 보여 주고 있는 바와 같다. 그림 3-4의 (a)에서는 직류전원인 배터리의 극성이 반대로 되어 다이오드에 연결되어져 있음을 확인 할 수 있는데, 다이오드의 애노드 쪽에 −10[V]가 인가되고 캐소드 쪽은 그라운드로 연결되므로 애노드 쪽 전위가 캐소드 쪽 전위 보다 낮으므로 역 바이어스 되어 다이오드는 오프 상태가 됨을 보여 주고 있다. 그림 3-3의 (b) 및 그림 3-4의 (b)는 각각의 경우에 대한 시뮬레이션 파형으로, 그림 3-3의 (b)에서 보면 직류 배터리 입력전압(VDC1)이 10[V]이며 부하 저항(R1)에 다이오드 순방향 전압강하 0.7[V]를 뺀 9.3[V]의 전압(VR1)이 걸리고 있음을 알 수 있다. 또한 그림 3-3의 (b)로부터 다이오드의 순방향 전압강하(VD1_ak)는 0.7[V]이고 9.3[V]의 출력전압이 걸리는 5[Ω]의 부하 저항에는 1.86[A]의 전류(I1)가 흐르고 있음을 확인 할 수 있다.

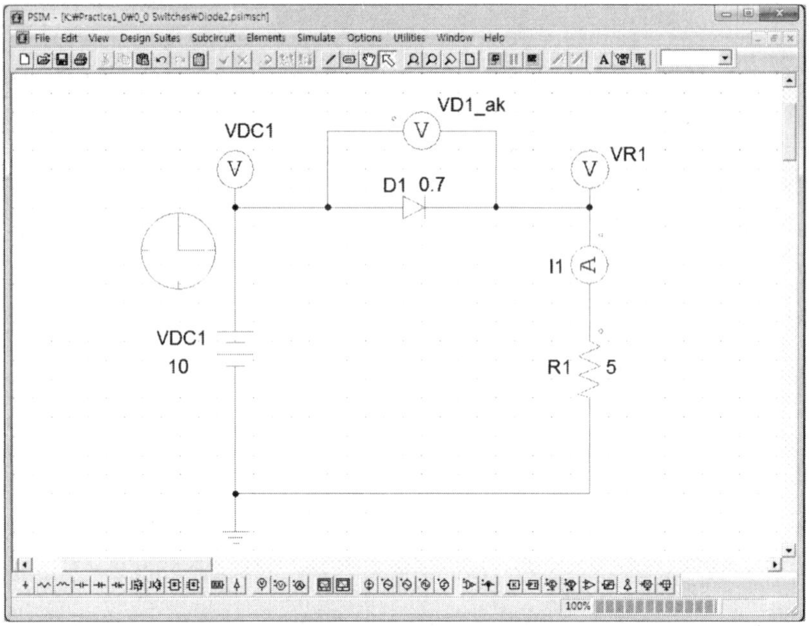

(a) 다이오드의 순방향 바이어스(Forward Bias) 상태

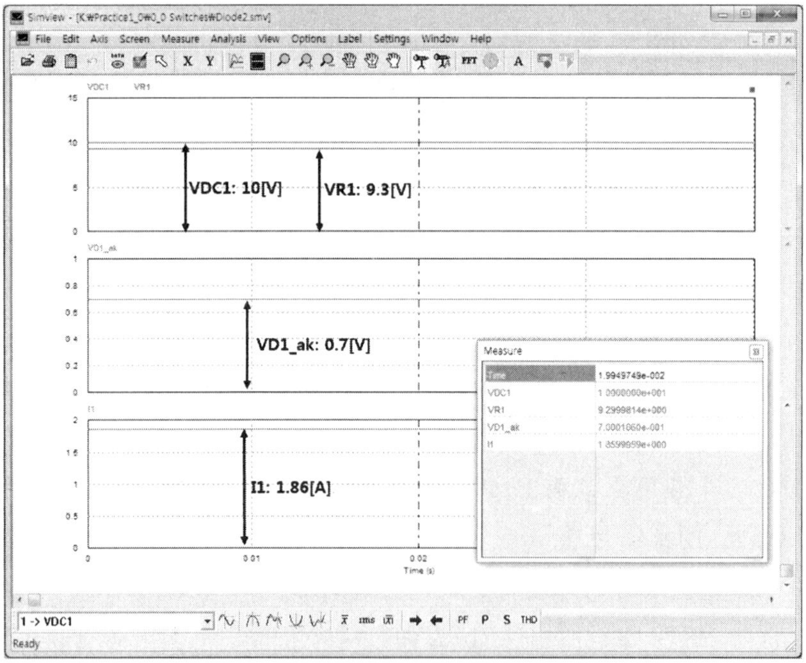

(b) 다이오드의 순방향 바이어스(Forward Bias) 상태에서의 전압, 전류 파형

그림 3-3 다이오드의 순방향 바이어스(Forward Bias) 테스트

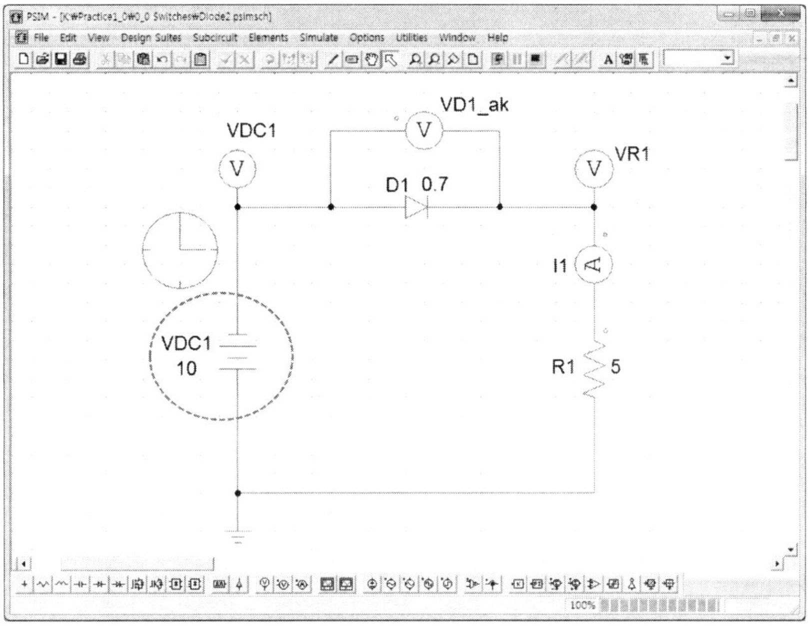

(a) 다이오드의 역방향 바이어스(Reverse Bias) 상태

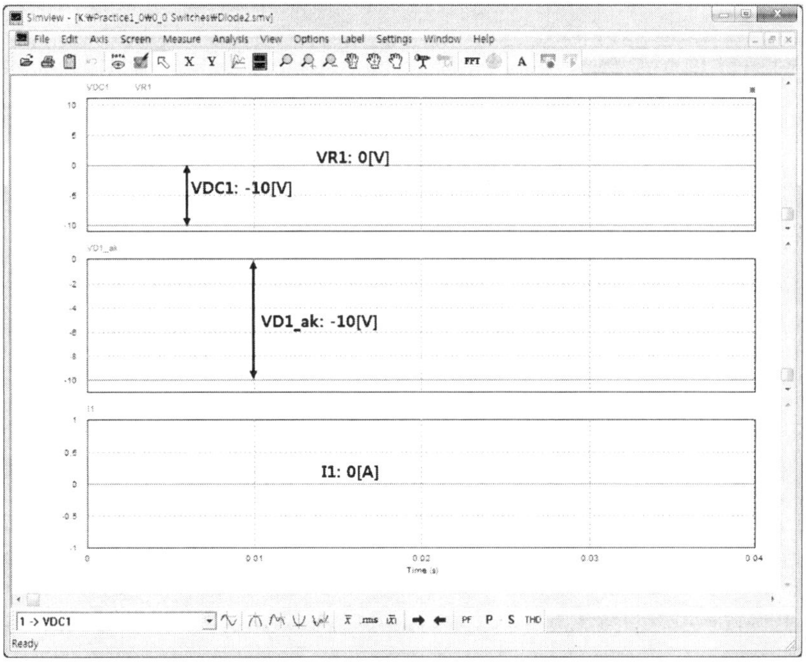

(b) 다이오드의 역방향 바이어스(Reverse Bias) 상태에서의 전압, 전류 파형

그림 3-4 다이오드의 역방향 바이어스(Reverse Bias) 테스트

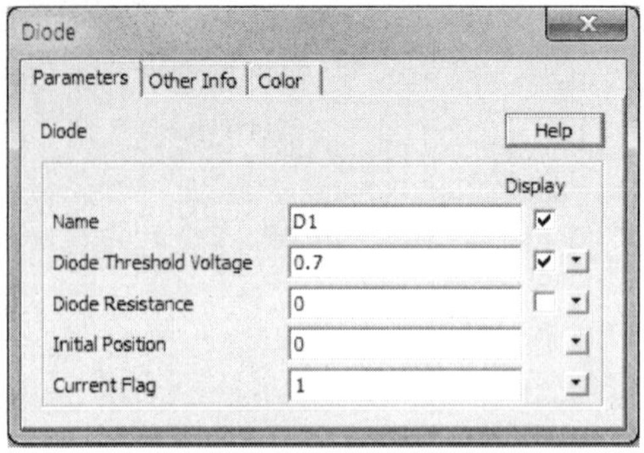

그림 3-5 PSIM의 Diode 파라미터 설정

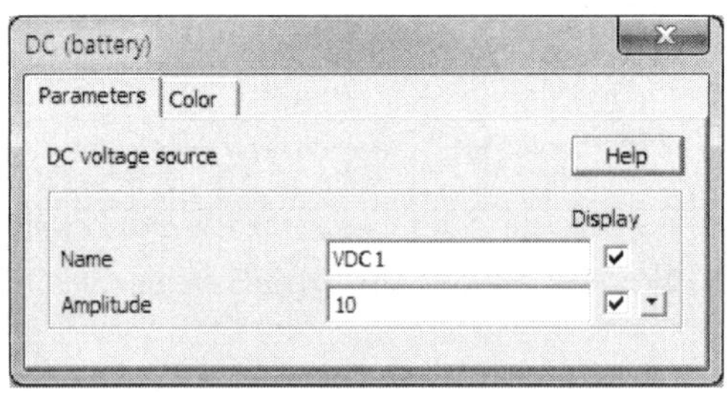

그림 3-6 PSIM의 DC (battery) 파라미터 설정

그림 3-4 (b)의 경우는 다이오드가 역바이어스 걸린 경우의 각 부 파형으로, 직류 배터리 입력전압(VDC1)이 −10[V]이며 부하 저항(R1)에는 다이오드가 역방향 바이어스 상태로 되어 오프 되므로 전압이 걸리지 않게 된다(VR1 : 0[V]). 다이오드가 오프되어 있으므로 다이오드의 애노드와 캐소드 사이에는 −10[V] (VD1_ak : −10[V])가 걸리며, 부하 저항에는 전류가 흐르지 않음을 (I1 : 0[A]) 그림으로부터 확인 할 수 있다.

한편, 이상적이 모델이 아닌 실제 다이오드의 경우 그림 3-7에서처럼 다이오드가 턴 오프 되는 순간 다이오드에 흐르는 전류는 바로 0이 되지 않고 순간적으로 감소하기 시작해서 음(−)이 된 후 다시 0으로 감소하게 되는데 이와 같이 음으로 되었다가 다시 0으로 되는 전류를 역회복 전류(Reverse−Recovery Current)라고 한다. 이때 다이오드가 오프되는 순간 전류가 감소하여 음이 된 후 다시 0으로 되는데 걸리는 시간을 역회복 시간(Reverse−Recovery Time)이라고 하며, 그림 3-7에서 시간 t_{rr}은 이 역회복 시간을 나타낸다.

다이오드는 사용 목적 및 그 정격에 따라 여러 가지 다양한 종류가 있는데, 일반

상용 주파수 이하에서 사용이 가능한 상용 주파수 다이오드가 있으며, 저 전압 출력을 요구하는 회로에서 낮은 순방향 전압강하를 얻도록 하는데 사용되는 쇼트키 다이오드(Schottky Diode)가 있고 다이오드의 역회복 시간이 짧아야 할 필요가 있는 곳에서 사용되는 고속 회복 다이오드(Fast Recovery Diode) 등이 있다.

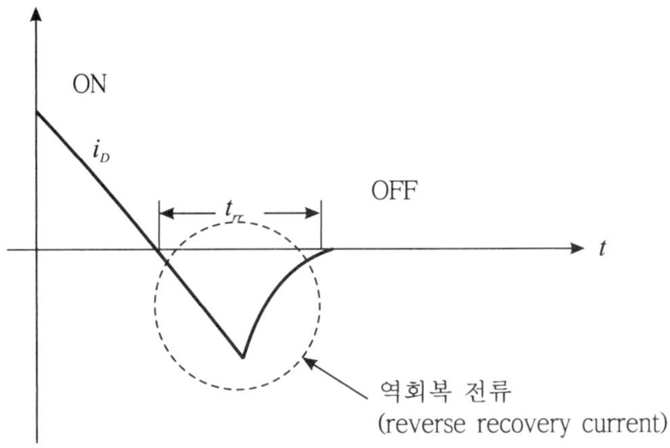

그림 3-7 다이오드 턴 오프시 역회복 전류 및 역회복 시간(t_{rr})

3.1.2 사이리스터(Thyristor)

사이리스터(Thyristor)는 SCR(Silicon-Controlled Rectifier)이라고도 하며 다이오드에서와 마찬가지로 스위치 턴 온(Turn On)시 전류가 애노드(Anode)에서 캐소드(Cathode) 쪽으로 흐른다. 그림 3-8은 사이리스터의 기호 및 전류-전압 특성(i-v 특성)을 보여주고 있는 것으로 사이리스터는 턴 온 제어가 가능하나 턴 오프시에는 다이오드에서와 마찬가지로 전력회로의 상태 또는 회로 조건에 따라 턴 오프가 결정된다. 사이리스터는 애노드(Anode), 캐소드(Cathode) 단자 외에도 게이트(Gate)라는 단자가 존재하며, 사이리스터를 온 시키기 위해서는 애노드와 캐소드 간에 양의 전압이 인가되는 순방향 바이어스(Forward Bias) 상태에서 게이트 단자에 게이트 펄스 전류를 인가해 주어야 한다. 사이리스터가 일단 온 되어 도통되면 사이리스터의 턴 온 상태를 유지하기 위하여 게이트 펄스 전류를 계속해서 인가할 필요는 없으며, 애노드 단자에 사이리스터가 도통하기 위한 최소 전류 즉, 양의 홀딩 레벨(Holding Level) 이상이 되는 전류가 계속 흐르면 사이리스터는 도통 상태를 계속해서 유지한다. 한편, 사이리스터가 역 바이어스(Reverse Bias) 되어 있는 상태에서는 게이트 펄스 전류를 인가하더라도 사이리스터는 턴 온 되지 않으며, 만일 사이리스터가 턴 온 되어 있는 상태라면 스위치를 오프 시키기 위해서는 사이리스터에 흐르는 전류가 홀딩 레벨 이하로 떨어지도록 해주어야 한다.

그림 3-9, 그림 3-10은 PSIM을 사용하여 사이리스터에 게이트를 인가해 주는 예를 보여 주는 것으로, 그림 3-9는 사이리스터에 순방향 바이어스(Forward Bias)를 걸어 놓은 상태에서 게이트를 인가한 경우의 예를 나타내고, 그림 3-10은 사이리스터에 역방향 바이어스(Reverse Bias)를 걸어 놓은 상태에서 게이트를 인가한 경우를 나타내고 있다.

그림 3-9의 (a)에서 보면 사이리스터의 애노드 쪽에 직류전원인 배터리의 양의 극성(+)이 연결되어 있고 캐소드 쪽으로는 저항(R1)을 통해 배터리의 음의 극성(−) 즉, 그라운드 단자가 연결되어 순방향 바이어스가 된 경우이다. 이때 PSIM의 사이리스터는 도통시 전압강하(Voltage Drop)를 0.7[V]로 설정하였으며 이는 사이리스터가에 온 되어 있는 경우 순방향 전압강하가 0.7[V]임을 의미한다. PSIM 시뮬레이션 모델에 사용된 사이리스터와 게이팅 블록(Gating Block :)의 모델 파라미터는 그림 3-11 및 그림 3-12에서 각각 보여주고 있는 바와 같으며, DC (battery) 모델의 경우는 다이오드 부분에서 사용된 그림 3-6과 동일하다.

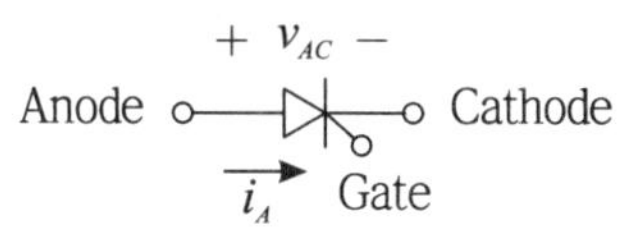

(a) 사이리스터 기호

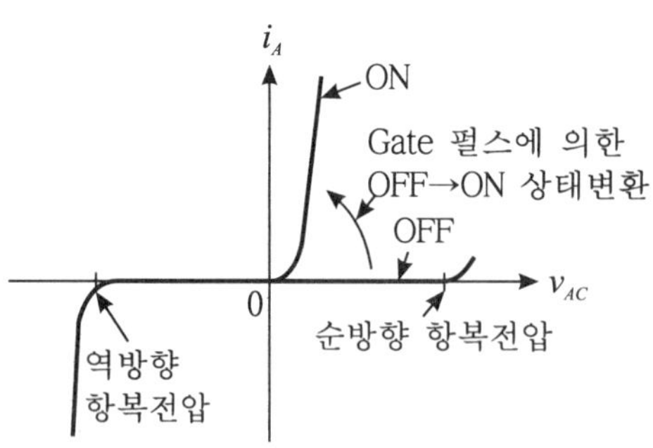

(b) 실제 사이리스터 i-v 특성곡선

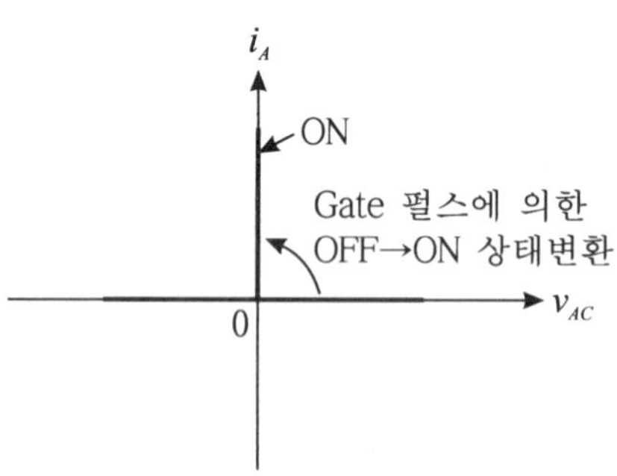

(c) 이상적인 사이리스터 특성곡선

그림 3-8 사이리스터 기호 및 전류-전압 특성(i-v 특성)

그림 3-9의 (b)는 그림 3-9 (a)에 대한 시뮬레이션 파형으로, 그림에서 알 수 있는 바와 같이 직류 배터리 입력전압(VDC1)이 10[V]이고 사이리스터가 순방향 바이어스 되어 있으므로 사이리스터에 게이트가 인가되면 부하 저항(R1)에 사이리스터의 도통 전압강하 0.7[V]를 뺀 9.3[V]의 전압(VR1)이 걸리고 있음을 알 수 있다. 그림 3-9 (b)의 위에서 두 번째 그림에서처럼 첫 번째 게이트 신호가 발생하면 사이리스터는 바로 온되고 이후에 발생하는 게이트 신호들은 사이리스터의 동작에 영향을 주지 않으며, 사이리스터가 순방향 바이어스 되어 있는 경우 앞에서 언급한 바와 같이 사이리스터의 턴 온 상태를 유지하기 위하여 그림에서처럼 게이트 펄스를 계속 인가할 필요는 없다. 그림 3-9 (b)의 위에서 세 번째 그림은 사이리스터 양단간에 걸리는 전압을 나타내고 있는 것으로, 첫 번째 게이트가 인가되기 전 스위치가 오프인 상태에서는 사이리스터에 10[V]의 전원 배터리 전압이 모두 걸리게 되고, 게이트가 인가되어 온되는 순간부터는 사이리스터의 도통 순방향 전압강하인 0.7[V]만 나타나게 됨을 알 수 있다. 그림 3-9 (b)의 마지막 그림은 사이리스터를 통해 부하 저항에 흐르는 전류 파형으로 스위치 오프시 전류가 흐르지 못하고 있다가 사이리스터가 온 되면서 부하 저항에 걸리는 전압 9.3[V]를 5[Ω]으로 나눈 1.86[A]의 전류 I1이 흐르게 됨을 보여주고 있다.

그림 3-10 (a)의 경우는 직류전원인 배터리의 극성이 반대로 되어 사이리스터에 역방향 바이어스(Reverse Bias)가 된 상태로, 사이리스터의 애노드 쪽에 −10[V]가 인가되고 캐소드 쪽은 그라운드로 연결되므로 애노드 쪽 전위가 캐소드 쪽 전위보다 낮은 경우이다. 이 경우에 있어서는 그림 3-10 (b)와 같이 게이트 신호가 인가되더라도 사이리스터는 온되지 못하고 계속 오프 상태를 유지하므로 부하 저항 R1에 걸리는 전압은 없으며(VR1 : 0[V]), 대신에 입력단 전압은 모두 사이리스터에 걸리게 되어 그림에서처럼 사이리스터 양단 간 전압이 −10[V] (V_Thyristor : −10[V])로 유지된다. 그림에서와 같이 부하 저항 R1에 흐르는 전류 I1은 0이 된다.

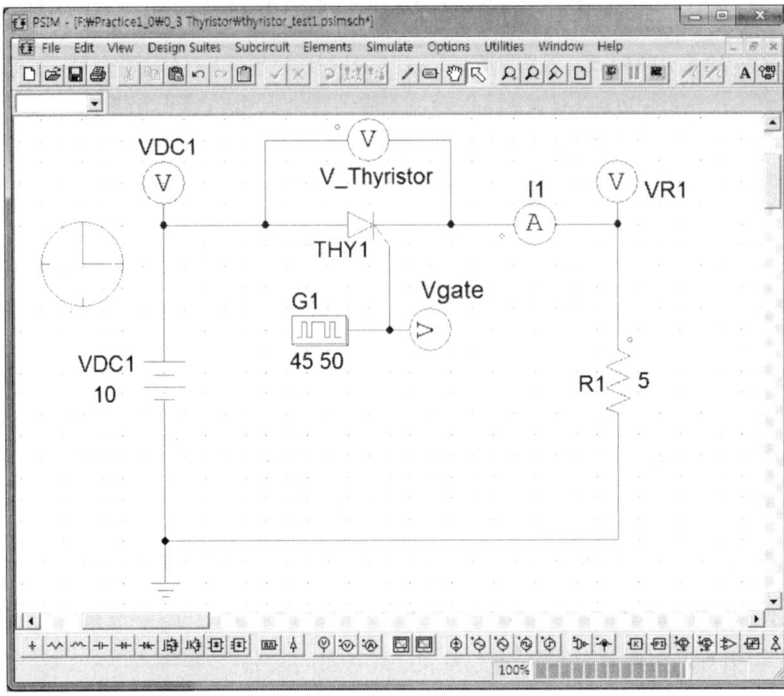

(a) 사이리스터 순방향 바이어스(Forward Bias) 상태

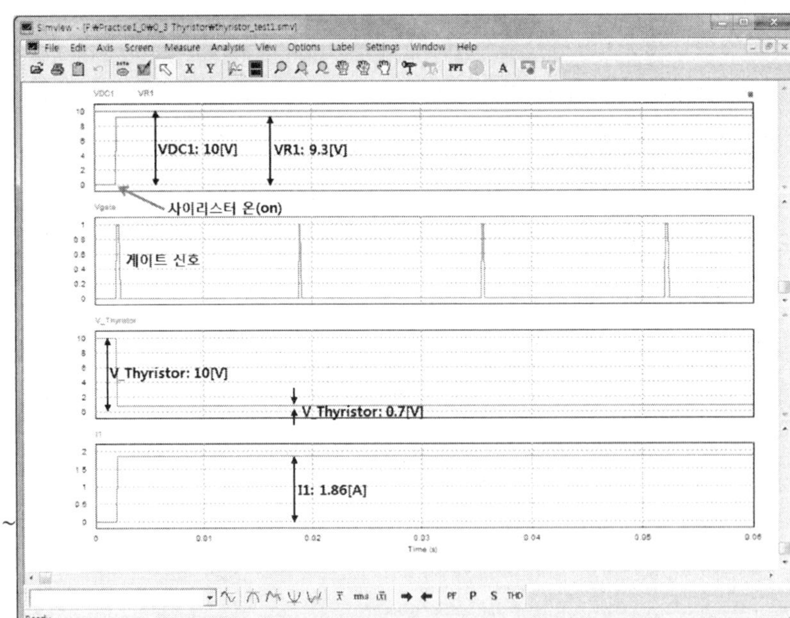

(b) 사이리스터 순방향 바이어스(Forward Bias)시 게이트 인가

그림 3-9 사이리스터 순방향 바이어스(Forward Bias)시 게이트 인가 테스트

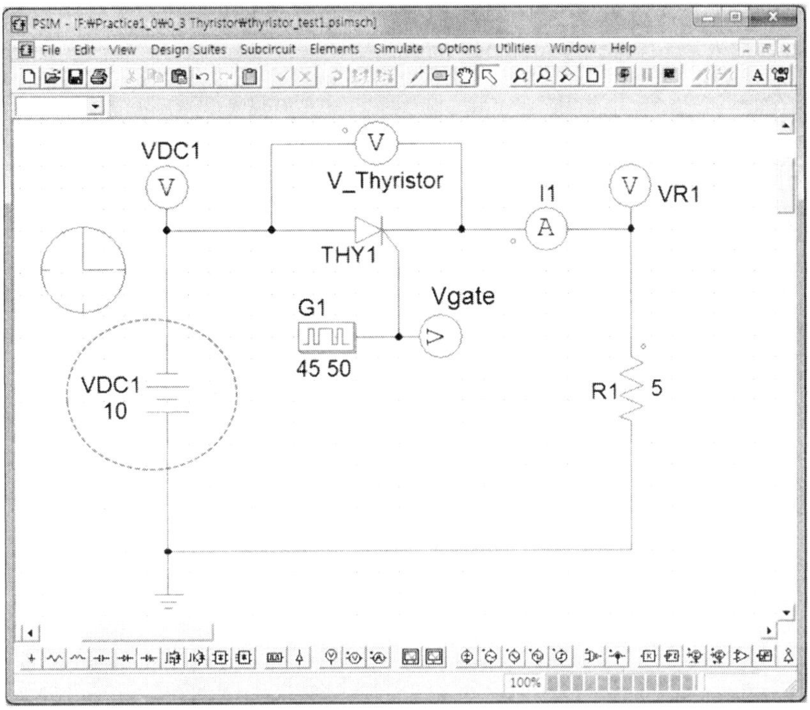

(a) 사이리스터 역방향 바이어스(Reverse Bias) 상태

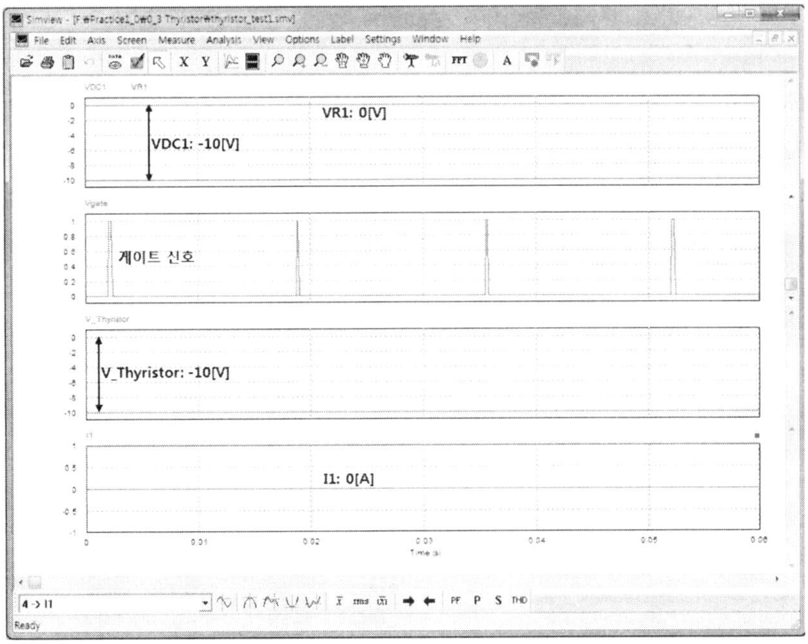

(b) 사이리스터 역방향 바이어스(Reverse Bias)시 게이트 인가

그림 3-10 사이리스터 역방향 바이어스(Reverse Bias)시 게이트 인가 테스트

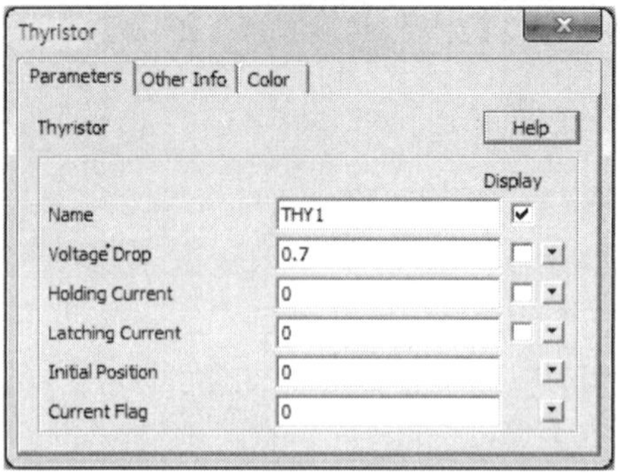

그림 3-11 PSIM의 사이리스터(Thyristor) 파라미터 설정

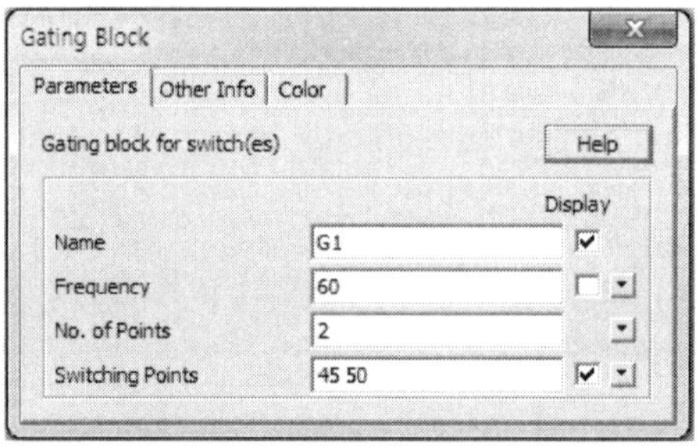

그림 3-12 PSIM의 Gating Block 파라미터 설정

사이리스터는 전력용량이 큰 분야에서 주로 사용되는데 흘려 줄 수 있는 전류와 저지전압(Blocking Voltage)의 크기가 크며, 스위칭 주파수는 약 10~20[kHz] 정도의 범위에서 사용된다. 트라이악(Triac)은 전류가 양방향으로 흐를 수 있는 사이리스터로 그림 3-13은 트라이악의 기호를 나타낸 것인데, 트라이악은 두 개의 사이리스터를 반대방향으로 해서 연결한 것과 같은 구조를 갖는다.

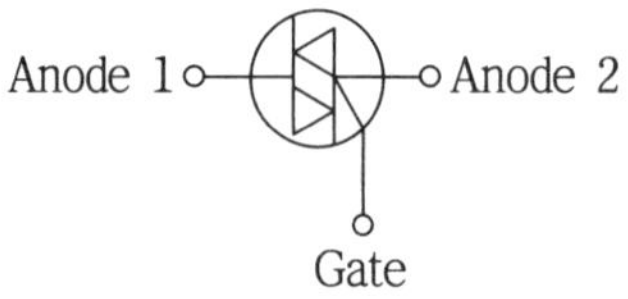

그림 3-13 트라이악 기호

3.1.3 GTO(Gate-Turn-Off Thyristor)

GTO는 게이트 턴 오프 사이리스터(Gate-Turn-Off Thyristor)라고 하며 턴 온과 턴 오프를 모두 제어할 수 있는 소자이다. GTO는 사이리스터와 같이 애노드-캐소드 간에 걸리는 전압이 양(순방향 바이어스)일 때 짧은 기간의 게이트 펄스 전류를 인가함으로써 온을 시킬 수 있고, 일단 스위치가 온이 된 상태에 있으면 GTO는 더 이상의 게이트 신호가 없어도 지속적으로 온 상태를 유지한다. 그러나 GTO가 사이리스터와는 다른 점은 음의 게이트-캐소드(Gate-Cathode) 전압을 인가함으로써, 즉 음의 게이트 전류를 통해서 스위치를 오프 시킬 수 있다는 점이다. 음의 게이트 전류는 수 [μs] 동안만 흘려주면 되나 전류의 크기는 보통 온 상태 애노드 전류의 1/3 정도로 상당히 커야 한다. 그림 3-14는 GTO 소자의 기호 및 전류-전압 특성(i-v 특성)을 보여준다.

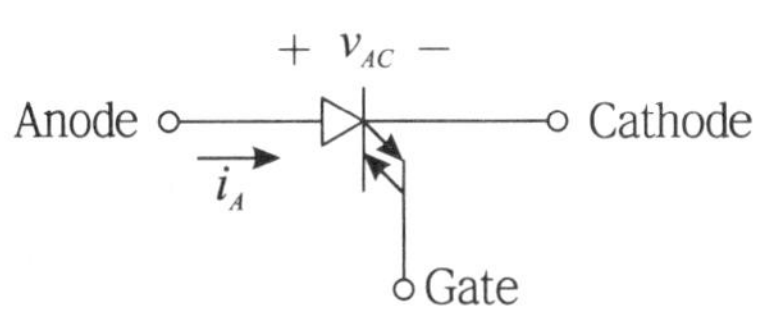

(a) GTO 기호

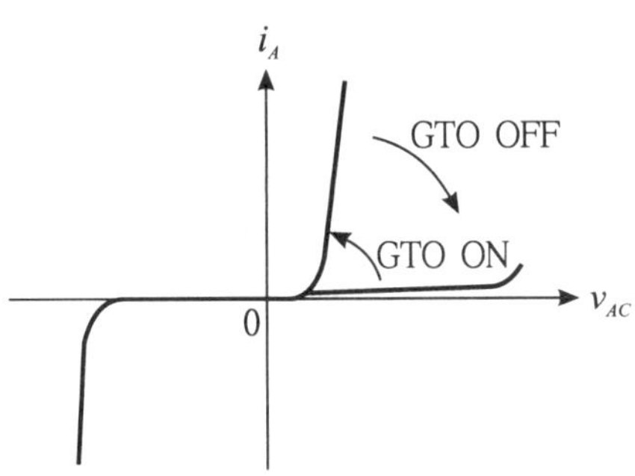

(b) 실제 GTO i-v 특성곡선

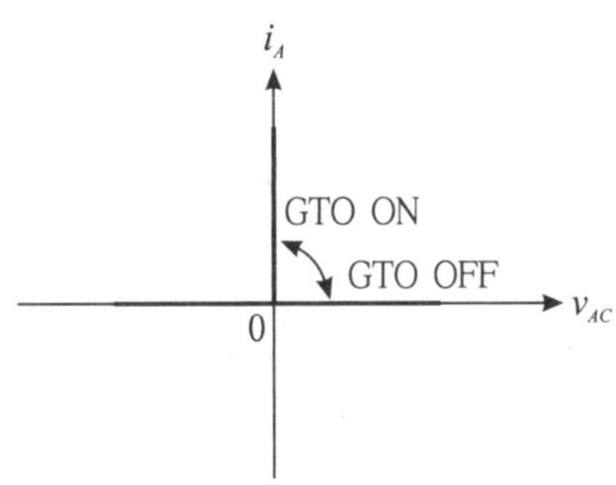

(c) 이상적인 GTO 특성곡선

그림 3-14 GTO 스위칭 소자의 기호 및 전류-전압 특성(i-v 특성)

3.1.4 MCT(MOS-Controlled Thyristor)

MCT는 두 개의 MOSFET와 하나의 사이리스터를 하나의 소자로 집적시킨 것으로, 두 개의 MOSFET가 하나의 사이리스터를 온, 오프 구동시키는 구조로 된 스위칭 소자이다. MCT는 GTO와 구조적인 면에서 등가적인 소자로 GTO의 특성을 많이 갖고 있다고 볼 수 있다. 그러나 MCT와 GTO의 큰 차이점은 GTO가 턴 온 및 턴 오프를 위해 크기가 큰 게이트 전류를 필요로 하는 것과는 달리, MCT는 게이트와 캐소드 간에 적절한 전압을 인가하여 턴 온 및 턴 오프 할 수 있으므로 GTO에 비하여 훨씬 간단한 구동 조건을 갖고 있다는 점이다. 또한 스위칭 속도 면에서도 MCT가 GTO에 비하여 훨씬 빠르다는 장점을 갖고 있으나, 단점으로는 MCT가 GTO에 비교하여 전류정격이 작다는 특징을 갖는다. MCT의 기호 및 전류-전압 특성(i-v 특성)은 그림 3-15에서 보여주고 있는 바와 같다.

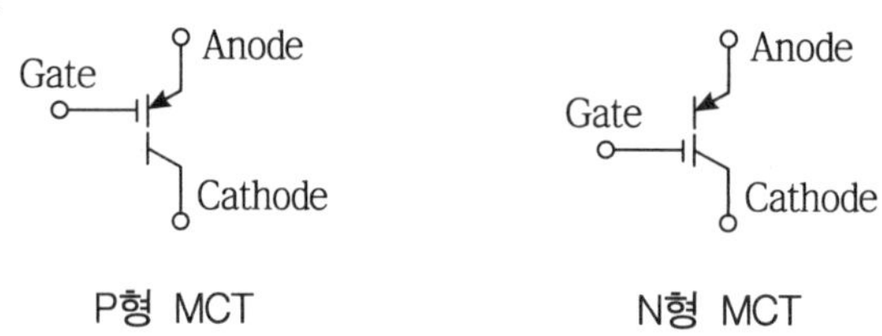

(a) MCT 기호

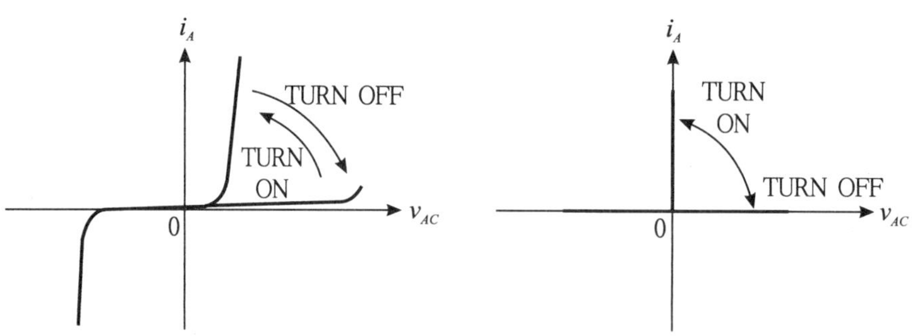

(b) 실제 MCT i-v 특성곡선　　(c) 이상적인 MCT 특성곡선

그림 3-15 MCT 소자의 기호 및 전류-전압 특성(i-v 특성)

3.1.5 BJT(Bipolar Junction Transistor)

NPN형 BJT(Bipolar Junction Transistor)에 대한 소자의 기호는 그림 3-16의 (a)와 같으며 트랜지스터는 세 개의 단자, 즉 컬렉터(Collector), 에미터(Emitter) 및 베이스(Base)를 갖는다. 전류 제어형 또는 전류 증폭형 소자로서 BJT(Bipoar Junction Transistor)는 소자의 온 상태를 유지하기 위해 베이스 전류를 연속적으로 공급해 주어야 한다. BJT의 실제 전류-전압 특성($i-v$ 특성)은 그림 3-16의 (b)에서 보여주고 있는 바와 같고 이상 소자의 특성은 그림 (c)에 나타나 있는 바와 같다. 전력전자회로에서는 일반적으로 BJT를 완전한 스위치 동작이 이루어지도록 주로 사용 하는데, 이는 BJT가 완전히 온 되거나 아니면 완전한 오프 상태가 되도록 트랜지스터를 능동역역(Active Region)이 아닌 포화영역(Saturation Region)에서 동작시키는 것을 의미한다. 그림 3-16 (b)의 $i-v$ 특성 곡선에서 충분히 큰 베이스 전류(i_B)는 소자를 완전한 온 상태가 되도록 만들며, 이것은 BJT 구동 회로가 BJT에 충분히 큰 베이스전류를 공급해 주고 있다는 것을 의미한다. 전력용 BJT의 경우 스위치 포화시 컬렉터-에미터(Collector-Emitter)간 전압은 보통 1~2[V]정도 내이며, 베이스 전류가 영(0)이면 BJT는 오프 상태가 된다. 한편, BJT를 완전히 온 시킬 수 있도록 충분한 베이스전류를 공급시킬 때 구동전류가 커져 구동회로 자체의 전력소모가 커지게 된다면, 이를 극복하기 위한 방법으로 그림 3-17과 같은 달링톤(Darling) 구조 또는 3중 달링톤 구조를 사용해 줄 수 있다. 달링톤 구조를 사용하면 두 개 또는 세 개의 BJT가 연결된 형태가 되어 전류이득이 각각의 BJT 이득을 곱한 값으로 나타나게 되므로 소자 구동에 필요한 실질적인 전류의 크기를 감소시키는 효과를 얻을 수 있게 된다.

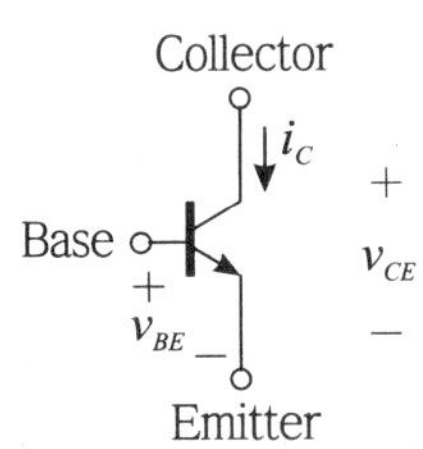

(a) BJT 기호

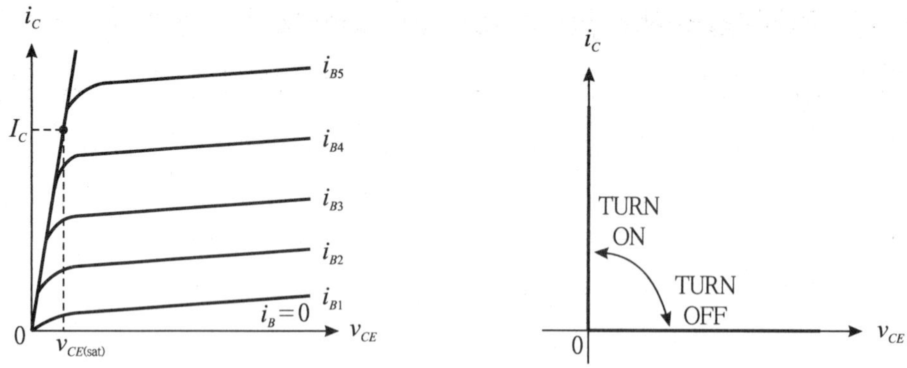

(b) 정상상태 전류-전압 특성　　　　(c) 이상적 특성

그림 3-16　NPN형 BJT 소자의 기호 및 전류-전압(i-v) 특성

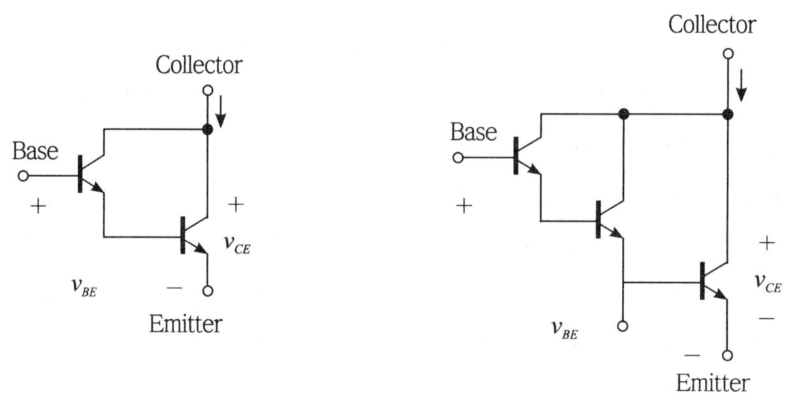

(a) 달링톤 구성　　　　(b) 삼중 달링톤 구성

그림 3-17　달링톤 구성을 갖는 BJT

그림 3-18은 PSIM을 이용한 트랜지스터 테스트 회로를 나타낸 것으로, 트랜지스터의 베이스에 인가되는 전압(VB)을 변경해 가면서 스위치의 동작 상태를 확인해 볼 수 있도록 하기 위한 것이다. PSIM을 이용한 트랜지스터 테스트 회로의 구성을 위해, PSIM이 제공하는 3-state NPN Transistor(NPN1)를 사용하도록 하였으며, 그 파라미터는 그림 3-19에 보여주고 있는 바와 같다. 아울러 PSIM의 NPN Transistor 구동을 위하여 Square(VB)가 사용되었으며 Square의 파라미터는 그림 3-20에 나타낸 바와 같고, 그림 3-21은 사용된 DC전원(Vcc)의 파라미터를 나타낸다. NPN Transistor(3-state)의 경우 Current Gain beta, Bias Voltage Vr 및

Vce(sat)를 파라미터로 하고 있으며, Current Gain beta는 트랜지스터 전류 이득 즉, 컬렉터 전류와 베이스 전류의 비인 $\beta = I_c/I_b$를 나타내는 것이며(여기에서는 100으로 설정), Bias Voltage Vr은 베이스와 에미터간 순방향 바이어스 전압을 나타내고, Vce(sat)은 컬렉터와 에미터간의 포화 전압(Saturation Voltage)을 정의한다. NPN Transist-or(3-state)를 구동하기 위하여 Square가 사용되었으며 파라미터 중 Vpeak_peak가 트랜지스터의 베이스 쪽으로 인가되는 전압의 크기를 정의한다. Vpeak_peak의 값 변경에 따라 저항(RB)를 통한 베이스 전류의 크기가 결정된다.

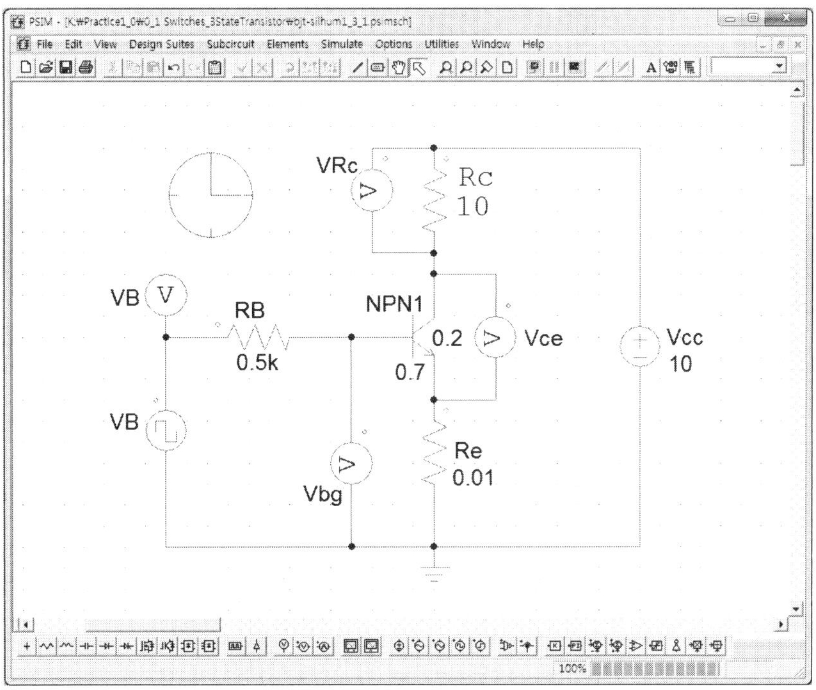

그림 3-18 PSIM을 이용한 트랜지스터 테스트 회로

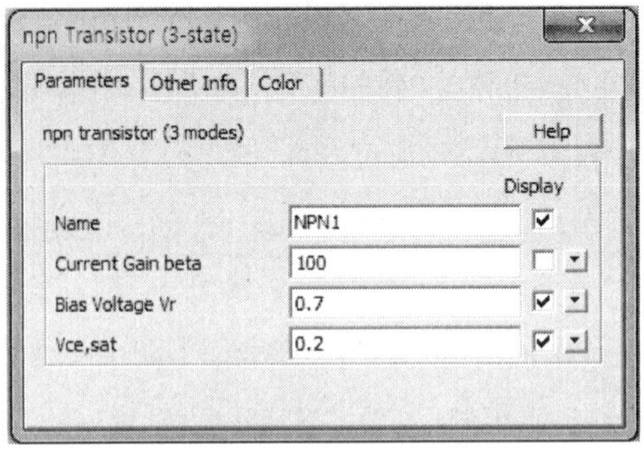

그림 3-19 PSIM의 NPN Transistor(3-state) Parameters

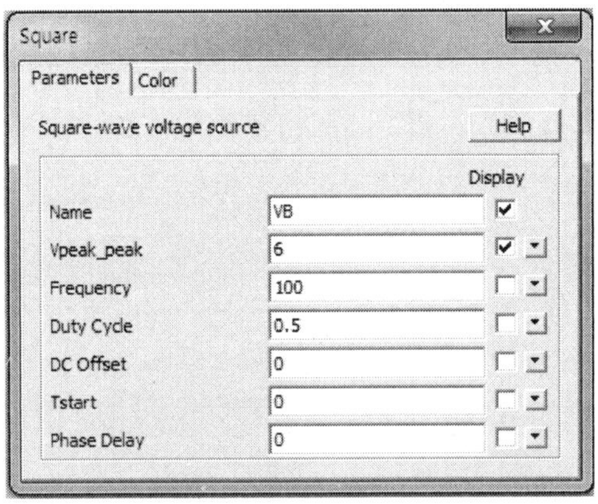

그림 3-20 PSIM의 Square에 대한 Parameters

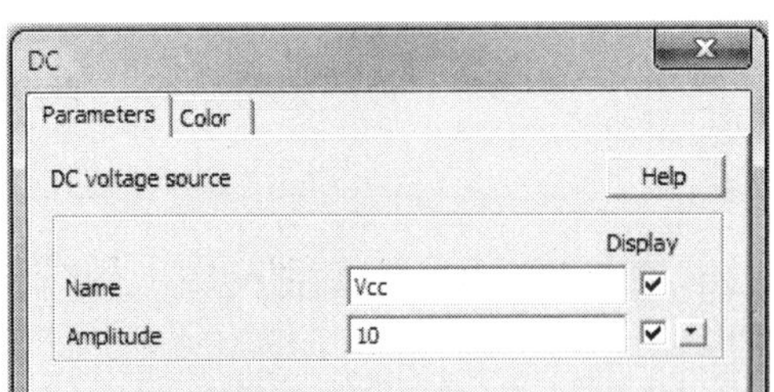

그림 3-21 PSIM의 DC 전원에 대한 Parameters

그림 3-22~그림 3-25는 트랜지스터의 베이스 단 저항(RB)에 인가되는 전압(VB)의 크기를 변경하면서 스위치 컬렉터와 에미터간의 전압(Vce)을 측정한 결과를 나타내는 것으로, 그림 3-22는 베이스 단 저항(RB) 인가 전압이 0인 경우를, 그

림 3-23은 2[V], 그림 3-24는 4[V], 그림 3-25는 6[V]인 경우를 각각 나타내고 있다. 이와 같이 베이스 단 저항에 입력되는 전압의 크기가 변경되면 트랜지스터의 베이스 단 쪽으로 흘러 들어가는 베이스 전류의 크기가 바뀌며 트랜지스터가 능동영역에서 동작하는 동안의 컬렉터 전류와 베이스 전류와의 비는 $\beta = I_c / I_b = 100$이 된다.

그림 3-22에서 베이스 단 저항(RB) 인가 전압이 0인 경우는 베이스 전류가 0이며 트랜지스터는 완전히 오프 상태이다. 따라서 컬렉터와 에미터 사이에 입력전압(Vcc) 10[V]가 모두 걸리게 된다. 그림 3-23의 경우 베이스 단 저항(RB) 인가 전압은 2[V]이며 이때 베이스 전류는 2.6[mA]이고 컬렉터 전류는 전류이득 β (Current Gain beta)에 해당하는 이의 100배인 260[mA]이며 컬렉터와 에미터 사이에 걸리는 전압은 약 7.4[V]이다. 이는 트랜지스터가 능동영역(Active Region)에서 동작하고 있다는 것을 보여주고 있는 것으로, 트랜지스터 컬렉터에 전류가 흐르면서 스위치 양단간에도 전압이 걸려있는 상태를 보여준다. 그림 3-24의 경우도 트랜지스터가 능동영역(Active Region)에서 동작하고 있는 경우로, 이때 베이스 단 저항(RB) 인가 전압은 4[V]이며, 베이스 전류는 6.6[mA], 컬렉터 전류는 660[mA]로 베이스 전류의 100배이고, 컬렉터와 에미터 사이에 걸리는 전압은 약 3.4[V]이다. 그림 3-25는 베이스 단 저항(RB)에 인가된 전압이 6[V]인 경우로 스위치가 완전히 온 되어 트랜지스터가 포화영역(Saturation Region)에 들어간 상태를 보여준다. 이때 컬렉터와 에미터 사이에 걸리는 전압은 0.2[V]로 이는 NPN Transistor (3-state) 파라미터 설정시 설정된 Vce(sat) 값이며, 스위치가 완전히 온 되었을 때 스위치 양단간(컬렉터-에미터 사이)에 걸리는 전압을 나타낸다. 이때 베이스 전류는 10[mA]이며 컬렉터 전류가 980[mA]로 스위치는 더 이상 전류 증폭기로 동작하지 않고 있음을 나타낸다. 따라서 트랜지스터를 전류 증폭기가 아닌 완전한 스위치로 동작시키기 위해서는 트랜지스터의 베이스로 흘러 들어가는 전류를 약 10[mA] 이상 되도록 해주면 된다. 이는 베이스에 0[A]와 10[mA] 이상 되는 전류의 반복적인 인가로 스위치를 포화영역에서 동작시켜 트랜지스터가 완전한 온, 오프를 반복하는 전형적인 스위치로 사용될 수 있음을 보여주는 것이다. 그림 3-26은 트랜지스터 베이스 저항에 인가하는 전압(VB)의 크기에 따른 컬렉터-에미터간 전압의 크기를 도표로 보여주고 있다.

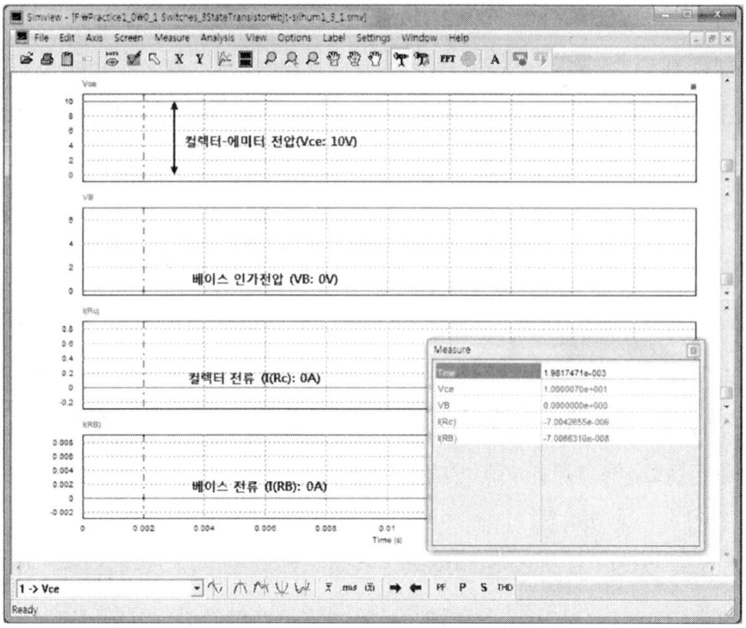

그림 3-22 트랜지스터 베이스 저항(RB) 인가 전압이 0[V] (VB : 0[V])인 경우 컬렉터-에미터 전압, 컬렉터 전류 및 베이스 전류

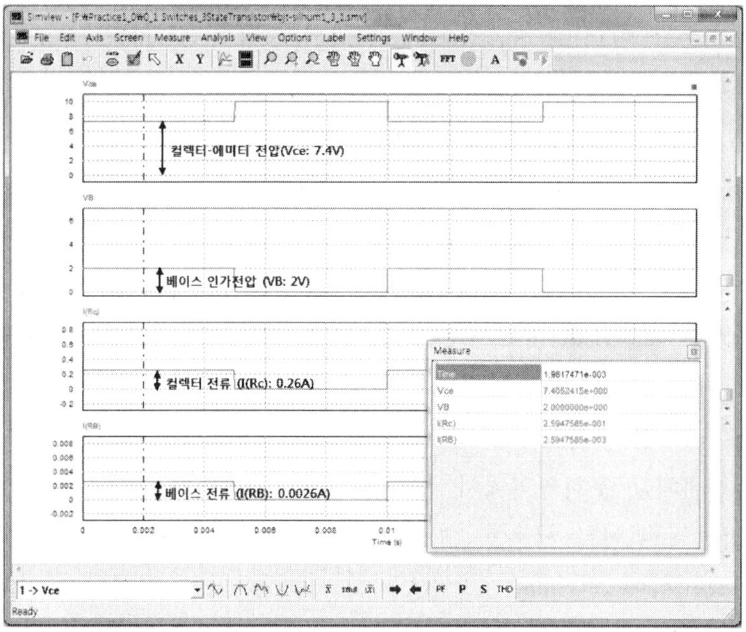

그림 3-23 트랜지스터 베이스 저항(RB) 인가 전압이 2[V] (VB : 2[V])인 경우 컬렉터-에미터 전압, 컬렉터 전류 및 베이스 전류

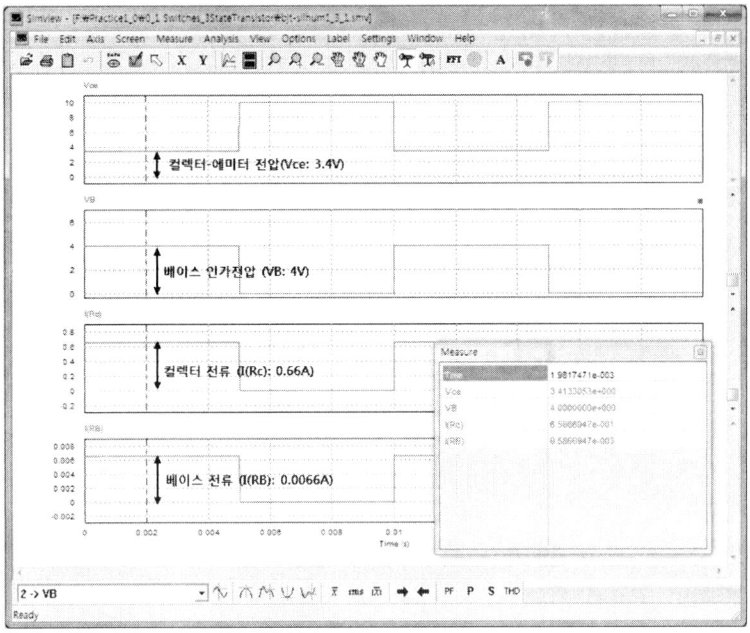

그림 3-24 트랜지스터 베이스 저항(RB) 인가 전압이 4[V] (VB : 4[V])인 경우 컬렉터-에미터 전압, 컬렉터 전류 및 베이스 전류

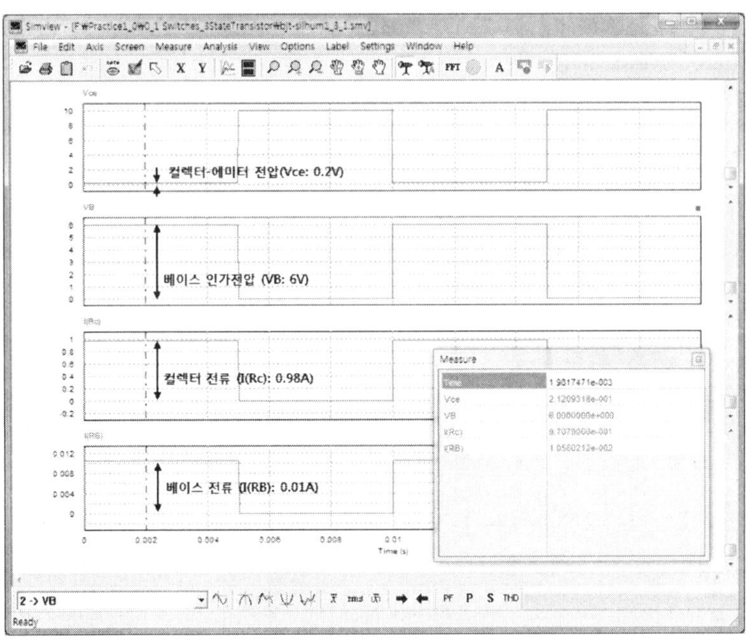

그림 3-25 트랜지스터 베이스 저항(RB) 인가 전압이 6[V] (VB : 6[V])인 경우 컬렉터-에미터 전압, 컬렉터 전류 및 베이스 전류

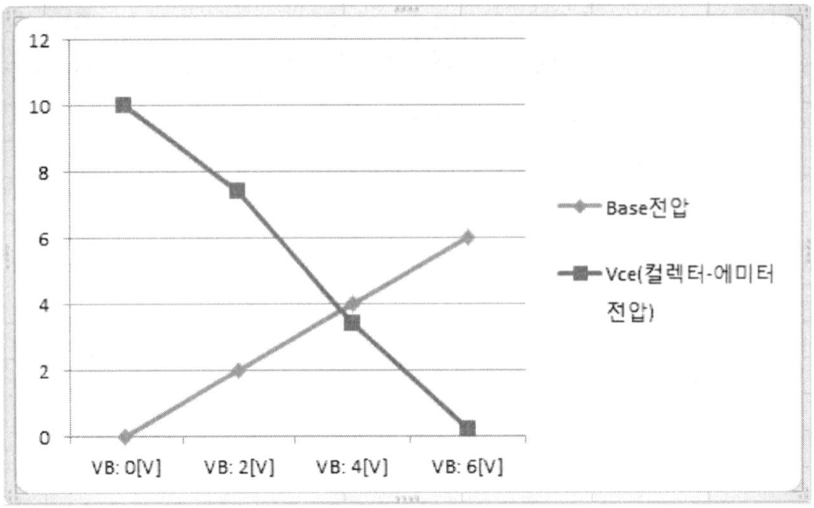

그림 3-26 트랜지스터 베이스 저항 인가 전압(VB)에 따른 컬렉터-에미터간 전압 크기

3.1.6 MOSFET(Metal-Oxide-Semiconductor Field Effect Transistor)

MOSFET는 Metal-Oxide-Semiconductor Field Effect Transistor로서 전압 제어형 소자(Voltage-Controlled Device)이다. n-채널 MOSFET의 기호는 그림 3-27 (a)에 보여주고 있는 바와 같으며 실제 소자의 전류-전압 특성곡선(i-v 특성곡선)은 그림 3-27 (b), 이상적인 스위치 동작 특성은 그림 3-27 (c)에 나타낸 바와 같다. MOSFET의 3개의 다리는 각각 드레인(Drain), 소스(Source) 및 게이트(Gate) 단자이며, 전압 제어형 소자라고 하는 것은 게이트와 소스 단자 사이에 전압을 인가하고 안하고에 따라 온, 오프가 결정된다는 것을 의미한다. 따라서 MOSFET를 턴 온 및 턴 오프하기 위한 구동회로는 전류 구동형인 BJT의 경우 보다 간단한데, MOSFET는 게이트-소스간 전압이 충분히 크게 되면 스위치로서 완전히 온된 상태가 되고, 드레인-소스간 전압강하는 드레인-소스간 저항($R_{DS(on)}$)에 의한 전압강하를 제외하고는 거의 0에 가깝게 줄어들게 된다. MOSFET를 온 상태로 유지하기 위해서는 적절한 크기의 게이트-소스간 전압을 연속적으로 인가하여야 하며, MOSFET가 온 상태에서 오프 상태로 바뀌는 순간이나 게이트 커패시터가 충전되거나 방전되는 등의 순간을 제외하면 게이트 전류는 거의 흐르지 않게 된다. MOSFET의 경우 스위칭 시간은 매우 짧으며 소자의 형에 따라 수십 [ns]~수백

[ns]의 범위로 빠른 스위칭 속도를 갖는다. 참고적으로 그림 3-27 (a)의 MOSFET 기호에서 보여주고 있는 다이오드는 MOSFET 패키지(Package) 안에 내장되어 있는 역병렬 다이오드를 나타내고 있는 것이다.

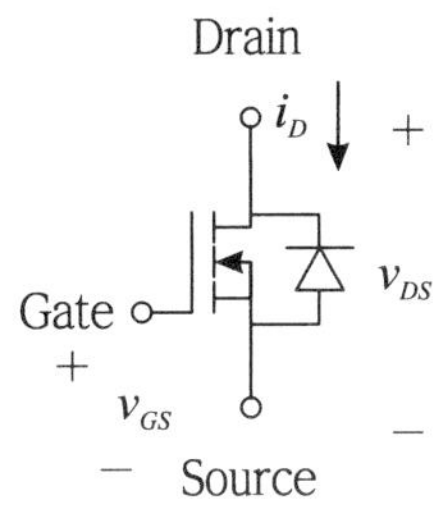

(a) N-채널 MOSFET 기호

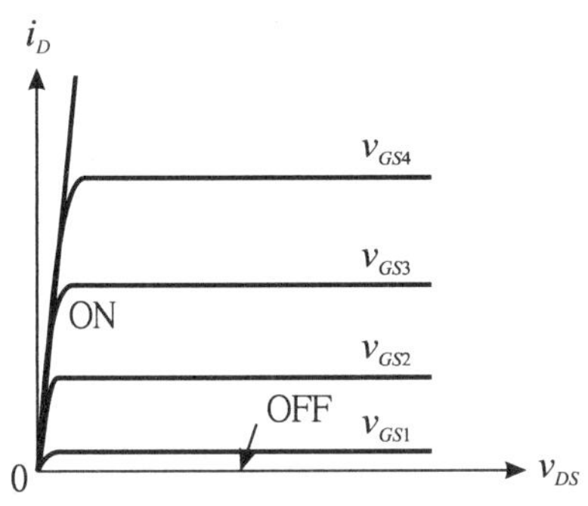

(b) 전류 - 전압 특성

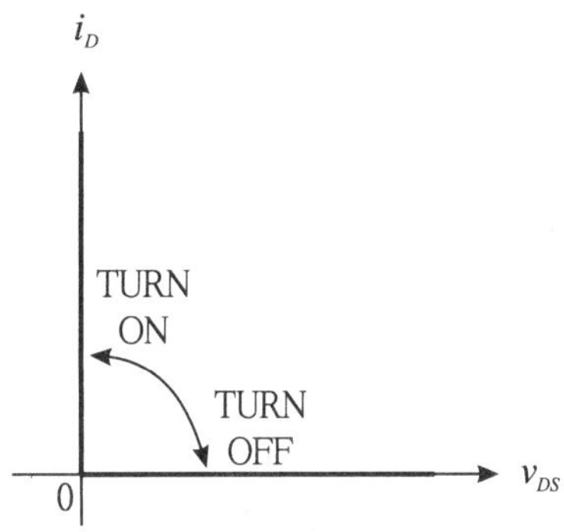

(c) 이상적 특성

그림 3-27 MOSFET 기호 및 전류 - 전압 특성(i-v 특성)

3.1.7 IGBT(Insulated Gate Bipolar Transistor)

IGBT는 Insulated Gate Bipolar Transistor라고 하며, MOSFET, BJT 및 GTO의 장점을 모아 만든 스위칭 소자로 볼 수 있다. IGBT의 스위칭 또는 구동을 위하여 아주 작은 양의 에너지만을 필요로 한다는 것은 MOSFET가 가지는 장점과 비슷한 점이며, 큰 전압 정격의 소자일지라도 아주 작은 값의 온 상태 전압강하를 나타내기 때문에 보다 큰 전류를 흘릴 수 있다는 점은 BJT가 가지는 장점과 닮은 점이다. 뿐만 아니라 IGBT는 GTO와 비슷하게 역전압 저지 특성을 갖는다. IGBT에 존재하는 3개 단자는 각각 컬렉터(Collector), 에미터(Emitter) 및 게이트(Gate)

단자이고, IGBT의 경우 그 구동회로는 MOSFET와 같고 스위치의 온 상태 특성은 BJT와 유사하다. IGBT의 소자 기호, 전류-전압 특성(i-v 특성) 및 이상적 특성은 그림 3-28의 (a)~(d)에 보여주고 있는 바와 같으며, 그림의 기호에서 보여주고 있는 다이오드는 MOSFET 스위칭 소자에서 언급되었던 바와 마찬가지로 IGBT의 패키지(Package) 내에 내장되어 있는 역병렬 다이오드를 나타내고 있는 것이다.

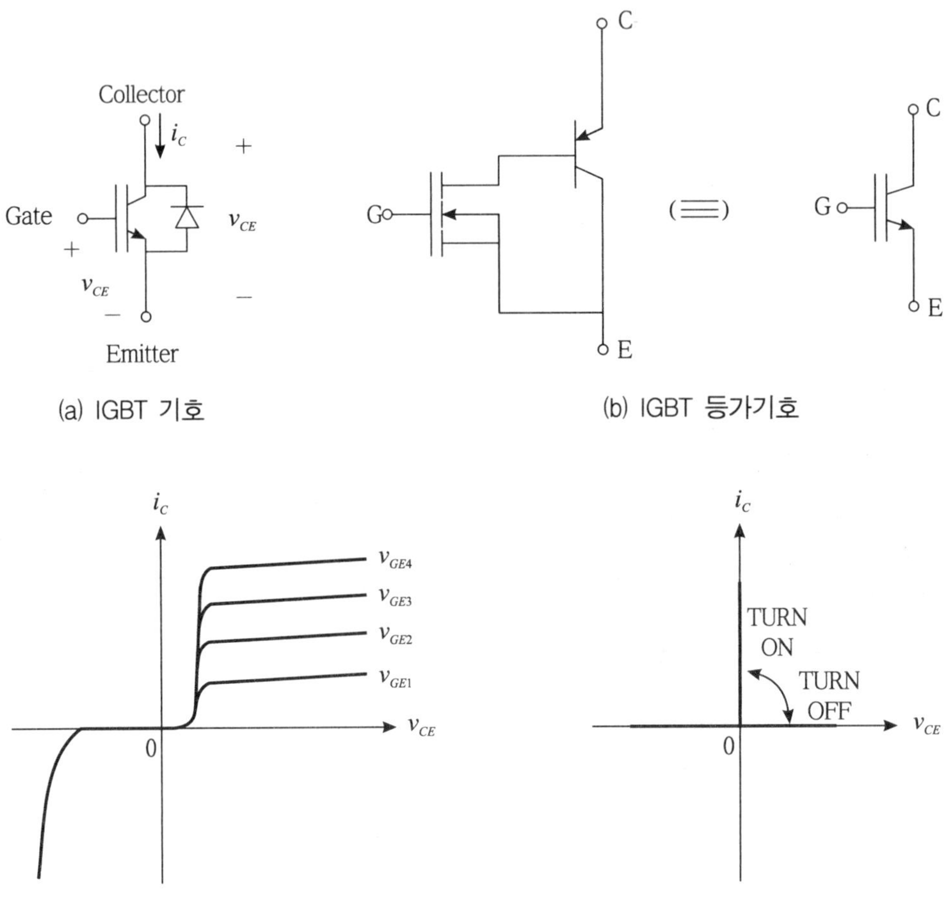

(a) IGBT 기호

(b) IGBT 등가기호

(c) 전류 - 전압 특성

(d) 이상적 특성

그림 3-28 IGBT 소자의 기호 및 전류 - 전압 특성(i-v 특성)

3.2 반도체 스위치 온-오프 시험

반도체 스위치의 온-오프 특성을 확인해 보기 위해서 아래와 같이 다이오드와 MOSFET 스위치를 대상으로 온-오프 시험을 진행해 보도록 한다. 다이오드의 경우 순방향 바이어스가 걸리면 온 되고, 역 바이어스가 걸리면 오프 되는 것을 실험을 통해 확인해 보고, MOSFET의 경우에는 드레인(Drain)과 소스(Source) 단자 사이에 전압원을 연결해 놓고 게이트(Gate) 단자와 소스(Source) 사이에 공급하는 게이트 전압의 크기에 따라 스위치가 어떻게 동작하는지 확인해 보도록 한다.

3.2.1 다이오드의 온-오프 시험

실제적인 다이오드 턴 온 및 턴 오프 시험을 위해서 그림 3-29와 같은 회로를 구성하여 다이오드가 켜지고 꺼지는 것을 실지로 경험해 볼 수 있도록 한다. 그림 3-29의 실험 회로는 다이오드, 저항 및 LED와 직류전원장치(DC Power Supply)를 직렬로 연결한 실험 구성도를 나타낸다. 직류전원장치를 이용한 전원 전압(Vd)이 다이오드에 순방향으로 인가되도록 그림 3-29의 (a)와 같이 연결하고, 직류전원장치의 전압을 서서히 증가 시키게 되면 LED에 불이 들어오는 것을 확인 할 수 있으며, 이때 다이오드와 LED가 턴 온 되었다는 것을 확인 할 수 있다. 반대로 그림 3-29의 (b)와 같이 직류전원장치를 통한 인가 전압이 다이오드에 역방향이 되도록 연결하면 다이오드와 LED가 턴 오프 되어 LED에 불이 들어오지 않게 된다. 직류전원을 다이오드와 LED에 대하여 순방향 바이어스가 되도록 연결한 경우 다이오드와 LED가 갖는 순방향 전압강하 이상의 전압이 각각 걸리도록 직류전원장치의 전압을 조정하면 다이오드와 LED가 도통되면서 LED에 불이 들어오게 되고, 다이오드와 LED가 갖는 전체 순방향 전압강하의 크기는 $V_{fd}+V_{fLED}=V_{dc}-V_R$와 같다. 이때 LED에 불이 들어오는 순간의 V_{dc} 전압을 측정한 후, 그림 3-29의 (b)와 같이 직류전원장치의 +, -단자를 반대로 하여 회로에 연결하고, 같은 크기의 V_{dc} 전압을 인가하면 다이오드와 LED는 역 바이어스 되어 도통되지 않음을 LED에 불이 들어오지 않는 것으로부터 확인 할 수 있다.

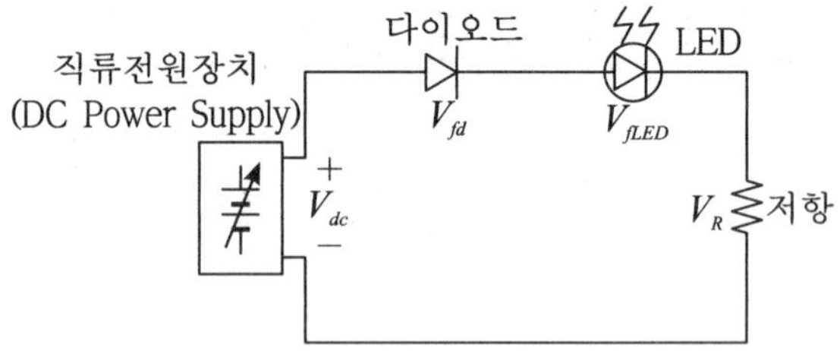

(a) 다이오드가 순방향 바이어스(Forward Bias) 된 경우

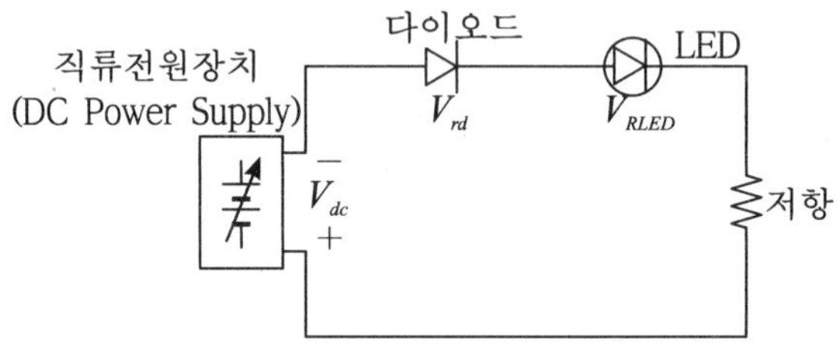

(b) 다이오드가 역방향 바이어스(Forward Bias) 된 경우

그림 3-29 다이오드의 턴 온 및 턴 오프 시험회로 구성

3.2.2 MOSFET 온-오프 시험

MOSFET의 온-오프 동작 특성을 확인하기 위하여 그림 3-30과 같은 시험회로를 구성하여 본다. 우선 기본적으로 MOSFET와 저항 R_L을 직류전원장치의 공급전압(V_{dc})과 직렬로 연결하며, 게이트 전압 V_g는 게이트 저항 R_g를 통해 MOSFET의 게이트에 인가되도록 하는데, 스위치의 온-오프 특성을 확인하기 위하여 그 크기에 대한 가변이 가능하도록 구성한다. 여기에서 실험을 위해 사용한 MOSFET는 드레인-소스간 정격전압 100[V], 드레인 정격 전류 28[A] 및 드레인-소스간 온 저항($R_{DS(on)}$) 77[mΩ]을 갖는 International Rectifier 사의 IRF540이다. MOSFET의 온-오프 동작 특성 확인을 위하여 게이트-소스간 전압(V_{gs})을 0[V]부터 조금씩 상승시켜가면서 MOSFET의 드레인-소스간 전압 V_{ds}의 크기를 측정해 보도록 하는데, 이때 실험에 있어서 그림 3-30과 같은 직류전원장치의 공급전압 V_{dc}에는 10[V]가 인가 되도록 하고, 부하저항 R_L에는 저항값 10[Ω]이 사용되도록 한다.

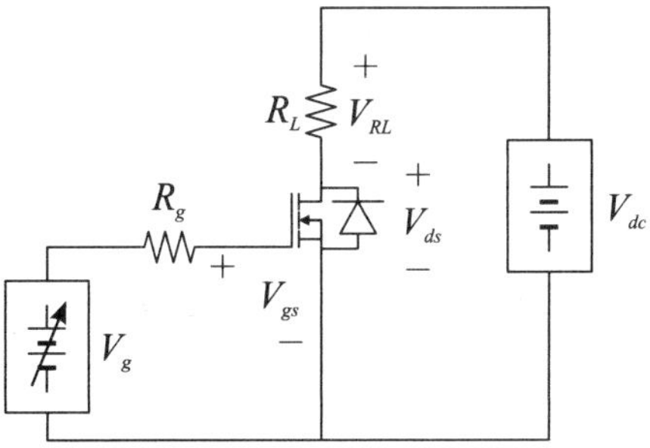

그림 3-30 MOSFET의 턴 온 및 턴 오프 시험회로 구성

그림 3-31~그림 3-35는 MOSFET 게이트-소스간 접압 V_{gs}에 따른 드레인-소스간 전압 V_{ds}의 파형을 나타낸 것으로, 그림 3-31은 MOSFET 게이트-소스간 접압 V_{gs}가 0[V]인 경우 드레인-소스간 전압 V_{ds}의 파형을 나타낸다. 그림 3-32는 게이트-소스간 접압이 3.5[V]일 때 드레인-소스간 전압 파형을, 그림 3-33은 게이트-소스간 인가 접압이 4[V]인 경우, 그림 3-34는 게이트-소스간 접압이 4.5[V], 그림 3-35는 게이트-소스간 접압이 5[V]인 경우에 대한 각각의 드레인-소스간 전압 파형을 나타내고 있다. 그림 3-31에서 보여 주고 있는 바와 같이 게이트-소스간 접압이 0[V]인 경우 드레인-소스간 전압은 입력 공급전압(V_{dc}) 10[V]와 동일하며 이는 MOSFET가 완전히 오프되어 있는 상태임을 나타낸다. 한편, 그림 3-32~그림 3-34에서와 같이 게이트-소스간 접압이 각각 3.5[V], 4[V], 4.5[V]인 경우는 드레인-소스간 전압이 각각 9[V], 6[V], 1.5[V]로 MOSFET에 전류가 흐르면서 드레인-소스간에도 전압이 걸려있는 상태가 되며, 이는 게이트-소스간 접압이 커질수록 MOSFET의 드레인 전류가 증가하면서 저항 R_L에 걸리는 전압이 커지고 드레인-소스간 전압(V_{ds})은 줄어들게 됨을 확인할 수 있게 해준다. 그림 3-35는 게이트-소스간 접압이 5[V]인 경우로 이 경우에는 드레인-소스간 전압(V_{ds})은 거의 0이 되고 MOSFET는 완전히 온된 상태로, 주어진 회로에서 MOSFET의 게이트-소스간 전압을 정격이 허용하는 이내로 5[V] 이상 인가하면 MOSFET를 완전한 온 상태로 만들어 줄 수 있음을 확인 할 수 있다. 그림 3-36은 시험 대상 MOSFET의 게이트-소스간 접압 크기에 따른 드레인-소스간 전압의 크기를 도표로 나타낸 것이다.

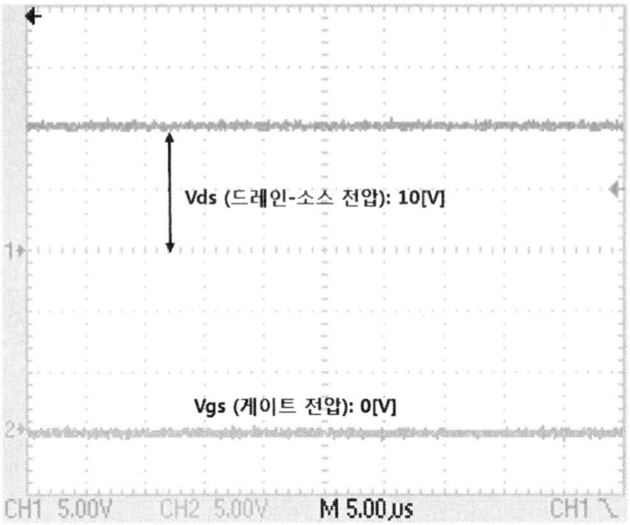

그림 3-31 MOSFET 게이트-소스간 접압이 0[V](V_{gs} : 0[V])인 경우 드레인-소스간 전압(V_{ds}) 파형

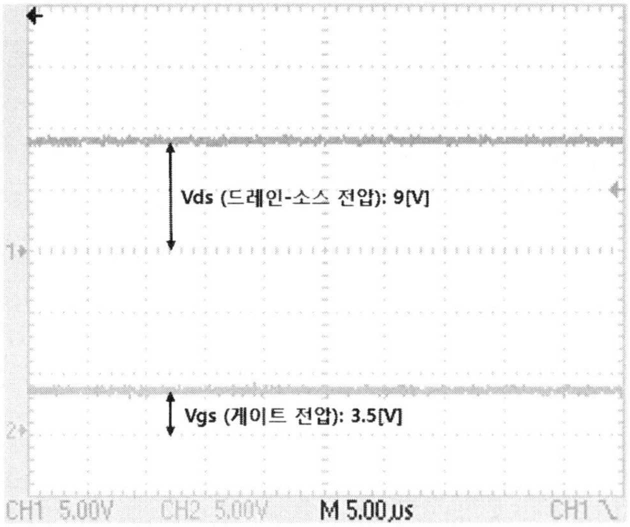

그림 3-32 MOSFET 게이트-소스간 접압이 3.5[V](V_{gs} : 3.5[V])인 경우 드레인-소스간 전압(V_{ds}) 파형

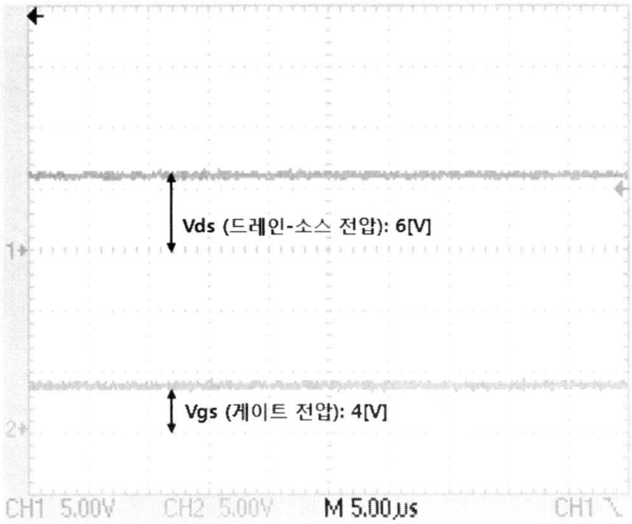

그림 3-33 MOSFET 게이트-소스간 접압이 4[V](V_{gs} : 4[V])인 경우 드레인-소스간 전압(V_{ds}) 파형

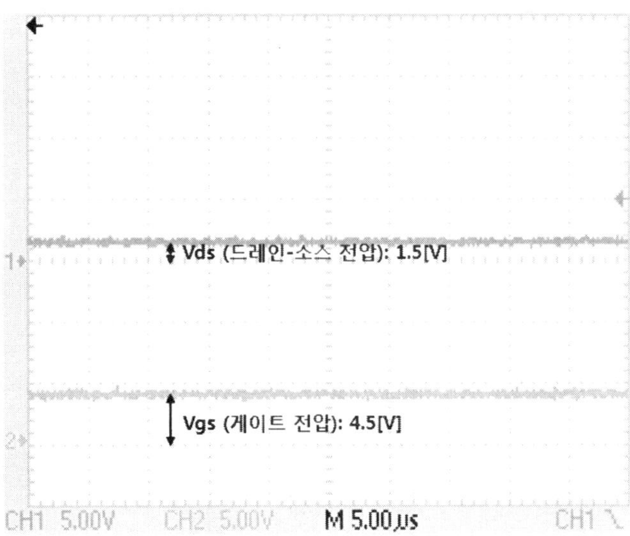

그림 3-34 MOSFET 게이트-소스간 접압이 4.5[V](V_{gs} : 4.5[V])인 경우 드레인-소스간 전압(V_{ds}) 파형

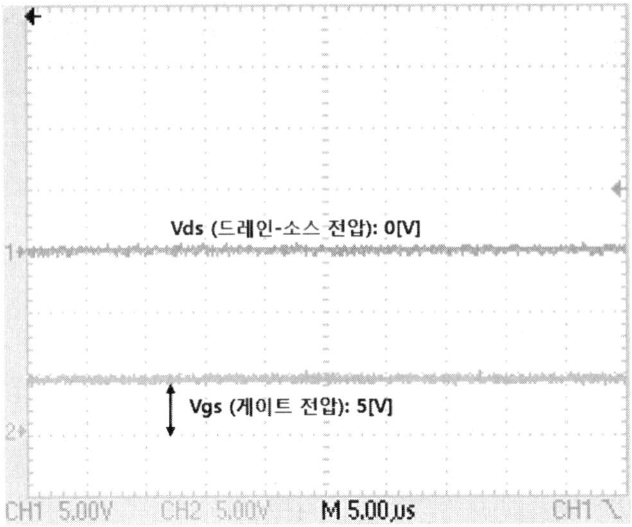

그림 3-35 MOSFET 게이트-소스간 접압이 5[V](V_{gs} : 5[V])인 경우 드레인-소스간 전압(V_{ds}) 파형

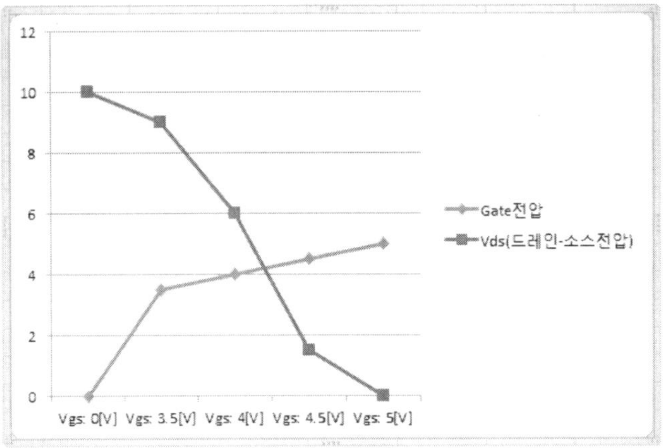

그림 3-36 MOSFET 게이트-소스간 접압 크기에 따른 드레인-소스간 전압

제 4 장 정류회로 PSIM 시뮬레이션 실습

교류를 직류로 변환하는 회로를 교류-직류 전력 변환기로서 정류회로 또는 정류기(Rectifier)라 한다. 정류기는 교류전원의 상수에 따라 단상 및 3상 정류회로로 분류할 수 있으며, 교류전원의 음의 반파가 양의 값으로 정류되어 출력측에 나타나는지 아닌지에 따른 전파 정류회로 및 반파정류 회로가 있다. 그리고 정류회로에 비제어 소자인 다이오드를 사용함으로써 출력이 전원과 회로 상태에 의해서 결정되는 비제어 정류회로가 있고 다이오드 대신에 제어가 가능한 스위칭 소자를 사용해 줌으로써 출력의 크기를 원하는 값으로 제어할 수 있는 제어 정류회로가 있다. 이상에서와 같은 방식으로 정류기를 분류해 보면 다음과 같다.

① 교류 입력의 상수에 의한 분류
- 단상 정류기 : 입력전원이 단상인 정류기
- 3상 정류기 : 입력전원이 3상인 정류기

② 전원의 음의 반파가 양의 값으로 정류되어 출력에 나타나는지에 따른 분류
- 반파 정류기 : 전원의 음의 반파가 출력에 나타나지 않는 정류기
- 전파 정류기 : 전원의 음의 반파가 양의 값으로 정류되어 출력에 나타나는 정류기

③ 출력을 원하는 대로 제어할 수 있는지에 따른 분류
- 비제어 정류기 : 출력을 원하는 대로 제어할 수 없는 정류기
- 제어 정류기 : 출력을 원하는 대로 제어할 수 있는 정류기

4.1 단상 반파 비제어 정류회로 실습

반파 정류기는 교류전원의 음의 반파가 출력측에 반영되지 않는 정류기로서 저전력회로에 응용될 수 있으나 출력측 전압 맥동이 큰 단점 등이 있어 실제 응용회로의 사용에는 여러 가지 제약이 있을 수 있다. 단상 반파 정류회로는 입력전원이

단상인 경우로 제어할 수 없는 반도체 스위치인 다이오드를 사용하는 경우의 반파 정류기를 단상 반파 비제어(다이오드) 정류기라 하며, 제어가 가능한 반도체 스위치를 사용하는 경우는 단상 반파 제어 정류기라 한다.

(1) 저항 부하를 갖는 단상 반파 비제어(다이오드) 정류회로 실습

가. 저항 부하를 갖는 단상 반파 비제어 정류기 개요

비제어 소자 즉, 다이오드를 사용하는 비제어 정류회로는 출력이 전원과 회로의 상태에 따라 결정되는 정류회로이다. 그림 4-1 (a)는 입력 전원이 단상이고 저항 부하를 갖는 반파 비제어 정류회로를 보여주고 있으며, 그림에서와 같이 단상 반파 비제어 정류회로는 하나의 다이오드를 사용하여 구성된다. 그림에서와 같이 부하가 순 저항만을 가지고 있다면 출력전압은 그림 4-1 (b)의 왼쪽 그림에서 보여주고 있는 $v_o(t)$와 같이 나타난다. 다이오드는 회로조건에 따라 교류 입력 $v_s(t)$가 양(+)으로 될 때 순방향 바이어스(Forward Bias)가 걸리게 되며 이 동안에 다이오드는 온되고 부하 저항에 입력 전압이 그대로 출력으로 나타나게 된다. 다이오드가 이상적인 소자라고 가정한다면 순방향 바이어스 되어 온되어 있는 다이오드의 양단간 전압은 0이 되고(실제 다이오드의 경우는 대략 순방향 전압강하 0.7[V] 존재) 전류는 다이오드 애노드 쪽에서 캐소드 쪽으로 흐르게 된다. 반면 교류 입력 $v_s(t)$가 음으로 되는 구간에서는($\pi \sim 2\pi$ 구간) 다이오드에는 역방향의 음(−)의 전압이 걸려 역 바이어스(Reverse Bias)되며, 이 경우에는 다이오드가 오프되어 부하저항에는 전압이 나타나지 않고 0이 되나, 역방향으로 바이어스로 다이오드가 오프되면 전원전압이 모두 다이오드에 걸리므로 다이오드에 걸리는 전압파형은(그림 4-1의 $v_D(t)$) 전원전압을 그대로 따라가는 것으로 나타난다. 따라서 다이오드 오프시 다이오드에 걸리는 전압은 전원전압과 같은 음(−)의 값을 갖게 되고, 그림 4-2 (b)의 오른쪽 그림에서와 같이 다이오드에 걸리는 최대 역전압(V_{PRV} : Peak Reverse Voltage)은 전원전압의 최대치에 해당한다. 결과적으로 저항부하를 갖는 단상 반파 비제어 정류기의 출력에는 전원전압의 양의 반파만이 나타나게 된다.

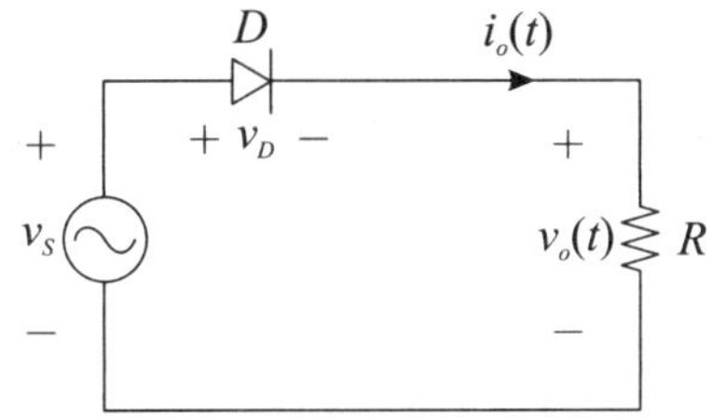

(a) 저항 부하를 갖는 단상 반파 비제어 정류회로

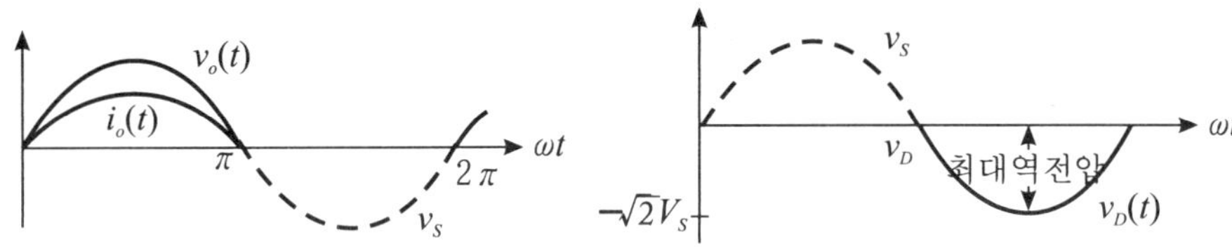

(b) 출력전압, 전류 및 다이오드 전압 파형

그림 4-1 저항 부하를 갖는 단상 반파 비제어 정류회로 및 파형

저항만을 부하로 갖는 단상 반파 다이오드 정류회로의 평균 출력전압은 입력 전원전압을 $v_s(\omega t) = V_m \sin\omega t = \sqrt{2}\, V_{SR} \sin\omega t$라 했을 때 직류성분인 평균 출력전압 $V_{o_{AVG}}$는 식 (4-1)과 같다.

$$V_{o_{AVG}} = \frac{1}{2\pi}\int_0^{\pi} V_m \sin\omega t\, d\omega t = \frac{V_m}{\pi} = \frac{\sqrt{2}\, V_{SR}}{\pi} = 0.45\, V_{SR} \tag{4-1}$$

여기서 V_m은 전원전압의 최대치이며 V_{SR}은 전원전압의 실효치이다. 식 (4-1)로부터 반파 다이오드 정류기의 평균 출력값은 전원전압 실효치의 45[%] 정도임을 알 수 있으며, 순 저항만으로 구성된 부하에 대한 전류의 평균값은 출력전압에 대한 평균값을 저항의 크기로 나눠 준 값으로서 식 (4-2)와 같이 얻을 수 있다.

$$I_{o_{AVG}} = \frac{V_{o_{AVG}}}{R} = \frac{0.45\, V_{SR}}{R} \tag{4-2}$$

한편, 정현파 입력 전압을 갖는 반파 비제어 정류기의 출력전압에 대한 실효치 V_{o_R}은 그림 4-1 (b) 왼쪽 그림에 나타나 있는 파형으로부터 식 (4-3)과 같이 얻어지고, 부하전류의 실효치 I_{o_R}은 식 (4-3)을 통한 실효치 전압 V_{o_R}을 저항 R로 나누어 줌으로써 식 (4-4)와 같이 나타내 줄 수 있다.

$$V_{o_R}=\sqrt{\frac{1}{2\pi}\left[\int_0^{\pi} V_m^{\,2}\sin^2\omega t\,d\omega t+\int_{\pi}^{2\pi}0^2\,d\omega t\right]}$$

$$=\sqrt{\frac{1}{2\pi}\int_0^{\pi} V_m^{\,2}\sin^2\omega t\,d\omega t}=\frac{V_m}{2}=\frac{V_{SR}}{\sqrt{2}} \tag{4-3}$$

$$I_{o_R}=\frac{V_{o_R}}{R}=\frac{V_m}{2R}=\frac{\sqrt{2}\,V_{SR}}{2R}=\frac{0.707\,V_{SR}}{R} \tag{4-4}$$

따라서, 그림 4-1 (a) 회로상의 저항에서 소비되는 전력은 식 (4-3) 또는 식 (4-4)를 이용하여 다음 식 (4-5)와 같이 계산 될 수 있다.

$$P=I_{o_R}^{\,2}R=\frac{V_{o_R}^{\,2}}{R} \tag{4-5}$$

나. 저항 부하를 갖는 단상 반파 비제어 정류기 실습

저항 부하를 갖는 반파 비제어 정류회로의 PSIM 실습을 위하여 그림 4-2와 같은 Schematic 회로를 작성한다. 정류회로는 교류를 직류로 변환하는 전력변환 회로로 입력전원은 교류 정현파형을 사용한다. PSIM에서 제공하는 정현파 교류전원은 Sine을 사용할 수 있으며 전원으로 사용되는 Sine은 그림 4-3에서와 같이 주메뉴 바의 [Elements] → [Sources] → [Voltage] → [Sine]을 선택하여 얻을 수 있다.

그림 4-2의 회로에 필요한 교류 전원(Sine), 저항 및 다이오드를 이용하여 회로를 구성하는데 있어 전원 및 다이오드에 대한 파라미터는 그림 4-4에서 보여주고 있는 예에서와 같이 작성 될 수 있는데, 이중에서 교류전원 Sine에 대한 파라미터들에는 Peak Amplitude, Frequency, Phase Angle, DC Offset 및 Tstart가 있다. 교류전원 파라미터의 Peak Amplitude는 정현파의 최대값을 나타내는 것으로 만일 교류전원 전압의 실효치가 220[V]라고 가정을 한다면 Peak Amplitude는 약 311[V] ($\sqrt{2}\times 220 \fallingdotseq 311$)로 설정할 수 있다. 파라미터의 Frequency는 교류 전원의 주파수를 의미하는 것으로 전원의 주파수를 60[Hz]로 설정하고자 하는 경우 Frequency 칸에 60이라고 써 넣으면 된다. Phase Angle은 교류전원의 초기 위상각을 정의하는 것으로 정의된 초기 위상각을 갖는 전원이 회로에 사용되게 되며, 시뮬레이션을 수행 하였을 때 교류 전압파형은 지정한 위상각부터 화면에 나타난다. 교류전원 파라미터에서 DC Offset을 지정하게 되면 교류전원의 크기는 지정해준 DC Offset

값만큼 전체적으로 더해져서 사용되게 된다. Tstart는 전원이 시작되는 시간을 정의해 주는 것으로 설정된 시간 이전의 전원은 0으로 나타나게 된다.

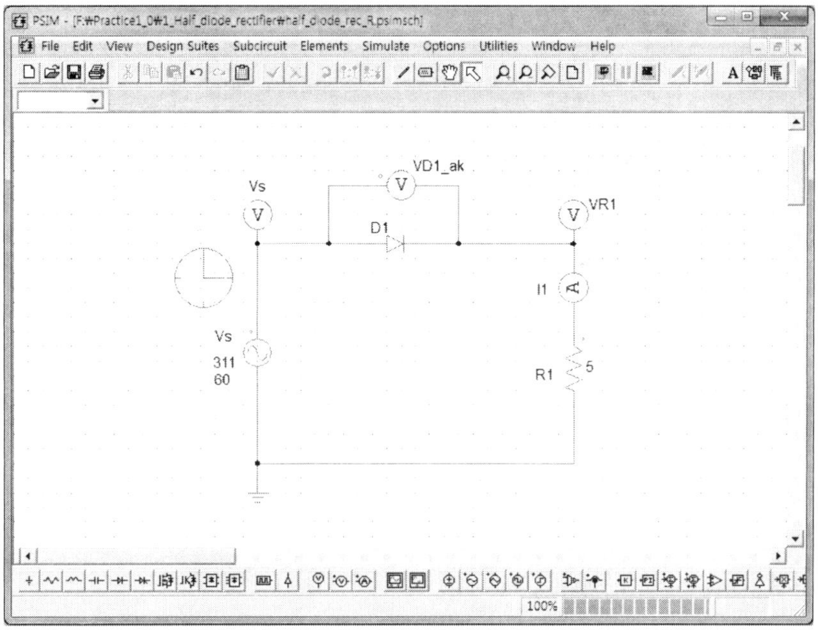

그림 4-2 저항 부하를 갖는 단상 반파 비제어 정류회로의 PSIM Schematic 화면

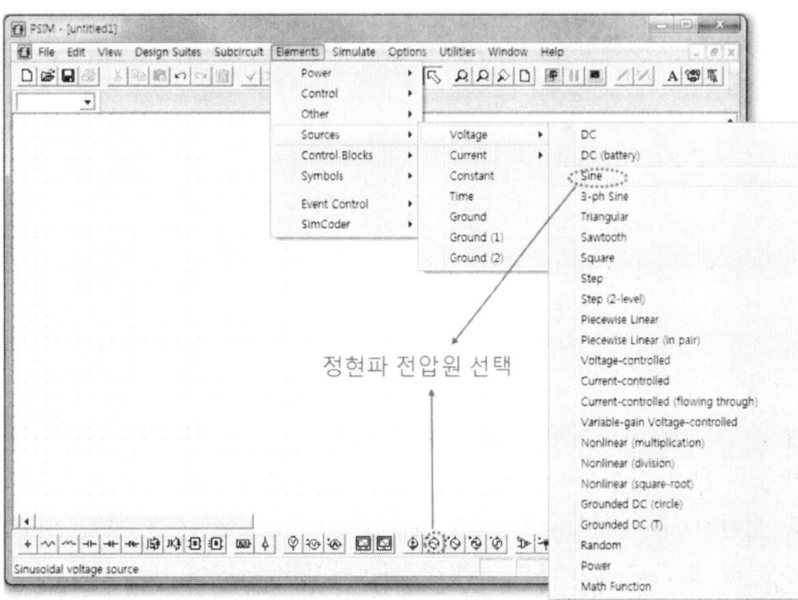

그림 4-3 정현파 전압 Sine에 대한 선택

만일 입력 교류전원이 0초부터 시작되는 실효치 220[V], 60[Hz]의 정현파라면 Phase Angle, DC Offset 및 Tstart는 그림 4-4의 (a)에서와 같이 모두 0으로 두면 된다.

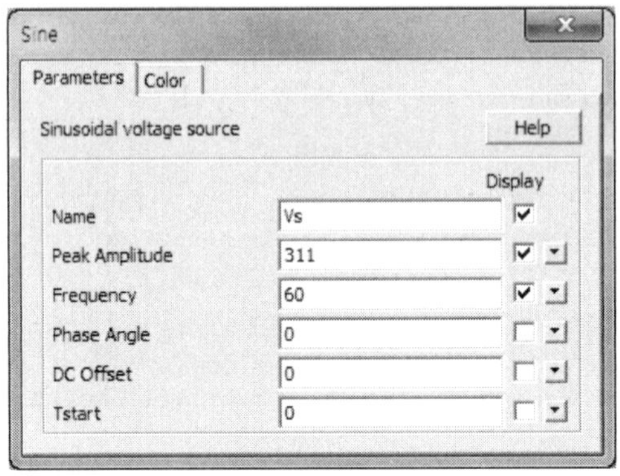

(a) Sine(교류 전원) 파라미터

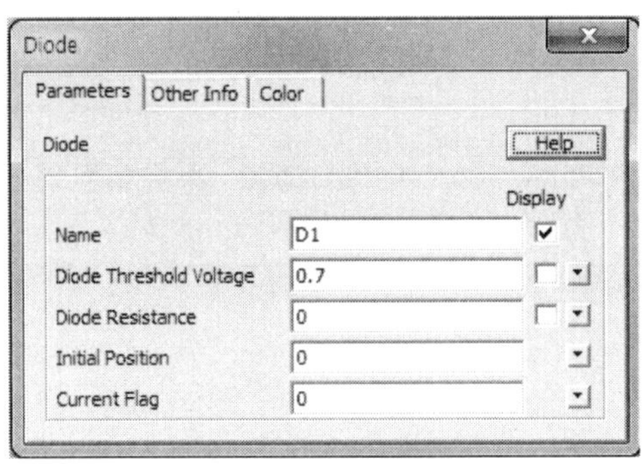

(b) 다이오드 파라미터

그림 4-4 단상 반파 비제어 정류회로 PSIM Schematic 회로구성을 위한 파라미터 입력 예

그림 4-4의 (b)는 회로에 사용되는 다이오드의 파라미터를 보여주고 있는 것으로, 여기에서 Diode Threshold Voltage는 다이오드에 정방향 바이어스를 걸었을 때 정방향 바이어스 전압이 이 Threshold Voltage 전압보다 커지면 다이오드가 도통되기 시작하는 다이오드 순방향 전압강하를 나타낸다. 다이오드 파라미터 중 Diode Resistance는 다이오드가 도통되고 있는 동안의 다이오드 온 저항을 타나내며, Initial Position은 시뮬레이션을 시작했을 때 다이오드가 온되어 있는 상태인지

오프되어 있는 상태인지를 나타내는 플래그로, 만일 Initial Position이 0으로 설정되어 있다면 다이오드 초기 상태는 오프 상태이고 1로 설정되어 있다면 초기 다이오드 상태는 온되어 있는 상태가 된다. Current Flag는 다이오드 전류 플래그로 0으로 설정되어 있으면 다이오드에 흐르는 전류를 Simview 상에서 나타내지 않지만 Current Flag를 1로 설정해 놓으면 시뮬레이션 실행 후 Simview 상에서 다이오드에 흐르는 전류를 파형으로 확인해 볼 수 있다.

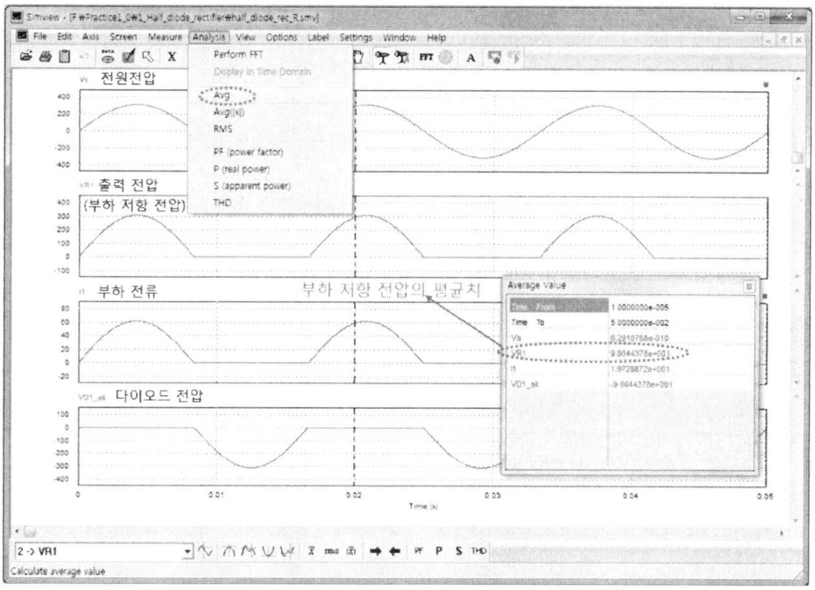

그림 4-5 (a) 단상 반파 비제어 정류회로 결과 확인(부하 저항 전압(출력전압)의 평균값 확인)

그림 4-5는 단상 반파 비제어 정류회로의 시뮬레이션 결과 파형들을 보여주고 있는 그림으로, 그림의 첫 번째 파형은 전원전압, 두 번째는 부하저항에 걸리는 출력전압 파형을 나타내고 세 번째 파형은 회로에 흐르는 전류파형을 마지막 네 번째 파형은 다이오드에 걸리는 전압파형을 보여주고 있다. 그림에서 보여주고 있는 바와 같이 출력전압 파형은 전원 전압의 음의 반파가 출력측에 나타나지 않고 양의 반파만이 정류기의 부하저항에 나타나고 있음을 확인 할 수 있고, 다이오드에 걸리는 최대 역전압의 크기는 전원전압의 최대치와 같음을 알 수 있다.

식 (4-1)에서 출력전압의 평균치는 $V_{o_{AVG}} = \frac{V_m}{\pi} = 0.45\,V_{SR}$으로 나타나는데, 이를

이용하여 계산해 보면 출력전압의 평균치는 $V_{o_{AVG}} \doteq 99[V]$이고, 그림 4-5에서 보여주고 있는 바와 같이 PSIM의 시뮬레이션 결과를 보여주고 있는 Simview 화면의 주메뉴 바에서 [Analysis]→[Avg]를 이용하면 시뮬레이션 결과로부터 출력전압의 평균치를 바로 확인해 볼 수 있다. 그림의 Average Value 창에서 확인해 보면 부하 저항(R1)에 걸리는 전압(VR1)의 평균치는 9.86e+001으로 약 99[V]를 나타내고 있어 식 (4-1)을 통해 얻어지는 출력전압의 평균치와 같게 나옴을 확인 할 수 있다.

한편 출력전압의 실효치는 식 (4-3)으로부터 $V_{o_R} = \dfrac{220}{\sqrt{2}} \doteq 155.5$이며 이는 PSIM 시뮬레이션 결과로부터 그림 4-5에서와 같이 Simview 화면의 주메뉴 바에서 [Analysis]→[RMS]를 이용하면 회로의 출력단 부하저항(R1)에 걸리는 전압(VR1)의 실효치는 1.5505e+002로 약 155[V]가 되어 계산치와 거의 같은 값을 나타냄을 확인 할 수 있다.

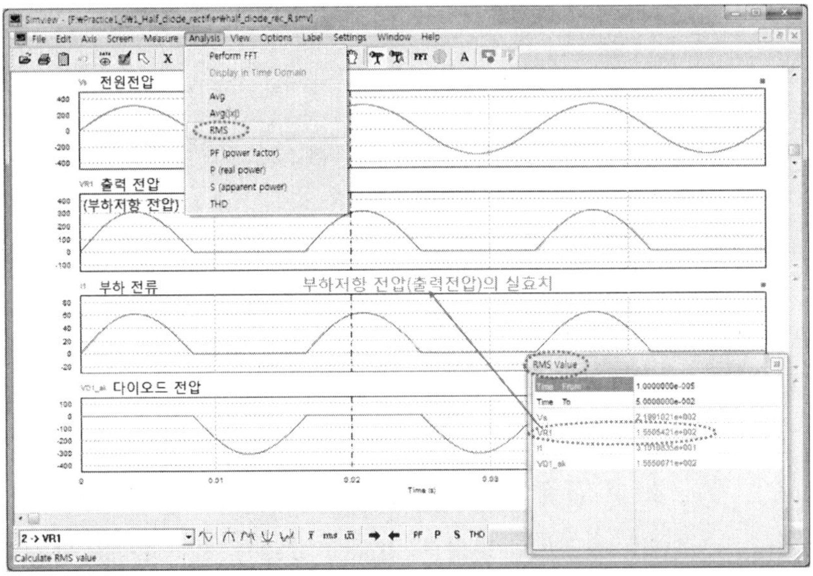

그림 4-5 (b) 단상 반파 비제어 정류회로 결과 확인(부하 저항 전압(출력전압)의 실효치 확인)

(2) 저항 및 인덕터 $R\text{-}L$ 부하를 갖는 단상 반파 비제어(다이오드) 정류회로 실습

가. 저항 및 인덕터 $R\text{-}L$ 부하를 갖는 단상 반파 비제어(다이오드) 정류기 개요

저항 부하를 갖는 단상 반파 비제어 정류기에 인덕터를 부하로 추가시킨 경우에 대한 단상 반파 비제어 정류기 회로에 대한 개요를 살펴보기로 한다. 산업현장에서는 일반적으로 저항성분 뿐만 아니라 인덕턴스 성분을 함께 포함하는 부하가 대부분이며, 그림 4-6의 (a)는 이와 같이 저항 및 인덕터 부하 $R\text{-}L$ 부하를 갖는 단상 반파 비제어 정류기를 나타내고 있다.

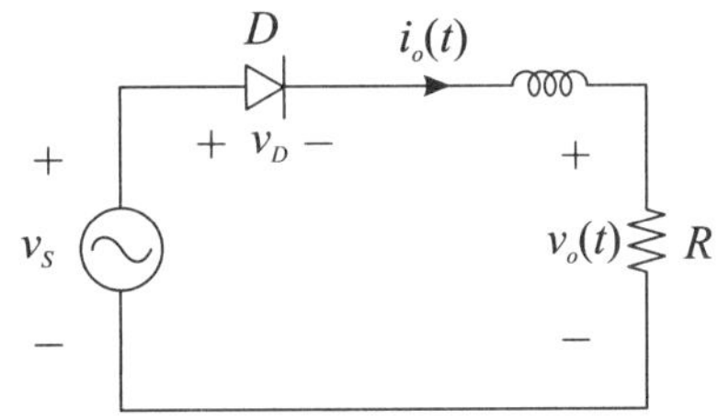

(a) 저항 및 인덕터 부하 $R\text{-}L$ 부하를 갖는 단상 반파 비제어 정류기

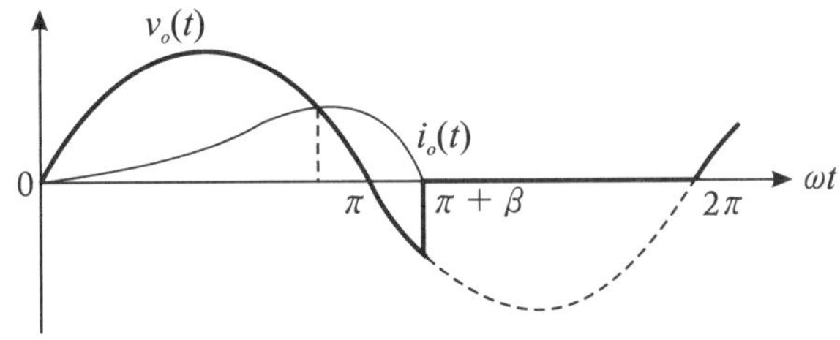

(b) 출력전압 및 전류 파형

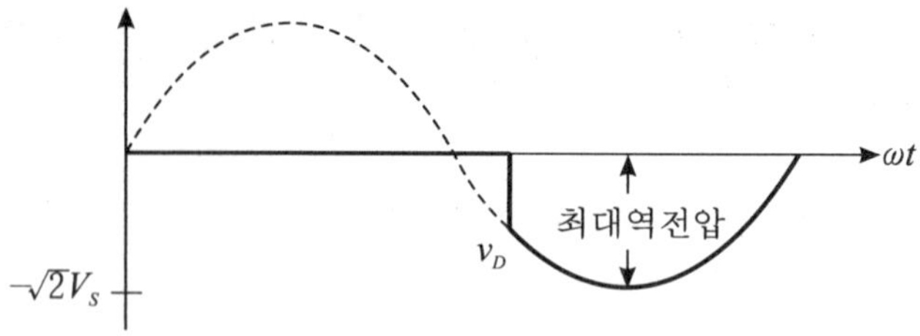

(c) 다이오드 전압 파형

그림 4-6 저항 및 인덕터 R-L 부하를 갖는 단상 반파 비제어 정류회로 및 파형

그림 4-6 (a)의 회로에서 다이오드가 이상 소자라고 가정한다면 다이오드가 온 되었을 때 다이오드에 걸리는 전압은 0이 되고 회로의 전압 방정식은 다음 식 (4-6)과 같이 나타낼 수 있다.

$$v_s = L\frac{di_o}{dt} + Ri_o \tag{4-6}$$

이때 전원전압을 $v_s = V_m \sin\omega t$라 하면 식 (4-6)은 다음 식 (4-7)과 같이 표현되며 전류 해($i_o(t)$)는 식 (4-8)과 같이 강제응답(Forced Response : $i_f(t)$)과 자연응답(Natural Response : $i_n(t)$)의 합으로 얻어진다.

$$V_m \sin\omega t = L\frac{di_o(t)}{dt} + Ri_o(t) \tag{4-7}$$

$$i_o(t) = i_f(t) + i_n(t) \tag{4-8}$$

강제응답은 입력 전원 v_s에 의한 응답이며 회로의 정상상태 정현파 전류이다. 자연응답은 회로 시스템이 갖고 있는 초기치에 의한 응답이며 부하에 저장된 에너지에 의해 발생되는 과도상태 응답이 된다. 따라서 강제응답에 의한 정상상태 전류는 전원 전압을 회로의 임피던스로 나누어 줌으로써 얻을 수 있고, 출력전류의 자연응답은 입력 전원이 없는 회로의 동차(Homogeneous) 미분방정식의 해로서, 식 (4-7)에서 입력 전원 전압을 0으로 놓고 구한다. 이상을 정리하면 R-L부하를 갖는 단상 반파 비제어 정류기의 전류식은 전체적으로 다음 식 (4-9)와 같이 나타낼 수 있다.

$$\left.\begin{array}{l} i_o(\omega t) = \dfrac{V_m}{Z}\sin(\omega t - \theta_i) + \dfrac{V_m}{Z}(\sin\theta_i)e^{-\omega t/\omega\tau} \qquad (0 \le \omega t \le \beta) \\ i_o(\omega t) = 0 \qquad (\beta \le \omega t \le 2\pi) \end{array}\right\} \qquad (4\text{-}9)$$

여기서 $Z = \sqrt{R^2 + (\omega L)^2}$, $\theta_i = \tan^{-1}\left(\dfrac{\omega L}{R}\right)$, $\tau = \dfrac{L}{R}$이고, β는 그림 4-6의 (b)에서 처럼 부하전류가 0이 되어 다이오드가 오프되는 순간을 나타내는데, 이와 같이 부하전류가 0이 되어 다이오드가 오프되는 순간인 β를 소호각(Extinction Angle)이라 한다.

식 (4-9)로 표현되는 전류는 그림 4-6 (b)에서 보여주고 있는 바와 같이 양(+)의 전류에 대해서 유효하며, 회로 상의 다이오드로 인해 음의 전류값은 발생되지 않고 전원전압이 음(−)인 경우에 전류가 0이 되면 다이오드는 오프된다. 입력 전원전압이 양(+)이 되면 다이오드는 다시 턴 온 되어 전류가 흐르기 시작하고 그림 4-6의 (b)에서와 같은 전류 파형($i_o(t)$)이 반복된다. 그림 4-6 (a)에서와 같이 단상 반파 비제어 정류회로의 부하에 저항과 인덕터가 함께 사용되어 인덕터의 전류가 전원이 음이 되는 구간에서도 계속 흐른다면, 인덕터 전류가 흐르는 동안 다이오드의 온 상태는 전원의 양의 반주기 보다 더 오랫동안 유지된다. 따라서 다이오드의 도통 상태가 전원의 음의 구간까지 지속되는데, 다이오드가 온 상태를 유지하는 기간은 부하로 사용되는 저항과 인덕터 값의 크기에 따라 결정된다.

그림 4-7은 전원전압, 부하전류 및 인덕터에 걸리는 전압 파형을 보여주는 것으로, 인덕터에 걸리는 전압($v_L = L\dfrac{di}{dt}$)은 전류가 증가하는 영역에서는 양(+)의 값을, 감소하는 구간에서는 음(−)의 값을 가지게 된다.

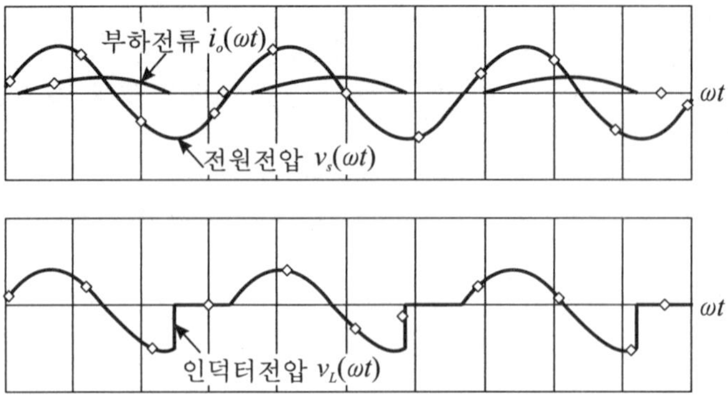

그림 4-7 저항 및 인덕터 부하를 갖는 단상 반파 비제어 정류회로의 인덕터 전류 및 전압파형

이상에서와 같이 R-L 부하를 갖는 반파 정류기의 전류는 ωt축 상의 0인 시점에서 흐르기 시작하여 최대점에 이르렀다가 다시 감소하여 $\omega t=\pi+\beta$에서 0의 전류값으로 감소된다. 전류는 그림 4-1의 저항부하를 갖는 반파 비제어 정류기의 경우에 비해 β만큼 더 지속되어 흐르며 인덕터 부하의 인덕턴스 성분 때문에 전류가 보다 평활해지고 도통구간이 길어지게 된다. 그림 4-6의 (b)에서와 같은 R-L 부하를 갖는 단상 반파 비제어 정류기의 출력전압($v_o(t)$)에 대한 평균치를 구하면 식 (4-10)과 같이 얻어진다.

$$V_{o_{AVG}}=\frac{1}{2\pi}\int_0^{\pi+\beta}\sqrt{2}\,V_{SR}\sin\omega t\,d\omega t=\frac{V_{SR}}{\sqrt{2}\,\pi}[1+\cos\beta] \tag{4-10}$$

위 식에서와 같이 R-L 부하를 갖는 반파 정류기의 출력전압에 대한 평균값은 전류가 0이 되는 시점인 β값에 따라 달라진다. 이때 전류가 0이 되는 순간인 β는 부하의 R 및 L값에 따라 달라지므로, 식 (4-10)에서 보여주고 있는 출력전압의 평균치는 R-L 부하값에 따라 달라진다고 할 수 있다. 이와 같이 부하에 따라 전류가 0이 되는 시점이 달라지게 되고, 이에 따라 출력전압의 파형이 변하게 될 뿐만 아니라 전류의 맥동도 변하게 된다. 부하의 인덕턴스 L이 큰 값을 가지면 전류의 전도각이 커지고 출력전류의 맥동도 줄어들게 된다. 그러나 전류의 전도각이 커지게 되면 출력전압의 음의 부분도 함께 증가하여 커지므로 평균전압 $V_{o_{AVG}}$의 크기는 감소하게 된다. 만일 인덕터의 인덕턴스가 무한대의 값에 가깝게 크다는 가정을 하는 경우 전도각(β)은 최대, 즉 $\beta\fallingdotseq\pi$가 되며 이 조건을 식 (4-10)에 대입하면 출력전압의 평균치는 $V_{o_{AVG}} \fallingdotseq 0$이 됨을 알 수 있다.

나. 저항 및 인덕터 $R-L$ 부하를 갖는 단상 반파 비제어 정류기 실습

R-L 부하를 갖는 단상 반파 비제어 정류회로의 PSIM 실습을 위하여 그림 4-8과 같은 Schematic 회로를 작성한다. R-L 부하를 갖는 단상 반파 비제어 정류회로를 구성하는데 있어서 회로에 사용되고 있는 인덕터 부분을 제외한 다른 부분들은 이미 앞의 그림 4-2의 저항 부하를 갖는 단상 반파 비제어 정류회로 부분에서 설명한 바와 같고, 그림 4-8에서 사용된 인덕터의 파라미터는 그림 4-9에서 보여주고 있다. 그림 4-9의 파라미터에서 Inductance는 사용 인덕터의 크기인 인덕턴스를 나타내며, Initial Current는 시뮬레이션 수행시 초기 전류상태로, 인덕터에 전류가 얼마나 흐르고 있는지를 지정해 주는 파라미터이다. 인덕터 초기 전류가 없는 것으로 가정한다면 이 값은 0으로 설정해 두면 된다. 파라미터 중에서 Current Flag는 인덕터에 흐르는 전류값을 출력파일에 저장할지 안할지를 결정하는 플래그로, 만일 플래그를 0으로 설정한다면 인덕터 전류에 대한 출력값을 저장하지 않으며 Simview 화면상에 전류값이 디스플레이 되지 않는다. 만일 플래그를 1로 설정하면 인덕터에 흐르는 전류를 출력파일에 저장하고 Simview에서 디스플레이하여 인덕터 전류파형을 확인해 볼 수 있다. 그림 4-8의 경우 전류 프로브 Irl을 별도로 사용하고 있으므로 저항이나 인덕터의 Current Flag를 사용하지 않아도 회로에 흐르는 전류를 확인해 볼 수 있으므로 여기에서는 저항이나 인덕터의 Current Flag를 모두 0으로 설정한다.

그림 4-10~그림 4-13은 저항 및 인덕터 부하를 갖는 단상 반파 비제어 정류회로의 결과 파형을 보여주고 있는 것으로, 각각의 경우 저항의 값은 5[Ω]으로 고정시키고 인덕턴스를 각각 2[mH], 10[mH], 20[mH] 및 100[mH]로 변화시켜 가면서 시뮬레이션을 수행한 결과를 나타내고 있다. 그림 4-10은 그림 4-8의 회로도에서 저항 R1=5[Ω] 인덕터의 인덕턴스 L1=2[mH]인 경우에 대한 것이고, 그림 4-11은 R1=5[Ω], L1=10[mH]인 경우, 그림 4-12는 R1=5[Ω], L1=20[mH]인 경우를, 그리고 그림 4-13은 R1=5[Ω], L1=100[mH]인 경우에 대한 시뮬레이션 출력파형을 각각 보여주고 있다. 그림에서 확인 할 수 있는 바와 같이 인덕터의 인덕턴스가 커지면 커질수록 회로에 흐르는 전류의 0이 되는 시점은 점점 더 뒤쪽으로 밀려 나게 되고 R-L 부하에 걸리는 출력 전압파형에 대한 음(−)의 부분은 점점 더 넓어지게 됨을 확인할 수 있다. 따라서 인덕터의 인덕턴스가 커지면 커질수록 R-L 부하

에 걸리는 출력 전압의 평균치는 점점 작아지게 되며, 이는 PSIM의 Simview에서 해석하고자 하는 파형에 대해 [Analysis]→[Avg]를 선택하여 그림 4-14에서와 같이 평균치를 얻어 확인해 보는 것이 가능하다.

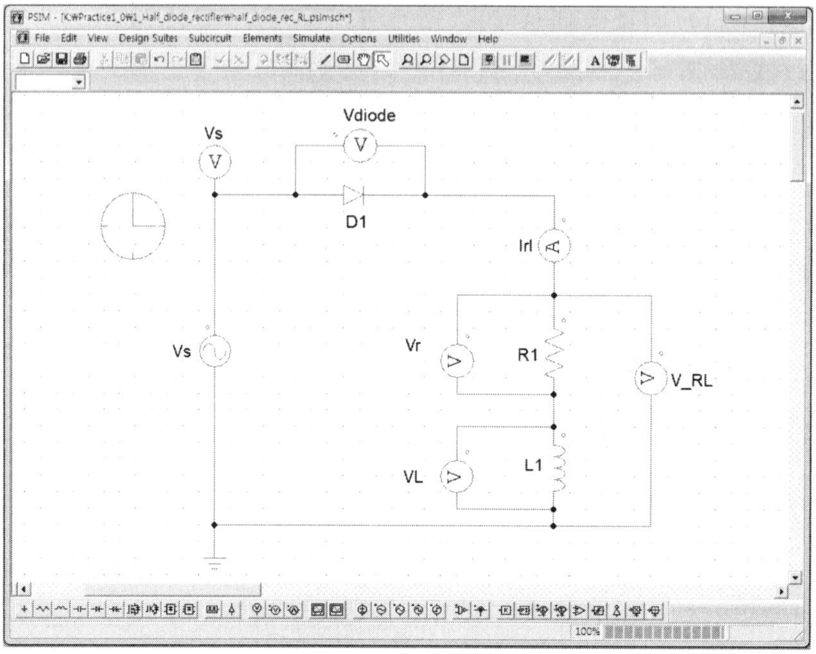

그림 4-8 저항 및 인덕터 부하를 갖는 단상 반파 비제어 정류회로의 PSIM Schematic 화면

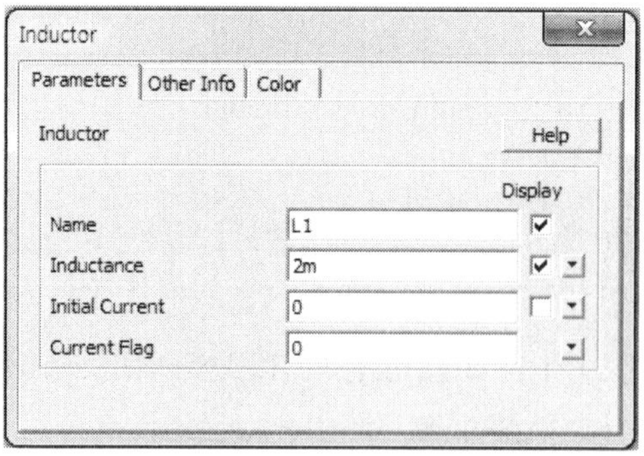

그림 4-9 인덕터 파라미터

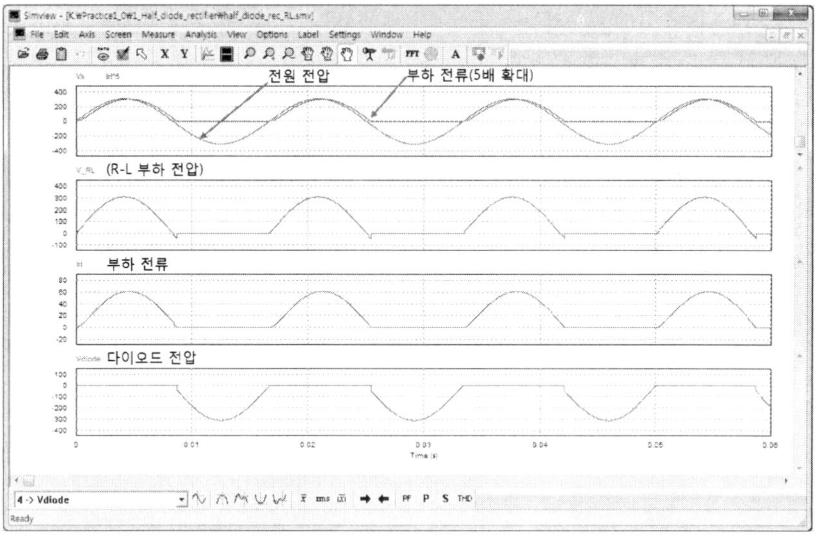

그림 4-10 저항 및 인덕터 부하를 갖는 단상 반파 비제어 정류회로의 결과 파형 (R1=5[Ω], L1=2[mH])

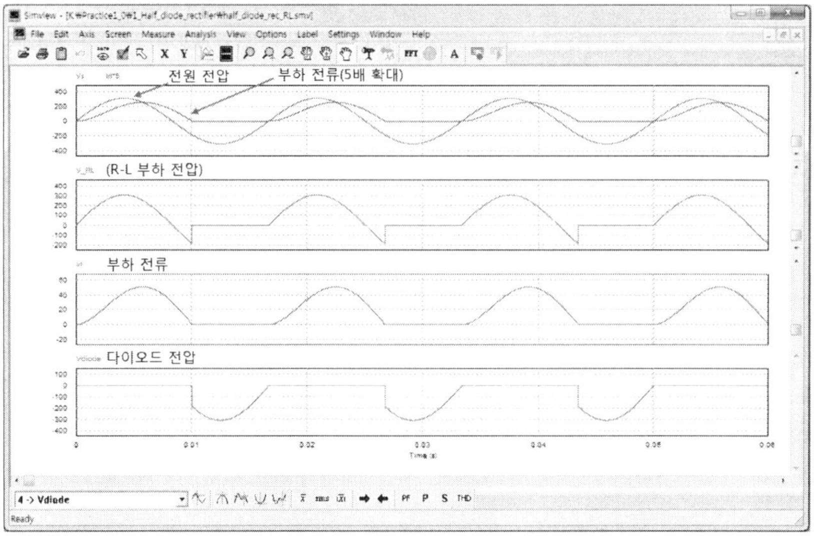

그림 4-11 저항 및 인덕터 부하를 갖는 단상 반파 비제어 정류회로의 결과 파형 (R1=5[Ω], L1=10[mH])

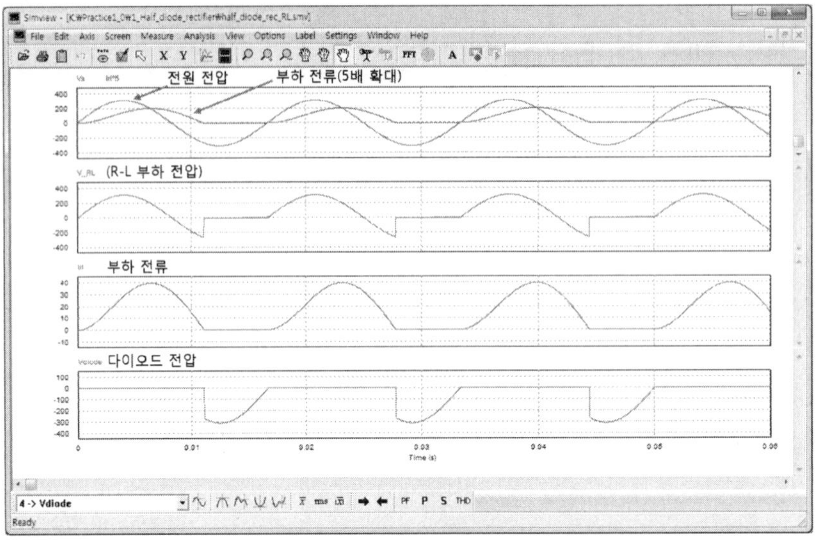

그림 4-12 저항 및 인덕터 부하를 갖는 단상 반파 비제어 정류회로의 결과 파형 (R1=5[Ω], L1=20[mH])

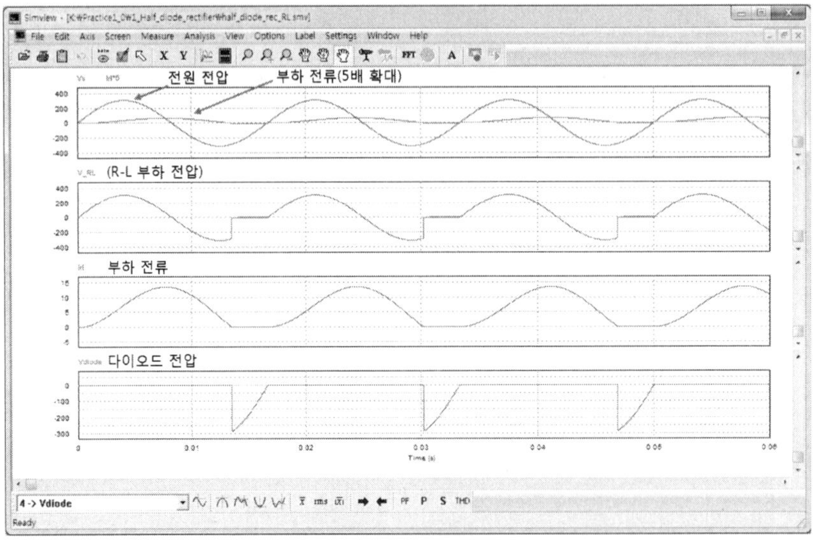

그림 4-13 저항 및 인덕터 부하를 갖는 단상 반파 비제어 정류회로의 결과 파형 (R1=5[Ω], L1=100[mH])

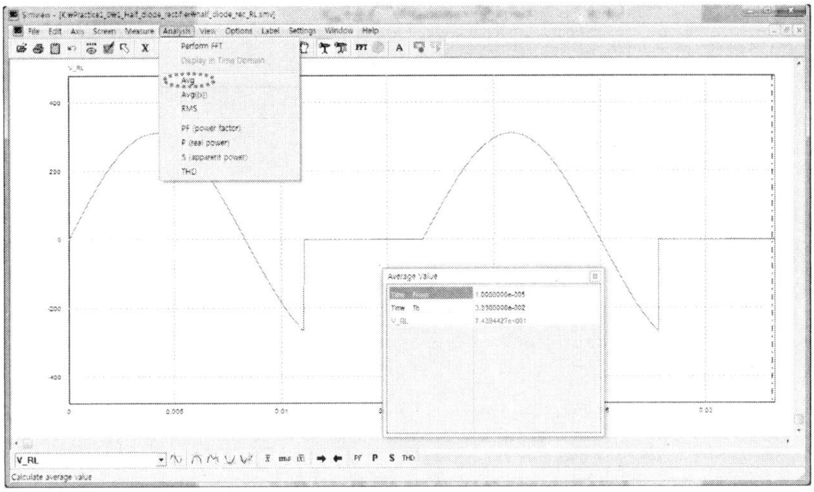

그림 4-14 저항 및 인덕터 부하를 갖는 단상 반파 비제어 정류회로의 결과 파형 (R1=5[Ω], L1=20[mH])에 대한 평균치의 계산

(3) 커패시터를 갖는 단상 반파 비제어(다이오드) 정류회로 실습

가. 커패시터를 갖는 단상 반파 비제어(다이오드) 정류회로 개요

일반적으로 출력측에 커패시터를 갖지 않는 반파 정류기의 경우에는 출력전압의 맥동이 심하므로 일반적인 정류회로로 사용하기에는 적합하지가 않다. 일반적으로 정류회로의 목적은 교류 입력전압을 가능한 일정 크기의 평활된 직류 전압으로 만들어 주는 것이라 할 수 있으며, 그림 4-15와 같이 출력측에 커패시터(C)를 사용하게 되면 출력전압의 맥동을 줄이고 평활된 출력전압을 얻도록 하는데 도움을 주게 된다. 그림 4-15 (a)의 경우 저항 부하를 갖는 반파 비제어 정류기의 출력단에 필터역할을 하는 커패시터를 병렬로 연결한 경우로, 사용된 커패시터는 출력전압에 대한 맥동을 줄이고 출력전압을 더욱 일정한 크기의 직류값이 되도록 만들어 준다.

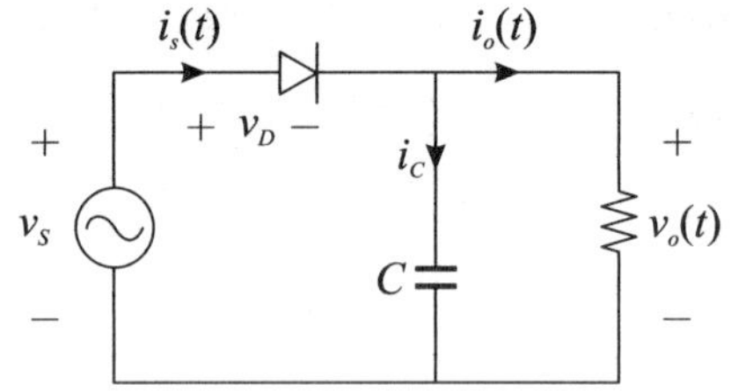

(a) 출력측에 커패시터를 갖는 단상 반파 비제어 정류기 회로

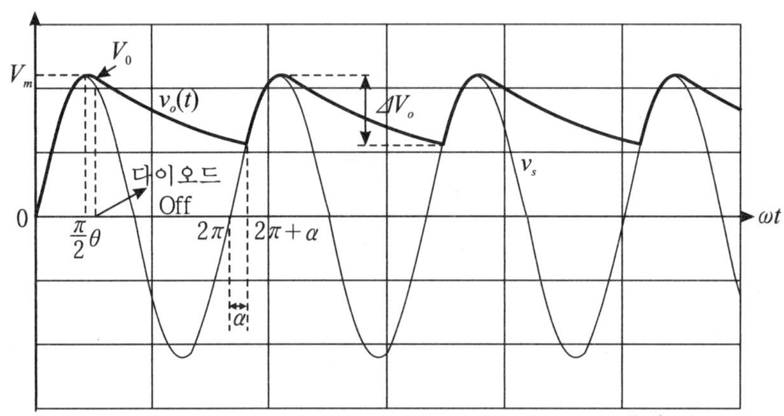

(b) 커패시터를 갖는 단상 반파 비제어 정류기 출력전압 파형

그림 4-15 출력측에 커패시터를 갖는 반파 비제어 정류기 회로 및 파형

따라서 회로에 연결해 준 커패시터는 출력전압의 맥동성분을 줄이기 위해 필터로 사용된 것으로 생각할 수 있다. 그림 4-15에서 보여주고 있는 정류회로의 동작을 살펴보기 위해 커패시터에 초기 충전은 되어 있지 않다고 하고, $\omega t = 0$인 순간 $v_s = V_m \sin\omega t$로 표현되는 전원전압이 투입된다고 가정한다. 그림 4-15 (a)의 다이오드는 전원이 양일 때 순방향 바이어스 되며 다이오드가 온 상태가 되면 출력전압은 전원전압을 따라가게 된다. 따라서 커패시터는 그림 4-15 (b)에서와 같이 입력 전원전압이 최대가 되는 $\omega t = \pi/2$인 순간에 전원의 최대치인 V_m으로 충전이 이루어진다. 이후 $\omega t = \pi/2$인 순간이 지나면서 전원전압은 감소하기 시작하고, 커패시터는 부하에 있는 저항으로 인해 방전하는데 전원의 싸이클이 커패시터의 방전 싸이클 보다 빠르므로, 그림 4-15 (b)에서 $\omega t = \theta$인 순간에 전원전압의 크기가 커패시터에 걸리는 출력전압의 크기보다 작아지는 순간이라고 하면 이때 다이오드에는 역방향의 바이어스가 걸리게 되어 다이오드는 오프되고 전원이 부하로부터

분리된다. 따라서 다이오드가 오프되어 있는 동안 커패시터에 저장되어 있는 에너지는 부하 저항으로 방전하고 출력 전압은 RC시정수를 가지고 지수 함수적으로 감소하기 시작한다. 이후 다시 전원전압이 출력전압의 크기 보다 더 커지게 되는 $\omega t = 2\pi + \alpha$인 순간이 되면 다이오드는 다시 순방향 바이어스가 걸림으로써 도통되는데 이는 그림 4-15 (b)에서 음의 전원 구간이 끝난 후 α만큼 지난 순간인 것으로 볼 수 있다.

또한 그림 4-15에서 보면 커패시터 전압의 크기 변동분(최대 충전 전압에서 최저 전압의 차이) ΔV_o는 커패시터의 커패시턴스가 작으면 커지고 커패시턴스가 크면 작아진다. 따라서 보다 일정한 크기의 직류 출력전압을 얻기 위해서는, 즉 출력전압의 맥동분 ΔV_o를 작게 하기 위해서는 보다 큰 값의 커패시턴스를 갖는 커패시터를 사용해 주어야 하는데 커패시턴스 값이 커지면 그만큼 회로를 구성하는 비용이 커지게 되므로 부하에 따른 적절한 설계를 통해서 적정한 값의 커패시턴스를 선정해 주어야 한다. 식 (4-11)은 출력전압의 맥동분 ΔV_o를 결정하는 근사값을 나타내는 수식으로 식에서와 같이 출력전압의 맥동분 ΔV_o는 사용되는 커패시터 C의 크기에 반비례함을 알 수 있다.

$$\Delta V_o \approx \frac{2\pi V_m}{\omega RC} = \frac{2\pi V_m}{2\pi f RC} = \frac{V_m}{fRC} \tag{4-11}$$

식 (4-11)에서 V_m은 전원전압의 최대치, f는 전원의 주파수, R은 부하 저항의 저항값이고 C는 사용 커패시터의 커패시턴스를 나타낸다.

나. 커패시터를 갖는 단상 반파 비제어(다이오드) 정류회로 실습

커패시터를 갖는 단상 반파 비제어 정류회로의 PSIM 실습을 위하여 그림 4-16과 같은 Schematic 회로를 작성해 보도록 한다. 저항 부하를 갖는 단상 반파 비제어 정류회로를 구성하는데 있어서 전압의 평활을 위하여 그림에서 보는 바와 같이 전해 커패시터를 정류기 출력단에 사용하도록 한다. 회로에 사용되고 있는 전해 커패시터 부분을 제외하면 다른 부분들은 이미 앞의 그림 4-2의 저항 부하를 갖는 단상 반파 비제어 정류회로 부분에서 설명한 바와 같고 전해 커패시터(Capacitor (electrolytic))는 그림 4-17에서 보여주고 있는 바와 같이 [Elements] → [Power] → [RLC Branches] → [Capacitor(electrolytic)]을 선택하여 얻을 수 있다. 그림 4-16의 Schematic 화면상에서 보여주고 있는 전해 커패시터에 대한 파라미터는 그림 4-18

에서 보여 주고 있는 바와 같으며, 그림 4-18의 파라미터에서 Capacitance는 사용 커패시터의 용량인 커패시턴스를 나타내며, 초기 조건으로 Init. Cap. Voltage는 초기 커패시터 전압을 나타낸다. 커패시터에 초기 충전 전압값이 없는 것으로 가정한다면 이 값을 0으로 설정해 두면 된다. 파라미터 중에서 Current Flag는 전류 출력에 대한 플래그로 소자에 흐르는 전류를 출력파일에 저장할지 안할지를 결정한다. 만일 이 플래그를 0으로 설정한다면 커패시터 전류에 대한 출력값을 저장하지 않으며 Simview 화면상에 소자에 대한 전류값을 디스플레이 할 수 없다. 만일 이 플래그를 1로 설정하면 커패시터에 흐르는 전류를 출력파일에 저장하고 Simview에서 디스플레이하여 커패시터 전류파형을 확인해 볼 수 있다. 그림 4-16의 경우 전류 프로브 Icap을 별도로 사용하고 있으므로 커패시터에 Current Flag를 사용하지 않아도 커패시터에 흐르는 전류를 확인해 볼 수 있으므로 여기에서는 커패시터의 Current Flag를 0으로 설정한다.

그림 4-19~그림 4-21은 저항 부하를 갖는 단상 반파 비제어 정류회로에서 출력 전압의 평활을 위하여 커패시터를 사용한 경우 저항의 값은 일정하게 두고 커패시터의 커패시턴스를 각각 220[μF], 670[μF] 및 4,700[μF]으로 변화시키면서 시뮬레이션 한 경우에 대한 결과 파형을 보여주는 것으로, 이때 저항값은 모든 경우에 있어서 50[Ω]이 사용되었다. 그림에서 보여주고 있는 것처럼 회로에서 사용되는 커패시터의 커패시턴스가 커질수록 출력전압의 맥동 ΔV_o가 작아짐을 확인 할 수 있으며, 커패시턴스가 220[μF]인 경우 출력전압의 맥동치 ΔV_o는 약 214[V], 670[μF]인 경우의 ΔV_o는 약 107[V]이고, 커패시턴스가 4,700[μF]인 경우의 맥동치 ΔV_o는 약 20[V]이다. 이 값들은 Simview의 망원경 모양으로 된 아이콘 Show values of X and Y at the selected curve ( )를 선택하여 그림 4-22 및 그림 4-23에서와 같이 출력전압 맥동성분의 최대값과 최저값을 측정한 후 각각 최대값에서 최저값을 빼어 줌으로써 얻을 수 있다. 그림 4-22와 그림 4-23은 커패시터의 커패시턴스가 670[μF]인 경우에 대하여 Show values of X and Y at the selected curve 아이콘을 이용하여 출력 맥동에 대한 최대값과 최저값을 얻은 경우에 대한 예를 각각 보여주고 있다.

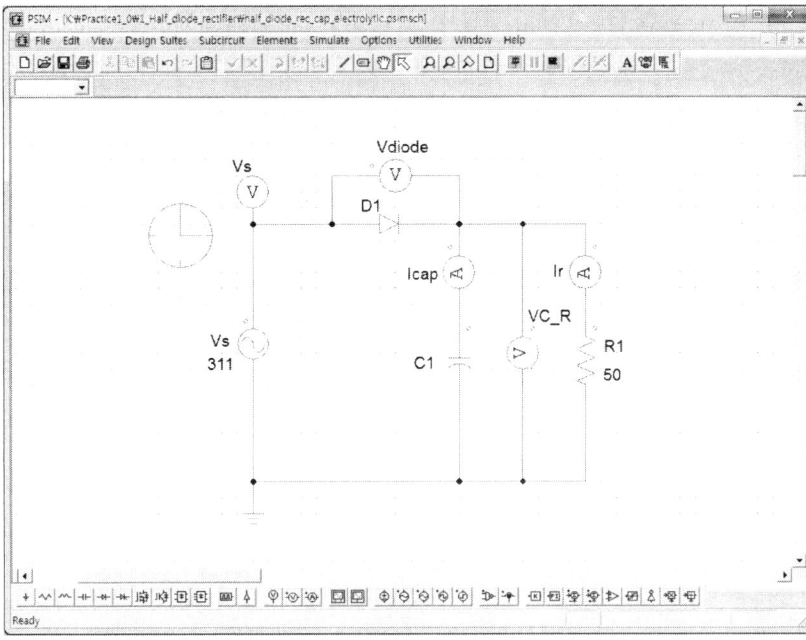

그림 4-16 커패시터를 갖는 단상 반파 비제어 정류회로(저항 부하)의
PSIM Schematic 화면

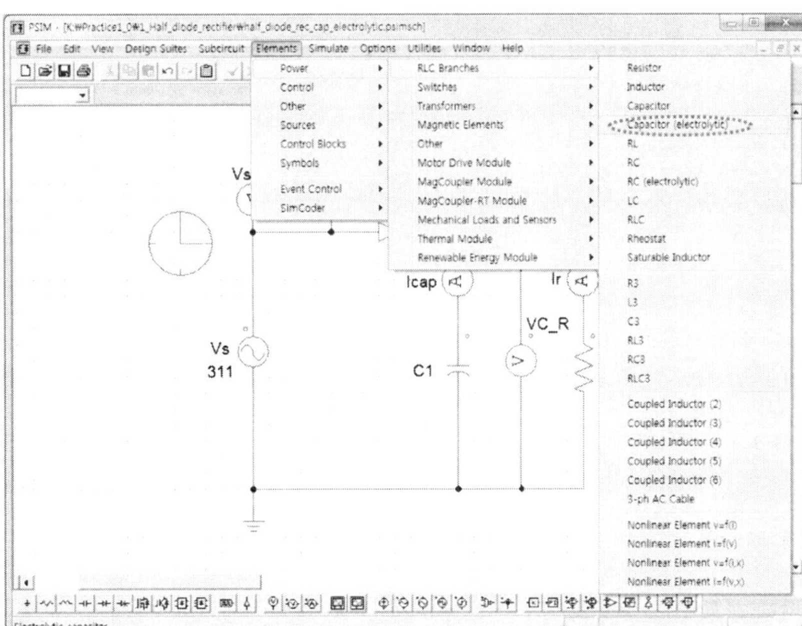

그림 4-17 전해 커패시터(Capacitor(electrolytic)) 선택

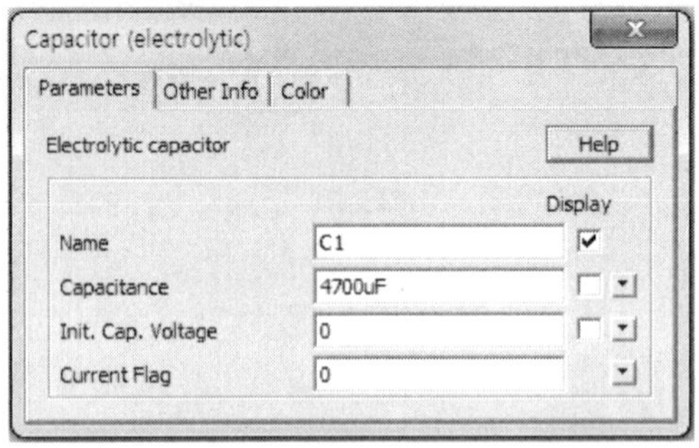

그림 4-18 전해 커패시터(Capacitor(electrolytic)) 파라미터

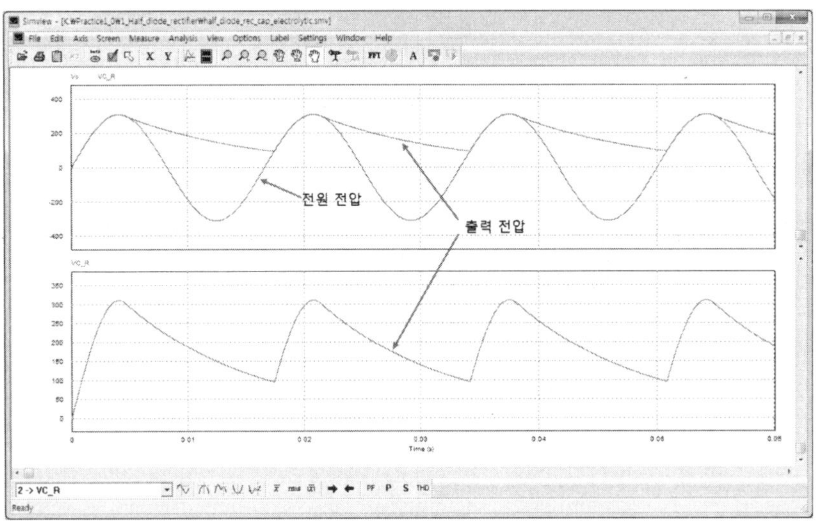

그림 4-19 커패시턴스 220[μF]인 경우 전원전압 및 출력전압 파형

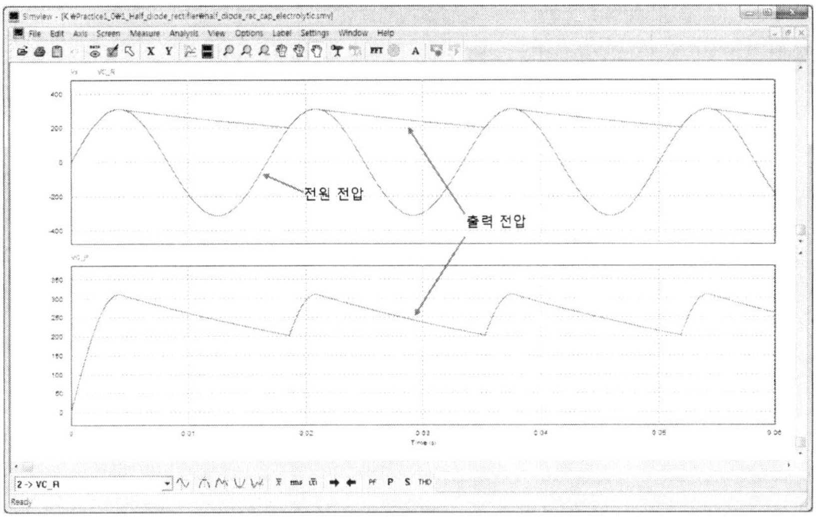

그림 4-20 커패시턴스 670[μF]인 경우 전원전압 및 출력전압 파형

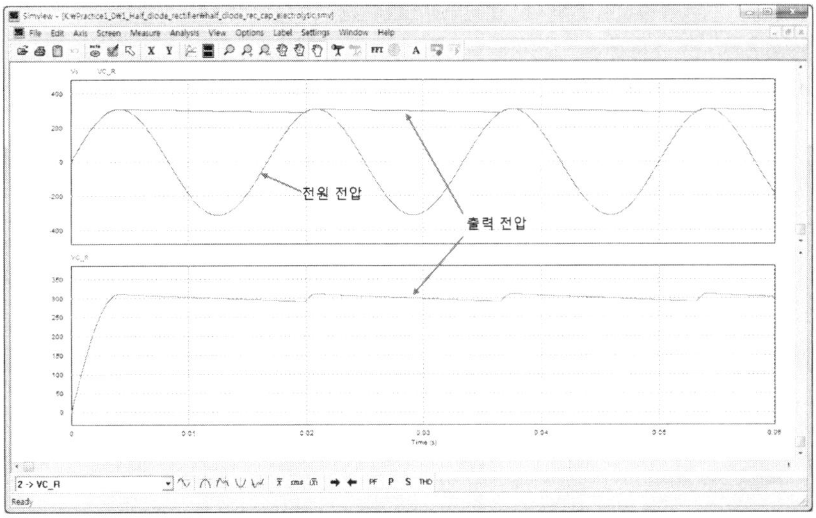

그림 4-21 커패시턴스 4,700[μF]인 경우 전원전압 및 출력전압 파형

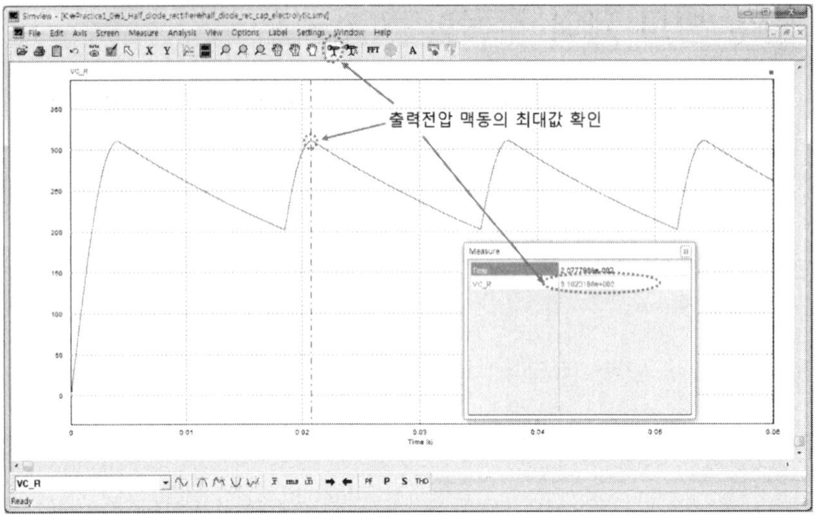

그림 4-22 커패시턴스 670[μF]인 경우 출력전압 맥동에 대한 최대값 확인 (Show values of X and Y at the selected curve 아이콘 이용)

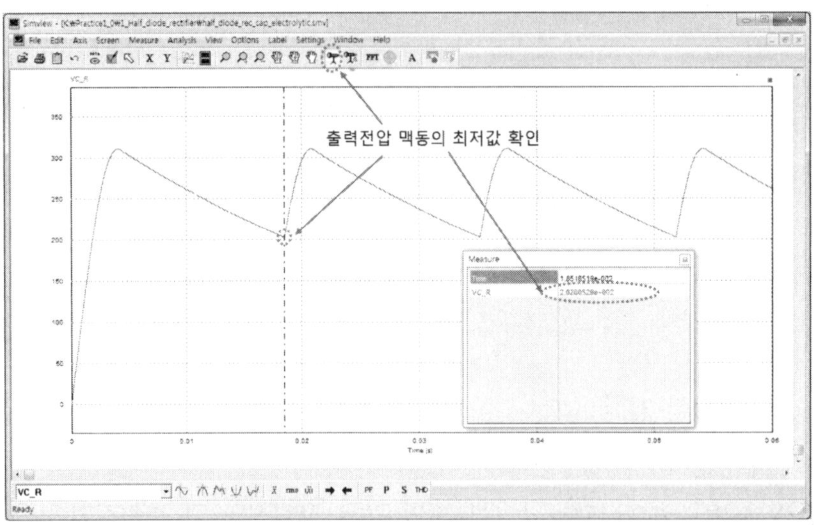

그림 4-23 커패시턴스 670[μF]인 경우 출력전압 맥동에 대한 최저값 확인 (Show values of X and Y at the selected curve 아이콘 이용)

4.2 단상 반파 제어 정류회로 실습

비제어 소자인 다이오드를 사용하여 정류기를 구성하는 비제어 정류기의 경우 직류 출력은 전원과 회로 상태에 따라 결정된다. 반면 비제어 소자 대신 제어 가능한 스위칭 소자를 사용하여 제어 정류기를 구성하는 경우에는 출력전압을 원하는 크기로 제어하는 것이 가능한데, 지금 부터는 출력의 제어가 가능한 단상 반파 제어 정류회로에 대한 실습을 수행하도록 한다.

(1) 저항 부하를 갖는 단상 반파 제어 정류회로 실습

가. 저항 부하를 갖는 단상 반파 제어 정류기 개요

제어가 가능한 스위칭 소자는 여러 가지가 있는데 여기에서는 스위치의 온 제어가 가능한 사이리스터를 이용한 제어 정류기에 대하여 살펴보도록 한다. 사이리스터를 온 시키기 위해서는 우선 사이리스터가 순방향 바이어스 되어 있어야 하며, 이와 같이 사이리스터가 순방향으로 바이어스 되어 있는 상태에서 게이트 단자에 펄스 전류를 인가시켜 주어야 한다. 그림 4-24 (a)는 저항부하를 갖는 단상 반파 제어 정류기 회로를 나타내고 있는 것으로 다이오드를 사용할 때와는 달리 사이리스터는 전원 전압이 양(순방향 바이어스 상태)인 구간이라고 하더라도 게이트 펄스 전류가 인가될 때까지는 도통되지 않는다. 즉 제어 스위치로서 사이리스터는 게이트 펄스 전류가 인가 될 때까지 온 되지 않고 오프 상태를 유지한다. 한편 사이리스터는 순방향 바이어스 된 상태에서 게이트 펄스 전류가 게이트에 인가되어 도통이 된 후에는 게이트 펄스 전류를 제거 시키더라도 사이리스터에 흐르는 전류가 0으로 될 때(홀딩 레벨 이하로 떨어질 때)까지는 스위치의 온 상태를 유지하게 된다. 그림 4-24 (b)는 단상 반파 제어 정류회로의 $\omega t = \alpha$인 시점에서 사이리스터의 게이트 펄스 전류를 인가함으로써 스위치를 온 시킨 경우에 대한 각부 파형들을 나타낸 것으로 위에서부터 차례대로 전원전압, 부하저항에 걸리는 출력전압 및 사이리스터 스위치 양단간에 걸리는 전압파형을 나타내고 있다. 부하전류는 온 순간인 $\omega t = \alpha$에서 흐르기 시작하여 전원전압이 양(+)에서 음(−)으로 교차하는 시점에서 0으로 된다. 따라서 사이리스터 스위치는 이 순간에 오프되며, 출력전압 v_o는 $\omega t = \alpha$에서부터 전원전압 파형을 따라가다가 전원의 극성이 바뀌는 시점에서 사이리스터가 오프됨과 함께 0으로 된다. 그리고 출력전압은 다음 게이트 펄스 전류가 게이트 단자에 인가되는 시점까지 0으로 된다. 부하에 흐르는 전류 파형은 그림

4-24 (b)의 출력전압 파형 v_o를 저항 R로 나눈 형태가 되어 출력전압 v_o와 파형의 모양은 동일하고 크기만 다른 형태로 나타난다. 게이트 펄스 전류가 사이리스터에 인가되는 순간이 $\omega t = \alpha$라고 한다면, 이 게이트 펄스가 인가되는 순간의 각도 α를 점호각(firing angle) 또는 지연각(delay angle)이라고 하고, 또 어떤 경우에서는 제어각(control angle)이라고 부르기도 한다. 그림 4-24 (b)에서 부하 저항 양단에 걸리는 출력전압 v_o의 평균값은 전원전압을 $v_s = \sqrt{2}\, V_{SR}\sin\omega t = V_m \sin\omega t$라 했을 때 식 (4-12)와 같이 나타 낼 수 있고 실효치는 식 (4-13)과 같다.

$$V_{o_{AVG}} = \frac{1}{2\pi}\int_{\alpha}^{\pi} V_m \sin\omega t\, d\omega t = \frac{V_m}{2\pi}[1+\cos\alpha] \tag{4-12}$$

$$V_{o_R} = \sqrt{\frac{1}{2\pi}\int_{\alpha}^{\pi} V_m^2 \sin^2\omega t\, d\omega t} = \frac{V_m}{2}\sqrt{1-\frac{\alpha}{\pi}+\frac{\sin 2\alpha}{2\pi}} \tag{4-13}$$

이때 부하저항에서 소비되는 소비전력은 $P_R = V_{o_R}^{\,2}/R$와 같이 표현된다.

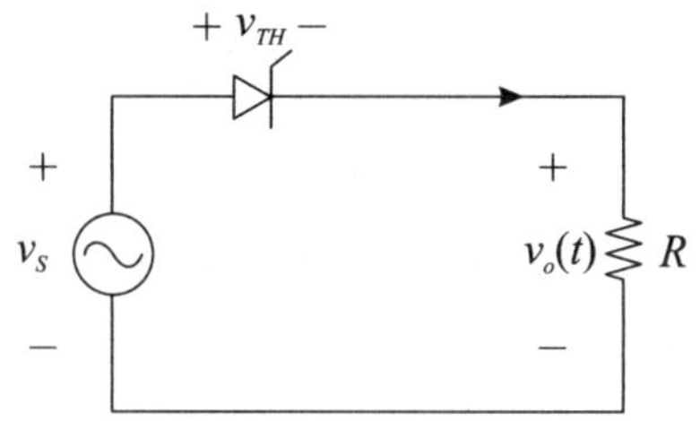

(a) 저항 부하를 갖는 단상 반파 제어 정류기 회로

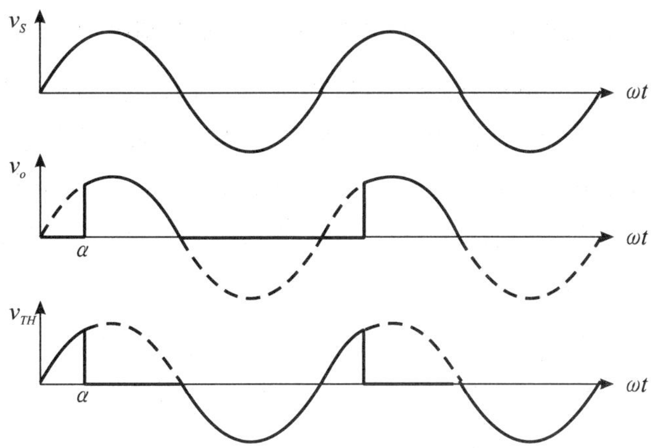

(b) 저항 부하를 갖는 단상 반파 제어 정류기 각부 파형
(전원전압, 출력전압, 사이리스터 전압)

그림 4-24 저항 부하를 갖는 단상 반파 제어 정류기 회로 및 각 부 파형

나. 저항 부하를 갖는 단상 반파 제어 정류기 실습

저항 부하를 갖는 단상 반파 제어 정류회로의 PSIM 실습을 위하여 그림 4-25와 같은 Schematic 회로를 작성한다. 여기에서는 저항 부하를 갖는 단상 반파 제어 정류회로를 구성하는데 있어서 사이리스터를 사용하며 사이리스터 구동을 위하여 게이팅 블록(Gating Block)을 사용한다. PSIM 시뮬레이션을 위해 회로에 사용된 사이리스터와 게이팅 블록에 대한 파리미터는 그림 4-26과 그림 4-27에 각각 보이고 있는 바와 같다. 그림 4-26의 사이리스터 파라미터에서 Voltage Drop은 사이리스터의 도통시 순방향 전압강하를 나타내며, Holding Current는 사이리스터 스위치가 도통을 멈추고 오프 상태로 돌아가게 하는 최소 도통 전류값을 나타낸다. 또 파라미터에서 Latching Current는 사이리스터 트리거 펄스가 제거된 후에 스위치를 온 상태로 유지하는데 필요로 되는 최소 온 상태 전류를 의미한다. 아울러 Initial Position은 초기 스위치 포지션을 나타내는 플래그이며 Current Flag는 스위치 전류 출력에 대한 플래그로 이 값이 1로 셋팅 되면 소자에 흐르는 전류를 Simview에서 확인하는 것이 가능하다. 사이리스터는 주메뉴 바의 [Elements]→[Power]→[Switches]→[Thyristor]를 선택하여 얻을 수 있으며, 부품툴 바에도 제시되어져 있기 때문에 부품툴 바를 통해 직접 가져올 수도 있다. 사이리스터에 게이트 펄스를 인가하기 위하여 PSIM의 게이팅 블록이 사용되었으며, 그림 4-27의 게이팅 블록 파라미터에서 Frequency는 게이팅 블록에 연결되어 있는 스위치나 스위치 모듈

의 동작 주파수로 [Hz]로 나타나는 값이고, No. of Points는 스위칭 포인트의 수이다. 파라미터에서 Switching Points는 각도로 주어지는 스위칭 포인트이며 만일 frequency가 0이면 Switching Points는 초(second)로 주어진다. 스위칭 포인트의 수는 한 주기 안에 주어지는 스위칭 동작의 전체 수로서, 턴 온 또는 턴 오프 동작은 각각 한 개의 스위칭 포인트로서 카운트 된다. 예를 들어 만일 스위치가 한 사이클 안에 한 번 턴 온 및 오프 된다면 스위칭 포인트의 수는 2가 되고 펄스의 수는 한 개가 된다. 게이팅 블록은 주메뉴 바의 [Elements] → [Power] → [Switches] → [Gating Block]의 순으로 선택하여 불러올 수 있으며, 부품툴 바에도 있기 때문에 부품툴 바에서 직접 가져와도 된다. 그림 4-28은 그림 4-25의 저항 부하를 갖는 단상 반파 제어 정류회로에 대해 PSIM 시뮬레이션을 통해 얻어지는 각부 파형을 보여 주고 있는 것으로, 맨 위에 있는 첫 번째 그림은 전원 전압파형을 보여 주고 있으며 두 번째 그림은 게이트 인가 펄스 파형을 보여주고 있고, 세 번째 그림은 출력전압 파형을 나타낸다. 마지막 네 번째 그림은 사이리스터에 걸리는 전압 파형으로 사이리스터가 오프되면 사이리스터에는 전원전압 파형이 그대로 나타나고, 온되어 있는 경우에는 사이리스터에 걸리는 전압은 0이 된다(사이리스터 파라미터에서 Voltage Drop을 0으로 설정한 경우).

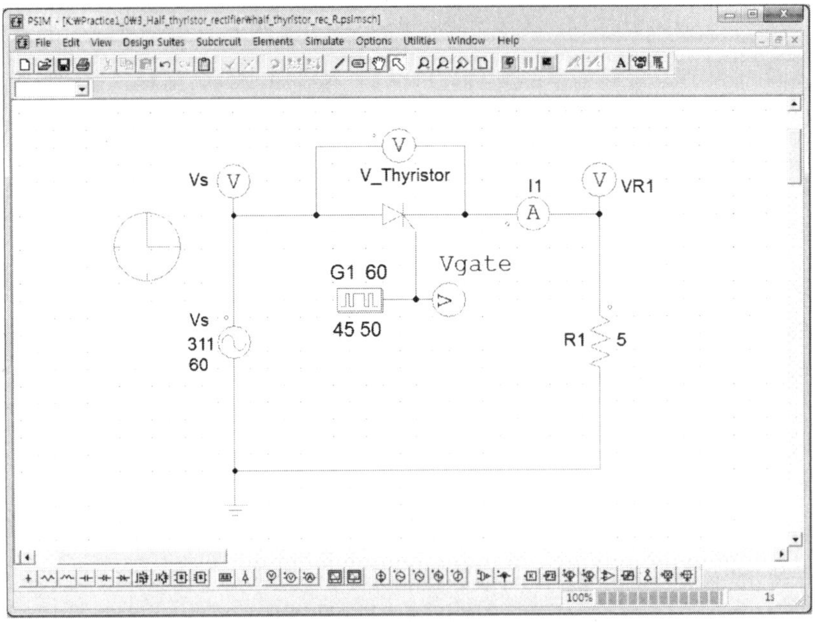

그림 4-25 저항 부하를 갖는 단상 반파 제어 정류회로의 PSIM Schematic 화면

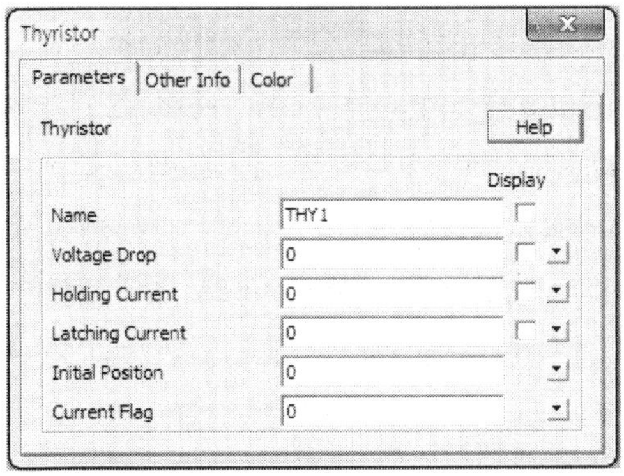

그림 4-26 사이리스터 파라미터

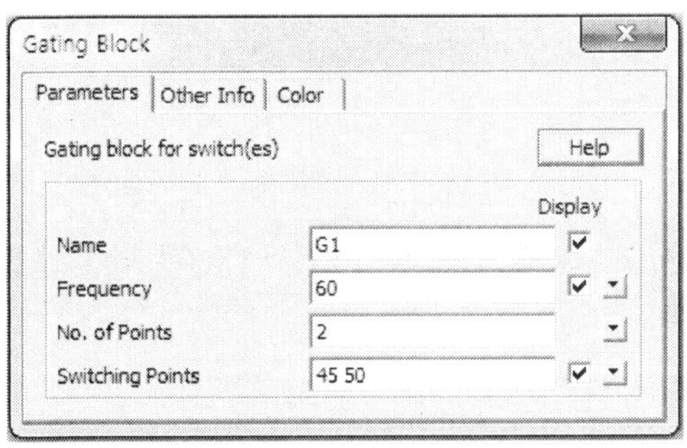

그림 4-27 게이팅 블록(Gating Block) 파라미터

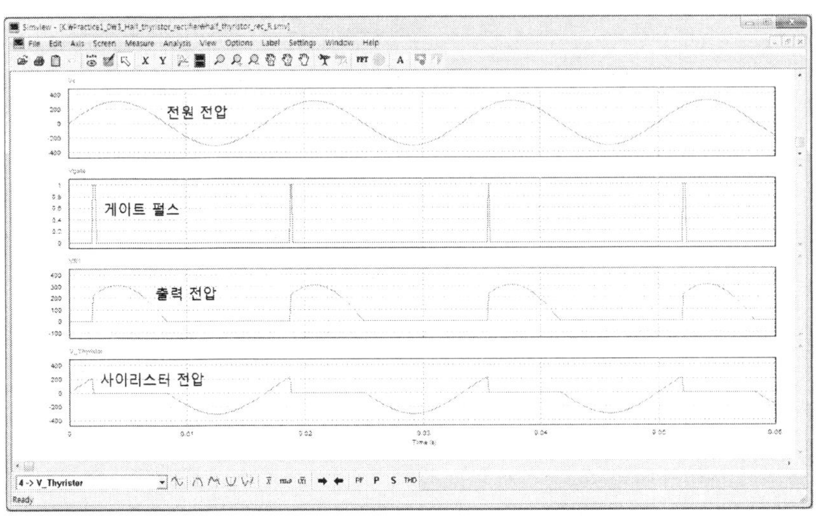

그림 4-28 저항 부하를 갖는 단상 반파 제어 정류기의 각 부 파형

그림 4-28에서 게이트 펄스는 그림 4-27의 Switching Points에서 준 $\alpha = 45°$ 각도에서 인가되므로, Simview의 [Analysis]→[Avg]를 이용하여 출력전압 VR1에 대한 평균치 그리고 [Analysis]→[RMS]를 통해 출력전압 VR1의 실효치를 얻어 보고, 이 결과들을 식 (4-12) 및 식 (4-13)을 통해 계산한 평균치 및 실효치 결과와 각각 비교해 보면 그 결과들이 같게 나오게 됨을 확인 해 볼 수 있다. 식 (4-12) 및 식 (4-13)을 이용하여 평균치와 실효치를 계산할 때 전원전압의 실효치는 220[V] 즉, 최대치 $V_m = 311$[V]를 사용하고 점호각 α는 45°를 사용하도록 한다.

(2) 저항 및 인덕터 R-L 부하를 갖는 단상 반파 제어 정류회로 실습

가. 저항 및 인덕터 R-L 부하를 갖는 단상 반파 제어 정류기 개요

저항 및 인덕터 R-L 부하를 갖는 단상 반파 제어 정류회로는 그림 4-29 (a)에서 보여주고 있는 바와 같으며, 반파 제어 정류기의 경우에 있어서도 회로에 인덕터를 포함하는 경우 전류는 강제 응답과 자연 응답의 합으로 나타난다.

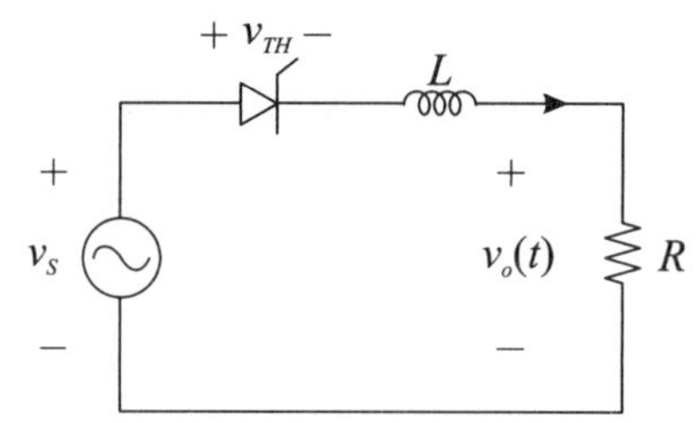

(a) 저항 및 인덕터 R-L 부하를 갖는 단상 반파 정류회로

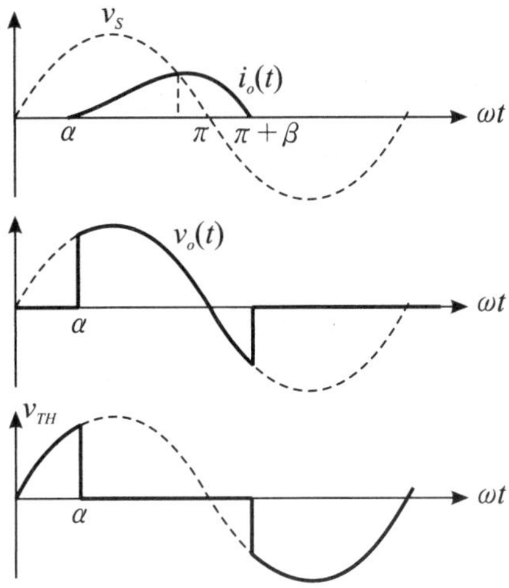

(b) 저항 및 인덕터 R-L 부하를 갖는 단상 반파 정류회로 파형

그림 4-29 저항 및 인덕터 R-L 부하를 갖는 단상 반파 제어 정류회로 및 파형

R-L 부하를 갖는 반파 비제어 정류기의 경우에 부하에 흐르는 전류를 나타내는 식 (4-9)에서와 비슷하게, R-L 부하를 갖는 반파 제어 정류기의 부하에 흐르는 전류는 그림 4-29의 (b)에서와 같이 사이리스터가 온되는 순간($\omega t=\alpha$)의 전류가 0(초기전류 $i(\alpha)=0$)이라 한다면 다음과 같이 표현된다.

$$i_o(\omega t)=\frac{V_m}{Z}\sin(\omega t-\theta)-\frac{V_m}{Z}\sin(\alpha-\theta)e^{(\alpha-\omega t)/\omega\tau}(\alpha\le\omega t\le\pi+\beta)$$

$$i_o(\omega t)=0(\pi+\beta\le\omega t\le 2\pi) \tag{4-14}$$

따라서 그림 4-29의 (b)에서와 같이 사이리스터가 온되는 순간인 $\omega t=\alpha$에서 전류($i_o(t)$)는 흐르기 시작하고 $\omega t=\pi+\beta$에서 다시 0으로 감소하게 된다. 만약 사이리스터에 게이트를 주는 시점인 $\omega t=\alpha$에서 $\alpha=0$이라고 한다면 이는 앞에서 설명한 반파 다이오드(비제어) 정류기의 경우와 일치하는 경우이다. 점호각 α는 전원의 양의 반주기 안에서 인가해 주어야 하며, 이에 따라 점호각의 제어 범위는 $0°\le\alpha\le 180°$가 된다. 한편 전류가 0이 되는 소호각 $\pi+\beta$는 식 (4-14)의 전류 $i(\omega t)$ 표현에서 $\omega t=\pi+\beta$인 순간의 전류값을 0($i(\pi+\beta)=0$)으로 놓고 수치 해석적 기법을 사용하여 얻을 수 있다. 이때 $\omega t=\pi$부터 $\omega t=\pi+\beta$까지 전류의 극성은 양(+)이고 출력전압의 극성은 음(−)으로 되므로 에너지가가 부하에서 전원측으로 넘어가는 에너지 반환 현상이 발생하게 된다. 그림 4-29 (b)의 두 번째 그림을 이용하면 출력전압 $v_o(t)$의 평균치는 다음과 같이 얻을 수 있다.

$$V_{o_{AVG}} = \frac{1}{2\pi}\int_{\alpha}^{\pi+\beta} V_m \sin\omega t \, d\omega t = \frac{V_m}{2\pi}[\cos\alpha + \cos\beta] \qquad (4\text{-}15)$$

또한 부하전류의 평균치는 다음 식 (4-16)과 같이 나타낼 수 있고, 실효치는 식 (4-17)과 같이 얻을 수 있다.

$$I_{o_{AVG}} = \frac{1}{2\pi}\int_{\alpha}^{\pi+\beta} i_o(\omega t)\, d\omega t \qquad (4\text{-}16)$$

$$I_{o_R} = \sqrt{\frac{1}{2\pi}\int_{\alpha}^{\pi+\beta} i_o^2(\omega t)\, d\omega t} \qquad (4\text{-}17)$$

이때 부하에서 소비되는 전력은 저항에서의 소비전력이므로 다음 식 (4-18)과 같다.

$$P_R = I_{o_R}^{\ 2} R \qquad (4\text{-}18)$$

나. 저항 및 인덕터 R-L 부하를 갖는 단상 반파 제어 정류기 실습

저항 및 인덕터 R-L 부하를 갖는 단상 반파 제어 정류회로의 PSIM 실습을 위하여 그림 4-30과 같은 Schematic 회로를 작성한다. 그림 4-30의 Schematic 회로는 앞의 그림 4-25 회로에 인덕터 L1을 추가하면 되며 사용되는 사이리스터, 게이팅 블록 및 인덕터에 대한 파라미터는 앞에서 이미 설명된 바와 동일하다. 그림 4-31은 그림 4-30의 R-L 부하를 갖는 단상 반파 제어 정류회로에 대해 PSIM 시뮬레이션을 통해 얻어지는 각부 결과 파형을 보여 주고 있는 것으로, 맨 위에 있는 첫 번째 그림은 전원 전압파형과 전류파형을 보여주고 있는 것인데, 여기서 전류의 크기는 원래 전류 크기를 5배 확대하여 나타낸 것이다. 위에서 두 번째 그림은 게이트 인가 펄스 파형을, 그리고 세 번째 그림은 출력전압 파형을 나타내고 있으며 게이트 펄스가 인가되는 순간에 전류가 흐르기 시작함을 첫 번째 그림으로부터 확인할 수 있고, 세 번째 그림을 통해서는 게이트 펄스가 인가되는 순간 출력전압이 나타나기 시작함을 확인 할 수 있다. 마지막 네 번째 그림은 사이리스터에 걸리는 전압파형으로, 사이리스터가 오프되면(전류가 흐르지 않는 구간 동안) 사이리스터에는 전원전압 파형이 그대로 나타나고, 온되어 있는 경우(전류가 흐르고 있는 구간동안)에는 사이리스터에 걸리는 전압은 0(사이리스터 파라미터에서 Voltage Drop을 0으로 설정한 경우)이 된다는 것을 그림으로부터 확인 할 수 있다.

저항 부하를 갖는 단상 반파 제어 정류회로 부분에서 이미 설명되었던 바와 같이 Simview의 [Analysis]→[Avg]를 이용하여 출력전압 VRL에 대한 평균값을, 그리고 [Analysis]→[RMS]를 통해 출력전압 VRL의 실효치를 각각 확인해 보는 것이 가능하다.

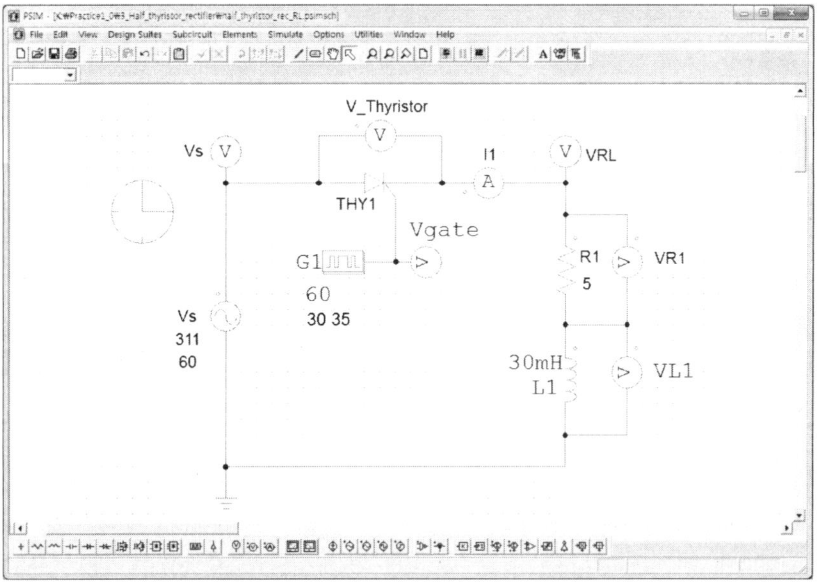

그림 4-30 저항 및 인덕터 R-L 부하를 갖는 단상 반파 제어 정류기의 PSIM Schematic 화면

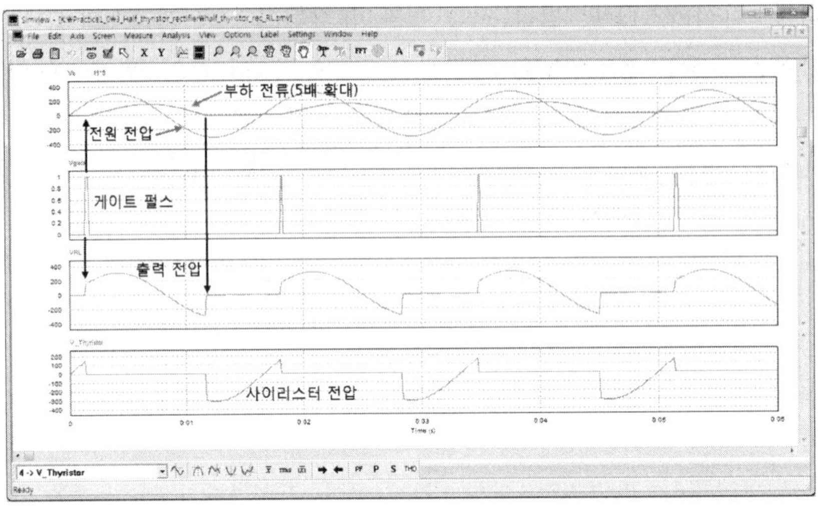

그림 4-31 저항 및 인덕터 R-L 부하를 갖는 단상 반파 제어 정류기의 각 부 파형

4.3 단상 전파 비제어(다이오드) 정류회로 실습

앞에서 살펴본 바와 같이 반파 정류기의 경우 전원의 반파만을 출력으로 발생시킴으로써 출력전압의 맥동이 매우 커지게 된다. 한편, 전파 정류기의 경우는 전원의 음의 반주기도 출력측에 정류되어 나타나기 때문에 반파 정류회로에 비해 출력전압이 2배로 되고 출력전압의 맥동 성분도 크게 줄일 수 있게 된다. 그러나 한편으로는 사용되는 스위치의 개수가 증가하여 반파 정류기에 비하여 회로를 구성하는 비용이 상승하게 된다.

(1) 저항 부하를 갖는 단상 전파 비제어(다이오드) 정류회로 실습

가. 저항 부하를 갖는 단상 전파 비제어(다이오드) 정류기 개요

단상 전파 비제어 정류회로는 반파 비제어 정류회로에서와 마찬가지로 스위칭 소자로서 다이오드를 사용한다. 전파 정류회로의 경우 교류전원의 음의 반파가 정류되어 출력측에 나타남으로써 전원의 양과 음의 파형이 모두 출력측에 나타나게 된다. 따라서 반파 비제어 정류회로에 비하여 한 주기당 출력전압이 2배가 되고 출력 맥동도 개선된다.

전파 비제어 정류기의 부하가 저항으로 구성된 경우에 대한 회로는 그림 4-32 (a)에 나타나 있는 바와 같으며 회로 각부에 대한 파형은 그림 4-32의 (b)에 보여

주고 있다. 그림 4-32 (a)의 단상 전파 비제어 정류기의 부하 저항에 나타나는 출력전압 파형은 그림 4-32의 (b)의 위에서 두 번째 파형으로, 출력전압에 대한 평균치는 식 (4-19)와 같이 구해 질 수 있으며, 부하가 저항으로만 구성되어 있으므로 출력전류(i_o) 파형은 그림 4-32 (b)의 위에서 다섯번째 그림에 해당하고 출력전류의 평균치는 식 (4-20)과 같이 얻어질 수 있다.

$$V_{o_{AVG}} = \frac{1}{\pi}\int_0^{\pi} V_m \sin\omega t\, d\omega t = \frac{2V_m}{\pi} = \frac{2\sqrt{2}\,V_{SR}}{\pi} = 0.9\,V_{SR} \tag{4-19}$$

$$I_{o_{AVG}} = \frac{V_{o_{AVG}}}{R} = \frac{2V_m}{\pi R} \tag{4-20}$$

식 (4-19)를 통해 얻어지는 전파 비제어 정류회로에 대한 출력전압의 평균치는 식 (4-1)로 주어지는 반파 비제어 정류회로 출력전압의 평균치에 대해 2배의 값을 가짐을 확인할 수 있다. 그림 4-32 (a)에서 보여주고 있는 브리지 형태의 단상 전파 비제어 정류기의 동작을 살펴보면 우선 다이오드 쌍 D_1과 D_4가 전원의 양인 구간 동안 동시에 도통하며, 이 구간 동안 다이오드 D_2 및 D_3는 오프되고, 반대로 전원이 음인 반주기 동안에는 다이오드 쌍 D_1과 D_4가 동시에 오프되고 다이오드 쌍 D_2 및 D_3가 온되어 도통한다. 따라서 부하 양단에 걸리는 출력전압은 D_1와 D_4가 온일 때 양의 전원전압 즉, $+v_s$가 출력되어 나타나고 D_2와 D_3가 온될 때는 전원전압의 극성이 반대로 되어 $-v_s$가 출력에 나타나게 됨으로써 부하에는 항상 0 이상의 양의 값(+)을 갖는 정류된 출력전압이 나타나게 된다.

한편 역 바이어스 되어 다이오드 양단에 걸리는 최대 전압은 그림 4-32 (b)의 세 번째 및 네 번째 그림에서와 같이 전원전압의 최대값과 같고, 그림 4-32 (b)의 맨 아래 그림에서와 같이 전원측에서 흐르는 전류(i_s)의 평균치는 0이 되고, 실효치는 부하 출력전류(i_o)의 실효치와 같게 된다. 전원전류는 전원의 양(+)의 반주기 동안은 부하전류 파형과 일치하고 음(−)의 반주기 동안은 부하전류의 극성과 반대로 되어, 전원의 정현파 전압을 저항값으로 나눈 형태의 교류 정현파가 된다.

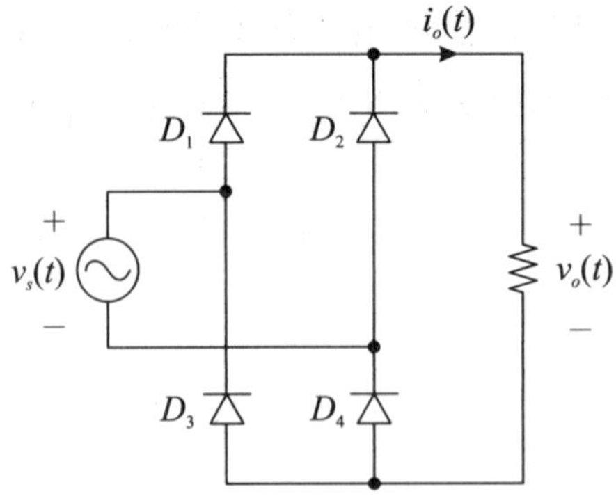

(a) 저항 부하를 갖는 단상 전파 비제어(다이오드) 정류기 회로

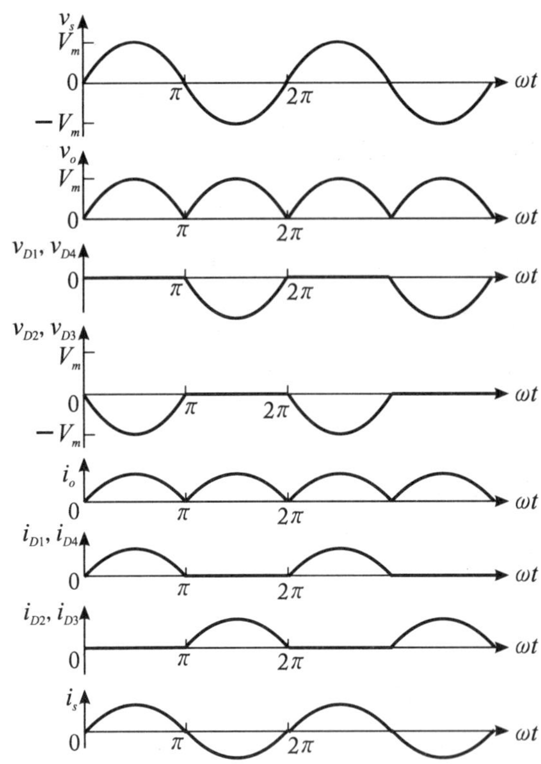

(b) 저항 부하를 갖는 단상 전파 비제어(다이오드) 정류기 각 부 파형

그림 4-32 저항 부하를 갖는 단상 전파 비제어(다이오드) 정류기 회로 및 각 부 파형

나. 저항 부하를 갖는 단상 전파 비제어(다이오드) 정류기 실습

저항 부하를 갖는 단상 전파 비제어 정류회로의 PSIM 실습을 위하여 그림 4-33과 같은 Schematic 회로를 작성하도록 하며, 사용된 다이오드들에 흐르는 전류를 확인하기 위하여 그림 4-34에서와 같이 다이오드들의 Current Flag를 모두 1로 설정하여 놓는다. 그림 4-35는 저항 부하를 갖는 단상 전파 비제어 정류회로의 PSIM 시뮬레이션 결과 파형을 보여 주고 있는 것으로, 위에서부터 전원전압, 부하 출력전압, 다이오드 D_1, D_4에 걸리는 전압, 다이오드 D_2, D_3에 걸리는 전압, 부하 출력전류, 다이오드 D_1, D_4에 흐르는 전류, 다이오드 D_2, D_3에 흐르는 전류 및 전원전류를 각각 나타내고 있다.

그림 4-35의 각 파형은 이론적으로 얻어진 그림 4-32 (b)의 단상 전파 비제어 정류기 각 부 파형과 같은 형태로 얻어짐을 확인 할 수 있고, 출력전압에 대한 평균치는 Simview의 [Analysis]→[Avg]를 이용하여 얻을 수 있다. 그림 4-36은 Simview에서 출력전압에 대한 평균치를 확인하는 방법을 보여주고 있는 것으로, 얻어진 결과는 식 (4-19)의 이론적 계산 결과와 일치하는지 확인해 보도록 한다. 시뮬레이션에서 사용된 전원전압의 실효치는 220[V] 즉, 최대치 311[V]이며 식 (4-19)를 이용하여 평균치를 계산할 때 이 값들을 이용하도록 한다.

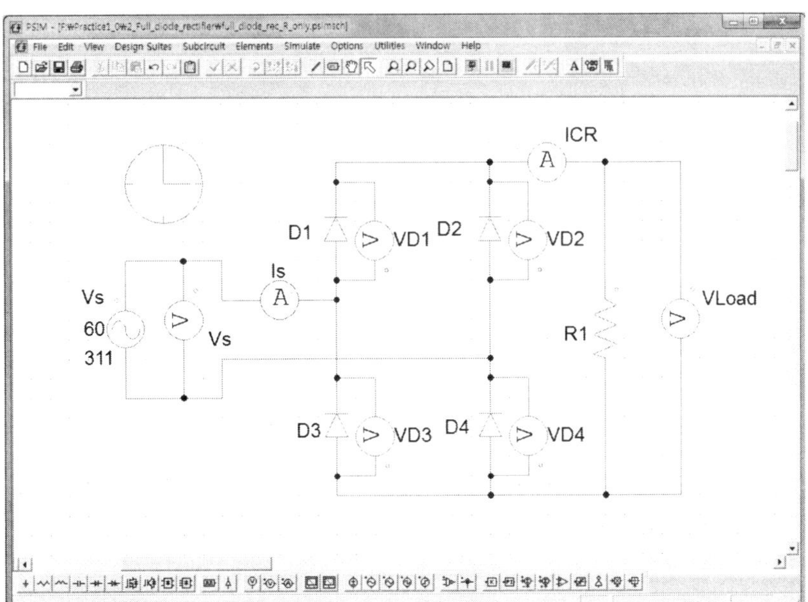

그림 4-33 저항 부하를 갖는 단상 전파 비제어 정류기의 PSIM Schematic 화면

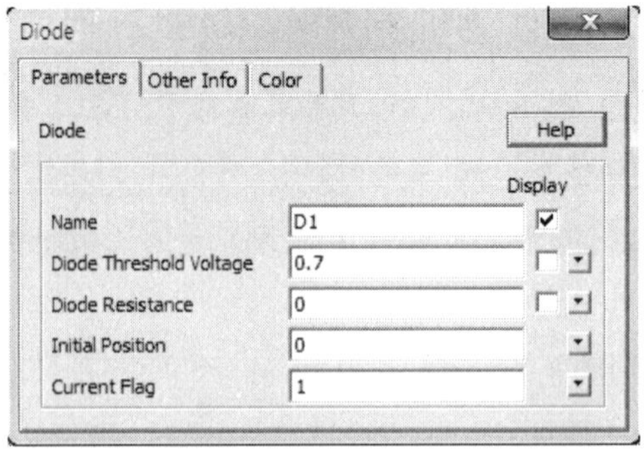

그림 4-34 다이오드 파라미터(Current Flag를 1로 설정)

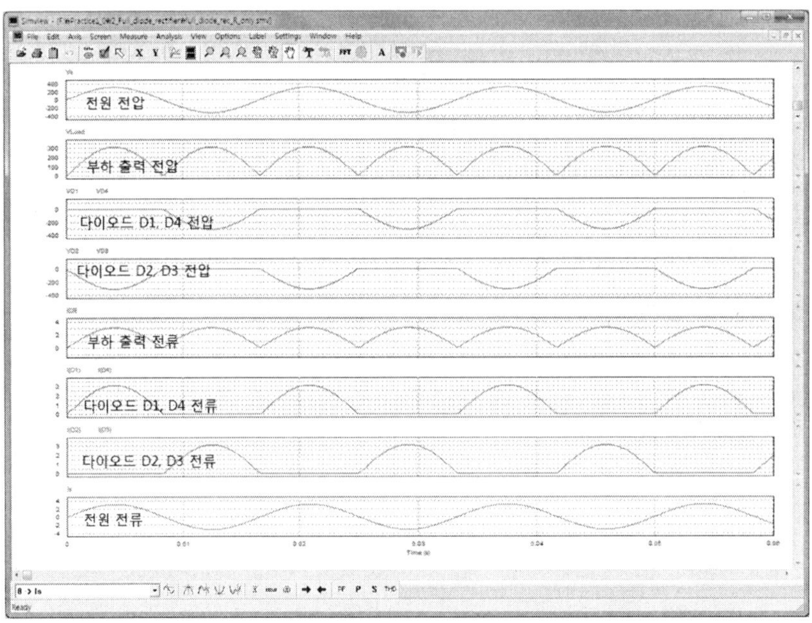

그림 4-35 저항 부하를 갖는 단상 전파 비제어 정류기의 각 부 파형

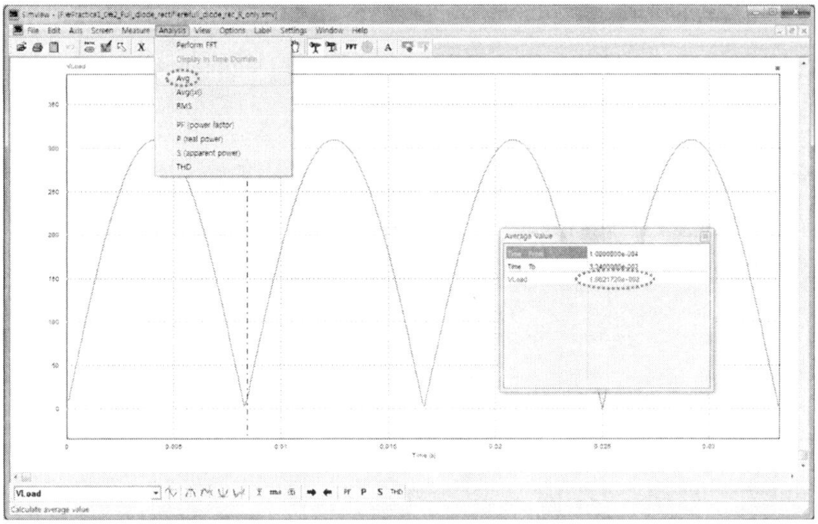

그림 4-36 저항 부하를 갖는 단상 전파 비제어 정류기 출력전압에 대한 평균치 확인

(2) 저항 및 인덕터 R-L 부하를 갖는 단상 전파 비제어(다이오드) 정류회로 실습

가. 저항 및 인덕터 R-L 부하를 갖는 단상 전파 비제어(다이오드) 정류기 개요

저항 및 인덕터 R-L 부하를 갖는 단상 전파 비제어 정류회로는 그림 4-37의 (a)에서 보여주고 있는 바와 같고, 정류기 회로의 각 부 전압 및 전류 파형은 그림 4-37의 (b) 및 (c)에 나타내고 있는 바와 같다. 브리지 형태의 단상 전파 비제어 정류기에서 전류는 전원의 극성이 바뀔 때 D_1, D_4로 구성되는 한 쌍의 다이오드 군에서 D_2, D_3로 구성되는 다른 쌍의 다이오드 군으로 전이되어 흐르며, 저항 및 인덕터 R-L 부하에 걸리는 전압 파형은 저항 부하를 갖는 경우에서와 같이 정현파의 전파 정류된 형태가 된다.

부하의 인덕터값이 충분히 커서 부하전류 i_o가 연속적으로 흐르는 전류가 된다면 부하전류의 파형은 그림 4-37 (b)의 첫 번째 그림에서 보여주고 있는 형태가 되고, 전원측 전류 i_s는 그림 4-37 (b)의 마지막 그림에서 보여주고 있는 것처럼 흐르게 된다. 만일 인덕터의 인덕턴스가 매우 충분히 커서 부하전류가 거의 일정한 크기의 연속 직류전류가 된다면, 이에 따라 전원측에 흐르는 전류 i_s는 그림 4-37 (c)의 위에서 세 번째 즉, 마지막 그림에서 보여주고 있는 것처럼 거의 구형파의 형태로 흐르게 된다.

이와 같이 부하로 사용되는 인덕터의 인덕턴스가 커지면 커질수록 전원측에 흐르는 전류는 점점 직선에 가까운 구형파 형태의 전류가 되며 이에 따라 전원측 전류는 많은 고조파 성분을 포함하게 된다.

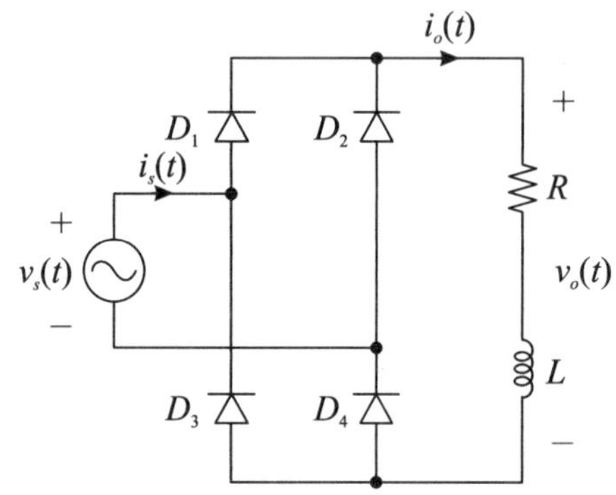

(a) 저항 및 인덕터 부하를 갖는 단상 전파 비제어(다이오드) 정류기 회로

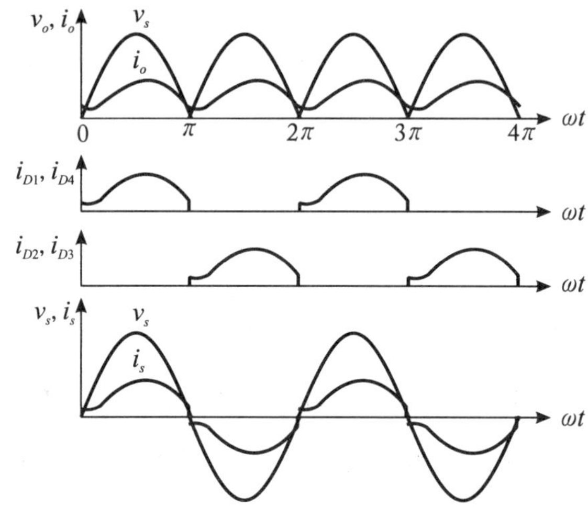

(b) 저항 및 인덕터 부하를 갖는 단상 전파 비제어(다이오드) 정류기 각 부 파형
(전류 연속인 경우)

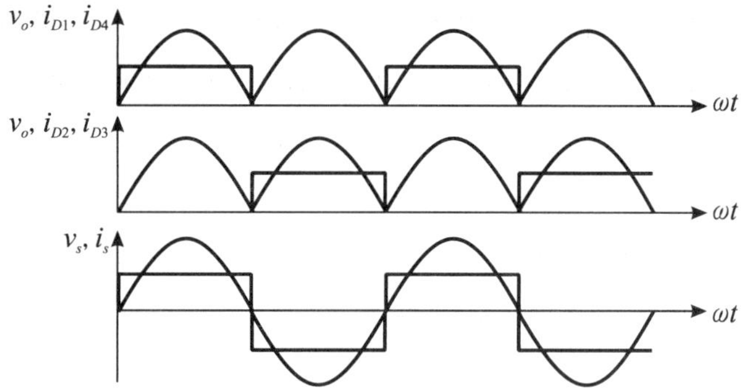

(c) 인덕터의 인덕턴스가 매우 충분히 커서 출력전류가 일정 직류인 경우의 파형 (구형파 입력전류가 되는 경우)

그림 4-37 저항 및 인덕터 R-L 부하를 갖는 단상 전파 비제어 정류기 회로 및 각 부 파형

이와 같이 많은 고조파 성분을 포함하는 비정현 구형파 전류는 전원측에 고조파 전압강하를 발생시키는 등 전력계통에 좋지 않은 영향을 발생시키게 되므로, 전원측에서 이러한 고조파 성분들을 제거시키기 위해 입력 필터를 설치하는 등의 조치를 필요로 하게 된다.

나. 저항 및 인덕터 R-L 부하를 갖는 단상 전파 비제어(다이오드) 정류기 실습

저항 및 인덕터 R-L 부하를 갖는 단상 전파 비제어 정류회로의 PSIM 실습을 위하여 그림 4-38과 같은 Schematic 회로를 작성하도록 하며, 부하에 흐르는 전류 및 전원측 전류를 측정하기 위하여 그림에서와 같이 전류 프로브 ILoad(부하전류 측정) 및 Is(전원측 전류측정)를 설치하여 놓는다. 그림 4-39는 부하로 사용된 저항의 값을 10[Ω]으로 하고 인덕터의 인덕턴스를 20[mH]로 한 경우의 각 부 파형을 보여 주고 있는 것으로 위에서부터 전원전압, 부하 출력전압, 전원측 전류 및 부하전류 파형을 각각 나타내고 있다.

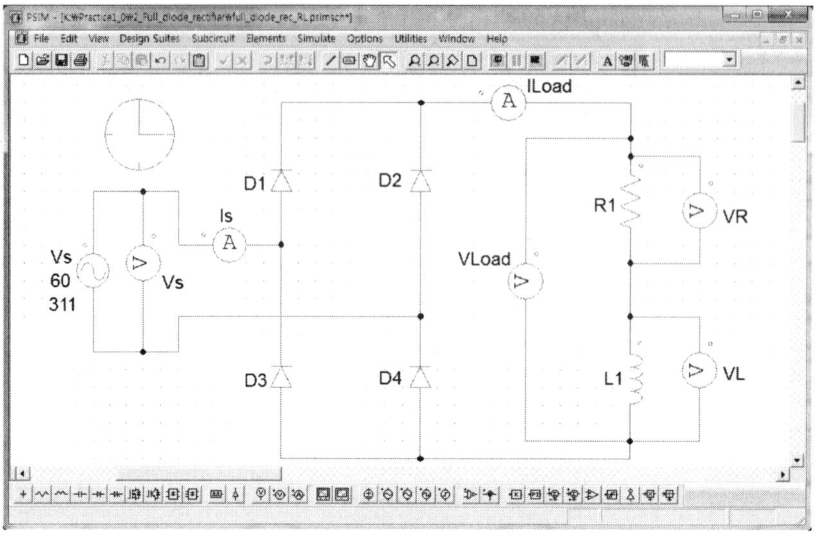

그림 4-38 저항 및 인덕터 부하를 갖는 단상 전파 비제어 정류회로의 PSIM Schematic 화면

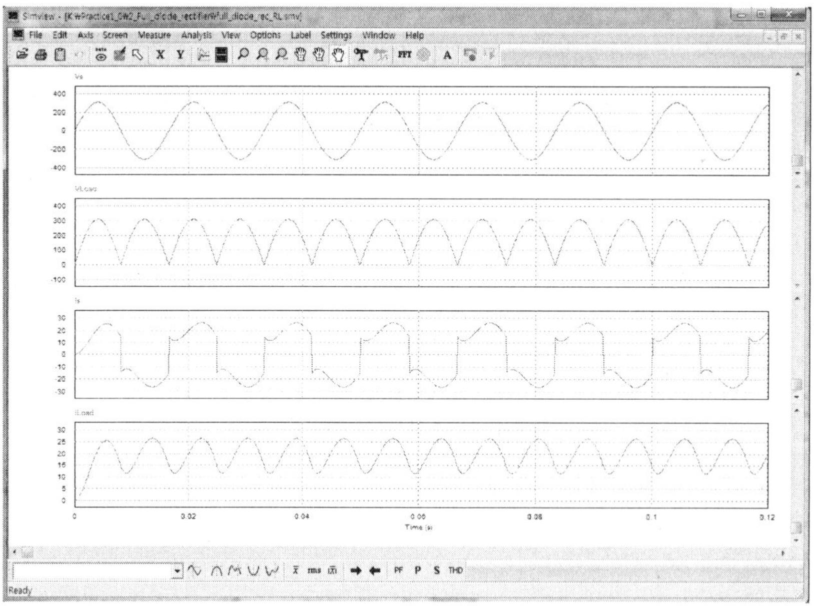

그림 4-39 저항 및 인덕터 부하를 갖는 단상 전파 비제어 정류기 각 부 파형 (R1=10[Ω], L1=20[MH])

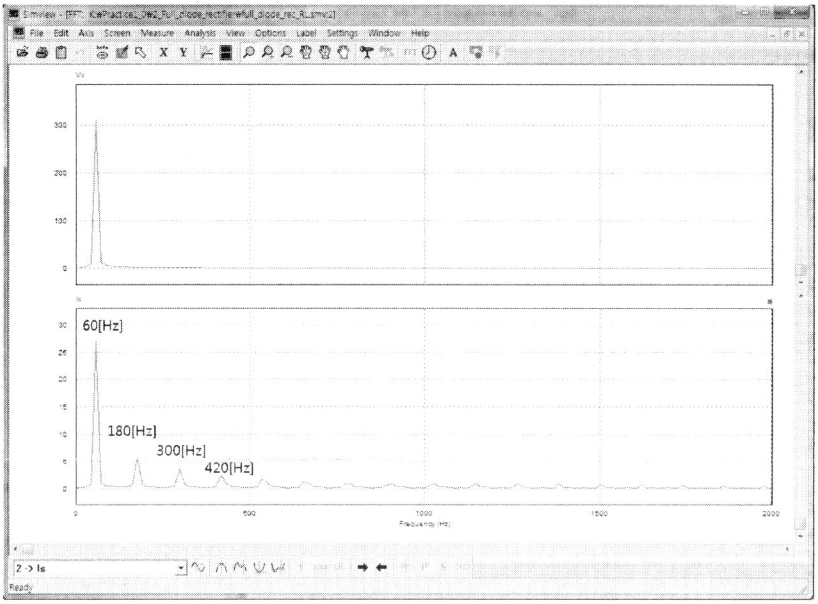

그림 4-40 부하 저항 10[Ω], 인덕터의 인덕턴스 20[mH]인 경우의 전원전류 FFT 결과

그림에서 보여 주고 있는 바와 같이 부하전류(ILoad)는 연속전류이며 부하전압(VLoad)은 전원전압의 정현파를 전파 정류한 형태로 나타나고 있음을 확인 할 수 있다. 전원측 전류(Is)는 고조파를 포함한 비정현파의 왜곡된 형태로 흐르게 되는데 이 전원전류에 대한 FFT(Fast Fourier Transformation) 결과는 그림 4-40에서 보여 주고 있는 바와 같다. 전원전류는 기본파 60[Hz] 성분 외에 홀수 고조파 성분들 즉, 3, 5, 7, …차 고조파 성분들을 포함하고 있으며 이 성분들은 주파수로 180[Hz], 300[Hz], 420[Hz], …에 해당한다.

그림 4-41은 부하로 사용된 저항값을 10[Ω]으로 유지하고 인덕터의 인덕턴스를 200[mH]로 한 경우로, 그림 4-39의 경우에 비하여 인덕터의 인덕턴스를 10배 크게 한 경우의 파형을 나타내고 있다. 이 경우에 있어서도 그림의 위에서부터 전원전압, 부하단 출력전압, 전원전류 및 부하전류 파형을 나타내고 있으며 인덕터의 인덕턴스가 10배 커짐에 따라 부하전류는 앞의 경우에 있어서 보다 더욱 평탄해지고 전원전류는 더욱 구형파에 가까운 형태가 되고 있음을 확인할 수 있다. 그림 4-42는 구형파에 더욱 가까워진 전원전류(Is)를 FFT(Fast Fourier Transformation)한 결과를 나타내고 있는 것으로 앞에서와 마찬가지로 기본파 60[Hz] 성분 외에 홀수

고조파 성분들 즉, 3, 5, 7, …차 성분들이 함께 나타나고 있는 것을 확인 할 수 있을 뿐만 아니라, 인덕터의 인덕턴스가 20[mH]인 경우에 비하여 고조파 성분들의 크기가 더욱 크게 나타나고 있음을 확인할 수 있다.

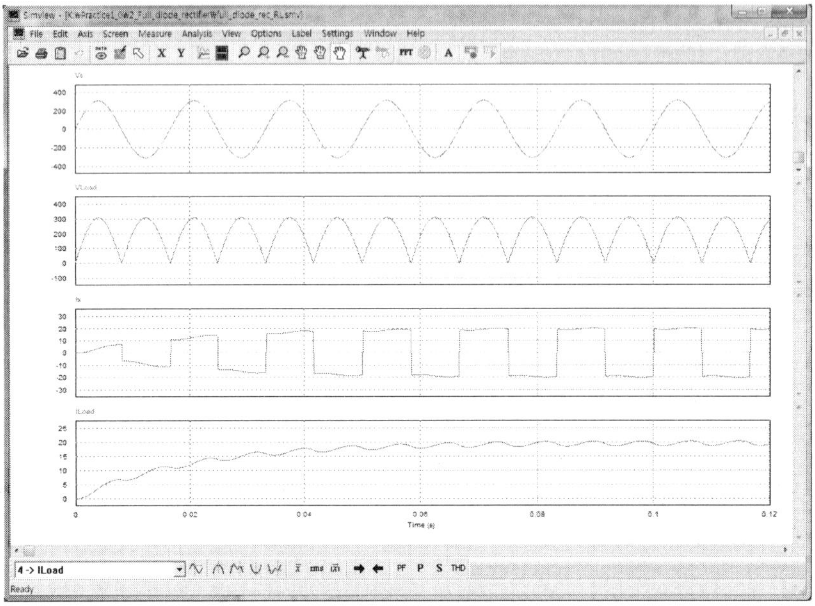

그림 4-41 저항 및 인덕터 부하를 갖는 단상 전파 비제어 정류기 각 부 파형 (R1 = 10[Ω], L1 = 200[mH])

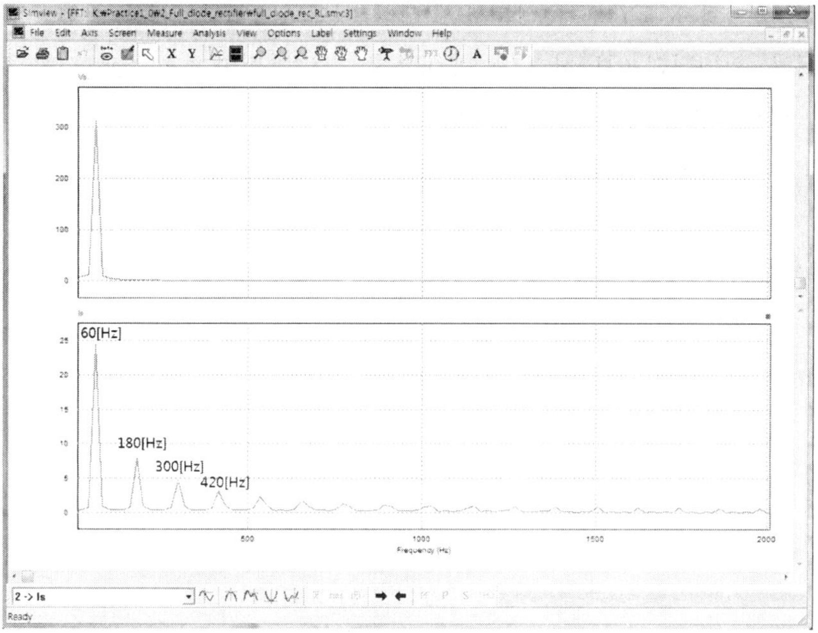

그림 4-42 부하 저항 10[Ω], 인덕터의 인덕턴스 200[mH]인 경우의 전원전류 FFT 결과

(3) 출력측 커패시터를 갖는 단상 전파 비제어(다이오드) 정류회로 실습

가. 출력측 커패시터를 갖는 단상 전파 비제어(다이오드) 정류기 개요

출력측에 커패시터를 갖는 단상 전파 비제어 정류기 회로는 그림 4-43 (a)에 나타나 있는 바와 같고 출력전압 파형은 그림 4-43 (b)에 보여주고 있다. 출력측 커패시터는 부하 저항과 병렬로 연결되며 출력전압을 평활시키는 역할을 한다.

전파 정류기의 출력전압을 평활시키는 동작은 그림 4-15의 반파 비제어 정류기의 경우와 비슷하게 이루어지는데, 다만 전파 정류기의 경우 출력전압이 전원전압의 음의 반주기가 정류되어 출력측에 나타나므로 커패시터의 방전시간이 각 주기에 있어서 반파 비제어 정류기의 경우에 비해 1/2로 줄어들게 된다. 따라서 같은 회로정수가 사용된 경우라면, 출력측에 커패시터를 갖는 전파 정류기 출력전압 맥동 ΔV_o는 커패시터를 갖는 반파 정류기의 경우에 비해 거의 절반으로 줄어들게 된다. 식 (4-21)은 출력측에 커패시터를 갖는 단상 전파 비제어 정류기의 출력전압의 맥동 ΔV_o를 결정하는 근사값으로, 식에서와 같이 출력전압의 맥동 성분 ΔV_o

는 사용되는 커패시터 C의 크기에 반비례함을 알 수 있고, 반파 정류기의 경우에 해당하는 식 (4-11)과 비교 했을 때 맥동분의 크기가 1/2로 줄어들게 되는 것을 알 수 있다. 식 (4-22)는 식 (4-21)로부터 얻어지며 주어진 출력전압의 맥동 ΔV_o에 대해 커패시터의 커패시턴스를 결정할 때 사용이 가능하다.

$$\Delta V_o \approx \frac{\pi V_m}{\omega RC} = \frac{\pi V_m}{2\pi f RC} = \frac{V_m}{2fRC} \tag{4-21}$$

$$C \approx \frac{\pi V_m}{\omega R \Delta V_o} = \frac{V_m}{2fR\Delta V_o} \tag{4-22}$$

식 (4-21) 및 식 (4-22)에서 V_m은 전원전압의 최대치, f는 전원의 주파수, R은 부하 저항의 저항값이고 C는 사용 커패시터의 커패시턴스를 나타낸다.

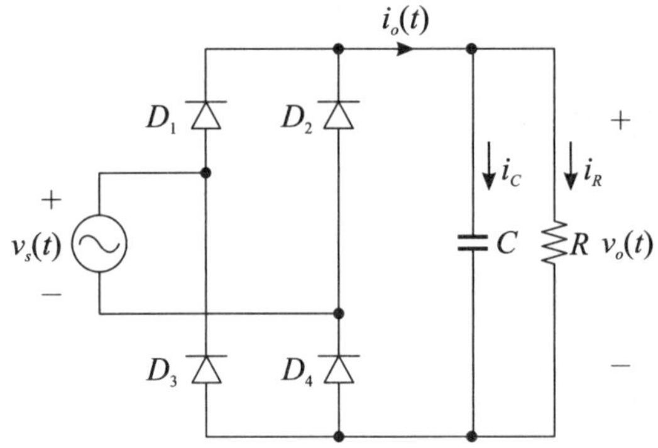

(a) 출력측 커패시터를 갖는 단상 전파 비제어 정류기 회로

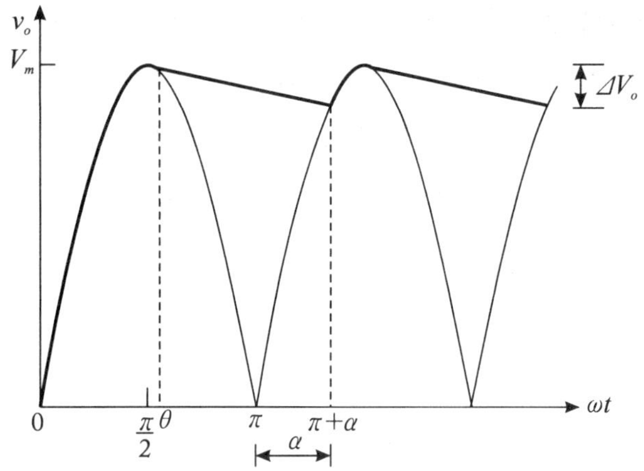

(b) 출력측 커패시터를 갖는 단상 전파 비제어 정류기 출력전압 파형

그림 4-43 출력측 커패시터를 갖는 단상 전파 비제어 정류기 회로 및 출력파형

나. 출력측 커패시터를 갖는 단상 전파 비제어(다이오드) 정류기 실습

출력측에 커패시터를 갖는 단상 전파 비제어 정류회로의 PSIM 실습을 위하여 그림 4-44와 같은 Schematic 회로를 작성하도록 한다. 그림에서와 같이 부하 출력 전압을 측정하기 위하여 노드간 전압 프로브인 VLoad를 두도록 하며, 부하에 흐르는 전류 및 전원측 전류를 측정하기 위한 전류 프로브 ICR(부하전류 측정) 및 Is(전원측 전류측정)를 설치하도록 한다. 그림의 Vs는 전원전압을 측정하기 위한 노드간 전압 프로브이다.

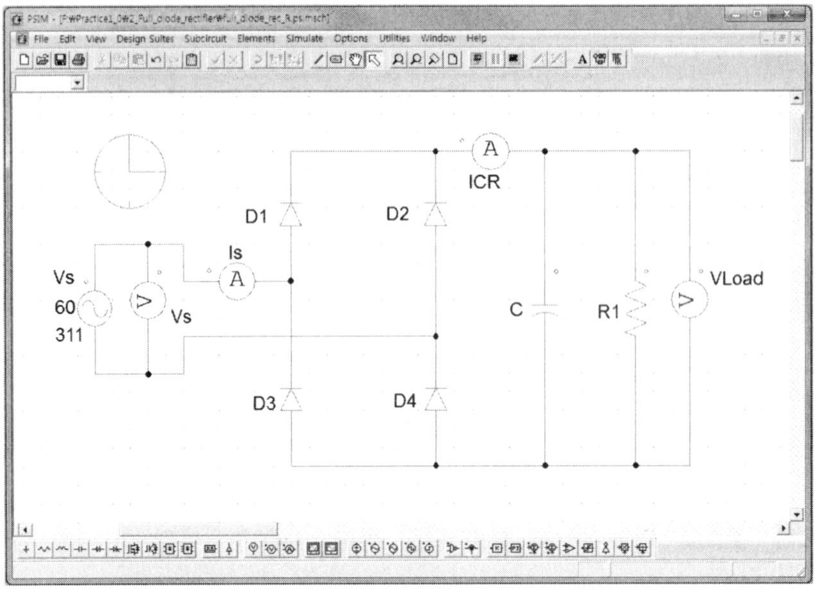

그림 4-44 출력측에 커패시터를 갖는 단상 전파 비제어 정류회로의 PSIM Schematic 화면

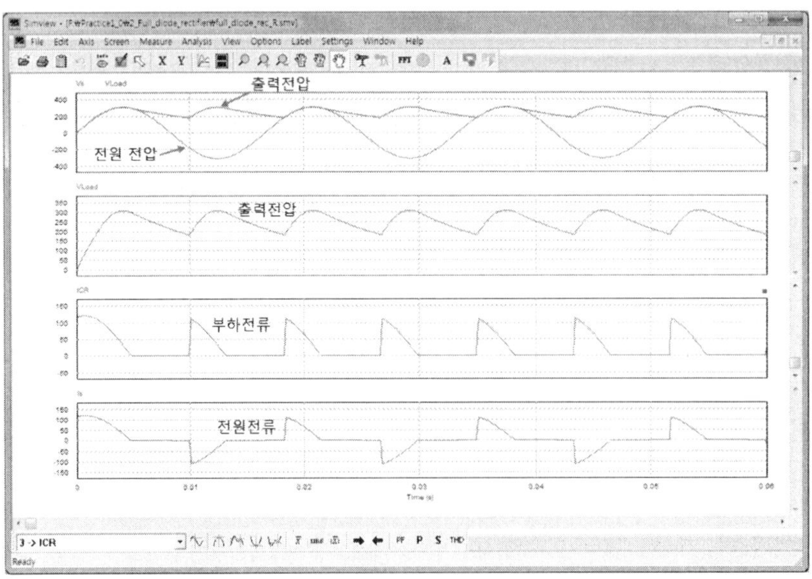

그림 4-45 출력측 커패시터를 갖는 단상 전파 비제어 정류기 각 부 파형(R1=10[Ω], C=1000[μF])

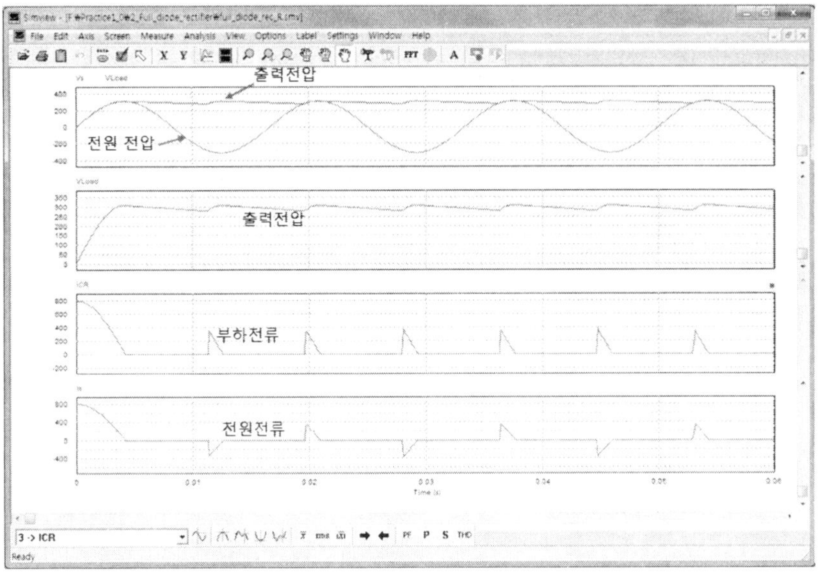

그림 4-46 출력측 커패시터를 갖는 단상 전파 비제어 정류기 각 부 파형 (R1=10[Ω], C=6800[μF])

그림 4-45 및 그림 4-46은 각각 부하로 사용된 저항값을 10[Ω]으로 하고 출력측 커패시터의 커패시턴스를 각각 1000[μF] 및 6800[μF]으로 한 경우의 시뮬레이션 결과를 보여 주고 있는 것으로 그림의 위에서부터 전원전압, 출력전압, 부하측 전류 및 전원전류 파형을 각각 나타내고 있다. 그림 4-45 및 그림 4-46에서 보여주고 있는 바와 같이 부하의 저항값이 일정한 경우 출력단 커패시터의 커패시턴스가 커지면 출력전압의 맥동 ΔV_o의 크기가 작아지게 됨을 확인 할 수 있다.

4.4 단상 전파 제어 정류회로 실습

앞의 다이오드를 사용한 단상 전파 비제어 정류기에서 다이오드 대신에 제어가 가능한 스위치를 사용함으로써 제어 정류기의 구성이 가능하다. 여기에서는 제어 가능한 스위칭 소자로서 사이리스터를 사용하여 단상 전파 제어 정류회로를 구성하며, 단상 전파 제어 정류회로에는 사용되는 사이리스터의 수와 그 연결 형태에 따라 그림 4-47에서와 같이 대칭 브리지와 혼합 브리지 회로로 그 종류를 분류해 볼 수 있으나 여기에서는 대칭 브리지 형태의 전파 제어 정류회로만을 살펴보도록 한다.

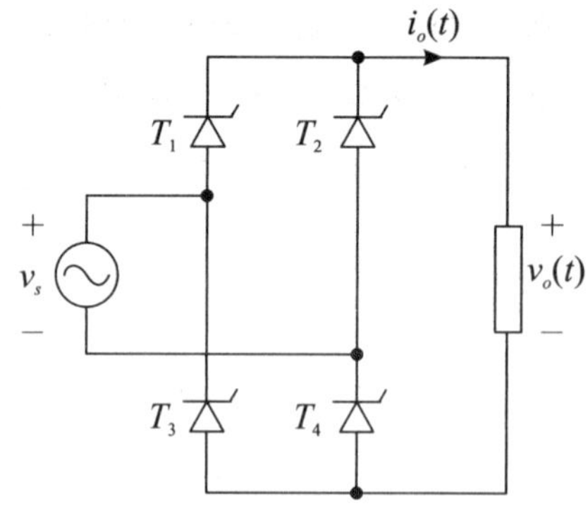

(a) 대칭 브리지 정류회로

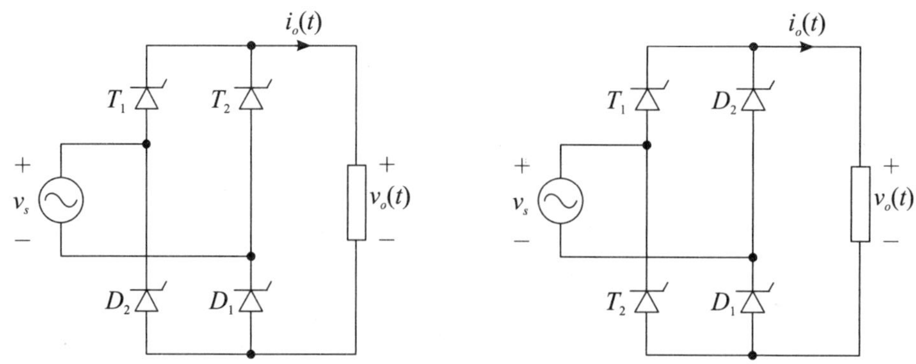

(b) 혼합 브리지 정류회로

그림 4-47 단상 전파 제어 정류회로의 종류

사이리스터를 사용하는 대칭 브리지 형태의 단상 전파 제어 정류회로는 그림 4-47 (a)와 같이 4개의 사이리스터로 구성되며, 이는 단상 전파 비제어 정류기에 사용되는 4개의 다이오드 모두를 사이리스터로 대체한 형태이다. 그림 4-47 (a)에서 사이리스터 T_1과 T_4는 전원이 양(+)인 극성의 구간에서 온 시키고, 사이리스터 T_2와 T_3는 전원이 음(−)인 극성의 구간에서 온 시킨다. 사이리스터 게이트 점호각 α는 사이리스터가 순방향 바이어스 되는 구간에서 인가 시키며, 사이리스터 T_1과 T_4는 전원이 양인 구간일 때 순방향 바이어스 되지만 이 게이트 신호가 인가되기 전까지는 도통되지 않는다. 마찬가지로 T_2와 T_3는 전원이 음인 구간에서 순방향 바이어스 되지만 게이트 신호의 인가 전까지는 도통되지 않는다. 만약 점호각 α가 0이라면 대칭 브리지 형태의 단상 전파 제어 정류기는 단상 전파 비제어

(다이오드) 정류기와 같이 동작한다. 대칭 브리지 형태의 단상 전파 제어 정류기의 경우 스위치 쌍 (T_1, T_4) 및 (T_2, T_3)는 항상 동시에 온 되도록 게이트 신호를 인가하도록 하고, 부하에 따른 출력 전압의 변화는 다음에 설명하는 바와 같다.

(1) 저항 부하를 갖는 대칭 브리지 단상 전파 제어 정류회로 실습

가. 저항 부하를 갖는 대칭 브리지 단상 전파 제어 정류기 개요

저항 부하를 갖는 대칭 브리지 형태의 단상 전파 제어 정류기 회로는 그림 4-48 (a)에 보여주고 있는 바와 같으며, 회로의 사이리스터들에 인가되는 게이트 점호각을 α라 한다면 출력전압에 대한 파형은 그림 4-48의 (b)와 같다.

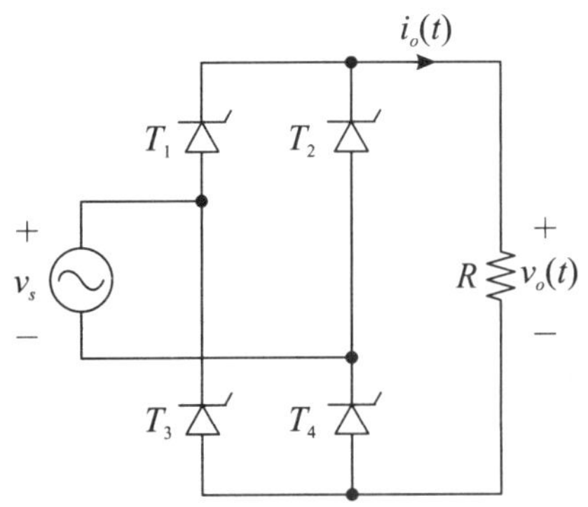

(a) 저항 부하를 갖는 대칭 브리지 단상 전파 제어 정류기 회로

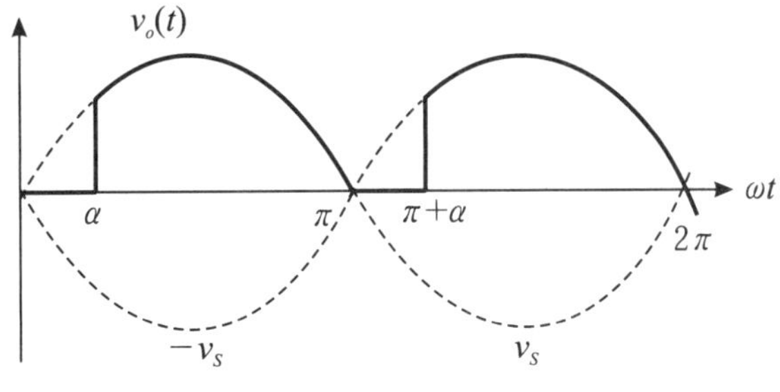

(b) 저항 부하를 갖는 대칭 브리지 단상 전파 제어 정류기 출력전압 파형

그림 4-48 저항 부하를 갖는 대칭 브리지 단상 전파 제어 정류기 회로 및 출력 파형

사이리스터 스위치 쌍 (T_1, T_4) 및 (T_2, T_3)에 인가되는 게이트 점호각이 각각 α인 경우 그림 4-48 (b)의 출력전압에 대한 평균치는 식 (4-23)과 같이 구해지고, 출력전류에 대한 평균치는 식 (4-24)와 같다.

$$V_{o_{AVG}} = \frac{1}{\pi}\int_{\alpha}^{\pi} V_m \sin\omega t \, d\omega t = \frac{V_m}{\pi}(1+\cos\alpha) = \frac{\sqrt{2}\,V_{SR}}{\pi}(1+\cos\alpha) \quad (4\text{-}23)$$

$$I_{o_{AVG}} = \frac{V_{o_{AVG}}}{R} = \frac{V_m}{R\pi}(1+\cos\alpha) = \frac{\sqrt{2}\,V_{SR}}{R\pi}(1+\cos\alpha) \quad (4\text{-}24)$$

아울러 전류의 실효치 I_{o_R}은 아래 식 (4-25)와 같이 구할 수 있다.

$$I_{o_R} = \sqrt{\frac{1}{\pi}\int_{\alpha}^{\pi}\left(\frac{V_m}{R}\sin\omega t\right)^2 d\omega t} = \frac{V_m}{R}\sqrt{\frac{1}{2} - \frac{\alpha}{2\pi} + \frac{\sin(2\alpha)}{4\pi}} \quad (4\text{-}25)$$

이를 이용하여 저항에서 소비되는 소비전력은 $P_R = I_{o_R}^{\ 2} R$와 같이 얻을 수 있다.

나. 저항 부하를 갖는 대칭 브리지 단상 전파 제어 정류기 실습

그림 4-49는 저항 부하를 갖는 대칭 브리지 단상 전파 제어 정류기의 PSIM Schematic 화면을 나타내고 있는 것으로, 대칭 브리지 전파 정류기의 경우 대각선에 있는 스위치 쌍들이 함께 턴 온 및 턴 오프 된다. 따라서 사이리스터 스위치 쌍들인 T_1, T_4 및 T_2, T_3가 각각 함께 온 되거나 오프 된다.

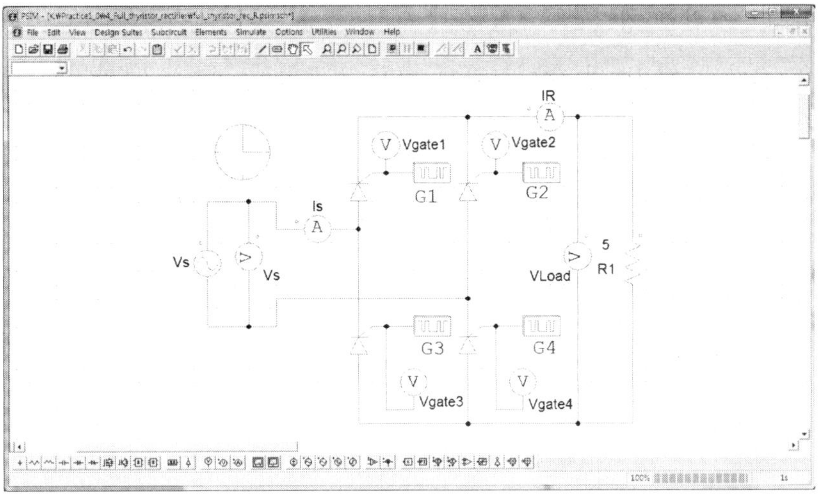

그림 4-49 저항 부하를 갖는 대칭 브리지 단상 전파 제어 정류회로의 PSIM Schematic 화면

그림 4-50은 사이리스터 스위치들에 게이트를 주기 위한 Gating Block들에 대한 파라미터들의 예를 보여 주고 있는 것으로, 사이리스터 T_1, T_4에는 그림 4-50의 (a)에서와 같이 $\alpha = 45°$에서 게이트를 인가하는 경우의 예이며 사이리스터 T_2, T_3에는 그림 4-50의 (b)에서와 같이 T_1, T_4에 게이트를 인가하고 나서 180° 후인 225°인 순간에 게이트를 인가하도록 설정한 경우의 예를 나타내고 있다.

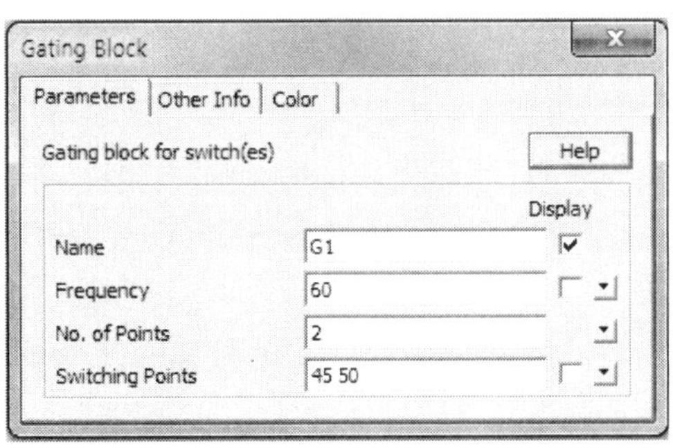

(a) 사이리스터 쌍 (T_1, T_4)에 대한 Gating Block 파라미터

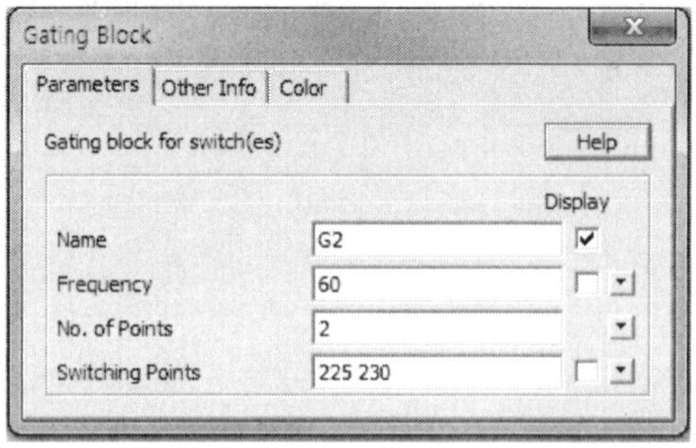

(b) 사이리스터 쌍 (T_2, T_3)에 대한 Gating Block 파라미터

그림 4-50 게이트 펄스 신호를 위한 Gating Block 파라미터

사이리스터의 게이트 점호각을 $\alpha = 45°$로 한 경우에 대한 대칭 브리지 단상 전파 제어 정류기의 시뮬레이션 결과는 그림 4-51에 나타나 있는 바와 같으며, 그림의 위에서부터 전원전압, 스위치 T_1, T_4에 대한 게이트 신호, T_2, T_3에 대한 게이트 신호 및 출력전압 파형을 보여주고 있다. 그림 4-52는 $\alpha = 45°$인 경우 저항 부하를 갖는 대칭 브리지 단상 전파 제어 정류기 출력전압에 대한 평균치를 나타내는 것으로, Simview의 [Analysis]→[Avg]를 통해 확인하는 과정을 보인 것이다. Simvi -ew를 통해 얻어지는 평균치는 식 (4-23)을 통해 계산되는 평균치와 비교가 가능하며, 이 경우에 식 (4-23)의 전원전압의 최대치 V_m은 311[V](실효치 전압 220[V]), 게이트 점호각 α는 45°를 사용하도록 한다.

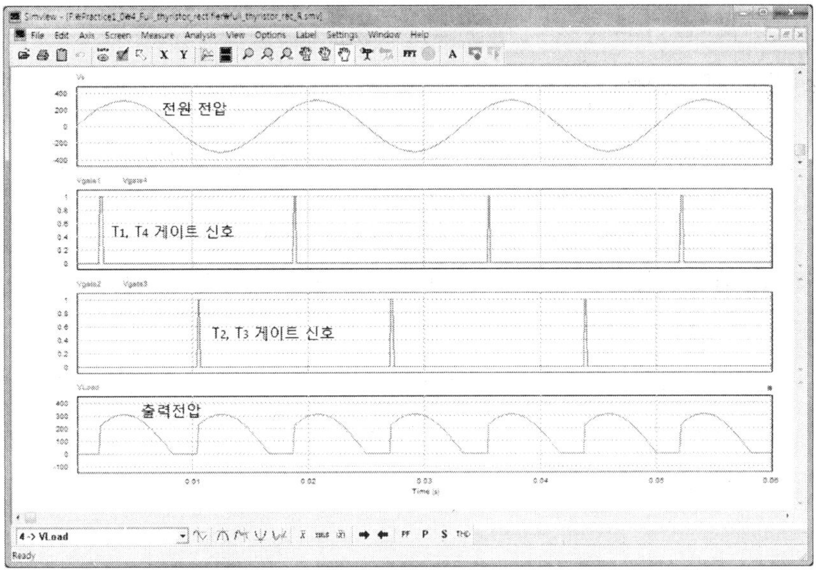

그림 4-51 저항 부하를 갖는 대칭 브리지 단상 전파 제어 정류기 각 부 파형 (게이트 점호각 $\alpha = 45^{\circ}$)

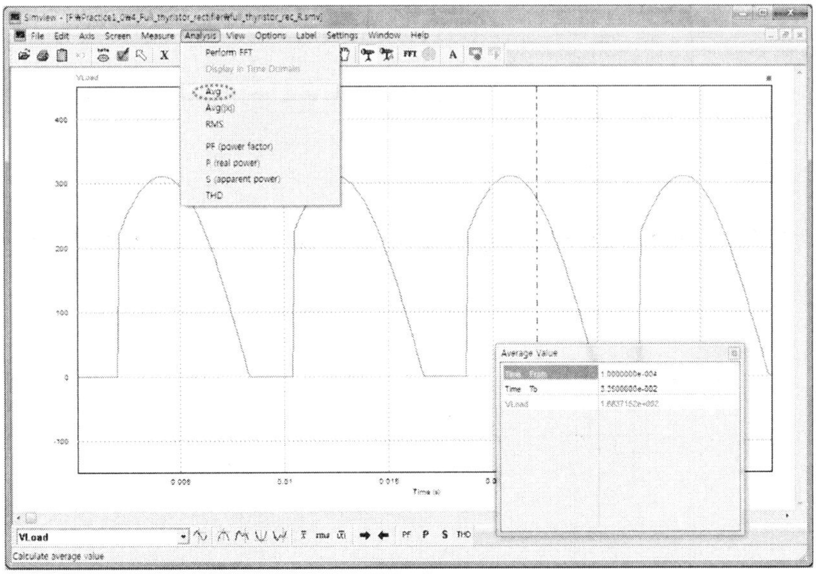

그림 4-52 저항 부하를 갖는 대칭 브리지 단상 전파 제어 정류기 출력전압에 대한 평균치 확인

(2) 저항 및 인덕터 R-L 부하를 갖는 대칭 브리지 단상 전파 제어 정류회로 실습

가. 저항 및 인덕터 R-L 부하를 갖는 대칭 브리지 단상 전파 제어 정류기 개요

저항 및 인덕터 R-L 부하를 갖는 대칭 브리지 단상 전파 제어 정류기 회로는 그림 4-53 (a)에 보여주고 있는 바와 같으며, 부하가 인덕터를 포함하여 유도성으로 되는 경우 인덕터의 인덕턴스 크기에 따라 그림 4-53 (b) 및 (c)에서 보여주고 있는 것처럼 부하에 흐르는 전류는 불연속 또는 연속이 된다. 이때 그림 4-53 (b)는 전류가 불연속으로 흐르는 경우에 대한 출력전압 파형이며 그림 4-53 (c)는 전류가 연속으로 흐르는 경우에 대한 출력전압 파형을 나타내고 있다.

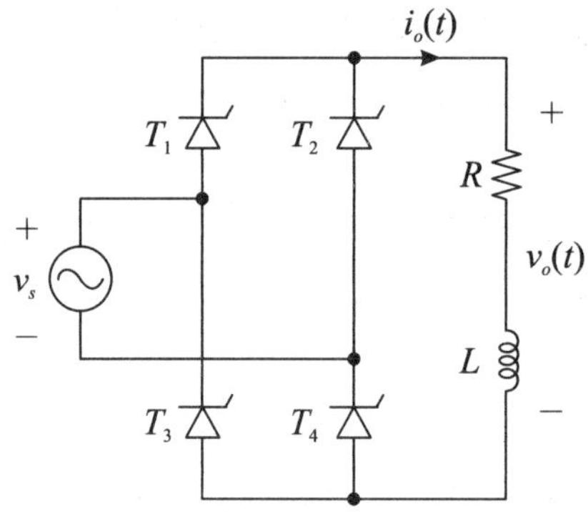

(a) 저항 및 인덕터 R-L 부하를 갖는 대칭 브리지 단상 전파 제어 정류회로

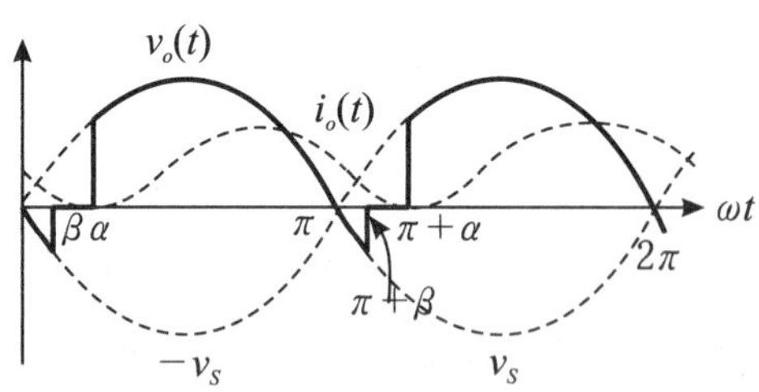

(b) 불연속 전류인 경우 출력전압 파형

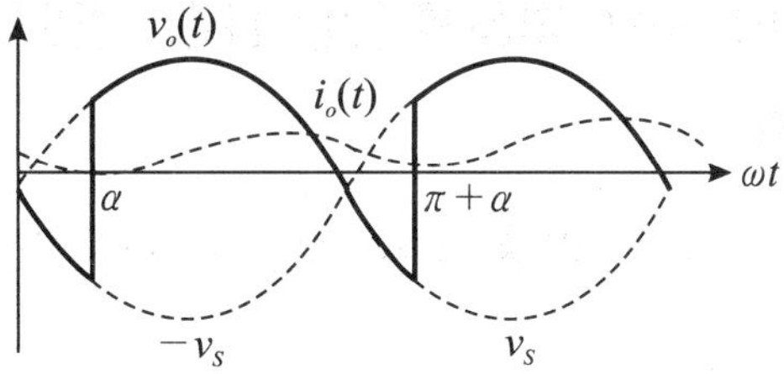

(c) 연속 전류인 경우 출력전압 파형

그림 4-53 저항 및 인덕터 R-L 부하를 갖는 대칭 브리지 단상 전파 제어 정류회로 및 출력파형

각각의 그림에 있어서 α는 사이리스터 스위치 쌍 T_1, T_4 및 T_2, T_3에 순방향 바이어스가 걸려 있는 구간 동안에 게이트 펄스가 인가되는 순간이고, 그림 4-53 (b)의 β는 부하에 흐르는 전류가 0이 되는 순간을 나타낸다. 그림 4-53 (b) 및 그림 4-53 (c)의 전류 불연속 및 연속인 조건에 따른 출력전압의 평균치를 구하면 식 (4-26) 및 식 (4-27)과 같이 각각 표현될 수 있다.

$$V_{o_{AVG}} = \frac{1}{\pi}\int_{\alpha}^{\pi+\beta} V_m \sin\omega t \, d\omega t = \frac{V_m}{\pi}[\cos\alpha + \cos\beta] \qquad (4\text{-}26)$$

$$V_{o_{AVG}} = \frac{1}{\pi}\int_{\alpha}^{\pi+\alpha} V_m \sin\omega t \, d\omega t = \frac{2V_m}{\pi}\cos\alpha = \frac{2\sqrt{2}\,V_{SR}}{\pi}\cos\alpha \qquad (4\text{-}27)$$

여기서 식 (4-26)은 불연속 전류시 출력전압에 대한 평균치이고, 식 (4-27)은 연속 전류시 출력전압에 대한 평균치를 나타낸다.

나. 저항 및 인덕터 R-L 부하를 갖는 대칭 브리지 단상 전파 제어 정류기 실습

그림 4-54는 저항 및 인덕터 R-L 부하를 갖는 대칭 브리지 단상 전파 제어 정류기의 PSIM Schematic 화면을 보여주고 있으며, 대칭 브리지 전파 정류기는 앞에서도 설명된 바와 같이 대각선에 있는 스위치 쌍들이 각각 함께 턴 온 및 턴 오프 된다. 따라서 사이리스터 스위치 쌍 T_1, T_4가 함께 온 되거나 오프 되며, 스위치 쌍 T_2, T_3가 함께 온 또는 오프 된다.

그림 4-54에서 부하 출력전압을 측정하기 위하여 노드간 전압 프로브인 VLoad를 두도록 하며, 부하에 흐르는 전류 및 전원측 전류를 측정하기 위한 전류 프로브

IR(부하전류 측정) 및 Is(전원측 전류측정)를 설치하도록 한다. 그림의 Vs는 전원 전압을 측정하기 위한 노드간 전압 프로브이다.

그림 4-55는 사이리스터 스위치들에 게이트를 주기 위한 Gating Block들에 대한 파라미터들의 예를 보여 나타내고 있으며, 사이리스터 T_1, T_4에는 그림 4-55 (a)에서와 같이 $\alpha=60°$에서 게이트를 인가하는 경우이며, 사이리스터 T_2, T_3에는 그림 4-55의 (b)에서와 같이 T_1, T_4에 게이트를 인가하고 나서 180° 후인 240°에 게이트를 인가하도록 설정한 경우이다.

사이리스터의 게이트 점호각을 $\alpha=60°$로 한 경우에 대한 대칭 브리지 단상 전파 제어 정류기의 시뮬레이션 결과는 그림 4-56~그림 4-57에 나타낸 바와 같으며, 각각의 그림에서 위로부터 전원전압, 스위치 T_1, T_4에 대한 게이트 신호, T_2, T_3에 대한 게이트 신호, 출력전압 및 부하전류 파형을 각각 보여주고 있다. 이때 그림 4-56의 경우는 점호각 $\alpha=60°$, 부하저항 R_1=5[Ω] 및 인덕터의 인덕턴스 L_1=10[mH]인 경우로 부하전류가 불연속인 경우의 결과 파형이며, 그림 4-57의 경우는 점호각 $\alpha=60°$, 부하저항 R_1=5[Ω] 및 인덕터의 인덕턴스 L_1=50[mH]인 경우로서 부하전류가 연속인 경우에 해당한다. 그림 4-56~그림 4-57의 출력전압에 대한 평균치는 Simview의 [Analysis]→[Avg]를 이용하여 각각 확인해 볼 수 있다.

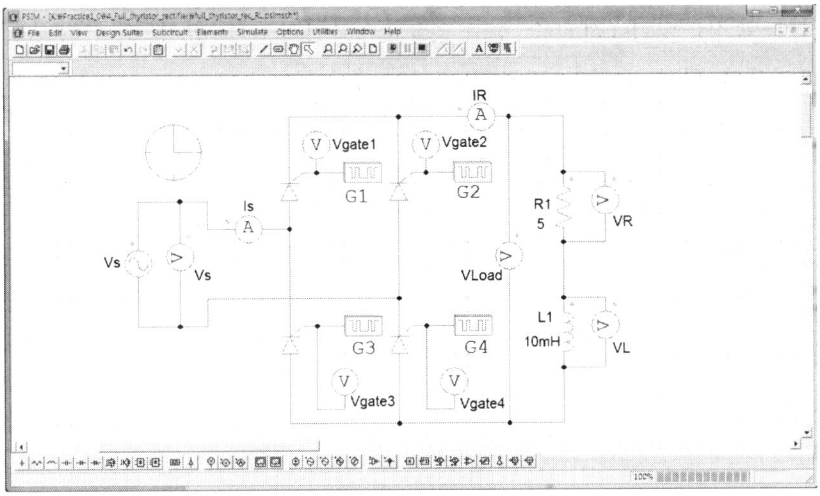

그림 4-54 저항 및 인덕터 R-L 부하를 갖는 대칭 브리지 단상 전파 제어 정류회로의 PSIM Schematic 화면

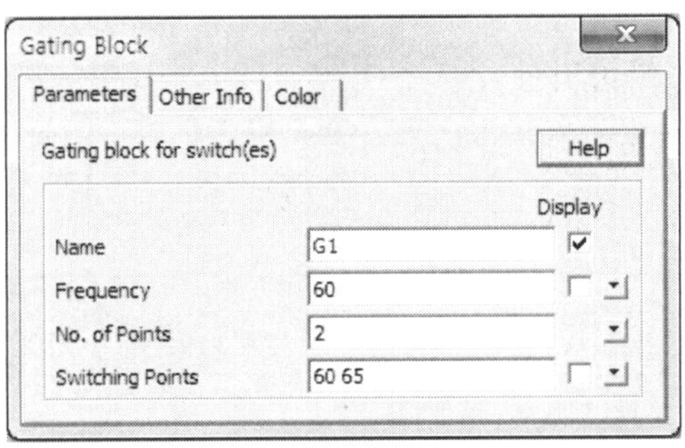

(a) 사이리스터 쌍 (T_1, T_4)에 대한 Gating Block 파라미터

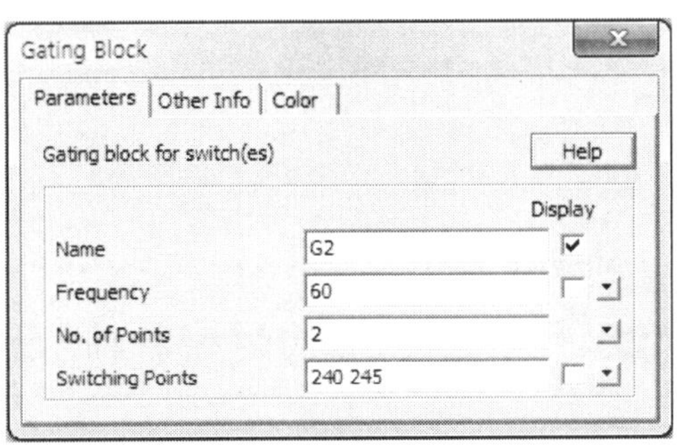

(b) 사이리스터 쌍 (T_2, T_3)에 대한 Gating Block 파라미터

그림 4-55 게이트 펄스 신호를 위한 Gating Block 파라미터

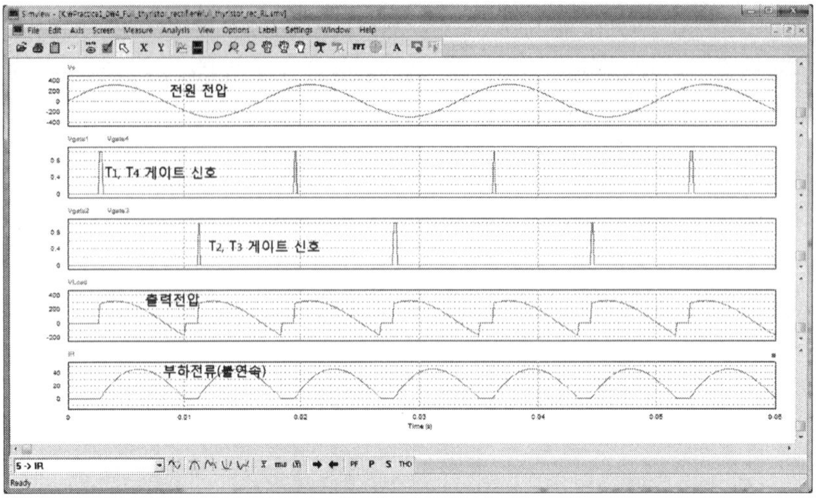

그림 4-56 저항 및 인덕터 R-L 부하를 갖는 대칭 브리지 단상 전파 제어 정류기 각 부 파형($\alpha = 60^\circ$, R1=5[Ω], L1=10[mH] : 전류 불연속인 경우)

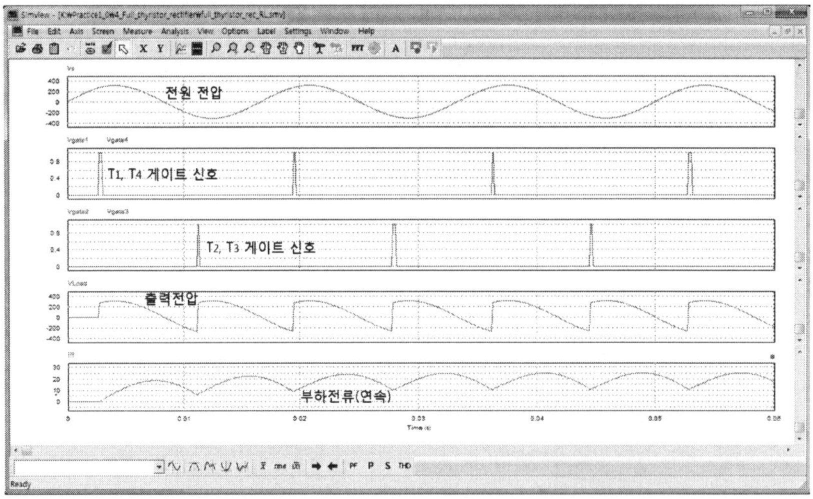

그림 4-57 저항 및 인덕터 R-L 부하를 갖는 대칭 브리지 단상 전파 제어 정류기 각 부 파형($\alpha = 60^\circ$, R1=5[Ω], L1=50[mH] : 전류 연속인 경우)

4.5 3상 반파 비제어(다이오드) 정류회로 실습

(1) 3상 반파 비제어(다이오드) 정류기 개요

3상 반파 비제어(다이오드) 정류회로는 그림 4-58의 (a)에서 보여주고 있는 바와 같으며, 단상 반파 회로 3개를 병렬 연결한 구조로 되어 있다. 3상 반파회로에서 출력점 P에는 매순간 대칭 3상 전원 중 가장 높은 전압을 갖는 전원의 상이 연결되는데, 이는 각 순간 가장 높은 전압을 갖는 전원의 상에 연결되어 있는 다이오드만이 켜져 있게 된다는 것을 의미하기도 한다.

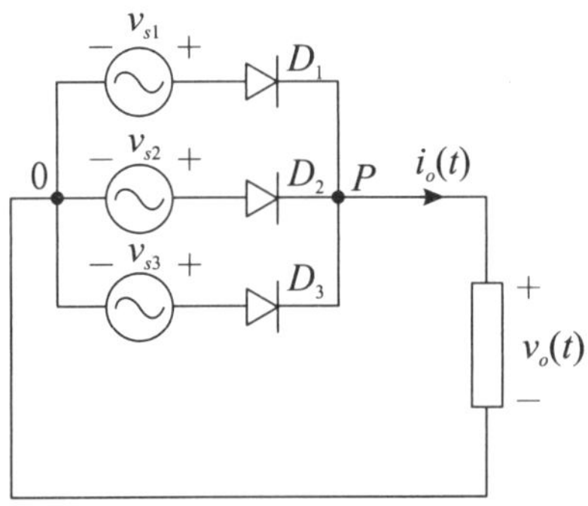

(a) 3상 반파 비제어(다이오드) 정류기 회로

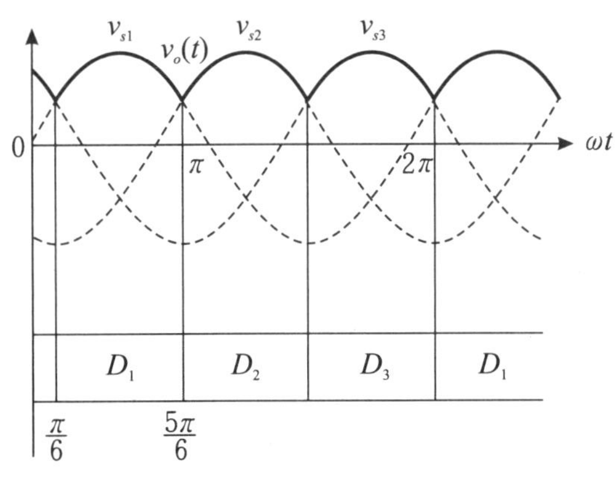

(b) 3상 반파 비제어(다이오드) 정류기 출력전압 파형

그림 4-58 3상 반파 비제어(다이오드) 정류기 회로 및 출력파형

그림 4-58 (b)는 3상 전원전압 및 3상 반파 비제어(다이오드) 정류기 출력전압 파형을 보여주고 있는 것으로, 3상 전원 중 상전압 v_{S1}과 v_{S3}가 만나는 시점 $\omega t=30°(\frac{\pi}{6})$에서부터 상전압 v_{S1}이 가장 커지므로, 이 순간부터 다이오드 D_1이 켜지게 되며 $\omega t=150°$인 시점까지 출력전압 $v_o(t)$는 상전압 v_{S1}을 따라가게 된다. $\omega t=150°(\frac{5\pi}{6})$인 시점 부터는 상전압 v_{S2}가 가장 커지기 시작하므로 이 순간 D_1이 꺼지면서 D_2가 켜지기 시작한다. 따라서 이 순간 출력전압은 상전압 v_{S2}로 되고, 또 $\omega t=270°(\frac{3\pi}{2})$에서는 앞에서와 마찬가지로 D_2가 꺼지고 D_3가 켜지게 되면서 다시 출력전압은 상전압 v_{S3}를 따라가게 된다. 이러한 과정이 반복되면서 각 다이오드는 120°동안씩 도통되며, 이에 따라 각 상전압을 따라가는 출력전압의 파형도 120°씩 유지된다. 그림 4-58 (b)의 출력전압 파형을 통해 구해지는 출력전압의 평균치는 식 (4-28)로 나타내 줄 수 있으며, 각 다이오드에 걸리는 최대 역전압 V_{PRV}은 전원 선간전압의 최대치로서 식 (4-29)와 같다.

$$V_{o_{AVG}}=\frac{3\sqrt{3}\,V_m}{2\pi} \tag{4-28}$$

$$V_{PRV}=\sqrt{3}\,V_m \tag{4-29}$$

여기서 V_m은 전원 상전압의 최대치를 나타낸다.

(2) 3상 반파 비제어(다이오드) 정류기 실습

그림 4-59는 3상 전원에 각각 한 개씩의 다이오드가 연결되고, 부하로 저항을 사용하고 있는 3상 반파 비제어 정류회로에 대한 PSIM Schematic 화면을 보여주고 있다. 3상 전원에 대한 각 상의 파라미터는 그림 4-60에서 보여주고 있는 바와 같으며, 그림 4-60의 예에서는 a상 전원이 0°부터 시작되고 이를 기준으로 b상 전원은 a상 전원에 대하여 120°, c상 전원은 a상 전원에 대하여 240° 위상 차이를 가지도록, b상 전원에 대한 파라미터 중 Phase Angle은 −120, c상 전원에 대한 Phase Angle은 −240으로 기입해 주도록 한다.

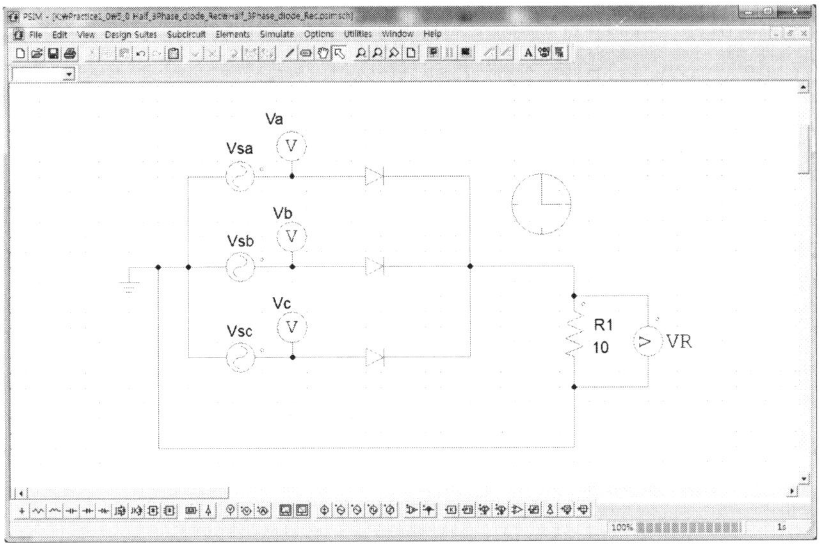

그림 4-59 3상 반파 비제어(다이오드) 정류기의 PSIM Schematic 화면

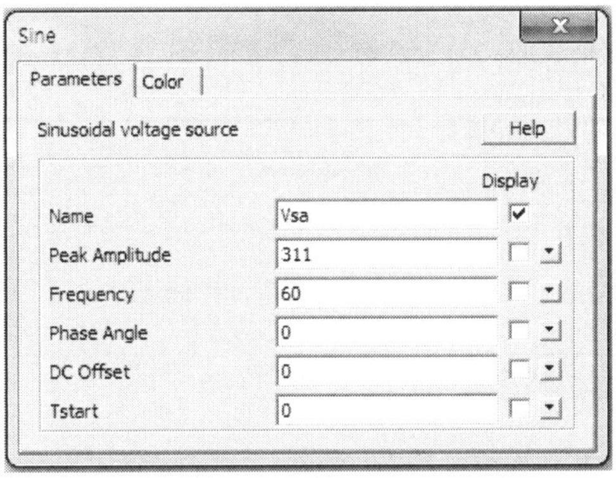

(a) a상 전원 파라미터

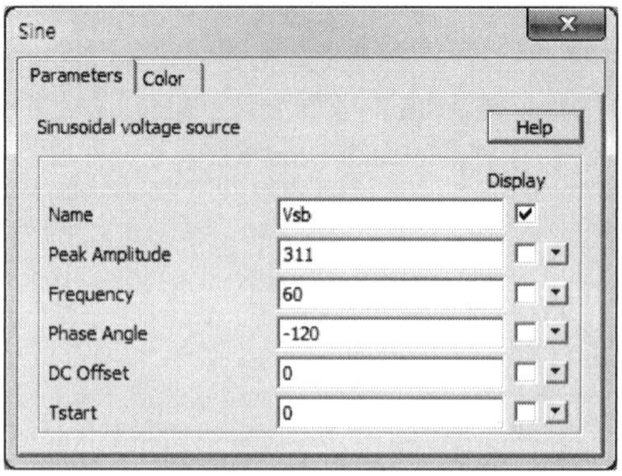

(b) b상 전원 파라미터

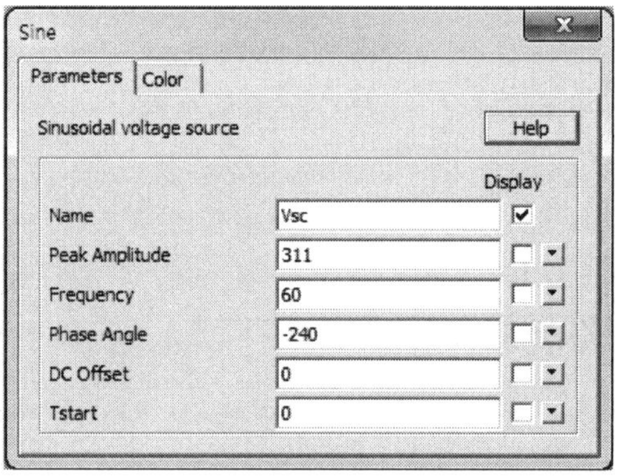

(c) c상 전원 파라미터

그림 4-60 3상 전원에 대한 파라미터

3상 반파 비제어(다이오드) 정류기 개요 부분에서 설명된 것처럼, 항상 매 순간 가장 높은 전압을 갖는 전원의 상에 연결되어 있는 다이오드가 온 되므로, 출력전압은 그림 4-61에서와 같이 2개의 상전압이 교차하는 순간, 순간 사이의 120°구간마다 3상 전원 중 가장 전압의 크기가 큰 상의 전압을 따라가게 된다.

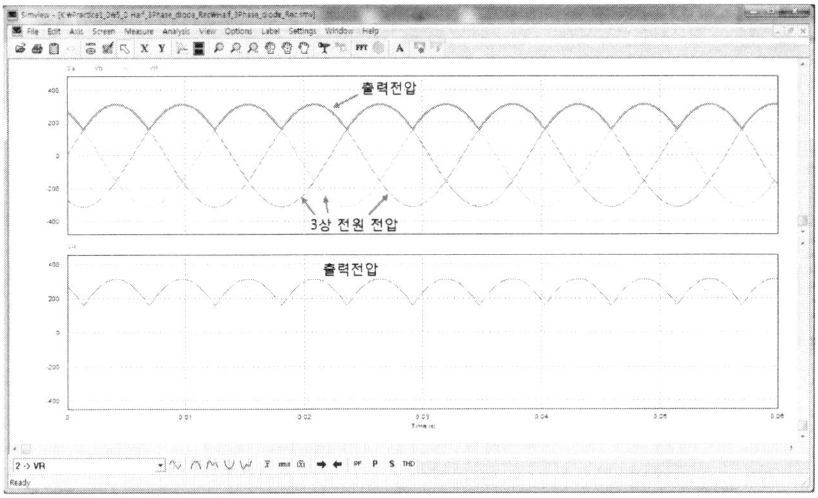

그림 4-61 3상 반파 비제어(다이오드) 정류기 출력전압 파형

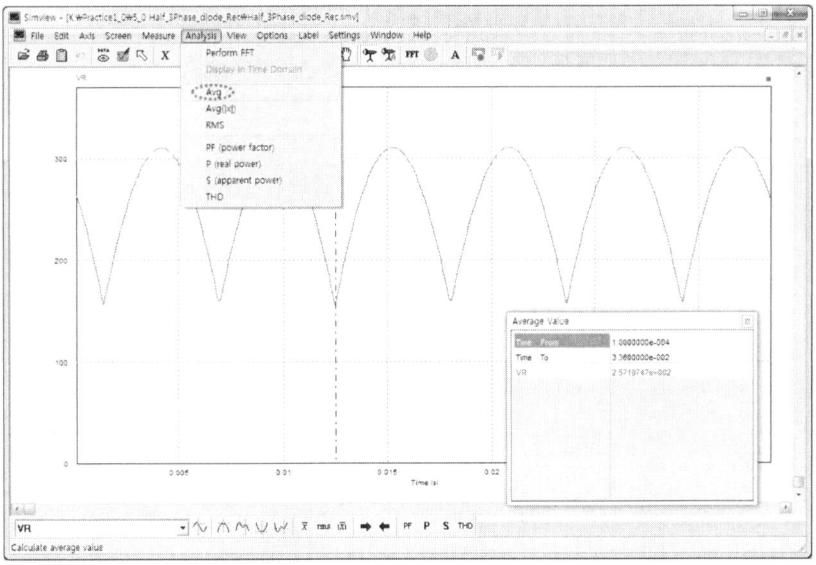

그림 4-62 3상 반파 비제어(다이오드) 정류기 출력전압에 대한 평균치

한편 식 (4-28)로 나타나는 출력전압의 평균치는 그림 4-62와 같이 Simview 화면에서 [Analysis]→[Avg]를 선택하여 얻을 수 있으며, Simview를 통해 얻어지는 출력전압에 대한 평균치 결과는 식 (4-28)로 얻어지는 결과와 같게 나오는지 비교해 보도록 한다.

4.6 3상 반파 제어 정류회로 실습

(1) 3상 반파 제어 정류기 개요

3상 반파 제어 정류회로는 3상 반파 비제어(다이오드) 정류회로에서 다이오드를 모두 제어 가능한 스위치로 대치한 것으로, 그림 4-63 (a)는 제어 스위치를 모두 사이리스터로 대치한 경우의 3상 반파 제어 정류기 회로를 나타낸다. 제어 정류기의 출력은 점호각 α를 인가하는 순간에 따라 달라지며, 게이트 신호가 인가되는 순간은 점호각 α에 대해 ωt축 상에서 30°씩의 위상 차이가 발생하고, 각 상끼리는 120°씩 위상 차이가 나므로 ωt축 상에서 게이트가 인가되는 실질적인 순간은 식 (4-30)과 같이 표현된다.

$$\left.\begin{aligned} \omega t_1 &= \alpha + 30° \\ \omega t_2 &= \alpha + 30° + 120° = \alpha + 150° \\ \omega t_3 &= \alpha + 30° + 240° = \alpha + 270° \end{aligned}\right\} \quad (4\text{-}30)$$

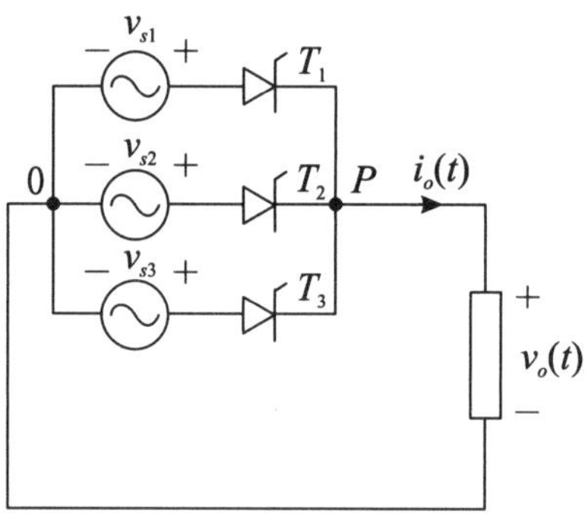

(a) 3상 반파 제어 정류기 회로

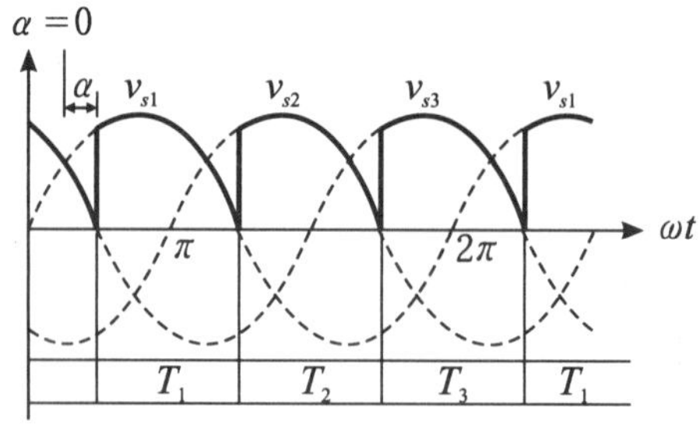

(b) 저항 부하시 3상 반파 제어 정류기 출력전압(R부하, $\alpha = 30°$)

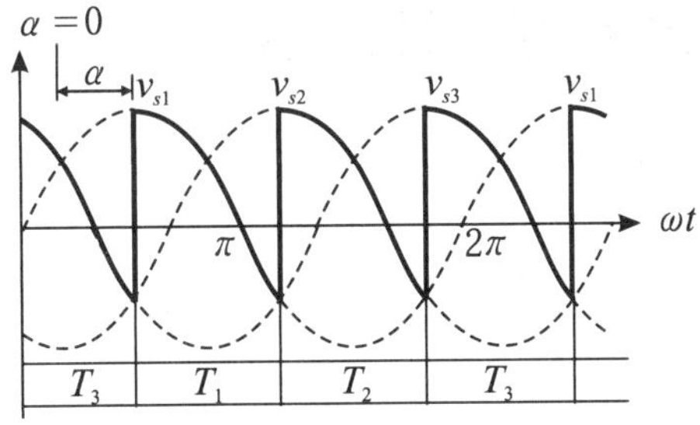

(c) R-L부하시 3상 반파 제어 정류기 출력전압(R-L부하, $\alpha = 60^\circ$)

그림 4-63 3상 반파 제어 정류회로와 출력 전압파형

이 경우 점호각 α의 제어범위는 $0° \le \alpha \le 150°$ 즉, $\omega t = 180°$까지의 구간이 된다. 그림 4-63 (b)는 저항 부하일 때 $\alpha = 30°$인 경우에 대한 출력전압 파형이며, 저항 부하에 대한 평균전압 $V_{o_{AVG}}$은 다음과 같이 점호각의 범위에 따라 달라진다.

$$V_{o_{AVG}} = \frac{3\sqrt{3}\sqrt{2}\,V_{SR}}{2\pi}\cos\alpha = 1.17\,V_{SR}\cos\alpha\,(0° \le \alpha \le 30°) \tag{4-31}$$

$$V_{o_{AVG}} = \frac{3\sqrt{2}\,V_{SR}}{2\pi}\left[1 + \cos(\alpha + \frac{\pi}{6})\right](30° < \alpha \le 150°) \tag{4-32}$$

여기에서 V_{SR}은 전원전압의 실효치이고 α는 제어 점호각이다.

그림 4-63의 (c)는 저항 및 인덕터 R-L 부하시 점호각 $\alpha = 60°$일 때의 출력 전압파형으로, 전류가 연속인 경우이다. 그림에서와 같이 전류 연속인 경우에는 출력에 음의 전압이 나타나게 되고, 만약 불연속 전류가 흐르게 되면 그림 4-53의 (b)에서와 같이 전압이 0으로 되는 구간이 존재하게 된다.

(2) 3상 반파 제어 정류기 실습

가. 저항 부하를 갖는 3상 반파 제어 정류기 실습

그림 4-64는 3상 전원에 각각 한 개씩의 사이리스터가 연결되고, 부하로 저항을 사용하고 있는 3상 반파 제어 정류회로에 대한 PSIM Schematic 화면을 보여준다. 3상 전원에 대한 각 상의 파라미터는 그림 4-60에서와 같으며, 각 상 사이리스터에 인가되는 게이팅 블록(Gating Block)에 대한 파라미터는 그림 4-65에서 보여주고 있는 바와 같다.

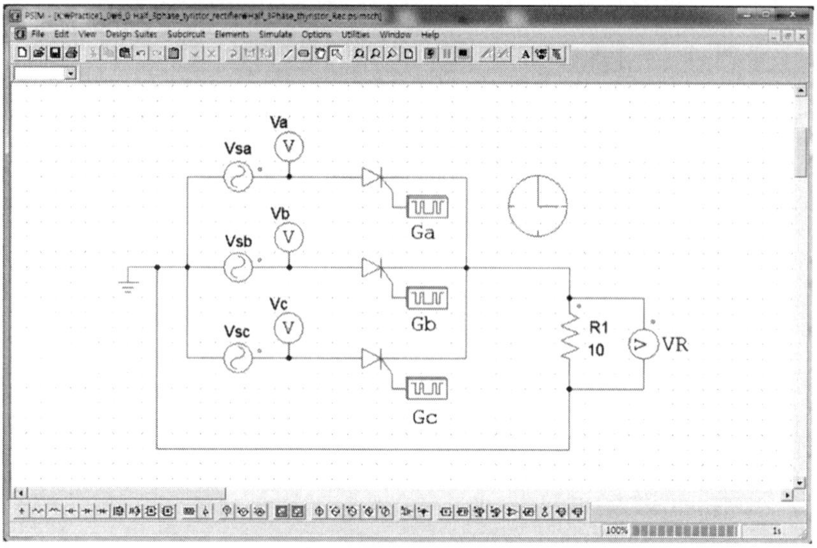

그림 4-64 저항 부하를 갖는 3상 반파 제어 정류기의 PSIM Schematic 화면

그림 4-65의 게이팅 블록(Gating Block)에서는 점호각 $\alpha=30°$인 경우를 나타내고 있으며 식 (4-30)에서와 같이 점호각이 30°인 경우 ωt축 상에서 게이트가 인가되는 시점은 각각 $\omega t_1=60°$, $\omega t_2=180°$ 그리고 $\omega t_3=300°$인 순간이 된다.

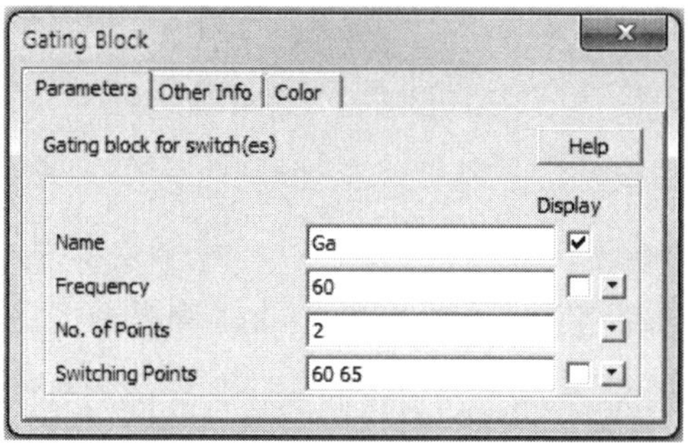

(a) a상 게이팅 블록(Gating Block) ($\omega t_1=\alpha+30°=60°$)

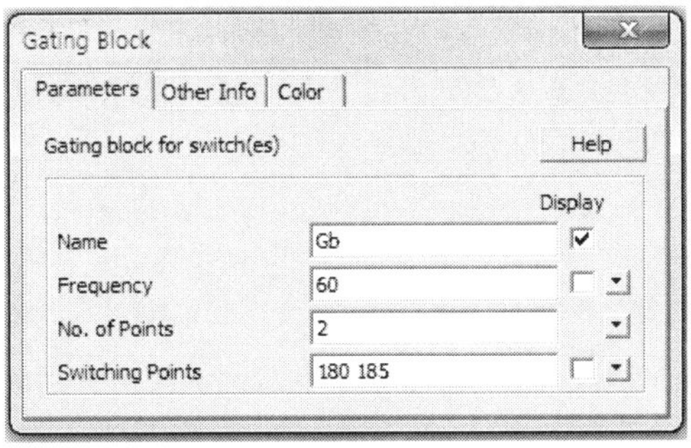

(b) b상 게이팅 블록(Gating Block) $(\omega t_2 = \alpha + 150° = 180°)$

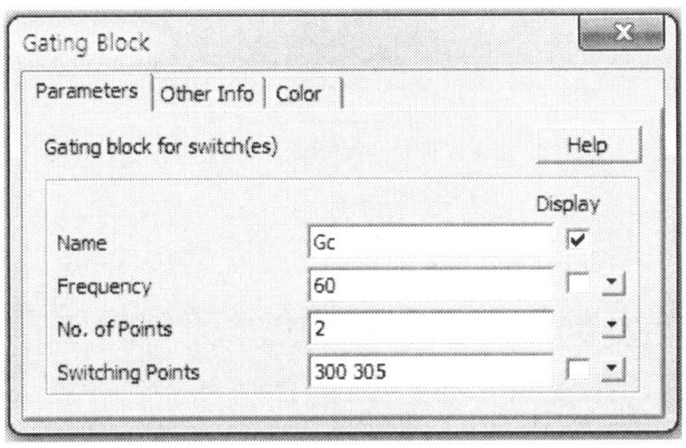

(c) c상 게이팅 블록(Gating Block) $(\omega t_3 = \alpha + 270° = 300°)$

그림 4-65 게이팅 블록(Gating Block)에 대한 파라미터(α=30°인 경우)

그림 4-66~그림 4-68은 저항 부하를 갖는3상 반파 제어 정류기의 출력전압에 대한 파형을 보여주고 있는 것으로, 그림 4-66은 점호각 α=15°인 경우를 나타내고 있으며 그림 4-67은 점호각 α=30°인 경우를, 그림 4-68은 점호각 α=60°인 경우에 대한 결과를 각각 나타내고 있다. 그림 4-66~그림 4-67에서 보여주고 있는 것처럼 점호각 α=30°까지는 점호각에 따른 출력전압이 발생하며, 그림 4-68에서처럼 점호각이 30°를 넘으면 출력전압은 점호각이 인가된 이후 각 상에서 매주기 π까지만 발생되며, 다음 게이트 신호가 인가될 때까지는 출력이 0이 된다.

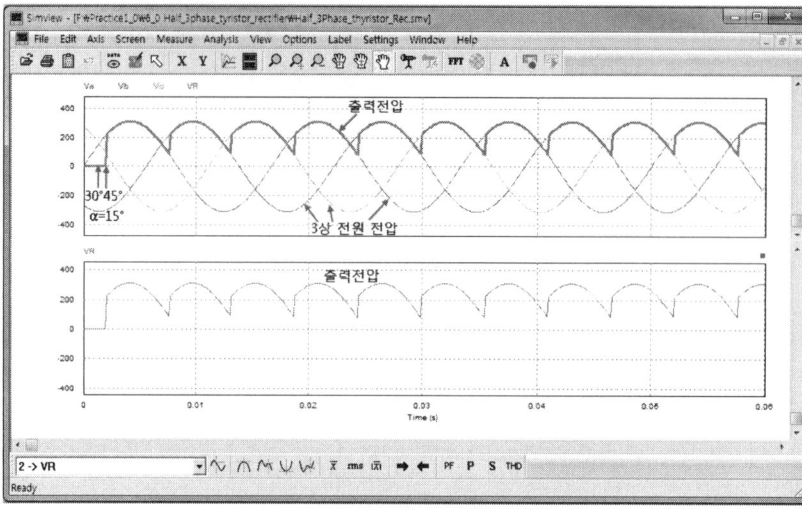

그림 4-66 저항 부하를 갖는 3상 반파 제어 정류기 출력전압 파형(α=15°인 경우)

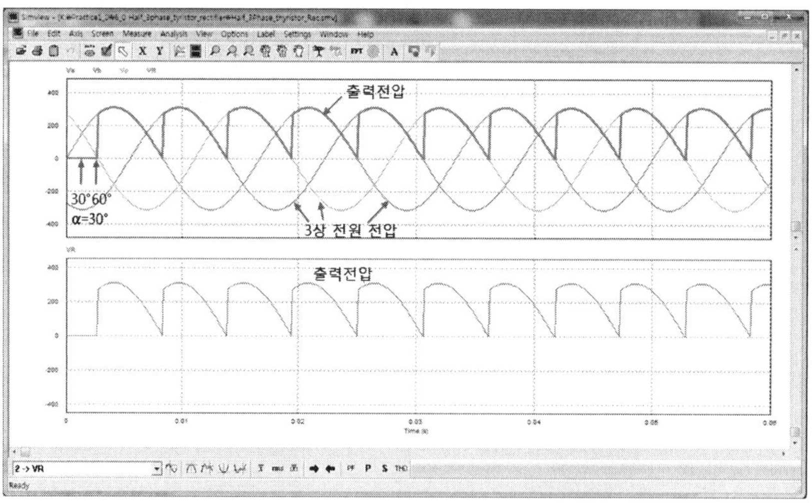

그림 4-67 저항 부하를 갖는 3상 반파 제어 정류기 출력전압 파형(α=30°인 경우)

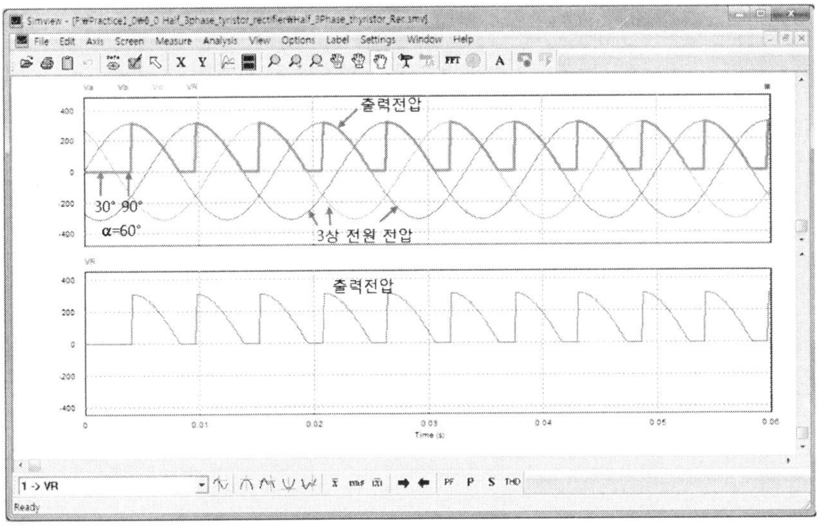

그림 4-68 저항 부하를 갖는 3상 반파 제어 정류기 출력전압 파형(α=60°인 경우)

나. 저항 및 인덕터 R-L 부하를 갖는 3상 반파 제어 정류기 실습

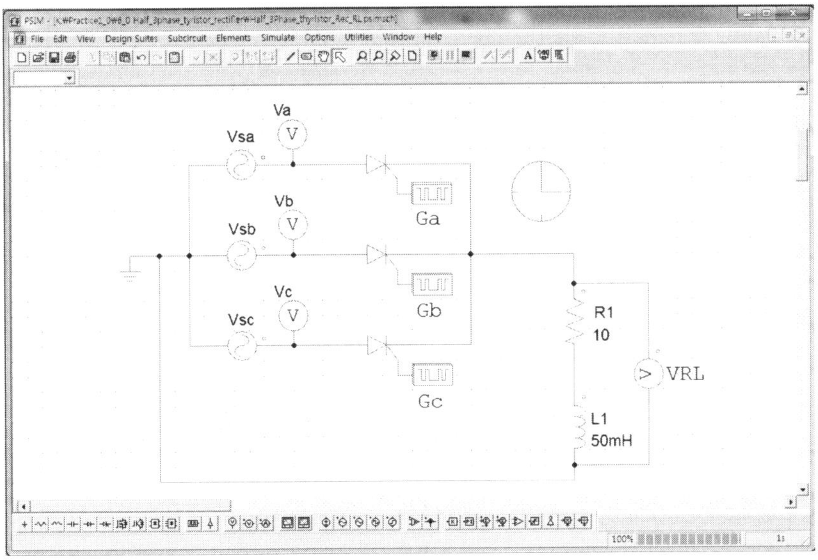

그림 4-69 저항 및 인덕터 R-L 부하를 갖는 3상 반파 제어 정류기의 PSIM Schematic 화면

그림 4-69는 저항 및 인덕터 R-L 부하를 갖는 3상 반파 제어 정류기의 PSIM Schematic 화면을 나타내고 있으며, 그림 4-70은 부하 저항 R_1=10[Ω] 및 인덕터의 인덕턴스가 L_1=50[mH]이고 전류연속인 경우에 대한 출력전압의 파형을 보여주고 있다. 이때 사이리스터의 게이트 점호각은 α=60°인 경우이다. 그림 4-70에서 보여주고 있는 것처럼 부하 인덕터의 사용으로 출력전류가 연속인 경우, 다음 상의 사이리스터에 게이트가 인가되는 순간까지 현재 상에 연결된 사이리스터가 오프되지 않고 지속적으로 온 상태를 유지하므로 출력전압은 전원전압의 음의 부분까지 따라가면서 출력된다.

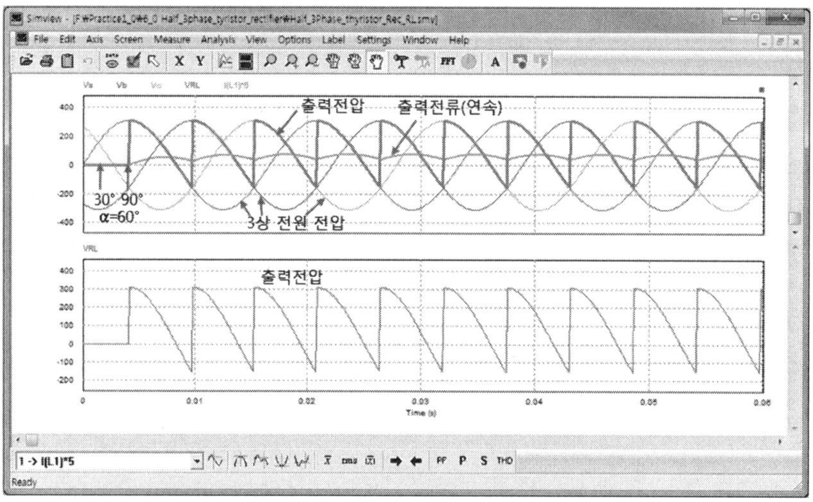

그림 4-70 저항 및 인덕터 R-L 부하를 갖는 3상 반파 제어 정류기 출력전압 파형(R1=10[Ω], L1=50[mH], 전류연속 및 α=60°인 경우)

4.7 3상 전파 비제어(다이오드) 정류회로 실습

(1) 3상 전파 비제어(다이오드) 정류기 개요

그림 4-71 (a)는 브리지 형태의 3상 전파 비제어(다이오드) 정류기 회로를 보여주고 있으며, 그림 4-71의 (b)는 그 출력전압 파형을 나타내고 있다. 그림 4-71 (a)의 3상 전파 비제어 정류기에서 그림의 위에 위치하는 3개의 다이오드 D_1, D_3, D_5는 항상 매순간 3상 전원 중 가장 전압의 크기가 큰 상에 연결되어 있는 다이

오드가 켜지고, 밑에 있는 3개의 다이오드 D_4, D_6, D_2는 매순간 3상 전원 중 전압의 크기가 가장 작은 상에 연결되어 있는 다이오드가 켜지게 된다. 따라서 상위에 있는 3개의 다이오드들과 하위에 있는 3개의 다이오드들 중에서 어느 순간에서나 위에서 1개, 아래에서 1개씩 만의 다이오드가 켜져 있게 된다. 따라서 그림 4-71의 (b)에서와 같이 매 두 개의 상전압이 교차하는 구간 마다인 각 60° 구간 마다 위에서 1개, 아래에서 1개의 다이오드가 켜져 있게 되고, 각 켜져 있는 다이오드가 연결되어 있는 두 개의 상전압의 차이 즉, 각 60° 구간 마다의 선간전압이 출력전압으로 나타나게 된다. 그림 4-71의 (a)에서 상위 다이오드 D_1, D_3, D_5와 하위 다이오드 D_4, D_6, D_2에서 보여주고 있는 숫자는 1−2−3−4−5−6의 순으로 돌아가면서 순차적으로 켜지는 다이오드들의 순서를 나타내고 있으며, 그림 4-71의 (b)에서는 매 60° 구간 마다 켜져 있는 2개씩의 다이오드들과 각 선간전압을 따라가는 출력전압에 대한 파형을 보여주고 있다.

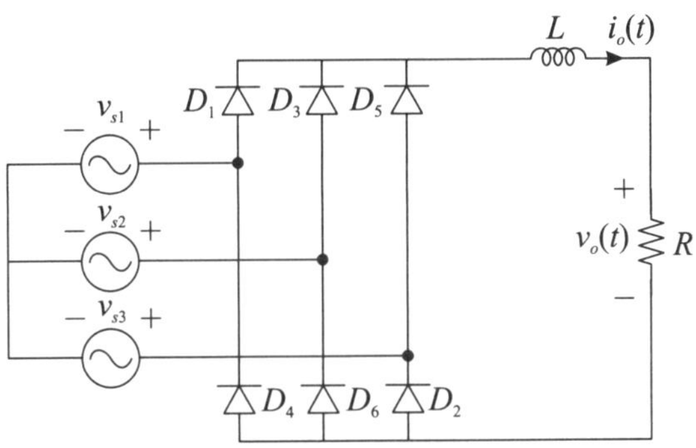

(a) 3상 브리지 전파 비제어(다이오드) 정류기 회로

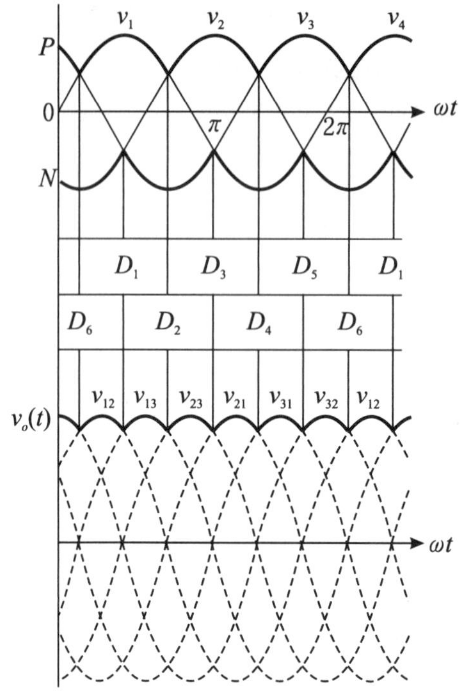

(b) 3상 브리지 전파 비제어(다이오드) 정류기 출력전압 파형

그림 4-71 3상 브리지 전파 비제어(다이오드) 정류기 회로 및 출력전압 파형

그림 4-71의 3상 브리지 전파 비제어 정류기 회로의 직류 출력전압은 3상 전원의 각 6개의 선간전압을 따라가면서 나타나므로 평균전압은 식 (4-33)과 같고, 다이오드의 최대 역전압은 선간전압의 최대치로서 나타난다.

$$V_{o_{AVG}} = \frac{3\sqrt{3}\,\sqrt{2}\,V_{SR}}{\pi} = 1.35\,V_{LL} \tag{4-33}$$

여기서 V_{SR}은 전원 상전압의 실효치이고, V_{LL}은 선간전압의 실효치를 나타낸다.

(2) 3상 전파 비제어(다이오드) 정류기 실습

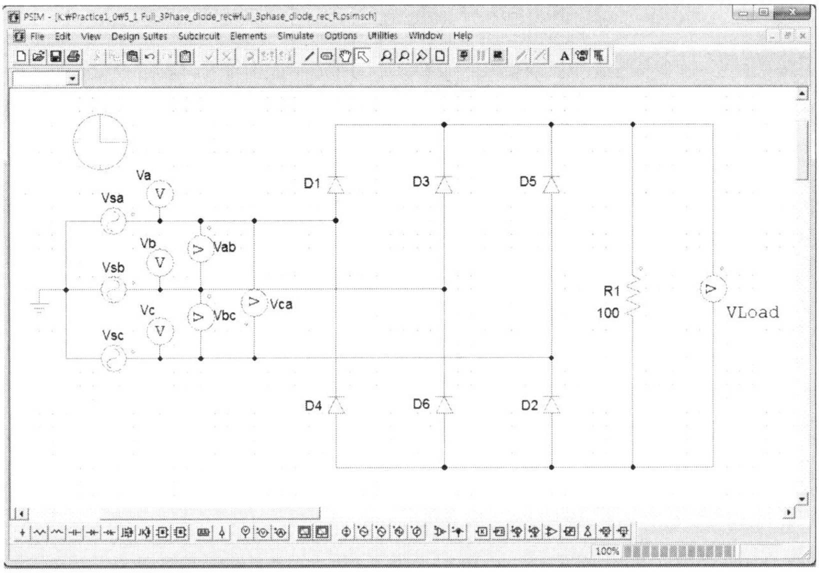

그림 4-72 3상 전파 비제어(다이오드) 정류기의 PSIM Schematic 화면

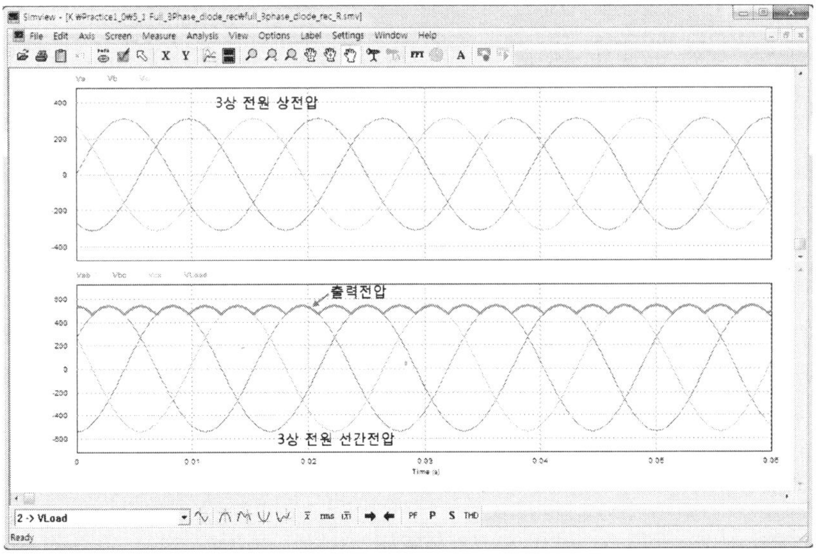

그림 4-73 3상 전파 비제어(다이오드) 정류기의 출력전압 파형

그림 4-72는 3상 전원에 6개의 다이오드가 연결되어 있는 브리지 형태의 3상 전파 비제어(다이오드) 정류기의 PSIM Schematic 회로를 보여주고 있으며, 그림에서 프로브 Va, Vb, Vc는 3상 전원의 각 상 전압을 측정하기 위한 것이고 Vab, Vbc, Vca는 전원의 선간전압을 측정하기 위한 것이다. 출력전압은 전원의 6개의 선간전압 Vab, Vba, Vbc, Vcb, Vca, Vac를 따라가며, 그림 4-73에서 위에 나타나 있는 그림은 3상 전원에 대한 a, b, c 상전압을 나타내고, 아래에 있는 그림은 전원의 Vab, Vbc, Vca 선간전압 및 6개의 선간전압에 대한 봉우리를 따라가는 직류 출력 전압파형을 보여주고 있다.

4.8 3상 전파 제어 정류회로 실습

(1) 3상 전파 제어 정류기 개요

3상 전파 제어 정류회로는 앞의 그림 4-71 (a)에서 스위칭 소자들을 다이오드 대신에 제어 가능한 스위치로 대치한 것으로, 그림 4-74 (a)는 제어 소자로서 사이리스터를 사용한 경우의 3상 전파 제어 정류회로를 나타내고 있다. 그림 4-74 (a)의 6개 사이리스터 중에서 윗 부분에 있는 상위 3개의 사이리스터들을 T_1, T_3, T_5라 하고, 밑 부분에 있는 하위 사이리스터들을 T_4, T_6, T_2라 한다면 사이리스터 T_1, T_3, T_5에 대한 각각의 스위치 사이 및 T_4, T_6, T_2 스위치들간 사이에는 각각 120°씩의 위상 차이를 두고 게이트 신호가 인가된다. 그리고 스위치 T_1, T_4 사이에는 180°의 위상 차이를 두고 게이트가 인가되며, 마찬가지로 T_3, T_6 사이에 그리고 T_5, T_2 사이에 각각 180°씩의 위상 차이를 두고 게이트들이 인가되도록 하는데, 이와 같은 게이트의 인가는 같은 상의 전원에 연결되어 있는 같은 레그의 상위 스위치와 하위 스위치가 동시에 도통되는 일이 없도록 한다. 따라서 4−74 (a)의 1번 사이리스터 T_1의 점호각을 α라고 한다면 게이트 신호가 인가되는 순간은 점호각 α에 대해 ωt축 상에서 30°씩의 위상 차이가 발생하고(3상 정현파 전원 중 a상 전압의 크기가 가장 커지기 시작하는 순간은 $\omega t = 30^\circ$ 이므로), 각 상의 스위치끼리는 120°씩 위상 차이가 나며 같은 레그에 있는 스위치끼리는 180°씩 위상 차이가 나므로 ωt축 상에서 게이트가 인가되는 실질적인 순간은 식 (4-34)와 같이 표현된다.

$$\left.\begin{aligned}
\omega t_1 &= \alpha + 30^\circ \\
\omega t_3 &= \alpha + 30^\circ + 120^\circ = \alpha + 150^\circ \\
\omega t_5 &= \alpha + 30^\circ + 240^\circ = \alpha + 270^\circ \\
\omega t_4 &= \alpha + 30^\circ + 180^\circ = \alpha + 210^\circ \\
\omega t_6 &= \alpha + 30^\circ + 120^\circ + 180^\circ = \alpha + 330^\circ \\
\omega t_2 &= \alpha + 30^\circ + 240^\circ + 180^\circ = \alpha + 450^\circ = \alpha + 90^\circ
\end{aligned}\right\} \tag{4-34}$$

이때 ωt축 상에서 보면 각 사이리스터는 T_1, T_2, T_3, T_4, T_5, T_6의 순서로 켜짐을 알 수 있다. 점호각 α의 제어범위는 0°~180°가 되며 연속전류일 때 평균전압은 식 (4-35)와 같이 나타내어 줄 수 있다. 여러 가지 점호각에 대한 출력전압의 파형은 그림 4-74의 (b)에 보여주고 있는 바와 같다.

$$V_{o_{AVG}} = \frac{3\sqrt{3}\,\sqrt{2}\,V_{SR}}{\pi}\cos\alpha = 1.35\,V_{LL}\cos\alpha \tag{4-35}$$

여기서 V_{SR}은 전원의 상전압 실효치를, V_{LL}은 선간전압의 실효치를 나타내며 α는 제어 점호각을 나타낸다.

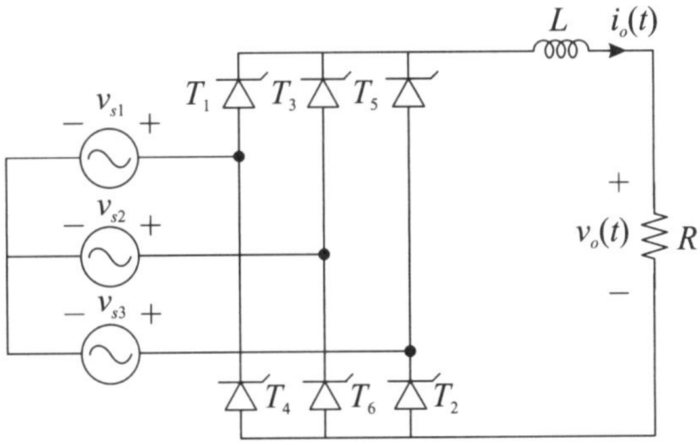

(a) 3상 전파 제어 정류기 회로

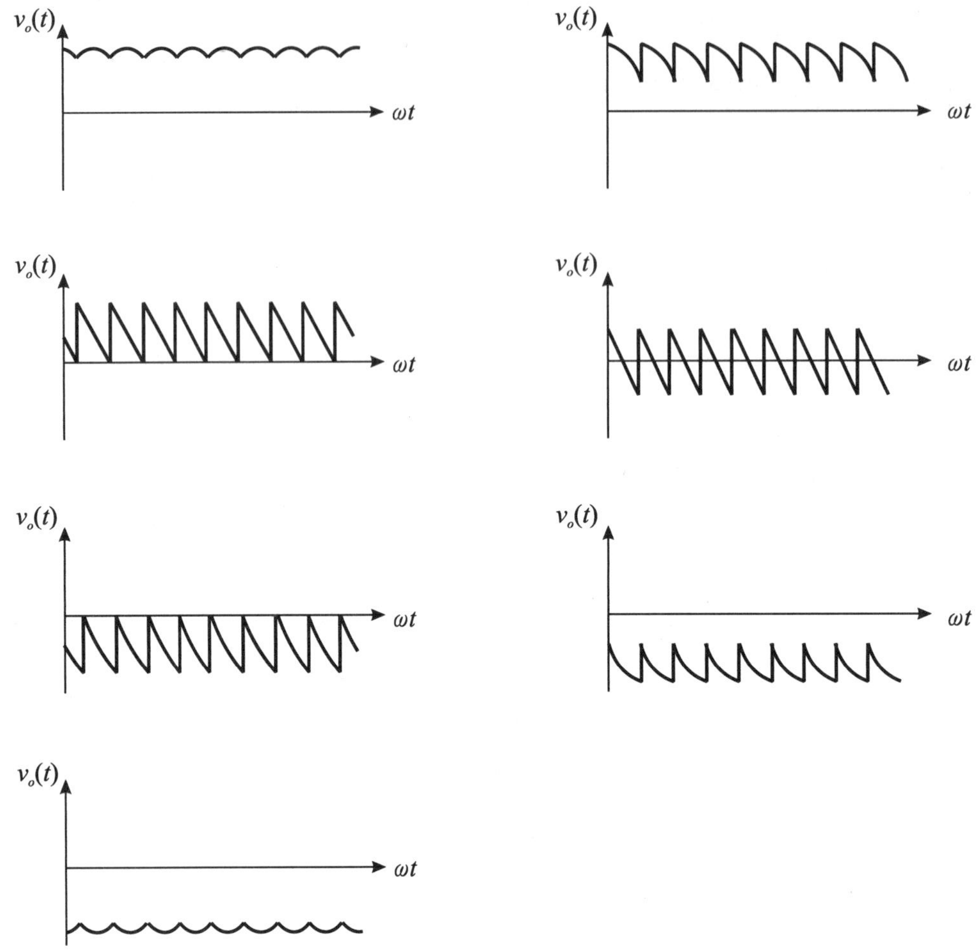

(b) 3상 전파 제어 정류기의 점호각에 따른 출력전압 파형

그림 4-74 3상 전파 제어 정류기 회로 및 출력전압 파형

그림 4-74 (b)에 보여주고 있는 바와 같이 점호각 $\alpha=0°$인 경우는 직류 출력전압이 3상 전파 비제어(다이오드) 정류기의 경우와 같음을 알 수 있고, $\alpha=90°$를 중심으로 $\alpha=0°$와 $\alpha=180°$, $\alpha=30°$와 $\alpha=150°$, $\alpha=60°$와 $\alpha=120°$의 파형들은 서로 대응되어 한편은 양의 출력을 다른 한편은 음의 직류 출력을 발생시키고 있음을 알 수 있다. 따라서 점호각 $\alpha=90°$까지는 3상 전파 제어 정류기의 평균전압이 양이므로 부하측으로 전력이 공급되어 정류기로서 작용하나, 점호각이 90°를 초과하면 평균전압이 음으로 되어 전력이 교류 전원측으로 역류하게 되는데, 이 경우 3상 전파 제어 정류회로는 전력을 직류측에서 교류측으로 발생시키는 인버터로 동작하

는 것으로 생각할 수 있다.

(2) 3상 전파 제어 정류기 실습

그림 4-75는 저항 및 인덕터 R-L 부하를 갖는 3상 전파 제어 정류기의 PSIM Schematic 화면을 나타내고 있는 것으로, 사이리스터의 게이트 점호각을 $\alpha=30°$로 한 경우이다. 따라서 그림 4-75에서 보여주고 있는 바와 같이 게이팅 블록 G1, G3, G5 및 G4, G6, G2의 스위칭 포인트의 시점은 각각 60~65, 180~185, 300~305 및 240~245, 360~365, 120(480)~125(485)로 주어 졌으며, G1, G3, G5 사이에서 각각 120°씩 및 G4, G6, G2 사이에서 각각 120°씩의 위상차를 갖고 게이트가 인가되고 있는 형태이다. 점호각이 $\alpha=30°$인 경우 게이팅 블록 G1의 스위칭 포인트 시작 시점이 60°인 것은 식 (4-34)에서와 같이 3상 정현파 전원 중 a상 전압의 크기가 가장 커지기 시작하는 순간은 $\omega t=30°$ 이므로 1번 사이리스터 T_1에 게이트 점호각 α가 인가되는 순간은 ωt축 상에서 30°가 지나서부터 따져줘야 하기 때문이다. 아울러 상위 스위치와 하위 스위치 사이의 게이팅 블록인 G1, G4 사이에는 180°의 위상차이가 나며 마찬가지로 G3, G6 사이 및 G5, G2 사이에서도 각각 180°씩의 위상차이가 존재한다. 그림 4-75에서 프로브 Va, Vb, Vc는 3상 전원의 상전압을, Vab, Vbc, Vca는 전원의 선간전압을 측정하기 위한 것이고, 프로브 Isa, Isb, Isc는 3상 전원측 전류를 측정하며 프로브 VLoad는 부하 출력전압을 측정한다.

그림 4-76은 그림 4-75의 3상 전파 제어 정류기 회로에 대한 각 부 파형을 보여주고 있는 것으로, 맨 위의 그림은 3상 전원의 상전압 파형을 나타내고, 두 번째 그림은 3상 전원의 선간전압 위에 출력전압을 나타낸 것이다. 마지막 세 번째 그림은 각 사이리스터에 인가되는 게이트 신호를 보여주고 있다. 그림의 출력전압 파형은 그림 4-74의 (b)에서 $\alpha=30°$인 경우의 출력전압 파형과 동일하게 발생되고 있음을 확인 할 수 있다.

그림 4-77은 전파 제어 정류기 출력전압 VLoad에 대한 평균치를 보여주고 있는 그림으로, Simview 창에서 출력전압만을 디스플레이 한 후 [Analysis]→[Avg]를 이용하여 평균전압을 확인하고 있다. 그림으로부터 평균전압은 약 445[V]인 것을 확인 할 수 있는데 이 결과는 식 (4-35)에서 점호각 $\alpha=30°$인 경우에 대한 결과와 일치하는지 확인을 해 볼 필요가 있다. 식 (4-35)에서 V_{LL}은 선간전압의 실효치로 상전압 실효치 220[V]에 대한 $\sqrt{3}$ 배의 크기에 해당한다.

그림 4-78은 맨 위 그림의 3상 전원 상전압 파형과 함께 밑에 a, b, c상 각각에 대한 전원측 전류파형을 나타내고 있는 것으로, 부하측에 인덕터를 사용하고 있어 전원측 전류가 고조파를 포함하는 구형파 형태의 전류가 흐르고 있음을 보여준다. 그림 4-79는 그림 4-80의 전원측 전류에 대한 FFT 결과를 확인하기 위하여 전원측 a상 전류의 정상상태 파형을 5주기 디스플레이 해놓은 것이며, 그림 4-80으로부터 전원전류의 고조파 성분은 5차(300[Hz]), 7차(420[Hz]), 11차(660[Hz]), 13차(780[Hz]) 등의 홀수 조파 성분들이 두드러지게 나타나고 있음을 확인 할 수 있다.

그림 4-81은 사이리스터의 게이트 점호각 $\alpha=60°$인 경우에 대한 3상 전파 제어 정류기 PSIM Schematic 화면을 나타내고 있는 것이며, 점호각이 $\alpha=60°$임에 따라 게이팅 블록 G1, G3, G5 및 G4, G6, G2의 스위칭 포인트의 시점은 각각 90~95, 210~215, 330~335 및 270~275, 30(390)~35(395), 150(510)~155(515)로 주어진다. 그림 4-75의 경우에서와 마찬가지로 여기에서도 G1, G3, G5 사이에서 각각 120°씩 및 G4, G6, G2 사이에서 각각 120°씩의 위상차를 갖고 게이트가 인가되며, 점호각이 $\alpha=60°$인 경우 게이팅 블록 G1의 스위칭 포인트 시작 시점이 90°인 것은, 앞에서 설명되었던 바와 마찬가지로 식 (4-34)에서 3상 정현파 전원 중 a상 전압의 크기가 가장 커지기 시작하는 순간이 $\omega t = 30°$로, 1번 사이리스터 T_1에 게이트 점호각 α가 인가되는 순간은 ωt축 상에서 30°가 지난 후부터이기 때문이다. 아울러 여기에서도 마찬가지로 상위 스위치와 하위 스위치 사이의 게이팅 블록인 G1, G4 사이에는 180°의 위상차이가 나며 마찬가지로 G3, G6 사이 및 G5, G2 사이에서도 각각 180°씩의 위상차이가 존재한다.

그림 4-82는 그림 4-81의 점호각 $\alpha=60°$인 3상 전파 제어 정류기 회로에 대한 각 부 파형을 보여 주고 있는 것으로, 맨 위의 그림은 3상 전원의 상전압 파형을, 두 번째 그림은 3상 전원의 선간전압 위에 나타낸 출력전압 파형을, 그리고 마지막 세 번째 그림은 전원측 a상 전류에 대한 파형을 나타내고 있다. 그림 4-82의 두 번째 그림에서 보여주고 있는 출력전압 파형은 그림 4-74 (b)의 $\alpha=60°$인 경우의 출력전압 파형과 비교하여 동일하게 나타나고 있음을 확인 할 수 있다.

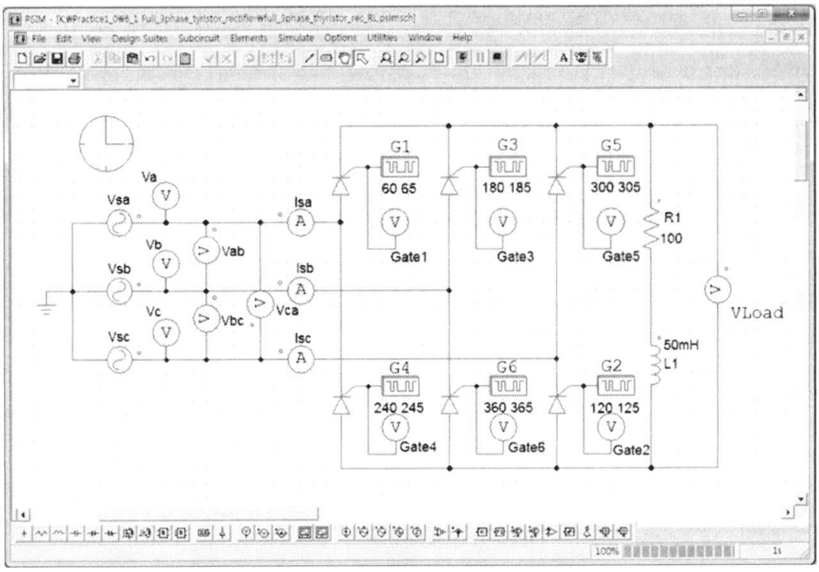

그림 4-75 3상 전파 제어 정류기의 PSIM Schematic 화면(α=30°인 경우)

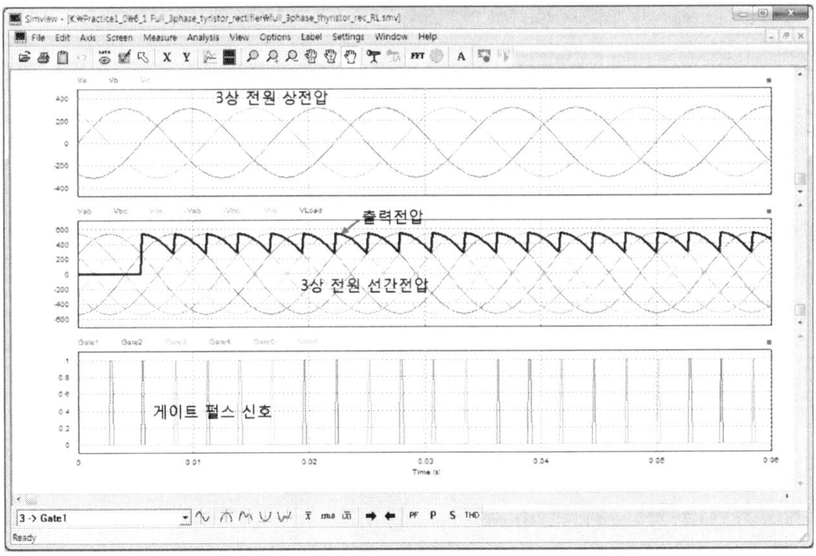

그림 4-76 3상 전파 제어 정류기 각 부 및 출력전압 파형(α=30°)

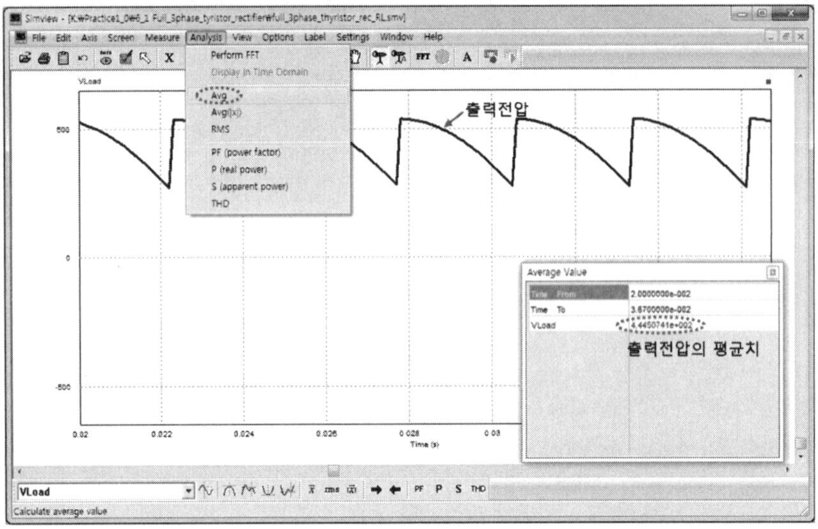

그림 4-77 3상 전파 제어 정류기의 출력전압의 평균치 확인(α =30°)

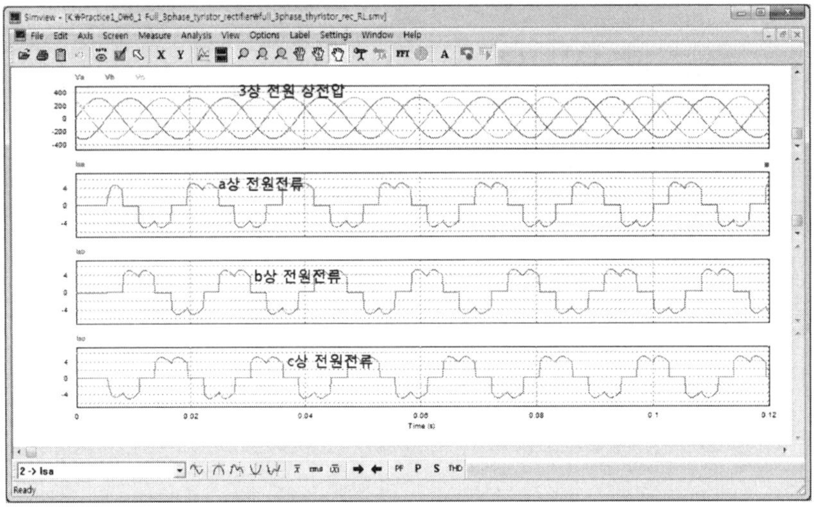

그림 4-78 3상 전파 제어 정류기의 입력전류 파형(α =30°)

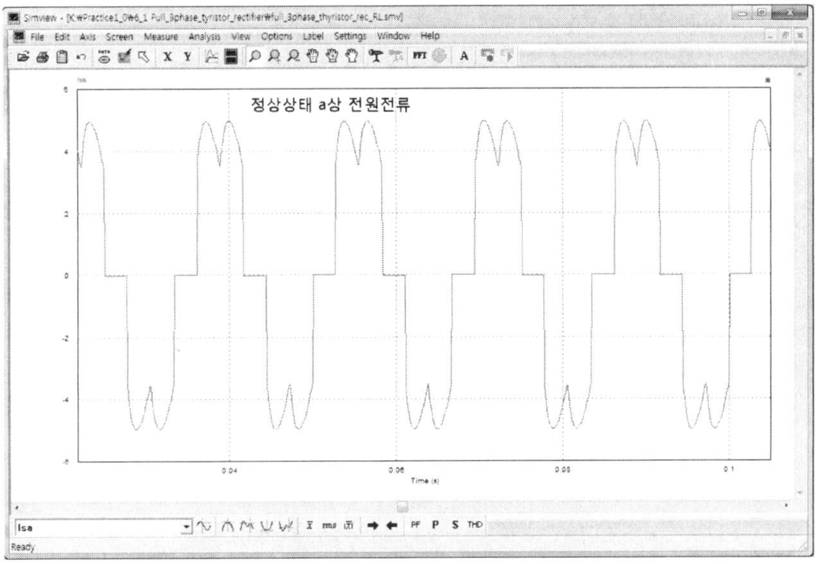

그림 4-79 3상 전파 제어 정류기의 a상 입력전류 파형($\alpha=30°$)

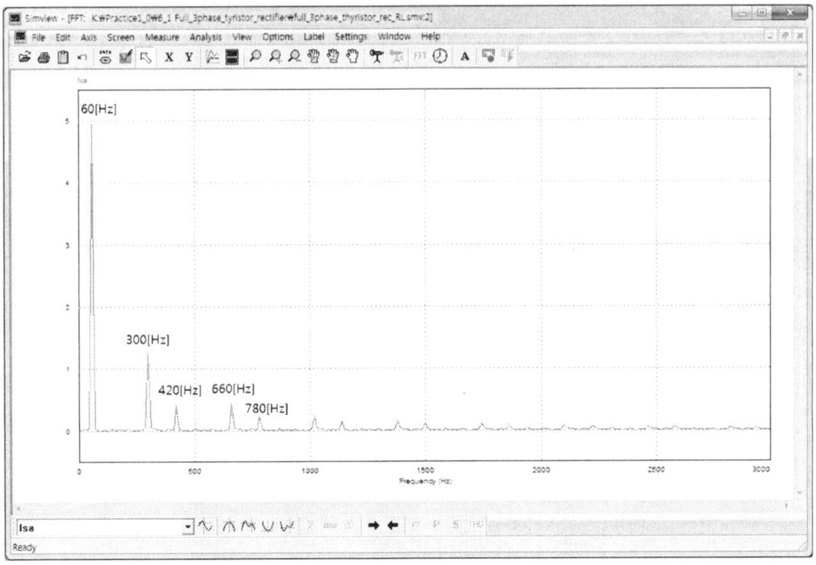

그림 4-80 3상 전파 제어 정류기의 a상 입력전류 파형에 대한 FFT 결과($\alpha=30°$)

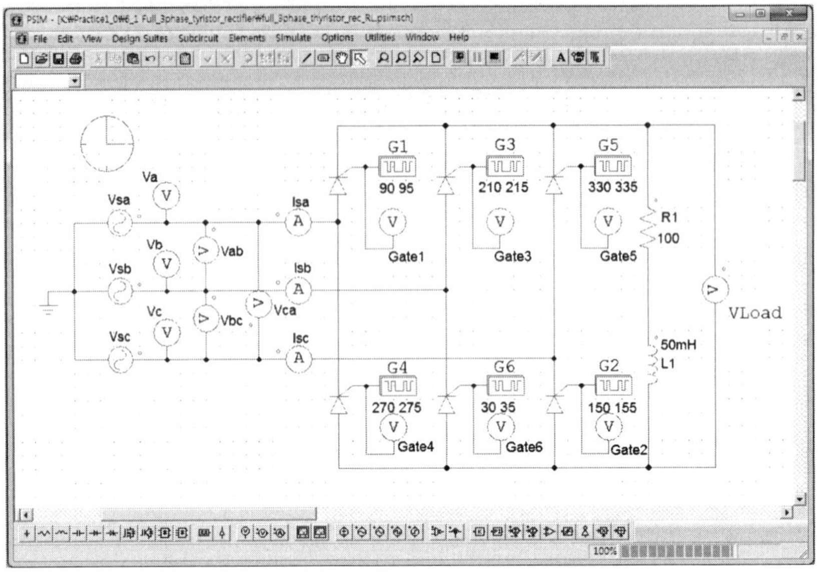

그림 4-81 3상 전파 제어 정류기의 PSIM Schematic 화면(α =60°인 경우)

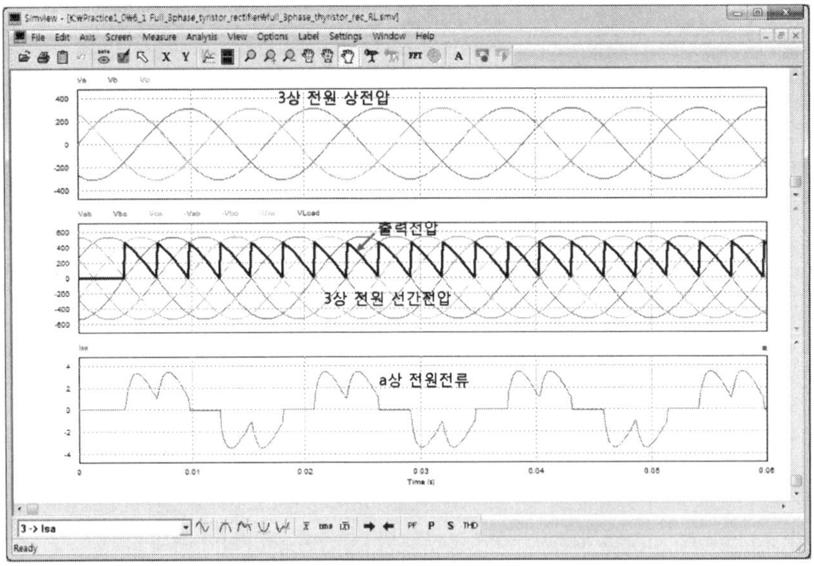

그림 4-82 3상 전파 제어 정류기의 각 부 파형(α =60°)

제 5 장 교류 - 교류 전력변환기(AC - AC 컨버터) PSIM 시뮬레이션 실습

교류 전력 제어기는 교류전원에서 교류부하로 전달되는 전압, 전류 및 평균전력을 제어하기 위한 것으로, 그 제어방식에는 위상제어 방식, 정수배 사이클 제어 또는 정수파 제어 방식 및 펄스폭 제어 방식 등이 있다. 위상제어 방식은 전력용 반도체 스위치를 이용하여 일정하게 전원과 부하를 이었다 끊었다 하는 방식으로, 전원의 매 주기마다 스위칭을 발생시켜 스위치가 온되어 있는 구간 동안에는 전원전압이 그대로 부하에 전달되고, 스위치가 오프되어 있는 구간 동안에는 전원전압이 부하에 전달되지 않도록 함으로써 전력을 제어한다. 정수배 사이클 제어 또는 정수파 제어 방식은 수주기 동안 전원을 부하에 접속시켰다가 수주기 동안 접속을 끊는 방식으로 전력을 제어한다. 펄스폭 제어 방식에는 소호각제어, 비대칭각제어, 대칭각제어 및 펄스폭 변조 방식 등이 있으며, 소호각제어, 비대칭각제어, 대칭각제어의 경우는 모두 전원의 반주기당 하나의 전압펄스를 발생시켜 그 폭을 제어하는 방식이고 펄스폭 변조 제어 방식의 경우는 고속의 반도체 스위칭 소자를 사용하여 전원의 반주기당 수많은 펄스의 발생시점을 적절히 조정하여 기본파 성분뿐만 아니라 고조파 성분까지도 제어가 가능하도록 한다. 본 장에서는 교류-교류 전력 변환기의 제어를 위해 가장 흔히 사용되고 있는 위상제어 방식에 대하여 중점적으로 알아보고 실습을 수행하도록 한다.

5.1 단상 교류 전력제어 실습

(1) 위상제어 방식을 이용한 단상 교류 전력제어의 개요

그림 5-1은 단상 교류 전력제어를 위한 여러 가지 전력변환 회로의 예를 나타낸다. 그림 5-1의 (a)~(c)는 사이리스터 또는 사이리스터와 다이오드로 구성되는 위상제어 방식의 예를 나타내고 있으며, 일반적으로는 그림 (a)와 같이 사이리스터를 역병렬로 연결시킨 교류 초퍼회로가 많이 사용된다. 그림의 (b)는 2개의 사이리스

터와 2개의 다이오드를 함께 사용한 형태이며, 그림 (c)는 다이오드 브리지와 하나의 제어소자인 사이리스터를 사용한 것으로 이들 회로는 전원의 양과 음의 반파를 모두 제어할 수 있도록 한다. 이와 같은 형태의 회로들은 구성이 간단하고 제어가 용이하며 스위칭 소자로 사용되는 사이리스터가 전원의 극성에 의해 오프된다. 반면 이러한 회로들은 스위치의 점호각을 지연시킴에 따라 출력 전압파형의 불연속 구간이 커지고 역률이 저하될 뿐만 아니라 고조파가 많이 발생된다는 단점을 갖게 된다. 그림 5-1의 (d)에서와 같이 온, 오프 제어가 모두 가능한 트랜지스터와 같은 반도체 스위칭 소자를 사용하여 교류 초퍼를 구성하게 되면 전원의 반주기 내에 스위치를 여러 번 온, 오프 시킬 수 있는 펄스폭 제어가 가능함으로써 보다 우수한 출력특성을 갖는 교류 전력제어 회로를 구성할 수 있는데, 그림에서는 부하로 저항이 연결된 경우를 나타내었으나 만일 부하에 인덕터를 함께 포함한다면 주 트랜지스터 T_1 및 T_2가 오프되는 순간 크기가 큰 스파이크성의 전압이 발생하게 되므로 부하 인덕터 내에 저장된 에너지가 방출될 수 있는 경로로 그림에서와 같이 스위치 T_3, T_4를 사용하거나 또는 다이오드를 사용하여 환류경로를 만들어 주어야 한다. 그림 5-1의 (a)~(c)에서와 같은 위상제어 방식을 사용하는 교류 전력제어기는 조광회로의 제어 등과 같은 분야에서 사용되고 있으며, 입력 전원 전압이 교류이고 출력 역시 순수한 형태의 정현파는 아니더라도 교류의 형태를 나타내므로 이러한 회로들을 교류-교류 전력변환기라고 한다.

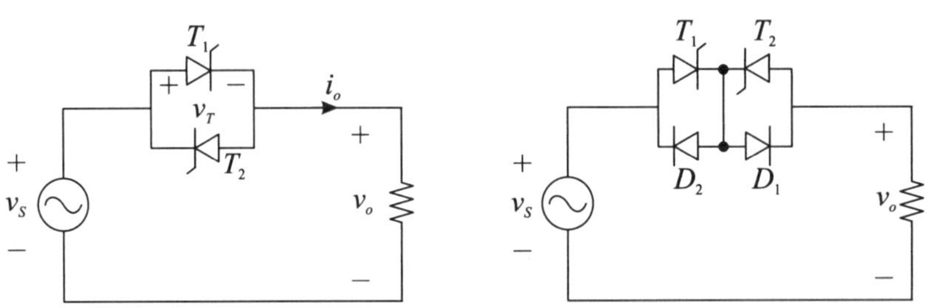

(a) (b)

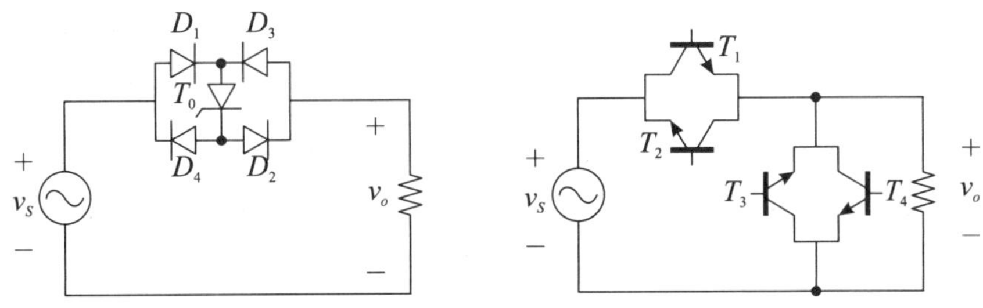

(c) (d)

그림 5-1 단상 교류 전력제어 회로의 예

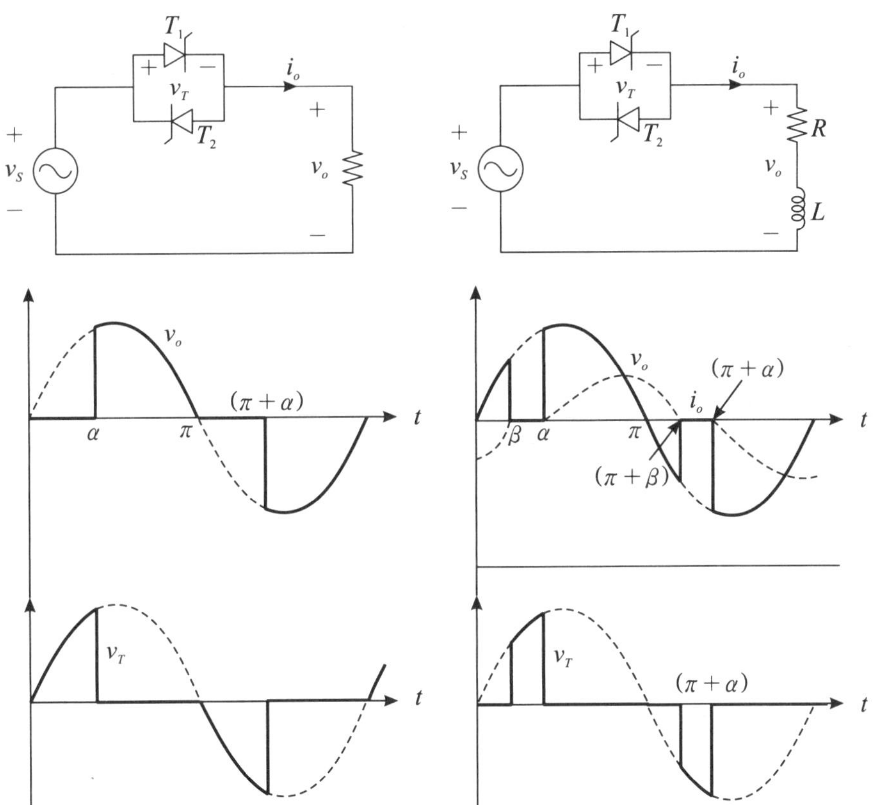

(a) 저항 R 부하를 갖는 경우 (b) 저항 및 인덕터 R-L 부하를 갖는 경우

그림 5-2 위상제어 방식에 의한 단상 전력제어 회로 및 출력파형

그림 5-2는 그림의 위에서부터 차례로 저항 R 또는 저항 및 인덕터 R-L 부하를 갖는 위상제어 방식의 단상 교류 전압제어 회로와 그에 따른 출력전압 파형 및

사용되고 있는 사이리스터에 걸리는 전압파형을 각각 보여주고 있는 것으로, 그림의 (a)는 저항부하를 갖는 경우를 (b)는 저항 및 인덕터 $R-L$ 부하를 갖는 경우를 각각 나타내고 있다.

위상제어 방식을 사용하는 단상 교류 전압제어기의 동작은 반파 제어정류기의 경우와 유사하나, 2개의 사이리스터를 그림 5-2에서와 같이 역병렬로 연결하는 단상 교류 전압제어기의 경우에는 부하는 물론 전원측의 양방향으로 전류가 흐를 수 있어 반파 제어정류기와는 달리 부하 출력전압 및 전류에 있어 양의 반주기와 음의 반주기에 해당하는 파형이 모두 나타나게 된다. 위상제어 방식을 사용하는 단상 교류 전압제어기의 경우 전원의 각 반주기에서 제어 스위치의 도통시점을 변화시킴으로써 출력전압에 대한 실효치를 조정하도록 하므로 위상제어 방식을 분수파 제어 방식 또는 위상각 제어 방식이라고도 한다. 위상제어 방식을 사용하는 단상 교류 전력제어 회로는 간단하고 제어하기가 쉬운 장점이 있으며, 사이리스터의 점호각 α에 따른 출력전압 및 사이리스터에 걸리는 전압 파형은 각 부하 유형에 따라 그림 5-2의 (a) 및 (b)에서 각각 보여 주고 있는 바와 같다.

그림 5-2 (a)의 저항 R 부하를 갖는 경우에 대한 교류 전압제어 회로의 동작을 살펴보면 우선 사이리스터 T_1이 전원 v_s가 양인 구간에서의 반파를 제어하고 사이리스터 T_2는 전원의 음의 반파에서 제어를 수행하게 되는데, 그림 5-2 (a)에서와 같이 부하가 저항인 경우 사이리스터 T_1을 $\omega t = \alpha$에서, T_1이 온되고 나서 180° 후인 $\omega t = \pi + \alpha$에서 사이리스터 T_2에 게이트 신호를 각각 인가하게 되면 부하에 걸리는 출력전압(v_o)과 사이리스터에 걸리는 전압(v_T)은 그림 5-2의 (a)에서 보여주는 바와 같이 나타난다. 이 경우에 있어서 부하가 저항만을 가지므로 전류는 전압과 같은 모양의 파형이 되며, 순 저항 부하시 부하 출력전압에 대한 실효치 V_{OR}는 다음과 같이 얻을 수 있다. 전원전압에 대한 표현식이 $v_s(\omega t) = V_m \sin\omega t$와 같다면 출력전압은 사이리스터가 온되는 구간에 의해 식 (5-1)과 같이 표현될 수 있다.

$$v_o(\omega t) = \begin{cases} V_m \sin\omega t \ (\alpha < \omega t < \pi,\ \alpha + \pi < \omega t < 2\pi) \\ 0 \ (\omega t\text{가 나머지 구간일 때}) \end{cases} \tag{5-1}$$

따라서 부하 출력전압의 실효값은 전압파형이 전원의 반주기 마다 양과 음에 대한 반파대칭이므로 파형의 반주기만을 사용하여 식 (5-2)와 같이 얻을 수 있다.

$$V_{OR}=\sqrt{\frac{1}{\pi}\int_{\alpha}^{\pi}(V_m \sin\omega t)^2 d\omega t}=\frac{V_m}{\sqrt{2}}\sqrt{1-\frac{\alpha}{\pi}+\frac{\sin 2\alpha}{2\pi}} \tag{5-2}$$

여기서 V_m은 전원전압의 최대치, α는 사이리스터에 대한 점호각이다.

한편 부하가 그림 5-2의 (b)에서와 같이 저항과 인덕터로 구성되어 있는 경우에는 위에서 두 번째 그림에서 보여주는 바와 같은 부하전류(i_o) 및 출력전압(v_o) 파형이 얻어지게 되는데, 그림에서와 같이 부하의 인덕터에 저장되는 에너지가 모두 소비될 때까지는 전원의 극성이 바뀌어도 전류가 계속해서 같은 방향으로 흐르는 구간이 존재하므로, 양극성의 전류가 흐를 때 음극성의 출력전압이 나타나거나 반대로 음극성의 전류가 흐를 때 양극성의 출력전압이 나타나는 구간이 존재하게 된다. 이와 같은 구간들에서는 에너지가 부하에서 소비되는 것이 아니라 순간적으로 전원측으로 반환되게 된다.

전류는 점호각 $\omega t=\alpha$인 시점에서 흐르기 시작하여 $\omega t=\pi+\beta$인 소호각에서 0이 되므로 사이리스터의 전도각 γ는 식 (5-3)과 같이 점호각과 소호각의 차이로 정의된다. 이때 점호각 α에 의해 출력을 변화시키는 동안 전류의 불연속 구간이 생겨난다.

$$\gamma=\pi+\beta-\alpha \tag{5-3}$$

만일 전도각 $\gamma=180°$가 된다면 이는 식 (5-3)에서 $\alpha=\beta$인 경우로, 점호각 α를 계속 줄여 가면 전류의 불연속 구간이 감소하고 결국 부하에 흐르는 전류가 그림 5-3에서와 같이 연속적인 전류로 되는 경우이다.

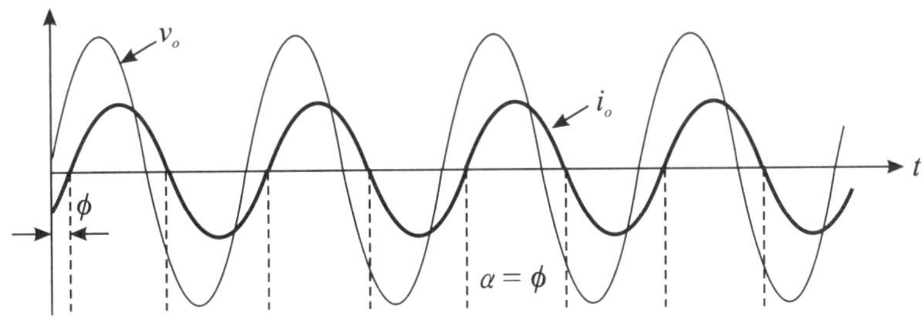

그림 5-3 전류 연속인 경우에 대한 출력전압 파형

이때 점호각 α는 그림 5-3에서와 같이 전류의 위상각 ϕ와 같아지게 되고 전류의 영점 $\pi+\beta$는 곧 $\pi+\phi$로 되므로, 교류 전력제어기에서 전류가 연속으로 되기 위한 다음의 조건이 만족된다.

$$\alpha = \beta = \phi \tag{5-4}$$

이 조건이 이루어지면 전류는 연속이 되고 교류 전력제어 회로는 출력을 제어하지 않고 있는 상태, 즉 비제어 상태로 동작하게 된다. 여기에서 다시 점호각 α를 ϕ보다 작게하면 사이리스터의 온, 오프를 제어할 수 없게 되는데, 즉 0과 ϕ사이 구간에서는 그림 5-2 (b)의 사이리스터 T_2를 통해 전류가 음으로 흐르고 있으므로 사이리스터 T_1에 게이트 신호를 인가하더라도 T_1은 켜질 수 없게 되기 때문이다. 따라서 $\alpha < \phi$인 구간에 게이트 신호를 단일 펄스로 인가하게 되면 뒤에 이어지는 게이트 신호가 없으므로 그 반주기 내에는 사이리스터가 온되지 못하는 점호실패가 발생하게 된다. 따라서 이를 방지하기 위해서는 단일펄스 대신 연속적으로 이어지는 연속 펄스 또는 연속적인 직류 게이트 신호를 인가하도록 하여야 한다. 이와 같이 하면 $\omega t = \phi$인 시점에서 사이리스터 T_1이 켜지게 되므로 식 (5-4)의 조건이 성립되어 저항 및 인덕터 R-L 부하를 갖는 교류회로에서와 같은 연속적인 전류가 그림 5-3에서와 같이 흐르게 된다. 따라서 단상 교류 전력제어 회로의 위상제어 방식에서는 $\omega t = \phi$인 시점이 곧 점호각의 영점, 즉 $\alpha = 0$인 시점이 된다. 그림 5-2 (b)의 경우와 같이 부하가 인덕터를 포함하는 경우의 교류-교류 전력 변환기에 대한 출력전압의 실효치 V_{OR}는 식 (5-5)와 같이 얻어진다.

$$V_{OR} = \sqrt{\frac{1}{\pi}\int_{\alpha}^{\pi+\beta}(V_m \sin\omega t)^2 d\omega t} = \frac{V_m}{\sqrt{2}}\sqrt{\frac{(\pi+\beta)-\alpha+(\sin 2\alpha - \sin 2\beta)/2}{\pi}}$$

$$= V_{SR}\sqrt{\frac{(\pi+\beta)-\alpha+(\sin 2\alpha - \sin 2\beta)/2}{\pi}} \tag{5-5}$$

여기서 V_m은 전원전압의 최대치, V_{SR}은 전원전압의 실효치를 의미하며 α는 사이리스터의 점호각, $\pi+\beta$는 부하전류가 0이 되는 소호각이다. 만일 부하전류가 0이 되는 소호각을 $\pi+\beta=\psi$라 한다면 식 (5-5)는 식 (5-6)과 같이 표현된다.

$$V_{OR} = \sqrt{\frac{1}{\pi}\int_{\alpha}^{\psi}(V_m \sin\omega t)^2 d\omega t} = V_{SR}\sqrt{\frac{\psi-\alpha+(\sin 2\alpha - \sin 2\beta)/2}{\pi}} \tag{5-6}$$

(2) 위상제어 방식을 이용한 단상 교류 전력제어 실습

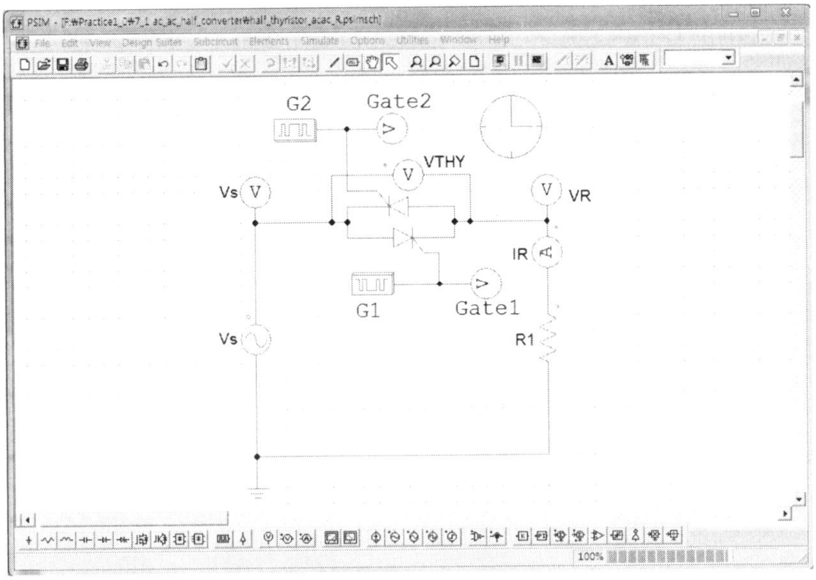

그림 5-4 위상제어 방식을 이용한 단상 교류 전력제어 회로의 PSIM Schematic 화면

저항부하를 갖는 위상제어 방식을 이용한 단상 교류 전력제어 회로의 PSIM 실습을 위하여 그림 5-4와 같은 Schematic 회로를 작성한다. 두 개의 사이리스터를 역병렬 연결하고 각각의 스위치를 그림 5-4에서와 같이 게이팅 블록 G1 및 G2를 이용하여 턴 온 시키도록 한다. 각각의 게이팅 블록에 대한 파라미터의 예는 그림 5-5에서 보여주고 있는 바와 같으며 게이팅 블록의 스위칭 포인트는 상호 180°의 위상 차이가 나도록 한다.

그림 5-6은 게이트 점호각 $\alpha = 60°$인 경우 위상제어 방식 단상 교류 전력제어 회로에 대한 출력파형을 보여주고 있는 것으로, 맨 위에 있는 그림은 전원전압을 두 번째 그림은 두 개의 사이리스터에 인가되는 게이트 신호, 즉 G1 및 G2의 게이팅 블록에서 발생되는 게이팅 펄스들을 나타내며 세 번째 그림은 부하저항에 인가되는 출력전압을 나타내고 있다.

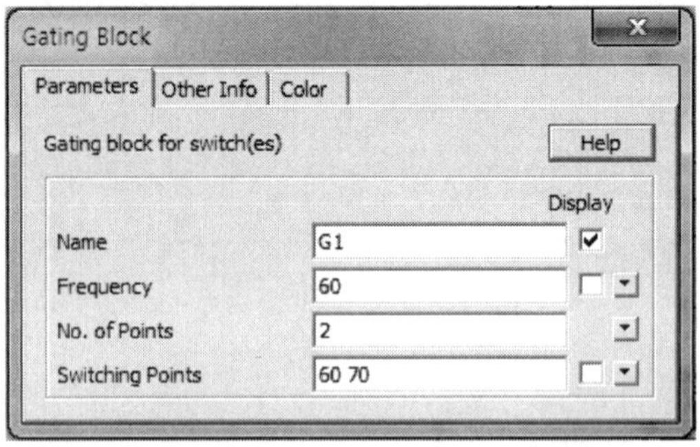

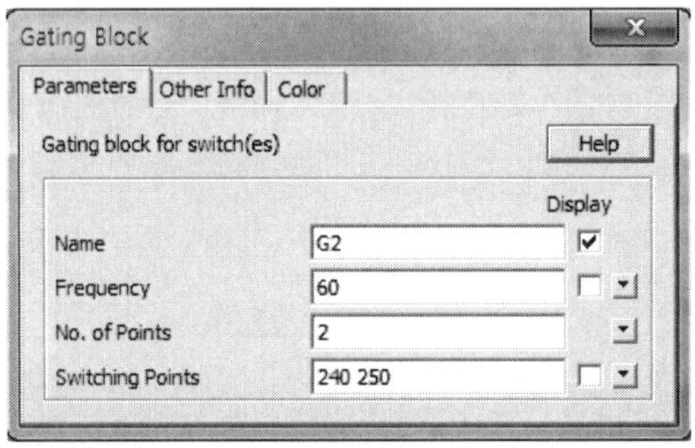

그림 5-5 게이트 점호각 $\alpha = 60°$인 경우 게이팅 블록 G1, G2 파라미터

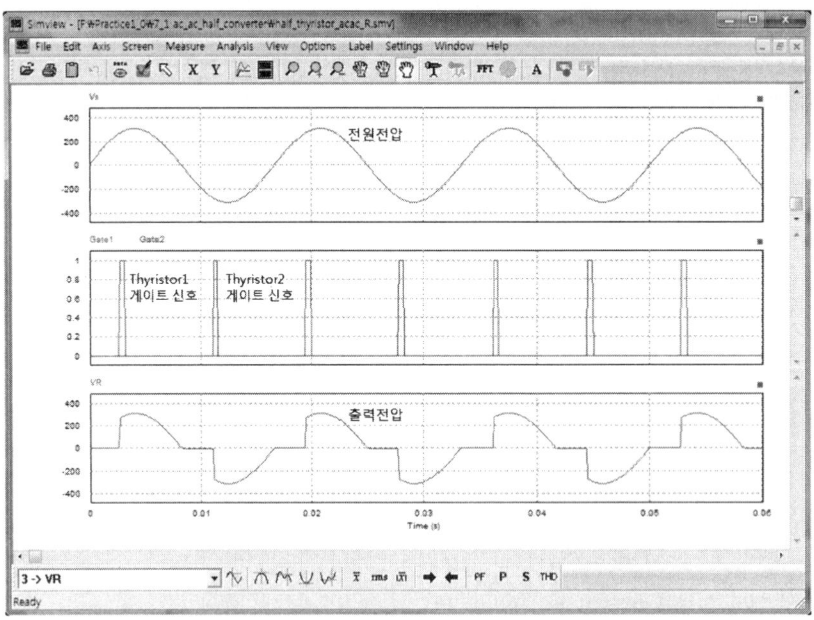

그림 5-6 게이트 점호각 $\alpha = 60°$인 경우 위상제어 방식
단상 교류 전력제어 회로 출력전압 파형

그림 5-7은 게이트 점호각 $\alpha = 60°$인 경우 위상제어 방식 단상 교류 전력제어 회로의 출력전압에 대한 실효치 계산결과를 보여 주고 있는 것으로 식 (5-2)를 통해 얻어지는 결과와 같게 나오는지 비교하여 보도록 한다.

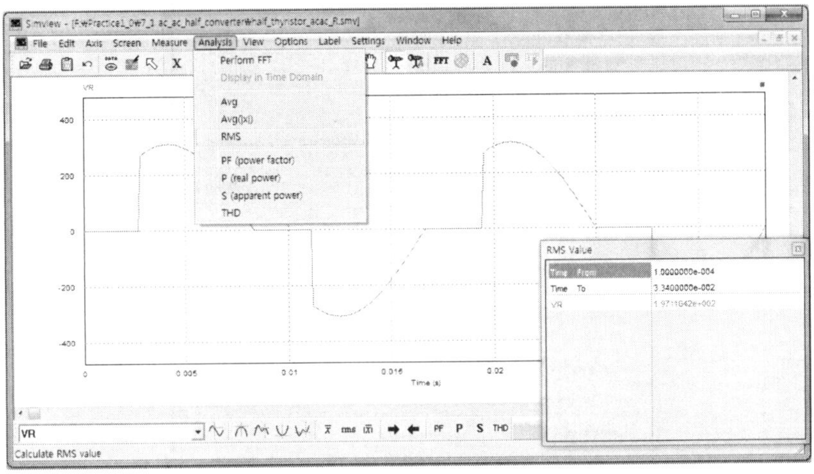

그림 5-7 게이트 점호각 $\alpha = 60°$인 경우 위상제어 방식 단상 교류 전력제어 회로 출력파형에 대한 실효치의 계산

그림 5-8은 사이리스터의 점호각 $\alpha = 120°$인 경우에 대한 게이팅 블록(Gating Block) G1, G2의 파라미터에 대한 예를 나타내는 것으로, 게이팅 블록 G1, G2 사이에는 180°의 위상 차이를 갖는다. 그림 5-9는 게이트 점호각 $\alpha = 120°$인 경우 위상제어 방식 단상 교류 전력제어 회로에 대한 전원전압, 게이트 펄스 신호 및 출력전압 파형을 보여주고 있으며, 그림 5-6의 게이트 점호각 $\alpha = 60°$인 경우에 비하여 출력전압의 크기가 작아지고 있음을 확인 할 수 있다. 그림 5-10은 게이트 점호각 $\alpha = 120°$인 경우 위상제어 방식 단상 교류 전력제어 회로 출력파형에 대한 실효치의 계산결과를 나타낸다.

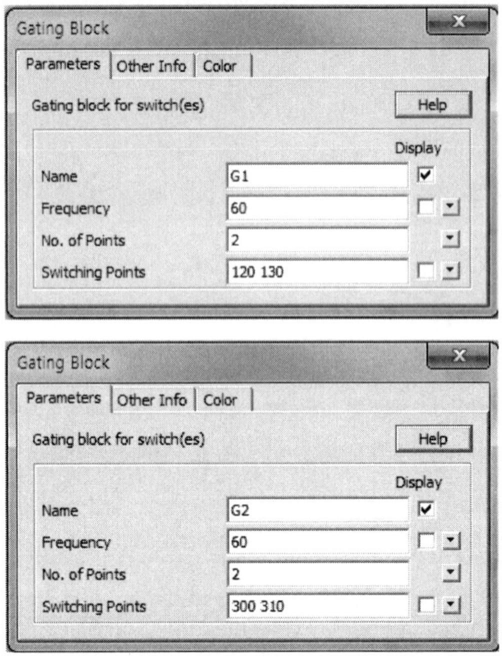

그림 5-8 게이트 점호각 $\alpha = 120°$인 경우 게이팅 블록 G1, G2 파라미터

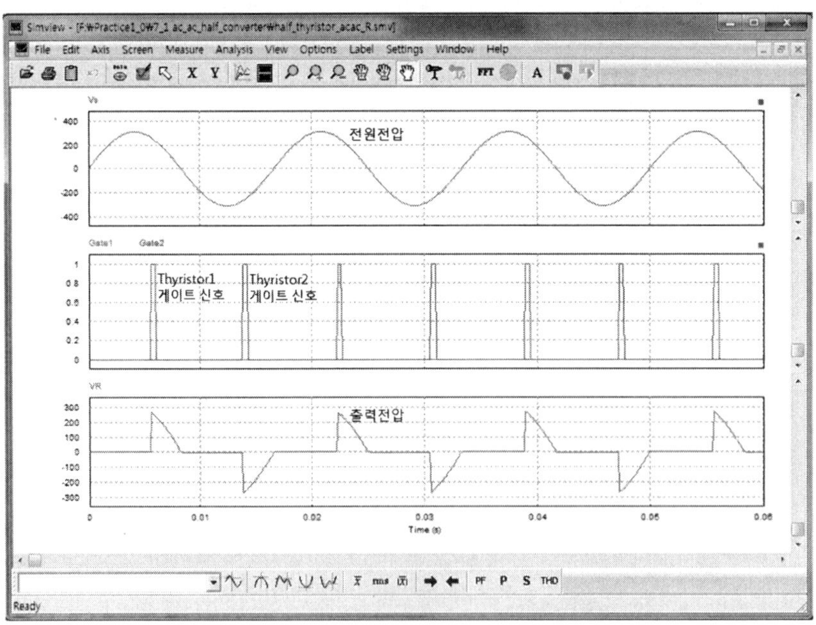

그림 5-9 게이트 점호각 $\alpha = 120°$인 경우 위상제어 방식
단상 교류 전력제어 회로 출력전압 파형

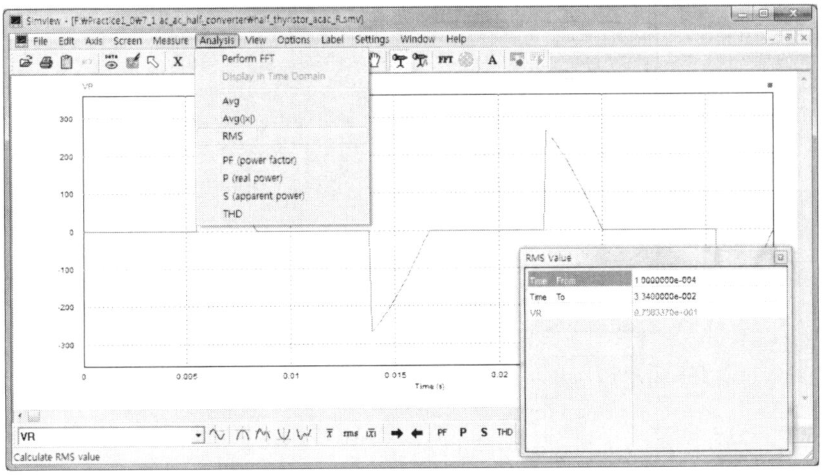

그림 5-10 게이트 점호각 $\alpha = 120°$인 경우 위상제어 방식 단상 교류 전력제어 회로 출력파형에 대한 실효치의 계산

그림 5-11은 저항 및 인덕터 R-L 부하를 갖는 위상제어 방식 단상 교류 전력제어 회로의 PSIM Schematic 화면을 나타내고 있는 것으로, 앞에서와 마찬가지로 두 개의 사이리스터를 역병렬로 연결하고 각각의 스위치를 게이팅 블록 G1 및 G2를 이용하여 턴 온 시키도록 하고 있다. 각각의 게이팅 블록에 대한 파라미터의 예는 그림 5-5에서 보여주고 있는 바와 같으며, 그림 5-11에서는 점호각 $\alpha = 60°$인 경우를 가정하여 게이팅 블록들의 스위칭 포인트들이 설정되었으며, G1, G2 각각의 스위칭 포인트 사이에는 상호 180°의 위상 차이를 갖도록 한다.

그림 5-12는 게이트 점호각이 $\alpha = 60°$인 경우에 대한 위상제어 방식 단상 교류 전력제어 회로의 출력전압 파형을 보여주고 있는 것으로, 맨 위에 있는 그림은 전원전압과 부하에 흐르는 전류를 5배 확대하여 나타내고 있고 위에서 두 번째 그림은 두 개의 사이리스터에 인가되는 게이트 신호, 즉 G1 및 G2의 게이팅 블록에서 발생되는 게이팅 펄스 신호들을 나타내고 있다. 위에서 세 번째 그림은 R-L 부하에 인가되는 출력전압 파형을 보여주고 있으며 마지막 네 번째 그림은 사이리스터 양단간에 걸리는 전압파형이다. 그림에서 보여주고 있는 바와 같이 각각의 사이리스터는 사이리스터가 온 된 후 부하전류가 같은 방향으로 계속 흐르고 있는 동안에는 꺼지지 않고 온 상태를 유지함으로써 극성이 바뀐 상태의 전원전압이 부하전류가 0이 되는 순간까지 출력측에 나타나게 됨을 확인 할 수 있다. 그림 5-13은 게이트 점호각 α가 60°인 경우에 대한 위상제어 방식 단상 교류 전력제어 회로의

출력전압에 대한 실효치 계산결과를 보여 주고 있는 것으로 식 (5-5) 또는 식 (5-6)으로 얻어지는 결과에 해당한다.

그림 5-14는 게이트 점호각이 $\alpha = 120°$인 경우에 대한 위상제어 방식 단상 교류 전력제어 회로의 출력전압 파형을 보여주고 있는 것으로, 그림 5-12의 점호각 $\alpha = 60°$인 경우에서와 마찬가지로, 맨 위에 있는 그림은 전원전압과 부하에 흐르는 전류를 5배 확대하여 나타내고 있고, 위에서 두 번째 그림은 두 개의 사이리스터에 180°의 위상 차이를 가지고 인가되는 게이트 신호들, 즉 G1 및 G2의 게이팅 블록에서 발생되는 게이팅 펄스 신호들을 나타낸다. 위에서 세 번째 그림은 R-L 부하에 인가되는 점호각 $\alpha = 120°$인 경우에 대한 출력전압 파형을 보여주고 있으며 마지막 네 번째 그림은 사이리스터 양단간에 걸리는 전압파형을 나타낸다. 사이리스터에 대한 점호각 α가 120°인 경우에 대한 게이팅 블록(Gating Block) G1, G2의 파라미터에 대한 예는 그림 5-8에서 보여주고 있는 바와 같다. 그림 5-15는 게이트 점호각 α가 120°인 경우 위상제어 방식 단상 교류 전력제어 회로 출력전압 파형에 대한 실효치 계산결과를 나타낸 것으로 그 크기는 그림 5-13의 점호각 α가 60°인 경우에 비하여 크게 줄어들게 됨을 확인 할 수 있다.

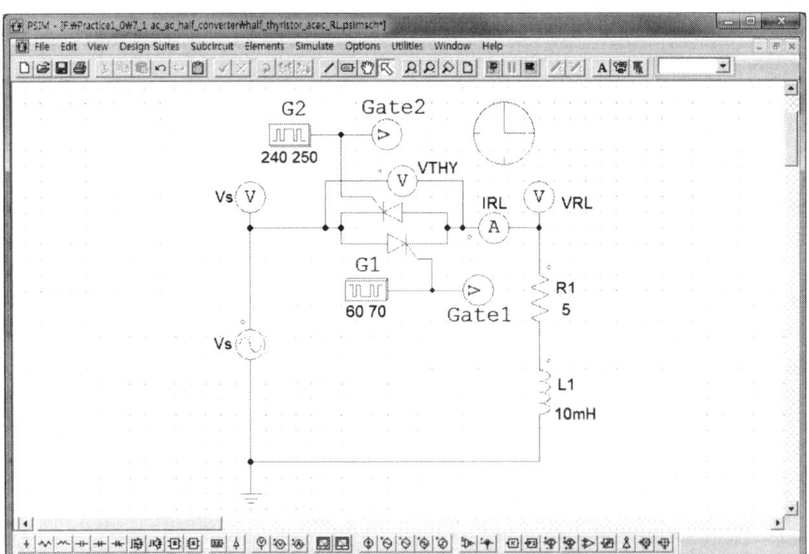

그림 5-11 저항 및 인덕터 R-L 부하를 갖는 위상제어 방식 단상 교류 전력제어 회로 PSIM Schematic 화면

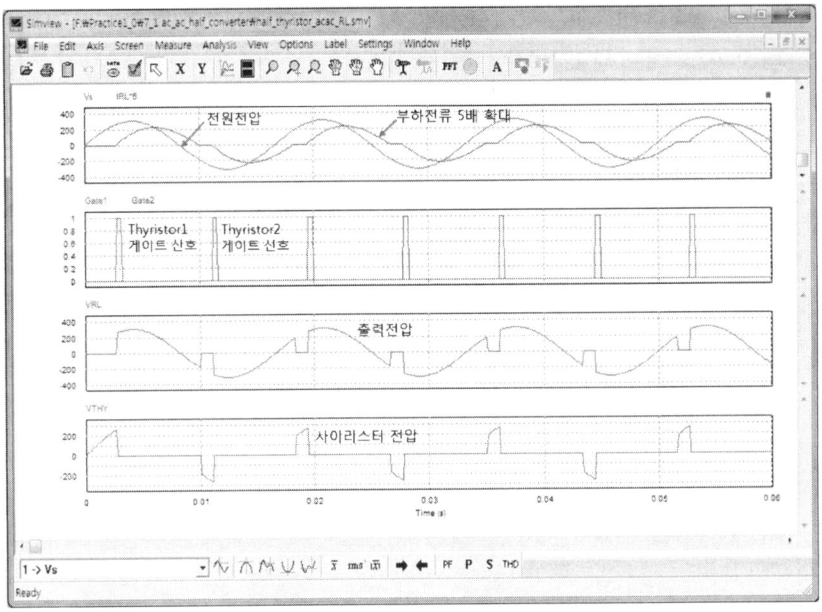

그림 5-12 게이트 점호각 $\alpha = 60°$인 경우 위상제어 방식 단상 교류 전력제어 회로 출력전압 파형(R-L 부하)

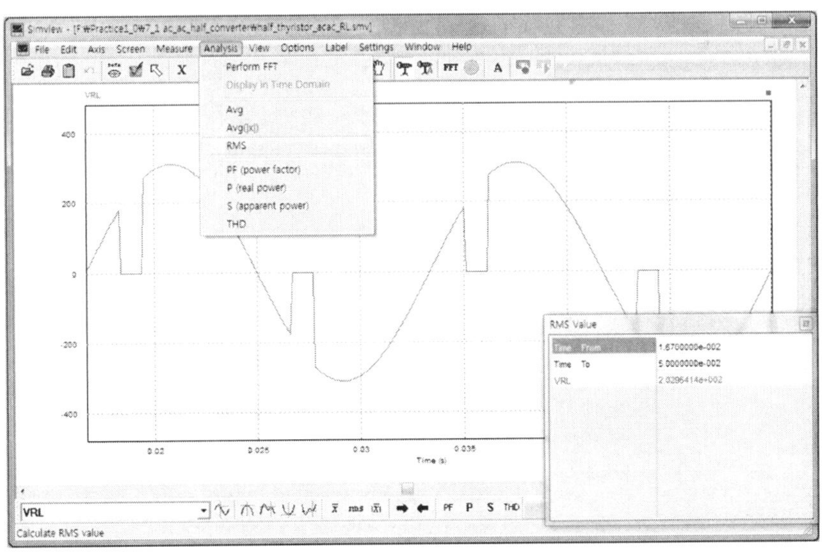

그림 5-13 게이트 점호각 $\alpha = 60°$인 경우 위상제어 방식 단상 교류 전력제어 회로 출력파형에 대한 실효치의 계산(R-L 부하)

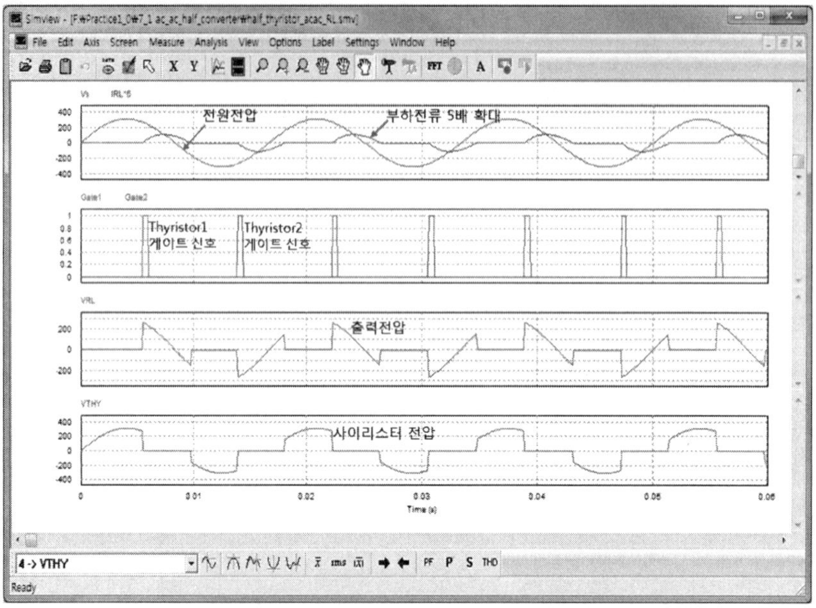

그림 5-14 게이트 점호각 $\alpha = 120°$인 경우 위상제어 방식 단상 교류 전력제어 회로 출력전압 파형(R-L 부하)

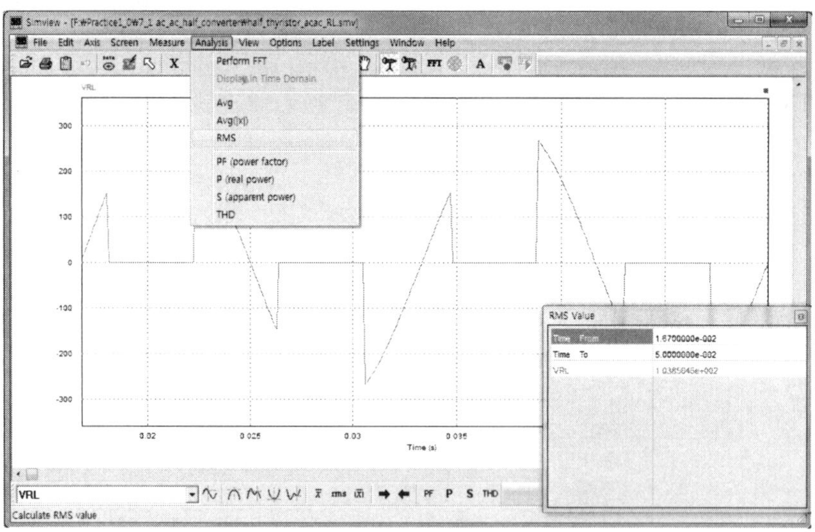

그림 5-15 게이트 점호각 $\alpha = 120°$인 경우 위상제어 방식 단상 교류 전력제어 회로 출력파형에 대한 실효치의 계산(R-L 부하)

5.2 위상제어 방식을 이용한 3상 교류 전력제어 실습

(1) 위상제어 방식을 이용한 3상 교류 전력제어 개요

위상제어 방식을 갖는 3상 교류 전력제어 회로는 단상 전력제어 회로들을 3개의 상으로 조합하여 구성한다. 그림 5-16은 여러 가지 형태의 3상 교류 전력회로들을 나타낸 것으로, 그림 5-16의 (a)는 부하가 Y결선인 경우를, 그림의 (b)는 부하가 Δ결선인 경우의 예를 보여 주고 있다. 그림 (b)에서와 같이 제어용 반도체 스위칭 소자가 상 부하와 직렬로 연결되면 선전류 보다 작은 상전류를 제어하여 제어용 스위칭 소자의 전류 용량을 작게 할 수 있다는 이점이 있다. 그림 (c)의 경우는 부하가 Y결선이나 역병렬 연결된 3조의 사이리스터 군들을 Δ로 하여 부하에 연결하여 놓은 경우이며, 그림 (d)는 그림 (c)와 같은 구조인데 Δ로 연결된 역병렬 사이리스터들 중에서 각 상마다 사이리스터 1개씩을 제거한 경우이다. 본 장에서는 위상제어 방식을 이용하는 3상 교류 전력제어 회로 중 가장 널리 쓰이는 형태인 그림 5-16 (a)의 회로에 대한 실습을 수행하도록 한다.

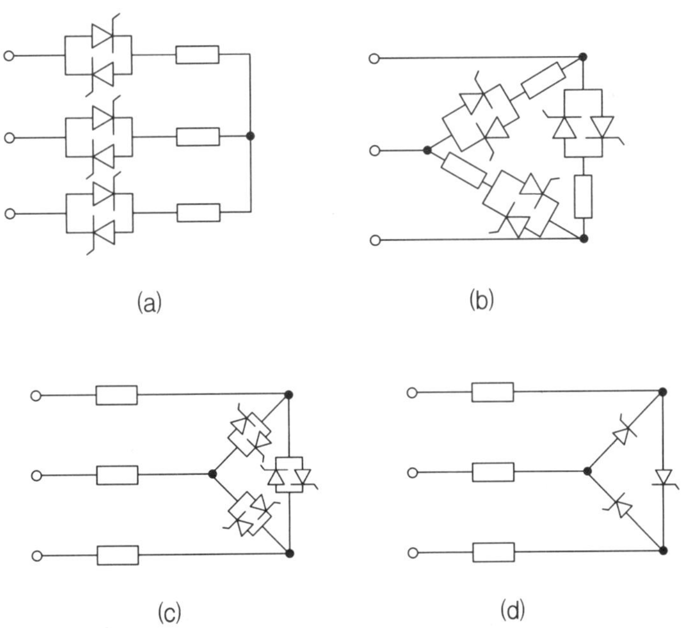

그림 5-16 3상 교류 전력제어 회로의 형태

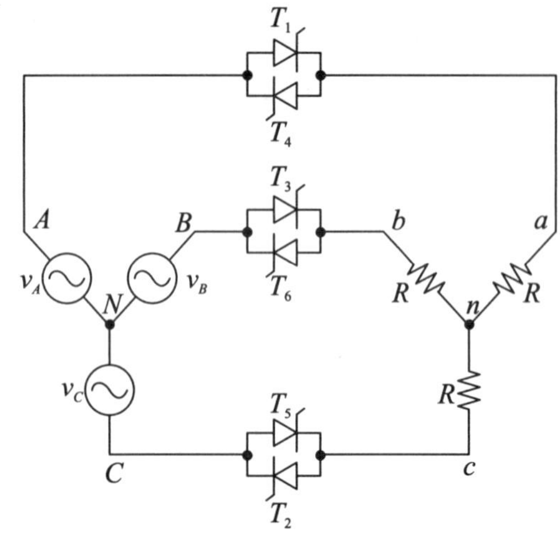

그림 5-17 위상제어 방식 3상 교류-교류 전력변환 회로

그림 5-17은 그림 5-16 (a)와 같은 형태의 3상 교류-교류 전력변환 회로를 나타내고 있는 것으로 전원과 부하가 모두 Y로 결선되어 있는 경우이다. 여기서 부하는 모두 저항으로 구성되어 있으며 각 상에 있어서 역병렬로 연결된 한 쌍의 사이리스터가 전원과 부하를 연결한다. 만일 그림 5-17에서 각 상에 있는 두 개의 사이리스터 중 한 개의 사이리스터가 반드시 켜져 있다고 가정 한다면 3상 교류전원의 각 상 전압을 식 (5-7)과 같이 나타낸다.

$$\left.\begin{aligned} v_{AN}(t) &= \sqrt{2}\,V_{SR}\sin\omega t \\ v_{BN}(t) &= \sqrt{2}\,V_{SR}\sin(\omega t - 120°) \\ v_{CN}(t) &= \sqrt{2}\,V_{SR}\sin(\omega t + 120°) \end{aligned}\right\} \tag{5-7}$$

각 상의 라인을 통해 전원과 부하가 모두 연결되어 있으므로 각 상 부하 저항에는 식 (5-7)로 표현 되는 각 상의 전원전압이 걸리게 되고, 각 상에는 각 상 전압을 각 상의 저항값으로 나눈 식 (5-8)과 같은 전류가 흐르게 된다.

$$\left.\begin{aligned} i_A(t) &= \frac{\sqrt{2}\,V_{SR}}{R}\sin\omega t \\ i_B(t) &= \frac{\sqrt{2}\,V_{SR}}{R}\sin(\omega t - 120°) \\ i_C(t) &= \frac{\sqrt{2}\,V_{SR}}{R}\sin(\omega t + 120°) \end{aligned}\right\} \qquad (5\text{-}8)$$

이상에서와 같은 스위칭 상태를 Mode I이라 한다면, Mode I의 경우는 3상 전원이 모두 3상 부하에 연결된 형태로, 그림 5-18과 같이 회로가 연결되어 있는 상태인 것으로 볼 수 있다.

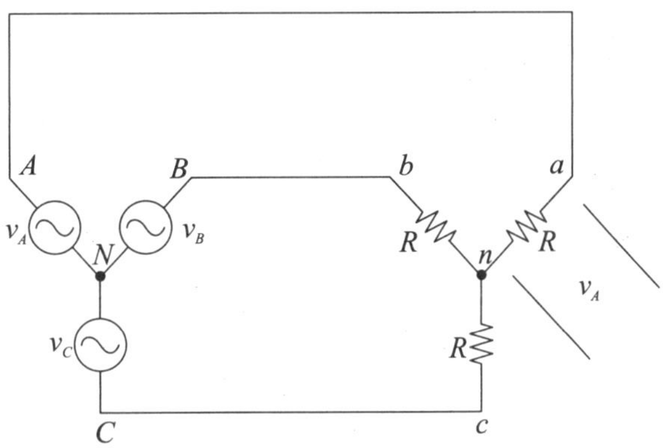

그림 5-18 각 상마다 하나씩의 사이리스터가 온 되어 있는 경우의 회로 연결 상태(Mode I)

이번에는 그림 5-17의 3상 교류-교류 전력변환 회로에서 두 개의 상에 있는 사이리스터들이 하나씩 켜져 있고 다른 상의 사이리스터들은 모두 꺼져 있는 경우에 대해서 살펴보도록 한다. 만일 그림 5-19에서처럼 C상의 스위치들이 모두 오프 되어 $C-c$ 사이의 선이 끊어져 있는 상태이고, A 및 B상의 사이리스터들이 각 상에서 하나씩 온되어 있다면 전류는 A 및 B상을 통해서 흐르고 C상으로는 흐르지 않게 된다. 이러한 경우를 Mode II라 한다면, Mode II의 경우에 있어서는 그림 5-19에서와 같이 하나의 폐회로를 구성하게 되는데 이때 폐회로에는 두 개의 상전압의 차이 즉, 선간전압에 의한 전류가 흐르게 되며 이 경우는 3상 회로라기보다는 하나의 단상회로인 것으로 간주할 수 있다. 그림 5-19와 같이 C상이 끊어졌을 때 전류는 선간전압 $v_{AB}(t)$에 의한 선전류 i_{AB}의 형태로 흐르고, 만약 A 또는 B상의 선이 끊어진 경우라면 전류는 i_{BC}, i_{CA} 형태의 선전류가 되어 각각 흐르게 된다. 따라서 Mode Ⅱ의 경우에 대한 전류는 선간전압의 표현식을 식 (5-9)와 같이 나타낸다면 식 (5-10)과 같이 나타내어 줄 수 있다.

$$\left.\begin{aligned} v_{AB}(t) &= \sqrt{3}\,\sqrt{2}\,V_{SR}\sin(\omega t + 30°) \\ v_{BC}(t) &= \sqrt{3}\,\sqrt{2}\,V_{SR}\sin(\omega t - 90°) \\ v_{CA}(t) &= \sqrt{3}\,\sqrt{2}\,V_{SR}\sin(\omega t - 210°) \end{aligned}\right\} \tag{5-9}$$

$$\left.\begin{aligned} i_{AB}(t) &= (\sqrt{3}\,\sqrt{2}\,V_{SR}/2R)\sin(\omega t + 30°) \quad (C\text{상 단선인 경우}) \\ i_{BC}(t) &= (\sqrt{3}\,\sqrt{2}\,V_{SR}/2R)\sin(\omega t - 90°) \quad (A\text{상 단선인 경우}) \\ i_{CA}(t) &= (\sqrt{3}\,\sqrt{2}\,V_{SR}/2R)\sin(\omega t - 210°) \quad (B\text{상 단선의 경우}) \end{aligned}\right\} \tag{5-10}$$

여기서 V_{SR}은 상전압의 실효치이다.

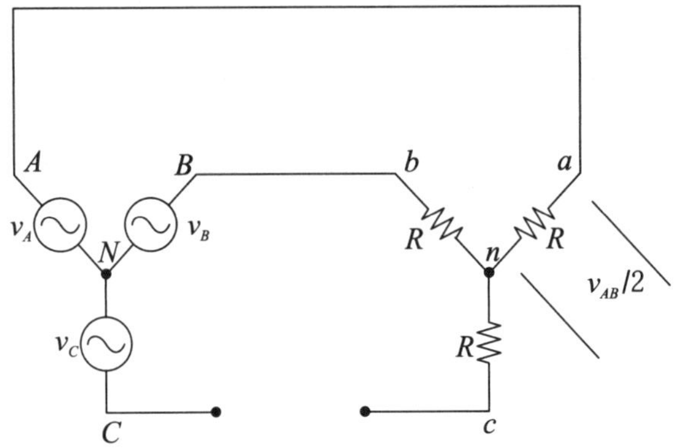

그림 5-19 3상 중 두 개의 상에서만 각각 스위치가 하나씩 온 되어 있는 경우의 회로 연결 상태(Mode Ⅱ의 한 가지 경우)

3상 교류-교류 전력변환기의 한 가지 남은 동작 모드는 그림 5-20에서와 같이 각 상의 사이리스터들이 모두 꺼져 있어 부하가 전원으로 부터 완전히 분리된 경우이다. 이 경우를 Mode Ⅲ라 한다면 이때는 부하에 걸리는 출력전압이 모두 0이고 각상에 흐르는 전류도 없게 된다.

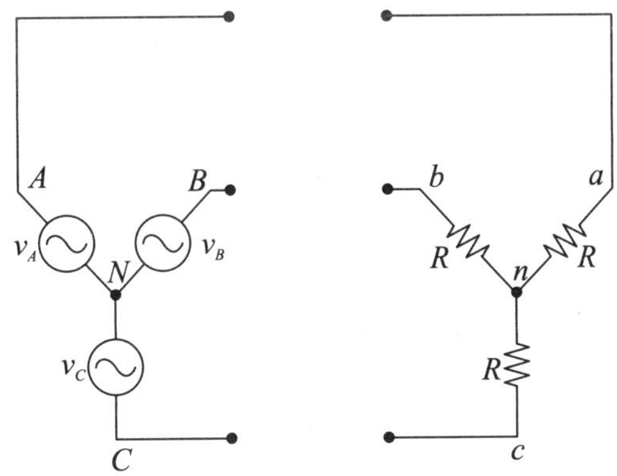

그림 5-20 모든 상에서 스위치가 모두 오프된 경우의 회로 상태(Mode III)

그림 5-17에서 보여주고 있는 3상 교류-교류 전력변환기에 있어서 교류 전원으로부터 각 상 부하에 전달되는 전력은 각 상에 연결되어 있는 사이리스터들의 점호각 α를 조정함으로써 제어된다. 지금부터는 3상 교류-교류 전력변환기의 각 상에 연결되어 있는 사이리스터들의 점호각 α를 조정함으로써 부하의 출력전압 파형들이 어떻게 나타나는지 살펴보도록 한다. 그림 5-17의 3상 교류-교류 전력변환기에는 모두 6개의 사이리스터가 있으며 이 사이리스터들을 60°의 간격으로 T1-T2-T3-T4-T5-T6의 순서로 턴 온 시키도록 하고, 스위치들에 대한 게이팅 점호신호는 스위치들의 도통각 동안 계속 인가되도록 한다. 이때 부하의 각 상에 걸리는 순시적인 전압은 어느 순간에 어느 사이리스터들이 도통 중인가에 따라 결정된다. 각 순간에 사이리스터들은 사이리스터들이 연결되어 있는 각 상들을 통하여 그림 5-18부터 그림 5-20에서와 같이 3개(Mode I) 또는 2개(Mode II)가 온 상태로 되거나 아니면 모든 사이리스터들이 오프인 상태(Mode III)로 된다. 전술한 바와 같이 3개의 상에서 각각 하나씩의 사이리스터가 온되는 Mode I의 상태가 되면 그림 5-18에서와 같이 각각의 저항부하에는 전원의 상전압이 각각 걸리게 되고, 3개의 상 중에서 2개의 상에 연결되어 있는 사이리스터들만이 온되는 Mode II의 상태가 되면 그림 5-19에서와 같이 부하 저항에는 선간전압의 반이 부하에 나타나게 된다. 만일 모든 사이리스터가 오프 상태로 되는 Mode III의 경우가 된다면 부하에는 전압이 걸리지 않아 모두 0이 된다.

따라서 Mode I의 경우 즉, 각 상에서 한 개씩의 사이리스터가 온되는 경우에는 각 상 부하 저항에는 전원의 각 상 전압이 걸리게 되어 부하 저항에 나타나는 각각의 상전압은 $v_{an}=v_{AN}$, $v_{bn}=v_{BN}$ 및 $v_{cn}=v_{CN}$이 된다. Mode II에 대한 경우는 2개의 상에서 각각 1개씩의 사이리스터가 온상태가 되며, 사이리스터가 온되어 있는 상들 사이의 선간전압이 각 상 부하 저항에 균등하게 분배된다. 그러므로 해당되는 두 개의 부하저항에 두 상 사이의 선간전압이 걸리고, 한 개의 부하 저항에는 이 선간전압의 반(1/2)이 걸리게 된다. 그림 5-19는 이 경우에 대한 하나의 예로서 부하에 인가되는 전압이 a상의 경우에는 $v_{an}=v_{AB}/2$, b상의 경우에는 $v_{bn}=v_{AB}/2$가 되며 c상 부하에는 전압이 걸리지 않고 $v_{cn}=0$이 된다. 한편 Mode Ⅲ의 경우에 있어서는 각 상의 사이리스터가 모두 오프되어 전체 부하가 전원으로부터 분리되어 있으므로 각 상 부하전압은 모두 0 즉, $v_{an}=0$, $v_{bn}=0$ 및 $v_{cn}=0$이 된다.

어떠한 순간에 어느 사이리스터가 온되어 있는지는 사이리스터에 인가되는 점호각 α와 그 순간에 있어서의 전원전압 상태로 판별된다. 다음은 부하에 나타나는 출력전압의 형태에 대한 예를 점호각 α의 범위에 따라 설명하도록 한다.

① $0° \le \alpha < 60°$: 점호각 α가 0°에서 60° 사이에 있으면 어느 순간에 온되어 있는 사이리스터는 2개 또는 3개가 된다. 그림 5-21은 점호각 $\alpha=30°$일 때의 a상 부하 저항에 걸리는 상전압 v_{an}을 나타낸다. 점호각 $\alpha=30°$는 A상 전압 v_A의 $\omega t=0°$인 순간부터 30°가 지나서 사이리스터 T_1에 게이트가 인가된다는 것을 의미하며 이로부터 각 사이리스터에는 60°씩의 위상 차이를 두고 T1-T2-T3-T4-T5-T6의 순서대로 게이트가 인가된다. 만일 $\omega t=0°$ 이전부터 사이리스터들에 게이트가 인가되어 왔다고 가정을 하면, $\omega t=0°$일 때 T_5와 T_6가 도통중이며 A상에 연결되어 있는 사이리스터들은 모두 오프되어 있는 상태로 a상의 부하 저항 R에는 전류가 흐르지 않으므로 $v_{an}=0$이 되고 이 경우는 전체적으로 사이리스터 두 개가 온되어 있는 상태이므로 Mode Ⅱ에 해당한다. $\omega t=30°$가 되면 사이리스터 T_1에 게이트 신호가 인가되어 T_1이 도통하기 시작하며 T_5와 T_6는 여전히 도통 상태이므로 $v_{an}=v_{AN}$이 되는 Mode Ⅰ의 상태가 된다. $\omega t=60°$인 순간이 되면 T_5에 흐르던 전류가 0이 되면서 T_5가 턴 오프 된다. 사이리스터 T_1과 T_6은 여전히 온 상태이므로 a상의 부하에 걸리는 전압은 $v_{an}=v_{AB}/2$이 되며 Mode Ⅱ인 상태이다. $\omega t=90°$인 순간에 사이리스터 T_2가 턴 온 되면서 T_1, T_2, T_6의 세 개의 사이리스터가 도통 상태

에 있게 되므로 다시 a상 부하 전압은 $v_{an} = v_{AN}$이 되고 Mode Ⅰ의 상태가 된다. $\omega t = 120°$인 순간에는 사이리스터 T_6가 턴 오프 되고 T_1과 T_2만이 다시 온 상태가 되므로 a상 부하 전압은 $v_{an} = v_{AC}/2$으로 다시 Mode Ⅱ의 상태가 된다. 이와 같이 점호각이 $0° < \alpha < 60°$인 경우에는 사이리스터들이 순서대로 점호되면서 어떤 특정 순간에 도통중인 사이리스터의 수는 2개 또는 3개로 바뀌면서 그림 5-21에서와 같이 Mode Ⅱ와 Mode Ⅰ을 반복한다.

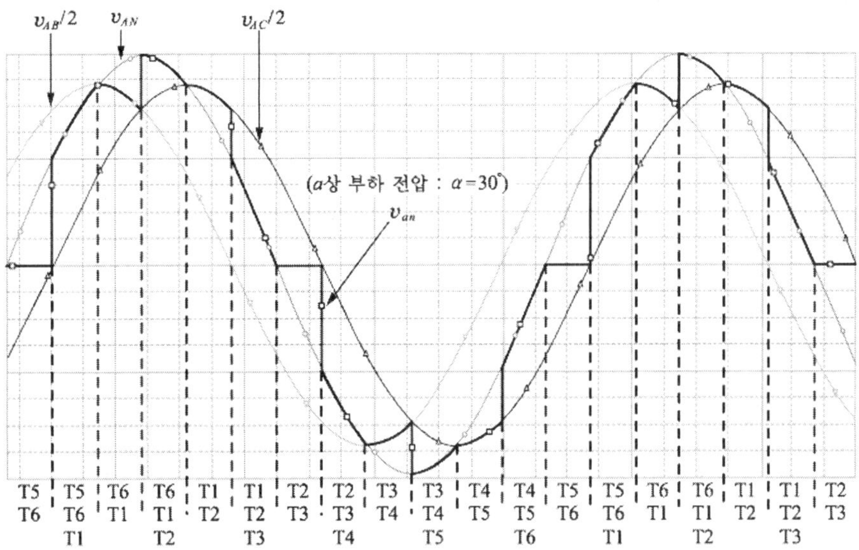

그림 5-21 점호각이 $\alpha = 30°$인 경우 Y 결선 저항 부하를 갖는 3상 교류-교류 전력변환기의 a상 부하 출력전압 파형

② $60° \le \alpha \le 90°$: 점호각 α가 60°에서 90° 범위에서는 어느 순간에서든지 2개의 사이리스터가 도통하는 Mode Ⅱ의 상태가 된다. 예로서 점호각 $\alpha = 75°$인 경우에 대한 a상 부하 저항에 걸리는 전압 v_{an}은 그림 5-22에 보여 주고 있는 바와 같다. A상 전원에 연결된 사이리스터 T_1에 게이트를 인가하기 전 즉, $\omega t = 75°$에서 점호각을 인가하기 직전에는 C상과 B상에 각각 연결되어 있는 사이리스터 T_5와 T_6가 도통되고 있고 A상에 연결된 사이리스터들은 모두 오프 상태이므로 부하 a상 전압 $v_{an} = 0$가 된다. $\omega t = 75°$인 순간에 사이리스터 T_1이 턴 온 되면 B상에 연결되어 있는 사이리스터 T_6는 계속 도통되지만 C

상에 연결되어 있는 T_5는 턴 오프 된다. 따라서 이 순간에 부하 a상 전압 v_{an}은 A상과 B상 선간전압의 반인 $v_{AB}/2$가 된다. 사이리스터 T_1이 온되고 나서 60° 후인 $\omega t = 135°$인 순간이 되면 C상에 연결되어 있는 사이리스터 T_2에 게이트 신호가 인가되면서 턴 온 되고 T_6가 턴 오프 되므로 이 순간에는 A상에 연결되어 있는 사이리스터 T_1과 C상에 연결되어 있는 T_2가 온되어 있음으로써 a상 부하에는 $v_{an} = v_{AC}/2$의 전압이 걸리게 된다. $\omega t = 195°$인 순간에는 B상에 연결되어 있는 사이리스터 T_3에 게이트 신호가 인가되어 턴 온 되고 A상의 T_1이 오프 되면서 a상 부하 전압은 $v_{an} = 0$이 된다. 점호각 α가 60°에서 90° 범위 안에 있게 되면 한 개의 사이리스터가 턴 온 될 때 다른 사이리스터 하나가 항상 턴 오프 됨에 따라서 부하에 나타나는 전압의 크기는 항상 선간전압의 1/2이거나 0이 되고, 이 범위에서의 동작모드는 항상 Mode Ⅱ가 된다.

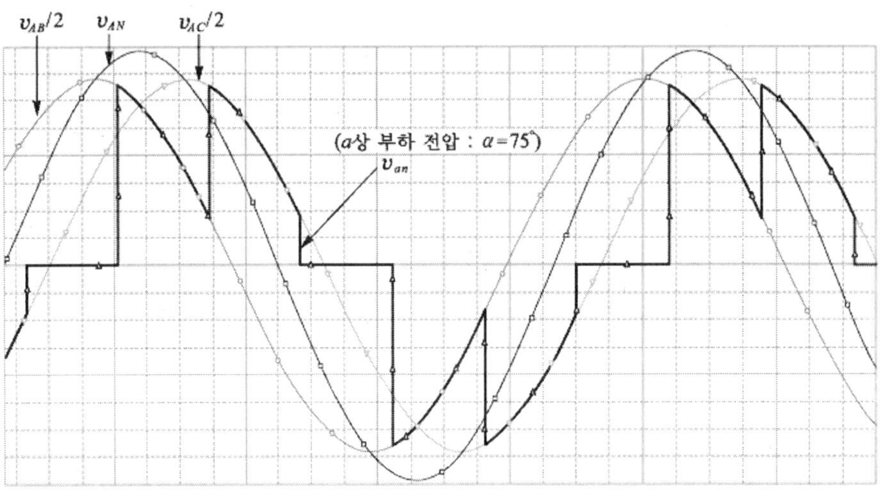

그림 5-22 점호각이 $\alpha = 75°$인 경우 Y 결선 저항 부하를 갖는 3상 교류-교류 전력변환기의 a상 부하 출력전압 파형

③ $90° < \alpha \leq 150°$: 점호각 α가 90°에서 150° 범위 내에 있으면 3상 중 2개의 상에 있는 사이리스터들만이 도통되는 구간(Mode Ⅱ)과, 3개의 상에 연결되어 있는 사이리스터들이 모두 오프되어 3개의 상이 모두 도통되지 않는 구간(Mode Ⅲ)이 존재한다. 그림 5-23은 점호각이 $\alpha = 120°$인 경우의 a상 부하전

압(v_{an})을 보여 주는 예이다. 전원 A상에 연결되어 있는 사이리스터 T_1의 게이트 점호 순간인 $\omega t = 120°$에서 전원 B상에 연결되어 있는 사이리스터 T_6에 여전히 게이트 신호가 유지되도록 해주며 이때 A상과 B상의 선간전압인 v_{AB}가 양의 값이므로 두 사이리스터가 모두 순방향 바이어스 되어 도통하기 시작하고 부하 a상에 걸리는 전압은 $v_{an} = v_{AB}/2$가 된다(Mode Ⅱ). 이후 $\omega t = 150°$인 순간에 선간전압 v_{AB}가 음의 값으로 되면 사이리스터 T_1과 T_6는 모두 역바이어스 되어 턴 오프 되고 부하는 모두 전원으로부터 분리 된다(Mode Ⅲ). 이때 사이리스터 T_1의 게이트 신호는 계속 유지되도록 하며 $\omega t = 180°$에서 C상에 연결되어 있는 사이리스터 T_2에 게이트 신호를 인가하게 되면 전원 A상과 C상의 선간전압 v_{AC}가 $\omega t = 210°$까지 양의 값이 되므로 게이트 신호를 유지하고 있는 사이리스터 T_1과 게이트 신호를 새로 인가한 T_2가 순방향 바이어스로 온되어 a상에 걸리는 부하 전압은 $\omega t = 210°$까지 $v_{an} = v_{AC}/2$로 된다(Mode Ⅱ).

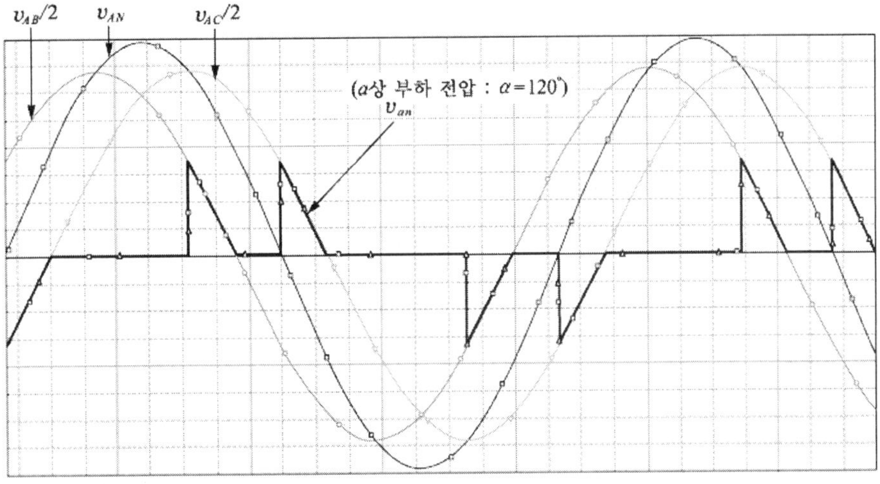

그림 5-23 점호각이 $\alpha = 120°$인 경우 Y 결선 저항 부하를 갖는 3상 교류-교류 전력변환기의 a상 부하 출력전압 파형

④ $\alpha > 150°$: 점호각 α가 150°를 넘어가게 되면 게이트 점호신호가 인가되더라도 사이리스터들이 순방향 바이어스 상태가 되는 구간이 존재하지 않으므로 모든 사이리스터들은 오프 상태가 되고 부하에 걸리는 출력전압은 모두 0이 된다. 따라서 이 구간에서의 동작모드는 Mode Ⅲ이다.

(2) 3상 교류 전력제어 실습

그림 5-24, 그림 5-25, 그림 5-26은 점호각 $\alpha = 30°$, $\alpha = 75°$ 및 $\alpha = 120°$인 각각의 경우에 대한 위상제어 방식 3상 교류-교류 전력변환기의 PSIM Schematic 회로와 그 각각에 대한 a상 부하 출력전압 파형을 나타내고 있다.

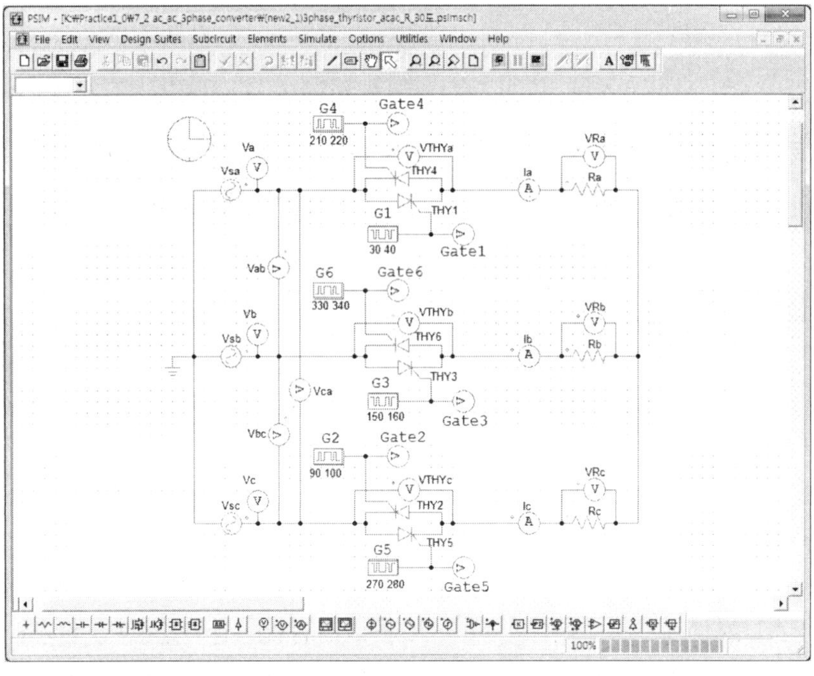

(a) Y 결선 저항 부하를 갖는 3상 교류-교류 전력변환기 PSIM Schematic 회로($\alpha = 30°$)

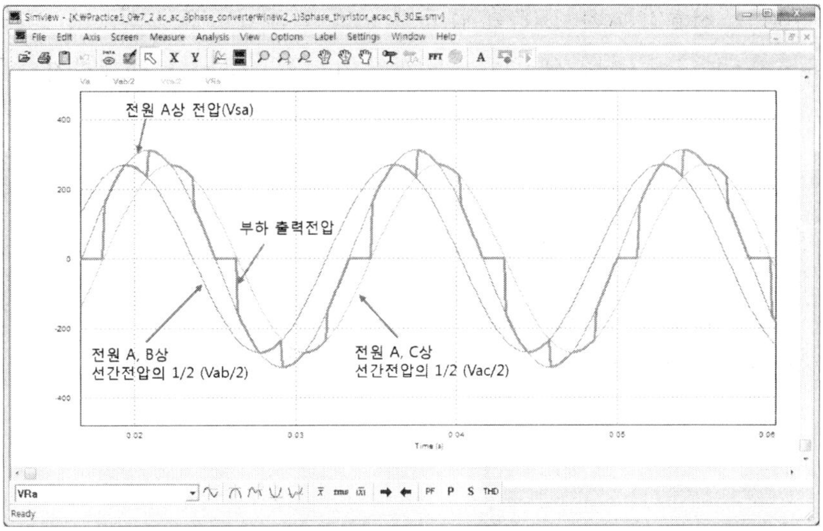

(b) a상 부하 출력전압 파형($\alpha = 30°$)

그림 5-24 점호각이 $\alpha = 30°$인 경우 위상제어 방식 3상 교류-교류 전력변환기 회로 및 a상 부하 출력전압 파형

그림 5-24는 점호각이 $\alpha = 30°$인 경우로 그림의 (a)는 Y결선 저항 부하를 갖는 3상 교류-교류 전력변환기 PSIM Schematic 회로이다. 각 상에는 두 개씩의 사이리스터가 역병렬로 연결되어 있으며 같은 상에서 역병렬로 연결되어 있는 사이리스터끼리는 180°씩의 위상 차이를 두고 게이트 신호가 입력된다. 그리고 각 상과 상 사이의 사이리스터들에는 게이트 신호가 120°씩의 위상차를 갖게 된다. 따라서 그림 (a)에서 보여 주고 있는 것처럼 전원 a상에 연결되어 있는 정방향의 사이리스터 THY1과 역방향의 사이리스터 THY4 사이, 전원 b상에 연결되어 있는 정방향의 사이리스터 THY3과 역방향의 사이리스터 THY6 사이 및 전원 c상에 연결되어 있는 정방향의 사이리스터 THY5와 역방향의 사이리스터 THY2 사이에는 모두 180°의 위상차가 존재하도록 게이팅 블록(Gating Block)을 설정한다. 한편 전원 a, b, c상 사이의 사이리스터들 사이에서는 즉, 정방향으로 연결되어 있는 THY1, THY3, THY5 사이 및 역방향으로 연결되어 있는 사이리스터들 THY4, THY6, THY2 사이에서는 각각 120° 씩의 위상차를 갖도록 게이팅 블록(Gating Block)을 설정하도록 한다. 한 가지 예를 들면 a상에 연결되어 있는 정방향 사이리스터 THY1의 점호각이 30°이므로 같은 상에 연결되어 있는 역방향의 사이리스터

THY4의 점호 순간은 THY1의 점호 순간과 180°의 위상차를 갖는 210°가 되며, b상에 연결되어 있는 정방향 사이리스터 THY3의 경우에는 a상에 연결되어 있는 정방향 사이리스터 THY1의 점호각과 120°의 위상 차이를 가지므로 그 점호각은 150°가 된다. 다른 사이리스터들에 있어서도 이와 같은 관계를 적용하여 게이팅 블록을 설정하도록 한다. 그림의 (b)는 그림 (a)에서 보여 주고 있는 게이팅 블록을 사용하여 시뮬레이션을 수행한 결과로, a상 부하 출력전압 파형을 나타내고 있다. 이때 a상에 연결된 부하 출력전압 파형은 전원의 a상 전압, a상과 b상의 선간전압의 반(1/2)인 $v_{ab}/2$, a상과 c상 선간전압의 반(1/2)인 $v_{ac}/2$ 파형들 위에 나타내어져 있으며, 출력 파형에 대한 설명은 그림 5-21에서 이미 설명되어진 바와 같다.

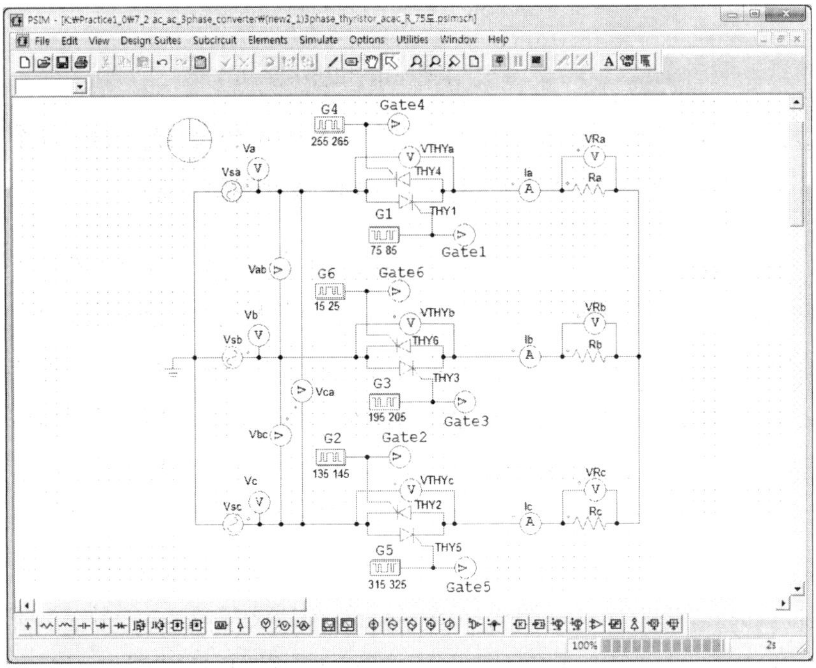

(a) Y 결선 저항 부하를 갖는 3상 교류-교류 전력변환기 PSIM Schematic 회로($\alpha = 75°$)

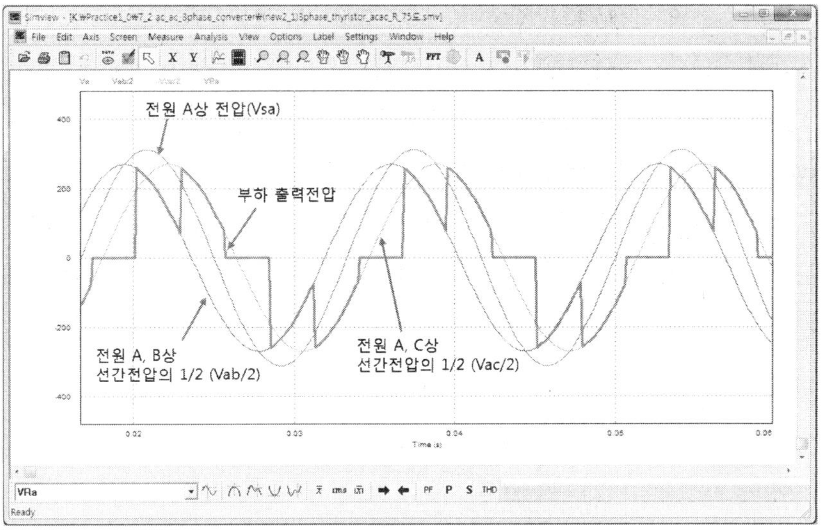

(b) a상 부하 출력전압 파형($\alpha = 75°$)

그림 5-25 점호각이 $\alpha = 75°$인 경우 위상제어 방식 3상 교류-교류 전력변환기 회로 및 a상 부하 출력전압 파형

그림 5-25는 점호각이 $\alpha = 75°$인 경우에 대한 PSIM 시뮬레이션 회로 및 a상에 대한 출력 결과파형을 보여 주고 있다. 그림의 (a)는 Y결선 저항 부하를 갖는 3상 교류-교류 전력변환기 PSIM Schematic 회로로, 앞의 경우에서와 마찬가지로 각 상에는 두 개씩의 사이리스터가 역병렬로 연결되어 있고 같은 상에서 역병렬로 연결되어 있는 사이리스터끼리는 180°씩의 위상 차이를 두고 게이트 신호가 입력되며, 각 상과 상 사이의 사이리스터들은 120°씩의 위상차를 가지고 게이트 신호가 입력된다. 따라서 이 경우는 점호각이 $\alpha = 75°$이므로 a상에 연결되어 있는 정방향 사이리스터 THY1의 점호각이 75°일 때 같은 상에 연결되어 있는 역방향의 사이리스터 THY4의 점호 순간은 THY1의 점호 순간과 180°의 위상차를 갖는 255°로 주어진다. 한편 b상에 연결되어 있는 정방향 사이리스터 THY3의 경우에는 a상에 연결되어 있는 정방향 사이리스터 THY1의 점호각과 120°의 위상 차이를 가지므로 THY3의 점호각은 195°로 주어지고, 다른 사이리스터들에 있어서도 이와 같은 관계를 적용하여 게이팅 블록을 설정하도록 한다. 그림의 (b)는 그림 (a)를 이용한 시뮬레이션 수행 결과를 보여 주는 것으로 a상 부하 출력전압의 파형을 나타내고 있다. 이때 a상에 연결된 부하 출력전압 파형은 앞의 경우에서와 마찬가지로 전원

의 a상 전압, a상과 b상 선간전압의 반(1/2)인 $v_{ab}/2$, a상과 c상 선간전압의 반(1/2)인 $v_{ac}/2$ 파형들 위에 나타내어져 있으며, 출력 파형에 대한 설명은 그림 5-22에서 설명된 바와 같다.

그림 5-26은 점호각이 $\alpha=120°$인 경우에 대한 PSIM Schematic 회로 및 a상에 대한 출력 결과파형을 나타낸다. 그림의 (a)는 Y 결선 저항 부하를 갖는 3상 교류-교류 전력변환기 PSIM Schematic 회로이며 회로 구조 및 사이리스터간 게이트 신호의 입력 위상 관계는 앞에서 설명되어진 두 경우와 동일하다. 따라서 이 경우에서도 마찬가지로 점호각이 $\alpha=120°$이므로 a상에 연결되어 있는 정방향 사이리스터 THY1의 점호각이 120°일 때 같은 상에 연결되어 있는 역방향의 사이리스터 THY4의 점호 순간은 THY1의 점호 순간과 180°의 위상차를 갖는 300°로 주어지고, b상에 연결되어 있는 정방향 사이리스터 THY3의 경우에는 a상에 연결되어 있는 정방향 사이리스터 THY1의 점호각과 120°의 위상 차이를 가지므로 그 점호각은 240°로 주어진다.

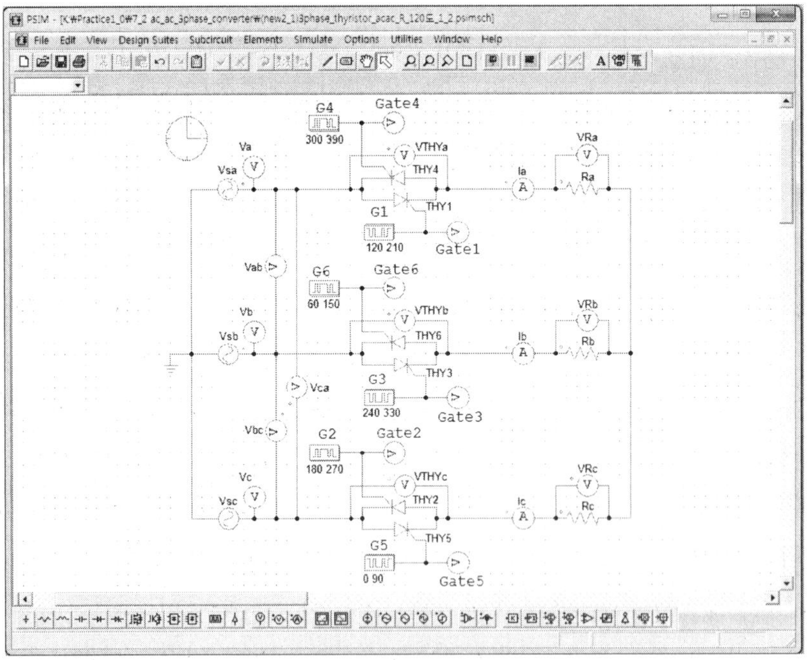

(a) Y 결선 저항 부하를 갖는 3상 교류-교류 전력변환기 PSIM Schematic 회로($\alpha=120°$)

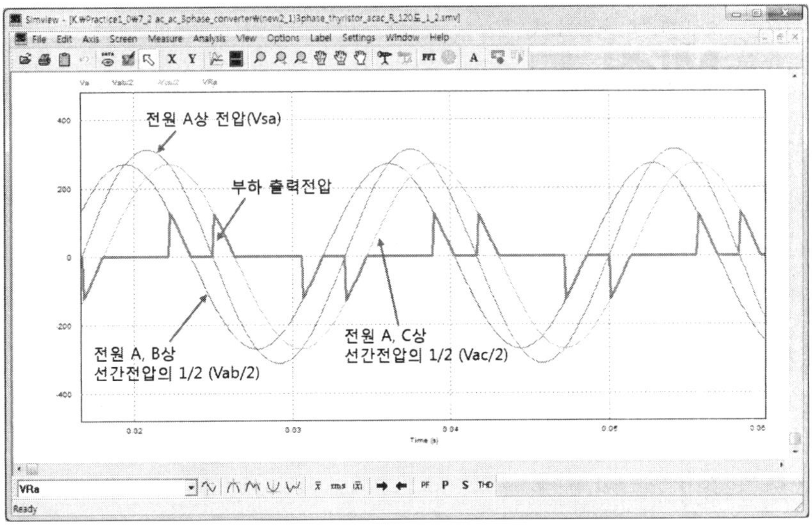

(b) a상 부하 출력전압 파형($\alpha = 120°$)

그림 5-26 점호각이 $\alpha = 120°$인 경우 위상제어 방식 3상 교류-교류 전력변환기 회로 및 a상 부하 출력전압 파형

한편 점호각 α가 90°에서 150° 범위 내에 있는 $\alpha = 120°$인 경우에는 게이팅 블록(Gating Block)의 스위칭 포인트의 유지 기간을 90°로 두도록 하여 회로의 동작이 모든 스위치가 오프되어 있는 Mode Ⅲ에서 다시 Mode Ⅱ로 들어 갈 때 2개의 상에서 각각 하나씩의 사이리스터가 온 될 수 있도록 하며, 모든 사이리스터들에 있어서 위에서와 같은 관계를 적용하여 게이팅 블록을 설정하도록 한다. 그림의 (b)는 앞에서와 마찬가지로 그림 (a)의 3상 교류-교류 전력변환 회로에 대한 시뮬레이션 수행 결과를 보여 주고 있는 것으로, a상 부하 출력전압에 대한 파형을 나타내고 있다. 이때 앞에서 보여 주고 있는 경우들에서와 마찬가지로 a상에 연결된 부하의 출력전압 파형은 전원의 a상 전압, a상과 b상의 선간전압의 반(1/2)인 $v_{ab}/2$, a상과 c상 선간전압의 반(1/2)인 $v_{ac}/2$ 파형들 위에 나타내어져 있으며, 출력전압 파형에 대한 설명은 그림 5-23에서 이미 설명된 바와 같다.

제6장 DC - DC 컨버터 PSIM 시뮬레이션 실습

직류-직류 전력변환기는 어떠한 값을 갖는 직류 전력을 다른 크기의 값을 갖는 직류전력으로 변환하는 장치로서 DC-DC 컨버터라고도 한다. 달리 설명하면 직류-직류 전력변환기는 입력측 직류전원을 이용하여 출력측 직류 전압의 크기를 제어하는 컨버터이다. 이러한 직류-직류 전력변환기는 전기 자동차, 호이스트(Hoist) 등의 견인용 직류 전동기 가변속 장치에 많이 이용되는 직류 초퍼(DC Chopper)와 일반적으로 컴퓨터나 정밀기기 등의 전원으로 사용되는 직류전원장치(SwitchMode Power Supply: SMPS)로 그 종류를 나누어 볼 수 있다. 초퍼회로는 고효율, 고속동작 및 에너지 회생 등과 같은 특징을 가지며 직류전원장치(SMPS)는 직류 전압조정기로 동작하는데 벅(Buck), 부스트(Boost), 축(Cúk), 플라이백(Flyback), 포워드(Forward) 및 푸쉬-풀(Push-Pull) 컨버터 등으로 그 종류를 다시 분류해 볼 수 있다. 이와 같은 종류의 전원장치들은 전원상태 및 부하의 요구 조건에 따라 선택적으로 사용된다.

6.1 직류-직류 전력변환기의 종류 및 개요

6.1.1 직류 초퍼회로

직류 초퍼회로는 기본적으로 입력 직류전원의 전압 크기 보다 더 작은 크기의 직류전압으로 변환시키는 형태의 강압초퍼(Step-down Chopper)와 입력 전압 보다 더 큰 크기의 전압으로 변환시키는 승압초퍼(Step-up Chopper)가 있으며, 이러한 초퍼들을 두 개 이상 연결하여 사용하는 방식의 다상초퍼가 있다. 이상과 같은 초퍼 회로들의 경우 출력전압 및 전류의 극성이 단방향이어서 직류전력의 흐름에 대한 방향을 변경할 수 없으나 이와는 달리 전압이나 전류의 방향을 변경시킴으로써 전력의 전달방향을 바꾸어 줄 수 있는 직류 초퍼들이 존재하는데 이와 같은 초퍼들은 다상한 초퍼라 한다.

6.1.2 직류전원장치(Switch-Mode Power Supply : SMPS)

직류전원장치(Switch-Mode Power Supply : SMPS)는 앞에서 설명된 직류 초퍼와 구조나 동작원리 면에서 크게 다르지 않으며, 단지 직류전원장치는 일정한 크기의 직류 출력전압을 보다 정밀하게 제어할 필요가 있거나, 서로 다른 크기의 여러 개의 직류 출력전압을 필요로 하는 부하에 사용된다.

직류전원장치의 종류에는 크게 비절연형과 절연형이 있으며, 비절연형은 변압기를 사용하지 않는 형태이고 절연형은 변압기를 쓰는 형태로 변압기 1, 2차간에 전기적 절연 효과를 얻을 수 있고 권선수가 다른 여러 개의 권선을 사용함으로써 하나의 전력 회로부를 사용하여 여러 개의 다른 크기를 갖는 다중 직류 출력전압을 발생시킬 수 있다. 변압기를 사용하지 않는 비절연형 직류전원장치에는 벅 컨버터(Buck Converter), 부스트 컨버터(Boost Converter), 벅-부스트 컨버터(Buck-Boost Converter), 축 컨버터(Cúk Converter) 등이 있으며, 변압기를 사용하는 절연형 직류전원장치에는 플라이백 컨버터(Flyback Converter), 포워드 컨버터(Forward Converter), 푸시풀 컨버터(Push-Pull Converter), 해프브리지 컨버터(Half-Bridge Converter) 및 풀브리지 컨버터(Full-Bridge Converter) 등이 있다.

그림 6-1은 위에서 소개된 직류전원장치의 종류를 그림으로 나타낸 것이다.

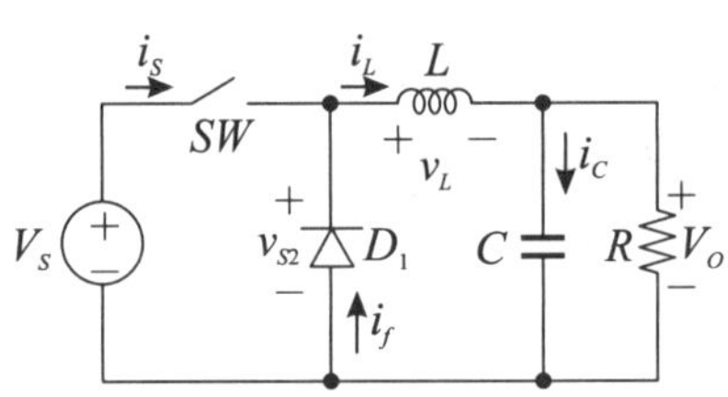

(a) 벅(강압) 컨버터

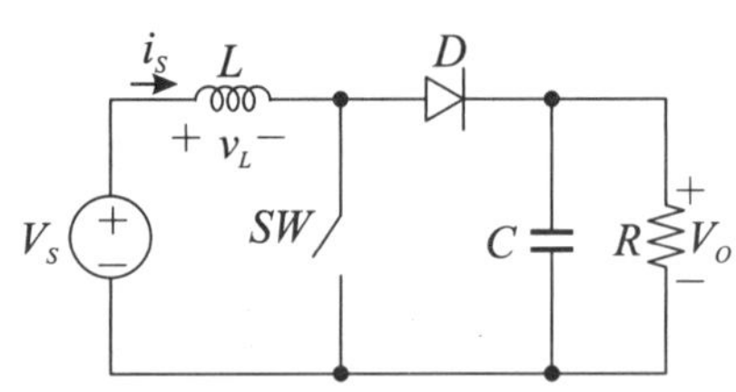

(b) 부스트(승압) 컨버터

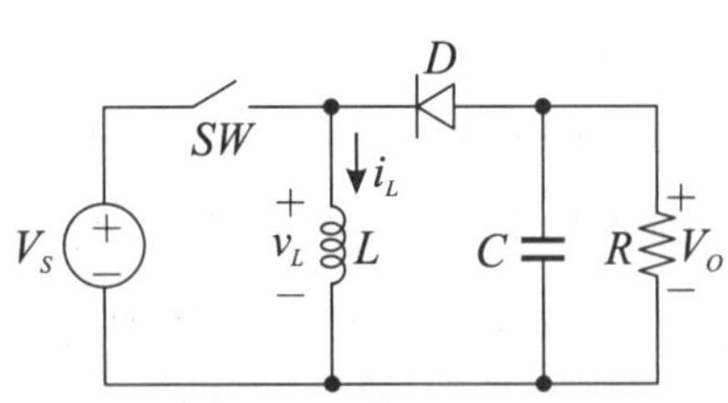

(c) 벅-부스터(강압-승압) 컨버터

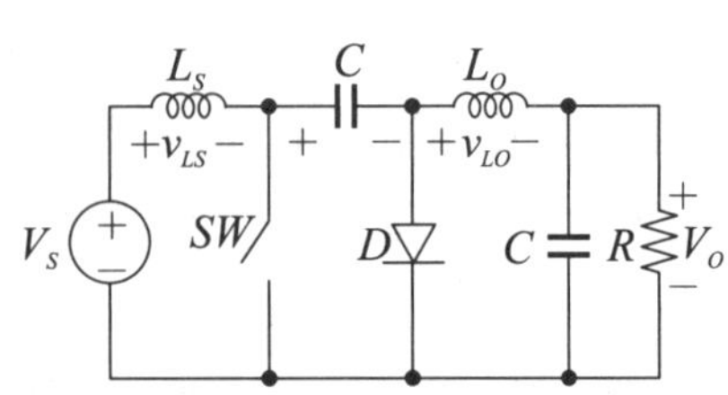

(d) 축 컨버터

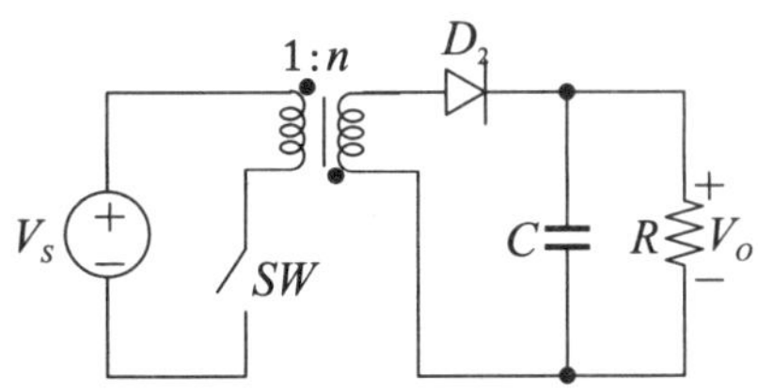

(e) 플라이백 컨버터

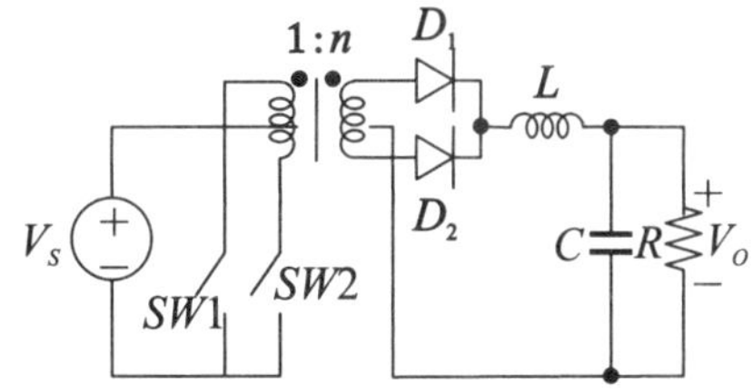

(f) 푸시-풀 컨버터

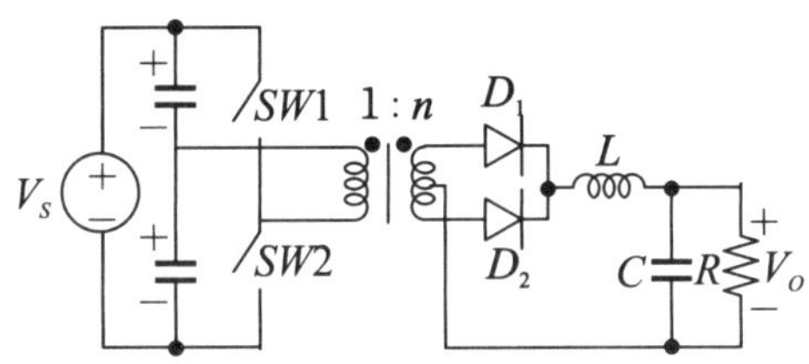

(g) 해프브리지 컨버터

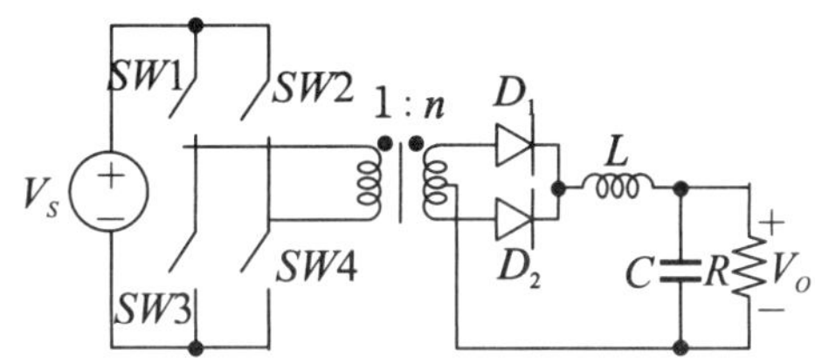

(h) 풀브리지 컨버터

그림 6-1 직류전원장치(SMPS)의 종류

그림 6-1의 (a)는 벅 컨버터(Buck Converter)로 직류입력 전압의 크기를 작은 크기의 전압으로 출력시키기 위한 강압용 컨버터이며 (b)는 이와 반대로 입력전압에 대해 출력전압의 크기를 크게 만들어 주기 위한 컨버터로서 부스트 컨버터(Boost Converter)라고 한다. 그림의 (c)는 스위치의 스위칭 주기에 대해 스위치가 켜져 있는 시간의 비인 듀티비(Duty Ratio)에 따라 강압도 되고 승압도 되는 형태인 벅-부스트 컨버터(Buck-Boost Converter)이고 그림의 (d)에 보여 주고 있는 축(Cúk) 컨버터 역시 앞의 벅-부스트 컨버터와 마찬가지로 듀티비(Duty Ratio)에 따라 강압도 되고 승압도 되는 형태의 컨버터이다. 그림 6-1의 (e)~(h)는 변압기를 사용하는 절연형 직류전원장치들로서 그림의 (e)에 보여주고 있는 컨버터는 플라이백 컨버터(Flyback Converter)이며 컨버터의 스위치 SW가 온 될 때 변압기의 자화 인덕터에 축적된 자기 에너지가 스위치 오프시 다이오드를 통해 출력측으로 넘어가게 되는데, 플라이백 컨버터의 정상상태 입출력 관계는 플라이백 컨버터가 가지고 있는 변압기의 변압비 관계를 제외하면 그림 (c)의 벅-부스트 컨버터와 동일하게 된다. 그림 (f)~(h)는 각각 푸시풀 컨버터(Push-Pull Converter), 해프브리지 컨버터(Half-Bridge Converter) 및 풀브리지 컨버터(Full-Bridge Converter)를 나타내고 있으며, 각각의 경우에 대해서 그 입·출력 특성은 다르다 하더라도 회로 구조상 이러한 종류의 직류전원장치들은 직류를 교류로 변환시키는 인버터

(Inverter)의 동작을 우선 수행한 후 다시 정류회로를 사용하여 직류출력을 얻도록 한다. 따라서 그림에서 처럼 일단 스위치와 변압기의 동작으로 발생된 교류를 출력측에서 다시 직류 전압으로 변환하기 위해서 변압기 2차측에 다이오드로 구성되는 정류회로를 사용해 주도록 한다.

직류전원장치를 필요로 하는 분야는 매우 광범위하고도 다양하며 대부분의 전기·전자 제품, 전력기기 및 장치의 전원부에 사용되고 있다고 볼 수 있다. 본 장에서는 가장 기본적인 직류전원장치인 벅 컨버터와 부스트 컨버터에 대한 실습을 수행하도록 한다.

6.2 벅 컨버터 실습

6.2.1 벅 컨버터(Buck Converter) 개요

벅 컨버터는 기본적으로 강압초퍼와 같은 회로 구조를 갖는데, 벅 컨버터의 입출력 특성을 알아보기 위하여 우선 강압초퍼에 대해 살펴보도록 한다. 그림 6-2 (a)는 저항 및 인덕터 R-L 부하를 갖는 강압초퍼의 회로 구조를 나타내고 있으며, 그림 (b)는 강압초퍼에 있는 스위치(SW)의 온, 오프 동작에 의해 발생되는 출력전압($v_o(t)$)과 전류파형($i_o(t)$)을 보여주고 있다. 그림 6-2에서 강압초퍼의 톱니파 캐리어 신호(Sawtooth Wave Carrier Signal) 및 기준신호(Reference Signal)에 의한 출력전압은 그림 6-2 (b)에서 보여 주고 있는 것처럼 기준신호가 캐리어 신호보다 위에 있으면, 즉 기준신호가 캐리어 신호보다 큰 값을 가지면 스위치는 온되어 입력전압이 부하에 그대로 인가되어 출력전압으로 나타나고, 기준신호가 캐리어 신호보다 아래에 있으면, 즉 기준신호가 캐리어 신호보다 작은값을 가지면 스위치는 오프되어 부하에 흐르던 전류가 다이오드를 통해 환류 경로를 따라 흐르게 되므로 출력전압은 0이 된다. 따라서 그림 6-2에 의한 강압초퍼의 평균전압은 아래 식 (6-1)과 같이 표현된다.

$$V_o = \frac{1}{T}\int_0^T v_o(t)dt = \frac{1}{T}\left[\int_0^{t_{on}} V_S dt + \int_{t_{on}}^T 0\, dt\right] = \frac{t_{on}}{T} \cdot V_S = D \cdot V_S \quad (6\text{-}1)$$

여기서 D는 듀티비(Duty Ratio) 또는 듀티 싸이클(Duty Cycle)로 정의되는 값으로, 전체 스위칭 주기 T 중에서 스위치가 온되어 있는 시간동안을 t_{on}, 오프되어 있는 동안의 시간을 t_{off}라 한다면 다음 식 (6-2)와 같이 전체 스위칭 주기에 대해 스위치가 온되어 있는 구간 동안의 시비율을 의미한다.

$$D = \frac{t_{on}}{t_{on} + t_{off}} = \frac{t_{on}}{T} \tag{6-2}$$

따라서 강압초퍼의 출력전압의 평균치는 전체 스위칭 주기 T에 대한 스위치의 온 시간(t_{on})의 비를 변경함으로써 제어가 가능하다.

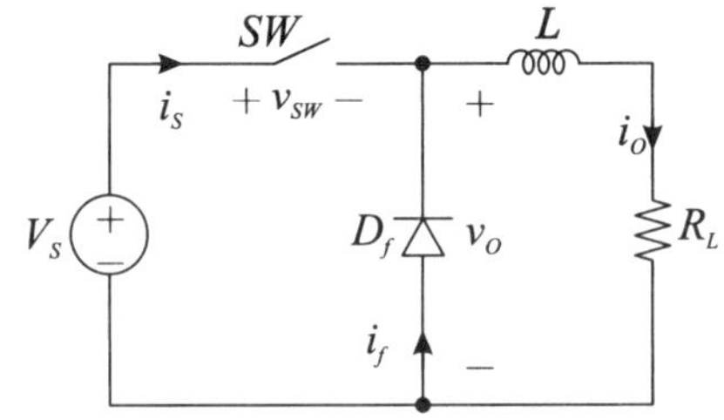

(a) 강압초퍼 회로

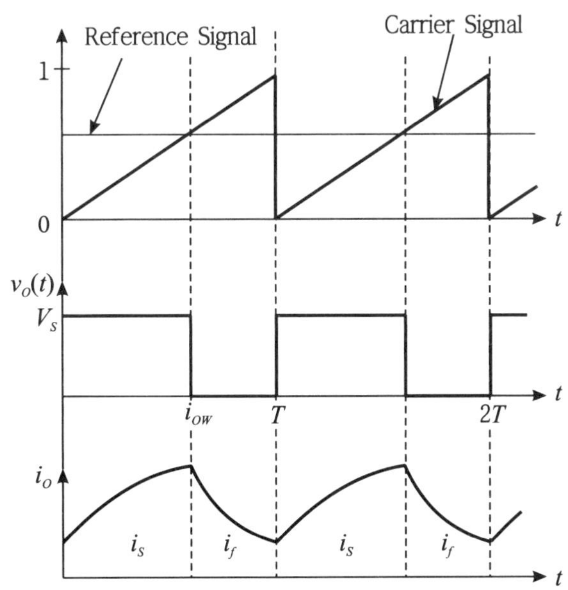

(b) 톱니파 캐리어 및 기준신호에 의한 강압초퍼 회로의 출력전압 및 전류 파형

그림 6-2 강압초퍼 회로 및 출력 파형

벅 컨버터는 그림 6-1 (a)와 같은 회로구조를 가지며 그림 6-2 (a)에서 보여 주고 있는 강압초퍼 구조에서 일정한 크기의 직류 출력전압을 얻기 위하여 인덕터 뒷단에 커패시터를 삽입함으로써 인덕터-커패시터(LC)로 구성되는 저역통과 필터를 갖는 형태가 되도록 한다. LC 저역통과 필터의 사용으로 컨버터의 출력전압은 평활된 일정 크기의 출력전압으로 나타나며, 그림의 다이오드는 벅 컨버터의 스위치가 오프 되었을 때 인덕터에 충전된 에너지로 인한 전류 흐름의 환류 경로(free-wheeling path)를 제공하는 역할을 하고 스위치가 온 되었을 때에는 역바이어스가 걸려 오프 상태가 된다. 벅 컨버터의 입출력 관계식은 이미 식 (6-1)에 보여져 있는 강압초퍼의 입출력 관계식과 동일하며, 이에 따라 벅 컨버터의 출력전압은 입력전압보다 평균적으로 낮아지기 때문에 강압 변환기(Step-Down Converter)라고도 한다. 한편, 벅 컨버터의 입출력 관계는 일반적으로 정상상태에서 한주기 동안 인덕터에 흐르는 전류의 순수 변화량은 0임을 이용하는 방법과 또는 한주기 동안 인덕터에 걸리는 전압의 평균치가 0임을 이용하는 방법을 이용하여 구할 수 있는데, 여기에서는 한주기 동안 인덕터에 걸리는 전압의 평균치가 0임을 이용하여 다음과 같이 그 입출력 관계를 다시 한 번 구해 보도록 한다. 이를 위해 우선 그림 6-1 (a)에서 보여 주고 있는 벅 컨버터의 스위치 온, 오프 상태에 따른 인덕터 양단간에 걸리는 전압파형을 그림 6-3과 같이 나타내어 주도록 하며, 이로부터 각각의 스위칭 상태에 따른 전압 방정식을 식 (6-3)~(6-4)와 같이 표현하도록 한다.

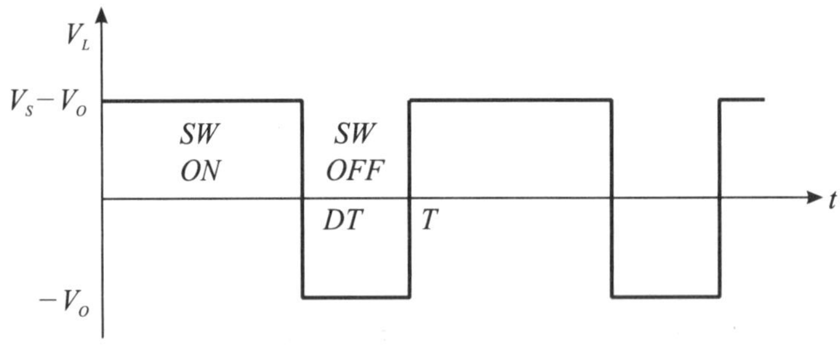

그림 6-3 스위치 온, 오프 상태에 따른 벅 컨버터 인덕터에 걸리는 전압 파형

① 스위치 온시 인덕터에 걸리는 전압 방정식

$$v_L(t) = V_s - V_o \tag{6-3}$$

② 스위치 오프시 인덕터에 걸리는 전압 방정식

$$v_L(t) = -V_0 \tag{6-4}$$

따라서 주기적인 파형을 갖는 인덕터 L에 걸리는 전압의 평균치는 항상 0이므로 다음과 같은 관계식이 성립한다.

$$V_{L_{AVG}} = \frac{1}{T}\int_o^T v_L(t)dt = \frac{1}{T}\left[\int_o^{DT} V_s - V_o dt + \int_{DT}^{T} - V_o dt\right]$$

$$= \frac{1}{T}[(V_s - V_o)DT + (-V_o)(T - DT)] = 0 \tag{6-5}$$

이를 정리하면 다음과 같이 듀티비 D를 사용하여 벅 컨버터의 입출력 관계식을 구할 수 있다.

$$V_o = DV_s \tag{6-6}$$

식 (6-6)은 앞의 식 (6-1)과 같은 결과임을 확인 할 수 있으며, 벅 컨버터의 출력전압은 듀티비 D에 따라 입력전압보다 작거나 같게 됨을 알 수 있다. 식 (6-6)을 통해 만일 직류 입력전압(V_s)에 변동이 발생된다면 듀티비 D를 적절히 조정함으로써 출력전압을 일정한 크기로 제어하는 것이 가능함을 알 수 있고, 일반적으로 대부분의 부하에 있어서 부하의 변동시에도 고정된 일정한 크기의 출력 전압값을 유지하도록 할 필요가 있는데 이를 위해 출력전압을 센싱하여 피드백(Feedback)하고 이 값을 기준 레퍼런스 전압과 비교하여 스위치의 듀티비 D를 적절하게 조정하기 위한 피드백 루프 제어기를 설치해 주도록 한다.

6.2.2 벅 컨버터(Buck Converter) 실습

(1) 오픈 루프(Open Loop) 제어 실습

벅 컨버터의 오픈 루프 제어(Open Loop Control)는 식 (6-6)에서와 같이 주어진 입력전압에 대하여 듀티 D를 조정함으로써 출력이 결정되는 방식이다. 그림 6-4는 오픈 루프 제어방식에 의해 출력이 조정되는 벅 컨버터의 PSIM Schematic 회로를 나타내고 있으며, 듀티 D는 게이팅 블록(Gating Block)의 Switching Points에 의해 조정된다.

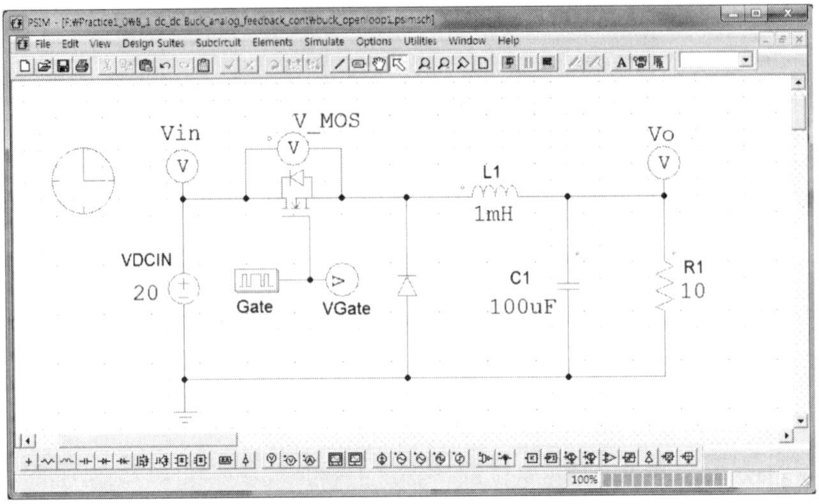

그림 6-4 오픈 루프(Open Loop) 제어방식에 의한 벅 컨버터 PSIM Schematic 회로

그림 6-5는 사용되고 있는 게이팅 블록(Gating Block)에 대한 파라미터를 나타내고 있으며 게이팅 블록의 Frequency 5000은 벅 컨버터의 스위칭 주파수를 결정하고 0°와 180°의 값을 갖는 Switching Points는 매주기 50[%] (180°/360°)의 듀티를 갖는 펄스를 출력하도록 한다. 따라서 사용된 게이팅 블록의 파라미터로부터 벅 컨버터의 스위칭 주파수는 5[kHz]가 되며 듀티(D)는 0.5가 된다. 그림 6-6은 필터 인덕터의 파라미터를 보여 주고 있으며 파라미터에서 Current Flag를 1로 해줌으로써 Schematic 회로 상에 전류 프로브를 사용하지 않더라도 인덕터에 흐르는 전류를 Simview 화면상에서 확인 할 수 있도록 한다. 그림 6-7은 스위칭 주파수 5[kHz], 듀티(D)가 0.5인 경우의 출력전압 파형을 보여주고 있는 것으로 위에서 첫 번째 그림은 입력전압과 출력전압파형을 함께 나타내고 있다. Schematic 회로 상의 입력전압 20[V]에 대해 스위치의 듀티(D)비가 0.5이므로 과도상태를 지나 출력전압이 10[V]로 귀착되어 나타나게 됨을 확인 할 수 있다. 위에서 두 번째 그림은 회로의 인덕터에 흐르는 전류 파형을 나타내고 있으며, 세 번째 그림은 스위칭 소자인 MOSFET 스위치의 양단간에 걸리는 전압 즉, 드레인-소스간 전압파형을 보여 주고 있다.

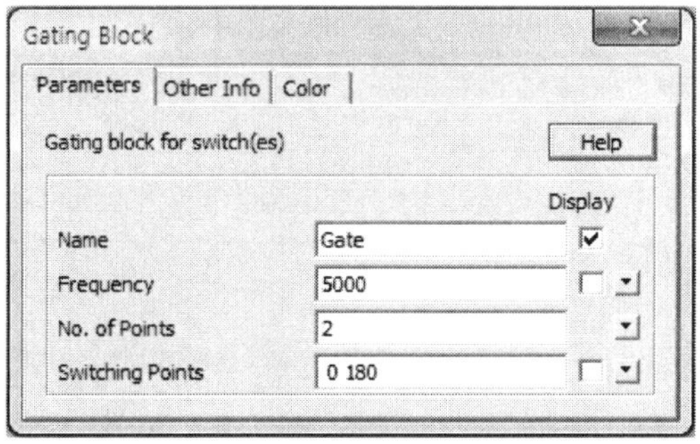

그림 6-5 스위칭 주파수 5[kHz], 듀티(D) 0.5를 나타내는 게이팅 블록 (Gating Block) 파라미터

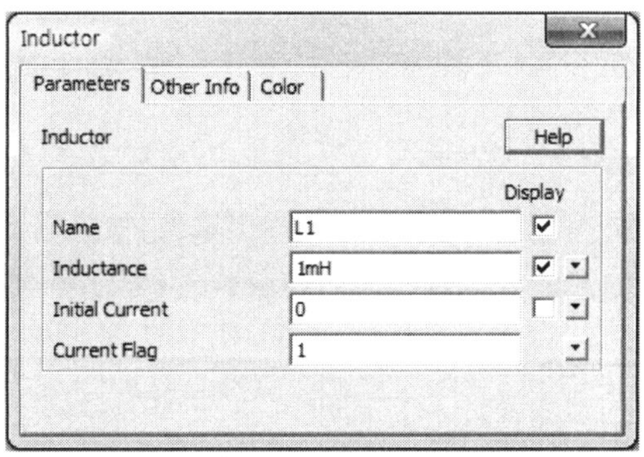

그림 6-6 필터 인덕터 파라미터(인덕턴스 1[mH])

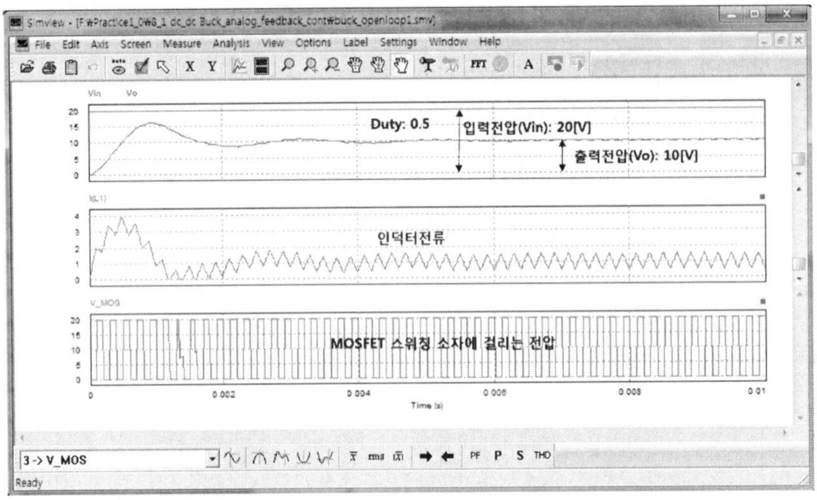

그림 6-7 스위칭 주파수 5[kHz], 듀티(D) 0.5인 경우의 출력전압 파형 (오픈 루프 제어)

그림 6-8은 스위칭 주파수 5[kHz], 듀티(D) 0.25를 나타내는 게이팅 블록(Gating Block)의 파라미터를 나타내고 있으며, 앞에서와 같이 게이팅 블록(Gating Block)의 파라미터 중 Frequency를 5000으로 하여 스위칭 주파수를 5[kHz]로 설정한다. Switching Points는 그림에서와 같이 0°와 90°로 설정함으로써 매주기 25[%](90°/360°)의 듀티(D)를 갖는 펄스를 출력하도록 하며 이 펄스 신호는 스위치의 게이트 신호로 사용된다.

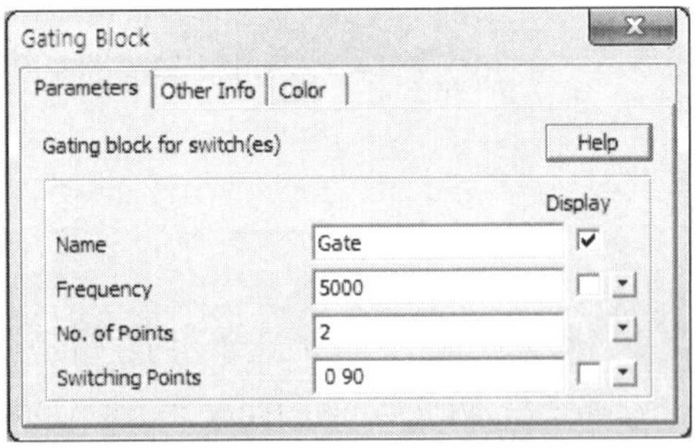

그림 6-8 스위칭 주파수 5[kHz], 듀티(D) 0.25를 나타내는 게이팅 블록(Gating Block) 파라미터

따라서 그림 6-8의 게이팅 블록을 사용하여 그림 6-9와 같이 스위칭 주파수 5[kHz], 듀티(D)가 0.25인 경우의 출력전압 파형을 얻을 수 있다. 앞에서와 마찬가

지로 위에서 첫 번째 그림은 입력전압과 출력전압파형을 보여 주고 있으며, 두 번째 그림은 회로의 인덕터에 흐르는 전류 파형을 그리고 세 번째 마지막 그림은 MOSFET 스위치의 양단간에 걸리는 전압 즉, 드레인-소스간 전압파형을 나타낸다. 그림으로부터 출력전압은 Schematic 회로 상의 입력전압 20[V]에 대해 출력이 5[V]로 귀착되어 나타나고 있음을 확인 할 수 있고 이는 스위치의 듀티(D)비가 0.25인 것에 따르는 것임을 확인 할 수 있다.

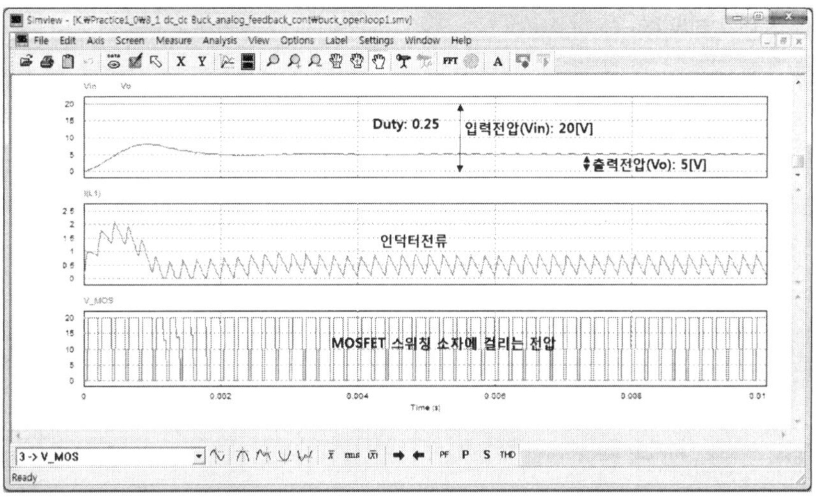

그림 6-9 스위칭 주파수 5[kHz], 듀티(D) 0.25인 경우의 출력전압 파형 (오픈 루프 제어)

(2) 클로즈드 루프(Closed Loop) 제어(피드백 컨트롤) 실습

가. PSIM의 PI Controller 사용

PSIM 소프트웨어에서는 PI Controller(PI)라고 하는 제어블록을 제공하고 있으며 이 제어블록을 이용하여 그림 6-10에서와 같은 벅 컨버터의 클로즈드 루프 제어(Closed Loop Control) 또는 피드백 제어(Feedback Control) 시스템을 구성할 수 있다. 그림 6-10에서 보면 벅 컨버터의 기본적인 회로 구성은 그림 6-4의 오픈 루프 제어 방식을 갖는 벅 컨버터 회로 구조와 같으나, 그림 6-10의 피드백 제어 방식으로 구성된 벅 컨버터에 있어서는 출력단 전압이 검출되어 제어기로 피드백 되고 제어기 출력이 삼각파 또는 톱니파와 비교되어 스위치를 구동하기 위한 펄스 신호를 만들어 내는 구조로 되어 있다. 그림 6-11은 여기서 사용된 PI Controller의 파라미터를 보여 주고 있는 것으로 파라미터 중 Gain과 Time Constant는 PSIM이 제공하고 있는 PI Controller의 전달함수 식 (6-7)에서 각각 PI Controller의 게인 k와 시정수 T를 나타낸다.

$$G(s) = k\frac{1+sT}{sT} \tag{6-7}$$

PI Controller의 전달함수인 식 (6-7)을 다시 정리하면 식 (6-8)과 같다.

$$G(s) = k + \frac{(k/T)}{s} = K_P + \frac{K_I}{s} \tag{6-8}$$

식 (6-8)로부터 PI 제어기 전달함수에 있어 비례이득은 $K_P = k$가 되고 적분이득은 $K_I = k/T$가 됨을 알 수 있다. 따라서 그림 6-11로 설정된 파라미터 Gain 1과 Time Constant 0.1[m]는 PI 제어기의 비례이득을 $K_P = 1$로, 적분이득을 $K_I = 1/0.1e-3 = 10{,}000$으로 설정하게 된다.

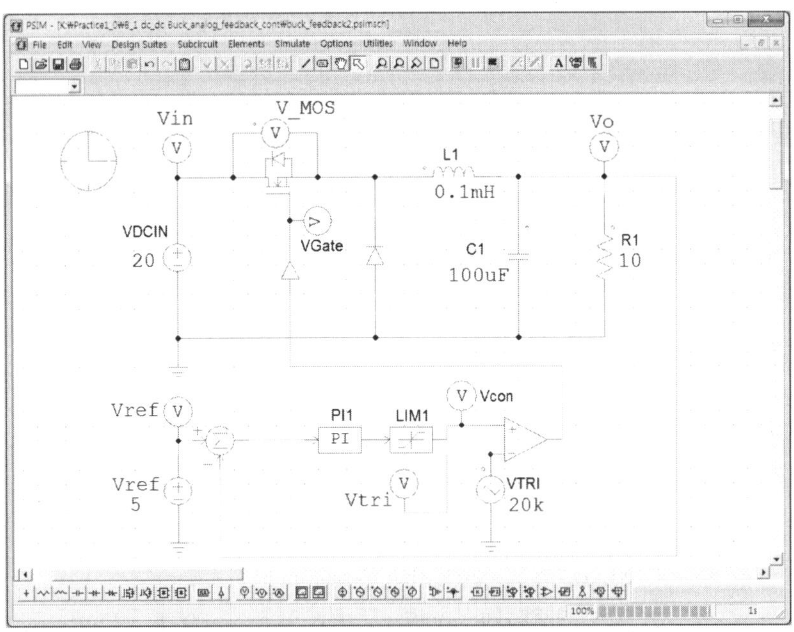

그림 6-10 PI Controller를 사용하는 피드백(Feedback) 제어방식에 의한 벅 컨버터 PSIM Schematic 회로(인덕터 0.1[mH], 커패시터 100[uF], 출력 기준전압 5[V])

그림 6-12는 삼각파 전압원(Triangular-wave voltage source)에 대한 파라미터를 보여 주고 있는 것으로 파라미터 V_peak_to_peak는 파형의 크기를 나타내는 것으로 Peak-to-peak amplitude를 나타내며 Frequency는 파형의 주파수를 나타낸다. Duty Cycle은 파형의 주기에 대한 상승구간의 비를 나타내며 DC offset은 직류값의 오프셋을 나타내고 Phase Delay는 각도로 나타나는 파형의 위상지연을 의미한다. 만일 Phase Delay가 양의 값을 갖는다면 파형은 전체적으로 시간축을 따라 오른쪽으로 이동하게 된다. 톱니파 전압원(Sawtooth-wave voltage source)은 삼각파 전압원(Triangular-wave voltage source)의 특별한 경우로, 삼각파 전압원 파라미터에서 Duty Cycle이 1, DC offset과 Phase Delay가 각각 0이고 전원의 한쪽이 그라운드에 연결되어 있는 경우라면 삼각파 전압원은 톱니파 전압원과 같은 역할을 하게 된다.

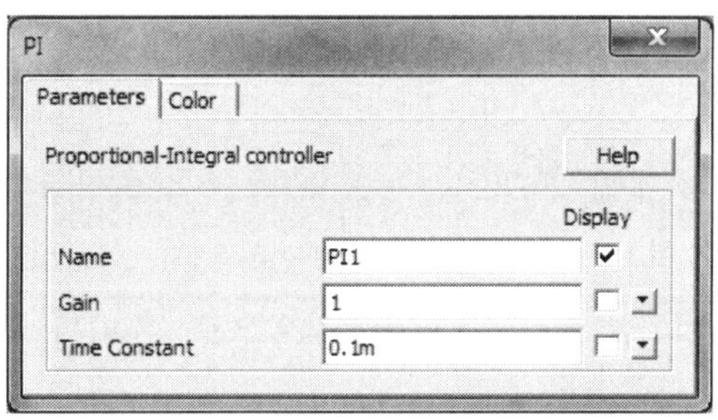

그림 6-11 PI Controller 파라미터

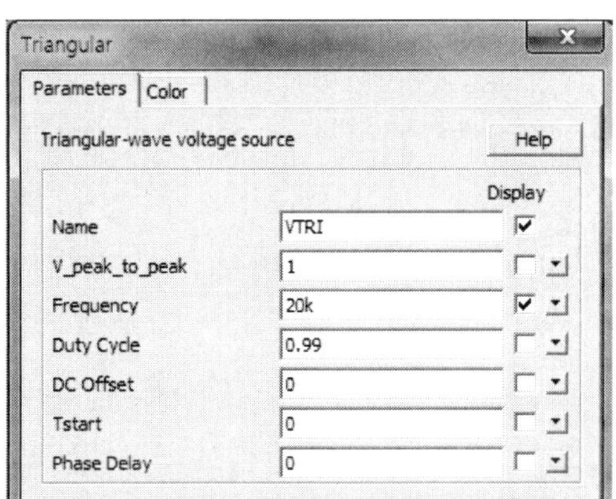

그림 6-12 Triangular-wave voltage source 파라미터

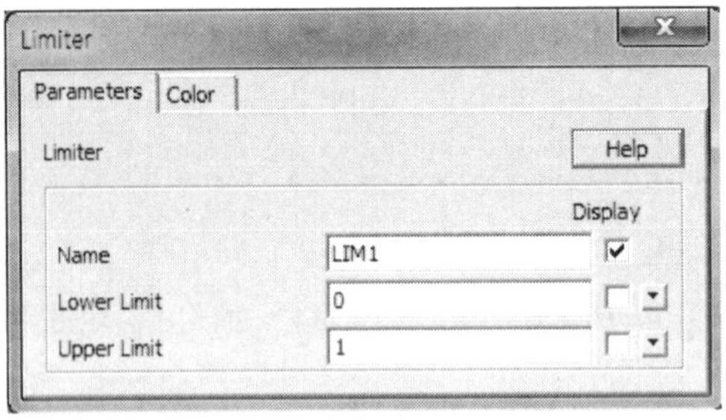

그림 6-13 Limiter 파라미터

여기에서는 삼각파 전압원의 Duty Cycle을 0.99 즉, 거의 1인 값으로 설정함으로써 톱니파를 발생시키도록 하고 있으며, PSIM의 Sawtooth-wave voltage source를 대신 사용하여도 무방하다. 그림 6-13은 그림 6-10의 LIM1에 해당하는 Limiter에 대한 파라미터를 보이고 있는 것으로 그림 6-10에서 PI Controller의 제어 신호를 제한하는 역할을 한다. 그림 6-10에서 PI Controller의 제어 신호는 VTRI로 표시되어 있는 Triangular-wave voltage source로부터 출력되는 톱니파와 비교기에서 비교되어 벅 컨버터 메인 스위치의 온, 오프를 결정하는 펄스파 게이트 신호를 발생시킨다. 그림 6-12의 Triangular-wave voltage source에 대한 파라미터에서 V_peak_to_peak의 크기가 1로 설정되어 있으므로 톱니파 파형의 크기는 0~1의 값을 가지며, 따라서 그림 6-13 Limiter의 Lower Limit는 0으로, Upper Limit는 1로 설정되어 만일 PI Controller에서 출력되는 제어 신호가 1을 넘어 톱니파와 비교되는 범위를 넘게 되면 Limiter LIM1을 거친 비교기 입력단 제어신호는 1로 제한된다. 그림 6-14는 그림 6-10에서 보여 주고 있는 PI Controller를 사용하는 피드백(Feedback) 제어방식에 의한 벅 컨버터의 출력전압 파형을 보여 주고 있다. 이때 벅 컨버터 회로에서 사용되고 있는 필터 인덕터의 인덕턴스는 0.1[mH], 커패시터의 커패시턴스는 100[uF]이며 제어부 톱니파의 주파수로부터 얻어지는 벅 컨버터의 스위칭 주파수는 20[kHz]이다. 벅 컨버터 회로의 입력전압(VDCIN)은 20[V]이며 출력 기준전압(Vref)은 5[V]로, 그림 6-14에서 출력전압(Vo)은 과도상태를 지나 출력전압 기준신호(Vref)를 따라 출력되고 있음을 확인 할 수 있다.

그림 6-15는 그림 6-10의 벅 컨버터 회로에서 필터 커패시터의 커패시턴스를 2배 큰 값인 200[uF]으로 변경한 경우를 나타내고 있으며, 그 출력결과는 그림 6-16에 보여 주고 있다. 그림 6-16의 출력전압 파형에서 보여 주고 있는 바와 같이 필터 커패시터의 커패시턴스를 크게 해줌으로써 출력전압의 리플(Ripple)이 앞의 경

우에 비하여 감소하였음을 확인할 수 있다.

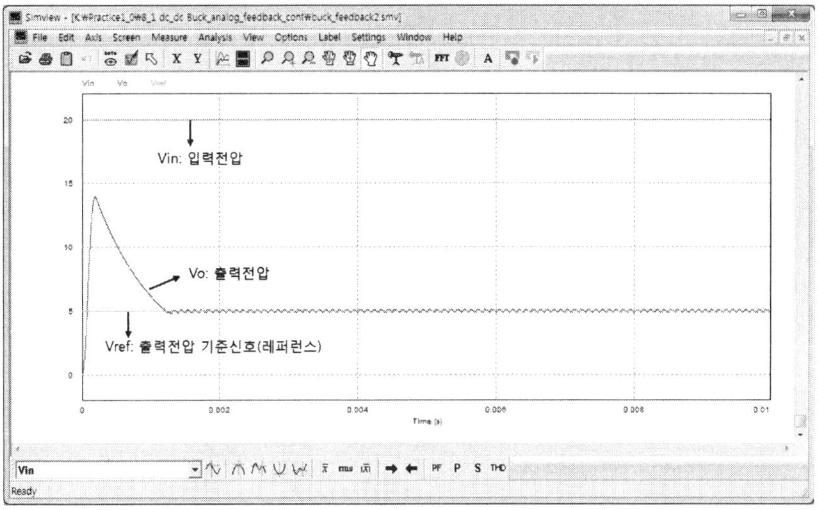

그림 6-14 PI Controller를 사용하는 피드백(Feedback) 제어방식에 의한 벅 컨버터 출력전압 파형(인덕터 0.1[mH], 커패시터 100[uF], 출력 기준전압 5[V])

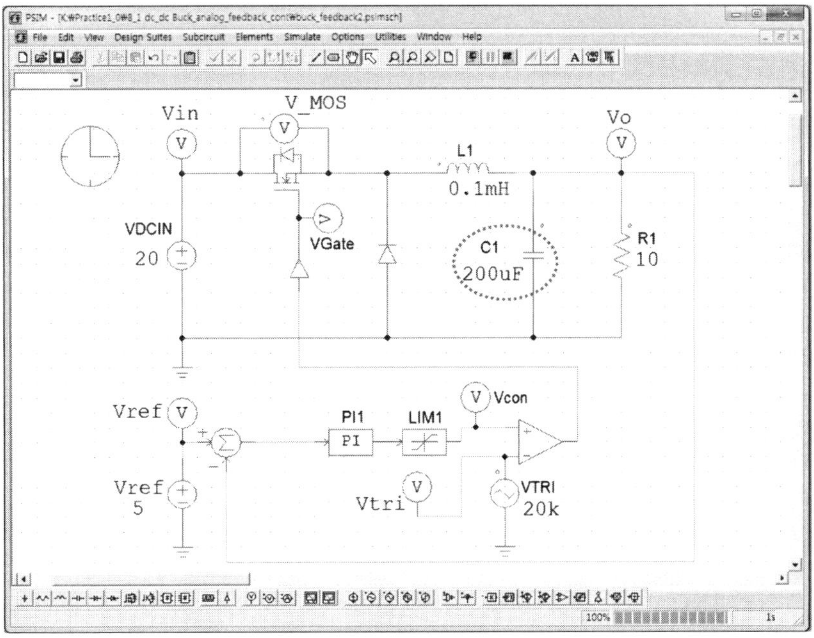

그림 6-15 PI Controller를 사용하는 피드백(Feedback) 제어방식에 의한 벅 컨버터 PSIM Schematic 회로(인덕터 0.1[mH], 커패시터 200[uF], 출력 기준전압 5[V])

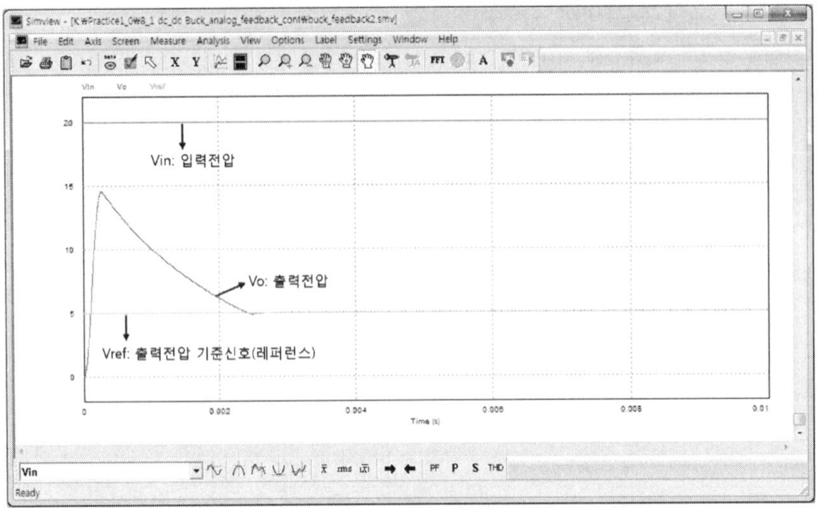

그림 6-16 PI Controller를 사용하는 피드백(Feedback) 제어방식에 의한 벅 컨버터 출력전압 파형(인덕터 0.1[mH], 커패시터 200[uF], 출력 기준전압 5[V])

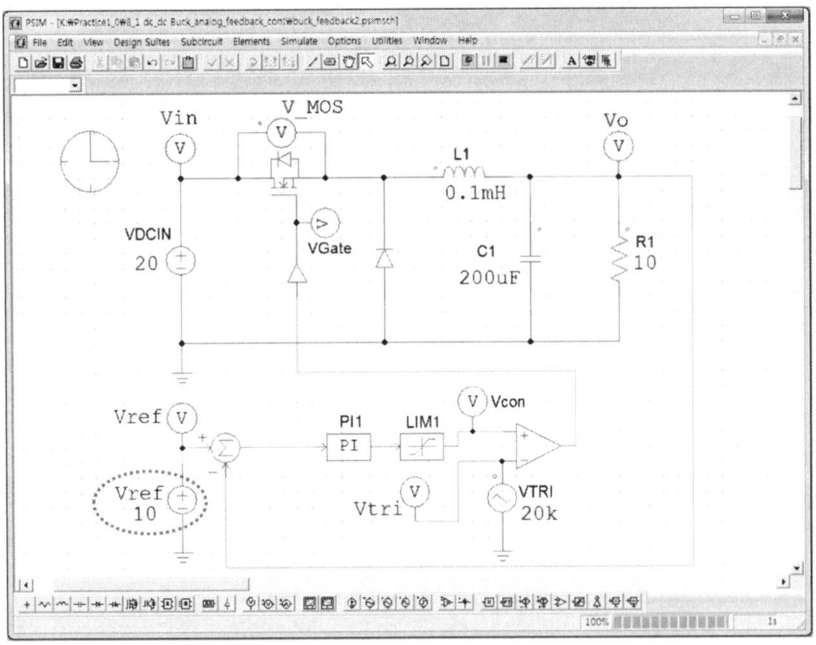

그림 6-17 PI Controller를 사용하는 피드백(Feedback) 제어방식에 의한 벅 컨버터 PSIM Schematic 회로(인덕터 0.1[mH], 커패시터 200[uF], 출력 기준전압 10[V])

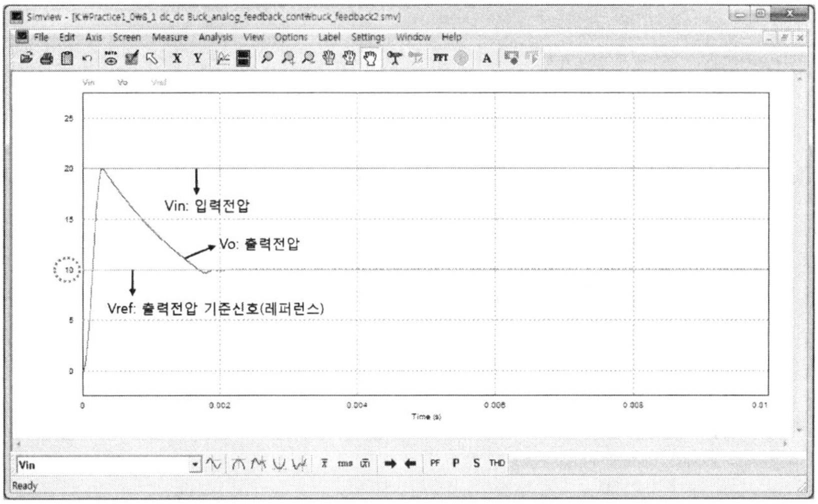

그림 6-18 PI Controller를 사용하는 피드백(Feedback) 제어방식에 의한 벅 컨버터 출력전압 파형(인덕터 0.1[mH], 커패시터 200[uF], 출력 기준전압 10[V])

그림 6-17은 그림 6-15와 같은 조건에서 출력전압에 대한 기준신호(Vref)를 5[V]에서 10[V]로 변경한 경우로, 그림 6-18은 그 출력전압에 대한 결과 파형을 나타낸다. 그림 6-18에서 보여 주고 있는 것처럼 출력전압의 기준신호가 10[V]로 변경된 경우에 있어서도 출력전압은 그 출력 기준신호를 잘 따라가고 있음을 확인할 수 있다.

나. OP-Amp를 이용한 PI 제어기의 사용

그림 6-19는 OP-Amp로 구성된 PI 제어기를 사용하는 피드백(Feedback) 제어방식의 벅 컨버터 PSIM Schematic 회로를 나타내고 있으며, 그림 6-20의 OP-Amp로 구성되는 제어기의 블록도로부터 제어 출력신호(Vc)는 식 (6-9)와 같이 얻을 수 있다.

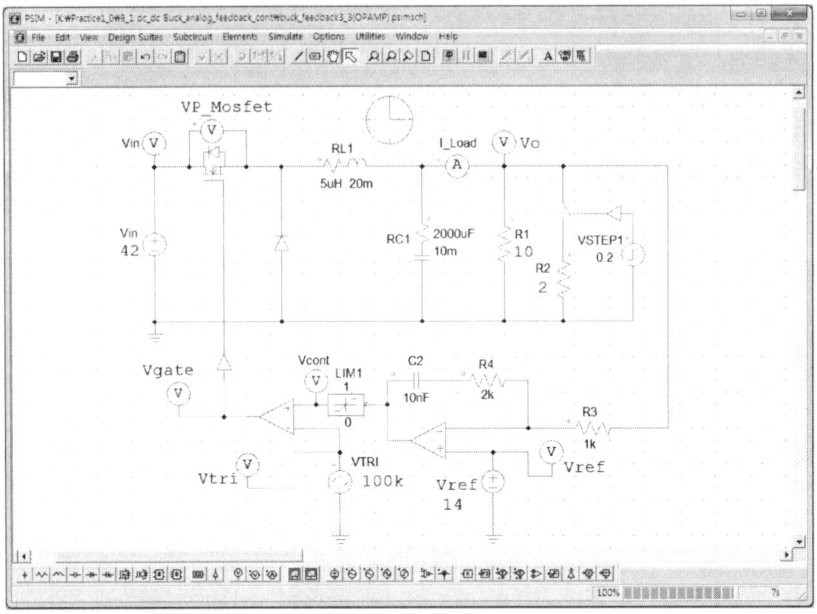

그림 6-19　OP-Amp로 구성된 PI제어기를 사용하는 피드백(Feedback) 제어방식의 벅 컨버터 PSIM Schematic 회로

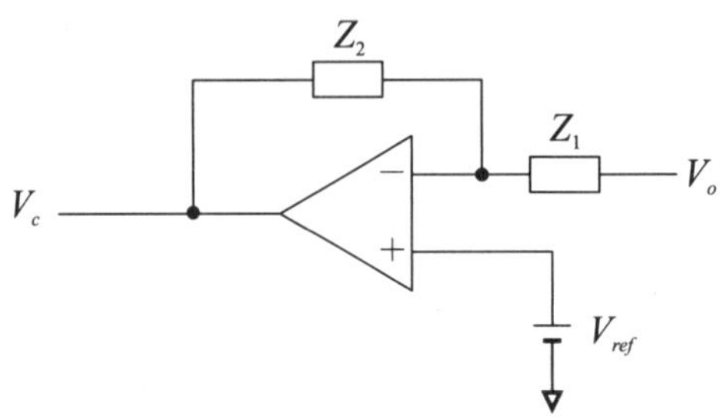

그림 6-20　OP-Amp로 구성되는 제어기 블록도

$$V_c = \frac{Z_2}{Z_1}(V_{ref} - V_o) + V_{ref} \tag{6-9}$$

여기서 V_c는 제어기 출력신호이며 그림 6-19에서 Limiter LIM1을 거치기 바로 전 신호로, 이 신호는 Limiter LIM1을 거친 후 비교기에서 100[kHz]의 톱니파 신호 Vtri와 비교된다. 그리고 여기서 V_{ref}는 출력전압 기준신호를 나타내고 V_o는 피드백 되는 벅 컨버터의 출력전압을 의미한다. 그림 6-20의 임피던스 Z_1과 Z_2를

다음 그림 6-21과 같이 나타내면 그림 6-20의 제어기는 PI 제어기가 되며, 식 (6-9)의 $\frac{Z_2}{Z_1}$에 해당하는 값을 그림 6-21로부터 구하면 식 (6-10)과 같이 표현되고 이로부터 PI 제어기의 비례이득 K_P와 적분이득 K_I를 식 (6-11)과 같이 표현할 수 있다.

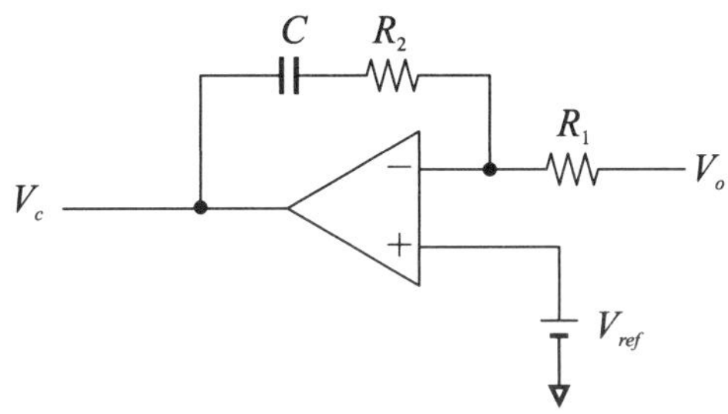

그림 6-21 OP-Amp로 구성된 PI제어기

$$\frac{Z_2}{Z_1} = \frac{R_2 + (1/sC)}{R_1} = \frac{R_2}{R_1} + \frac{1}{R_1 Cs} = \frac{R_2}{R_1} + \frac{1/R_1 C}{s} = K_P + \frac{K_I}{s} \tag{6-10}$$

$$K_P = \frac{R_2}{R_1},\ K_I = \frac{1}{R_1 C} \tag{6-11}$$

여기서 $s = j\omega$이다.

그림 6-19 벅 컨버터 회로의 입력(Vin)은 42[V]이며 출력에 대한 기준전압(Vref)은 14[V]이다. 컨버터의 부하측에 있어서는 Bi-directional Switch와 Step(VSTEP1)을 사용하여 10[Ω]의 부하저항을 0.2[sec]에서 2[Ω] 저항과 병렬연결 되도록 해주고 있고, 이로써 시간축 상의 0.2[sec] 지점에서 부하변동이 발생하도록 하고 있다. 이때 부하변동이 발생되더라도 제어기 동작에 의해 출력은 출력 기준신호를 따라가도록 하여야 한다. 그림 6-22는 PI제어기를 사용하는 벅 컨버터의 출력전압 파형을 보여주고 있으며, 그림에서와 같이 벅 컨버터는 OP-Amp로 구성된 PI제어기를 사용함으로써 출력전압(Vo)이 출력 기준전압(Vref) 14[V]를 추종하도록 하고 있는데, 시간축 상의 0.2[sec]인 순간에 부하가 변동하더라도 제어기의 동작으로 출력전압은 여전히 기준전압을 잘 따라가고 있음을 보여 주고 있다.

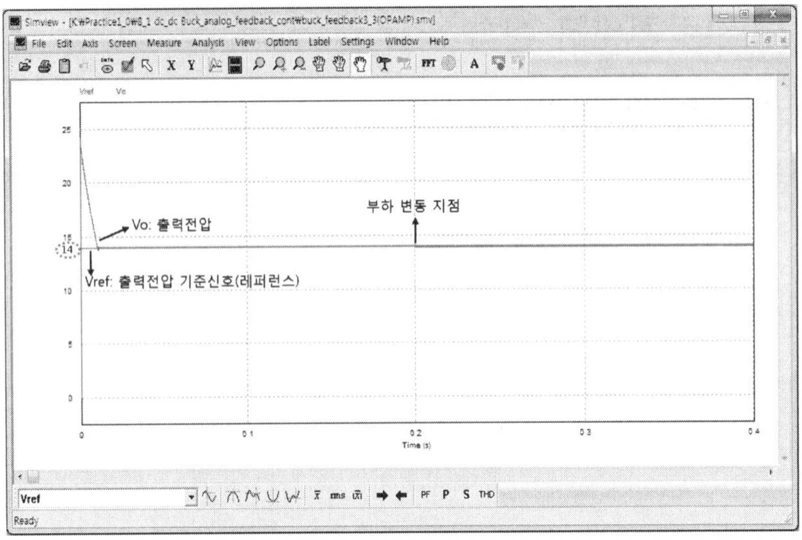

그림 6-22 OP-Amp로 구성된 PI제어기를 사용하는 벅 컨버터 출력전압 파형 (출력 기준전압 14[V])

그림 6-23은 부하가 변동되는 시점인 0.2[sec] 부근에서 파형을 확대하여 나타낸 것으로, 위에 있는 그림은 출력전압 기준신호와 출력전압을 함께 나타내고 있으며 아래에 있는 그림은 비교기로 입력되는 톱니파 신호와 제어기 출력신호를 함께 보여 주고 있다.

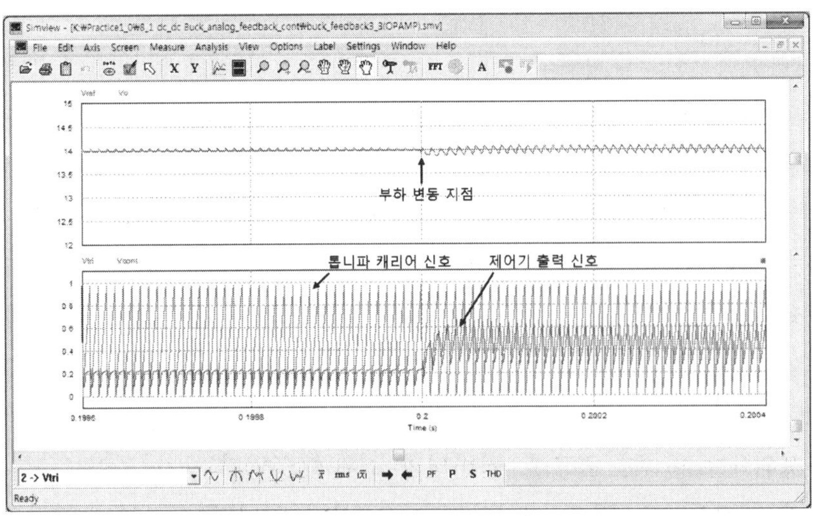

그림 6-23 OP-Amp로 구성된 PI제어기를 사용하는 벅 컨버터 출력전압 및 제어신호의 부하 변동지점 확대 파형(출력기준전압 14[V])

6.3 부스트 컨버터 실습

6.3.1 부스트 컨버터(Boost Converter) 개요

그림 6-1의 (b)에 보여 주고 있는 부스트 컨버터 회로를 아래 그림 6-24에 다시 나타내면, 부스트 컨버터는 스위치(SW)의 온 구간시 인덕터(L)에 에너지를 저장하였다가 오프 구간시 전원의 에너지와 함께 인덕터에 저장되어 있는 에너지를 부하에 함께 전달함으로써 부하측의 출력전압이 입력전압에 비하여 더 커지도록 한다. 그림에서 다이오드는 입력 전원전압 보다 더 큰 크기를 갖는 부하측 전압으로 인해 부하측에서 전원측으로 전류가 역류하는 것을 방지한다.

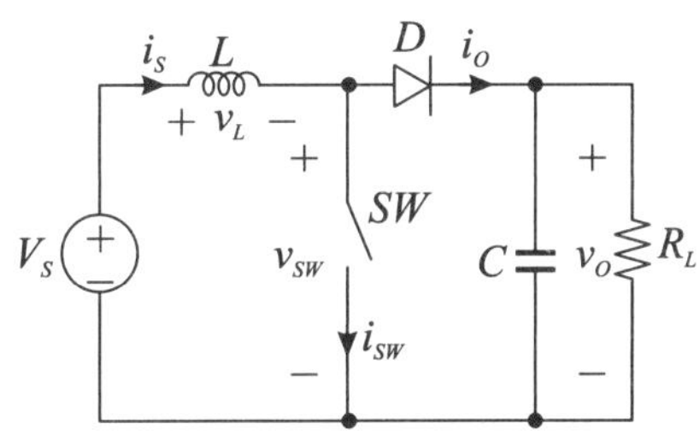

그림 6-24 부스트 컨버터 회로

그림 6-25는 스위칭 동작에 따른 부스트 컨버터의 동작모드에 따른 전류파형을 나타낸 것으로, 그림의 (a)는 부스트 컨버터의 스위치(SW)가 온 되어 있는 모드로 전원측 인덕터 전류 $i_S(t)$는 그림 (c)에서 보여 주고 있는 것처럼 증가하기 시작하고 회로의 인덕터(L)와 스위치(SW)를 따라 흐른다. 스위치가 온 되어 있는 동안은 다이오드(D)가 역 바이어스 되어 오프 되며, 이에 따라서 전원과 부하가 서로 분리되어 있는 것과 같이 동작된다. 이때 스위치가 온 되어 있는 시간 구간을 t_{on}이라 한다면 스위치가 온 되어 있는 동안 인덕터에 걸리는 전압 $v_L(t)$는 식 (6-12)와 같다.

$$v_L(t) = V_s \tag{6-12}$$

위의 경우와는 반대로 부스트 컨버터의 스위치(SW)가 오프 되어 있는 모드에서는 인덕터 전류는 감소하기 시작하고 이로 인해 인덕터에 걸리는 전압의 극성이 바뀌어 전원전압 V_s와 인덕터의 전압이 합해져 부하에 인가된다. 이 경우에는 다이오드에 순방향 바이어스가 걸리게 되므로 다이오드는 온 되고 부하측에 전원전압보다 더 큰 전압, 즉 직류 전원전압 V_s와 인덕터 전압이 합해진 형태의 전압이 걸리게 된다. 여기서 커패시터(C)는 부하 출력전압 $v_o(t)$의 맥동을 줄이는 역할을 하며, 만일 이 커패시터가 충분히 큰 값을 갖고 있다고 가정하면 부하전압은 일정한 크기의 값을 갖는 것으로, 즉 $v_o(t) \fallingdotseq V_o$인 것으로 간주할 수 있다. 스위치가 오프 되어 있는 시간 동안을 t_{off}라 한다면, 이 구간에서는 그림 6-25 (b)에서 보는 바와 같이 입력전압과 부하전압의 차가 인덕터 L에 걸리게 되므로 인덕터의 전압 $v_L(t)$는 다음 식 (6-13)과 같이 표현 될 수 있다.

$$v_L(t) = V_s - V_o \tag{6-13}$$

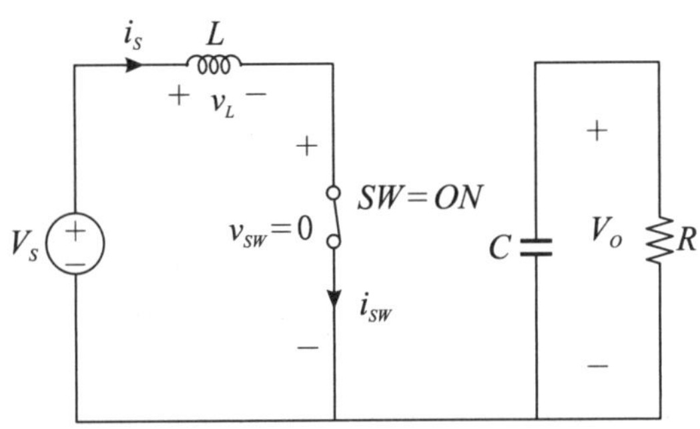

(a) 스위치 온시 회로 상태

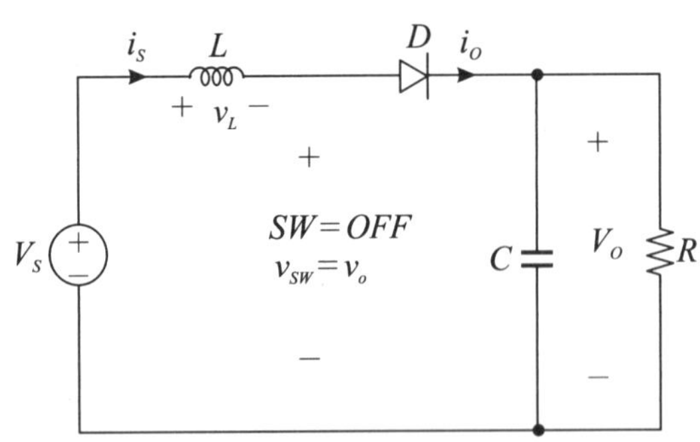

(b) 스위치 오프시 회로 상태

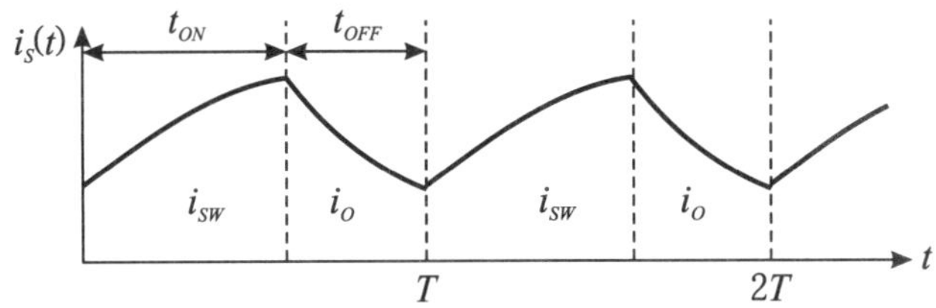

(c) 스위치 온, 오프에 따른 인덕터 전류 파형

그림 6-25 부스트 컨버터의 스위치 온, 오프에 따른 회로 상태

따라서 주기적인 파형을 갖는 인덕터 전압에 대한 정상상태 평균값이 0임을 이용하면, 부스트 컨버터의 입력전압에 대한 출력전압의 관계는 다음 식 (6-14)를 통해 식 (6-15)와 같이 구해 줄 수 있다.

$$V_{L_{AVG}} = \frac{1}{T}\int_{o}^{T} v_L(t)dt = \frac{1}{T}[V_s t_{on} + (V_s - V_o)t_{off}] = 0 \qquad (6\text{-}14)$$

$$V_o = \frac{T}{t_{off}}V_s = \frac{T}{T-t_{on}}V_s = \frac{V_s}{1-D} \qquad (6\text{-}15)$$

여기에서 듀티 D는 전체 스위칭 주기 T에 대해 스위치가 온 되어 있는 시간 t_{on}의 비를 나타낸다. 따라서 부스트 컨버터는 통상적으로 출력전압이 입력전압보다 높은 곳에 사용된다. 식 (6-15)로부터 이론적으로 듀티 $D=1$이면 출력전압의 크기는 무한대가 되는 것으로 나타나지만, $D=1$은 스위치를 오프 시키지 않고 스위칭 주기에 걸쳐 스위치를 지속적으로 온 시키는 경우가 되므로 실제에 있어서 이 경우는 발생하지 않는다. 실제 컨버터 회로에 있어서는 회로 내의 부품들 즉, 인덕터, 커패시터, 다이오드 및 전력용 반도체 스위치 등과 같은 부품들의 손실로 인해 듀티비가 어느 정도의 값을 초과하면 오히려 출력전압이 저하되는 현상이 발생하게 된다.

6.3.2 부스트 컨버터(Buck Converter) 실습

(1) 오픈 루프(Open Loop) 제어 실습

그림 6-26은 식 (6-15)에서와 같이 주어진 입력전압에 대하여 듀티 D를 조정함으로써 출력이 결정되는 오픈 루프 제어(Open Loop Control) 방식에 의한 부스트 컨버터의 한 가지 예를 PSIM Schematic 화면상에서 보여 주고 있다. 그림 6-26의

부스트 컨버터 예에 있어서는 전체 스위칭 주기에 대하여 스위치가 온 되어 있는 시간의 비인 듀티 *D*를 결정하기 위하여 그림에서와 같이 비교기를 사용한다. 듀티 *D*를 결정하기 위해 비교기에서 비교되는 두 개의 신호는 각각 톱니파 신호(VTRI)와 직류 신호(VDuty)이며 톱니파 신호는 앞의 그림 6-12에서와 같이 삼각파 전압원(Triangular-wave voltage source)의 파라미터에서 Duty Cycle을 1로 두고 DC offset과 Phase Delay를 각각 0으로 설정함으로써 얻는다. 그림 6-26의 부스트 컨버터 PSIM Schematic 회로에서는 일예로 삼각파 전압원(Triangular-wave voltage source)의 V_peak_to_peak를 1로, Duty Cycle은 0.99≒1로 설정하고, 스위칭 주파수의 경우 20[kHz]가 되도록 파라미터 중 Frequency는 20k로 설정하도록 한다.

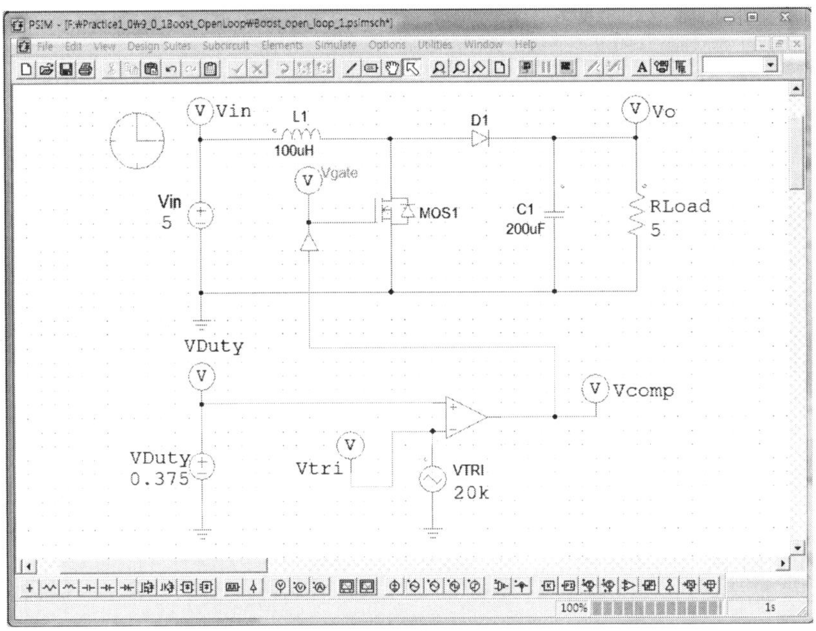

그림 6-26 오픈 루프(Open Loop) 제어방식에 의한 부스트 컨버터 PSIM Schematic 회로

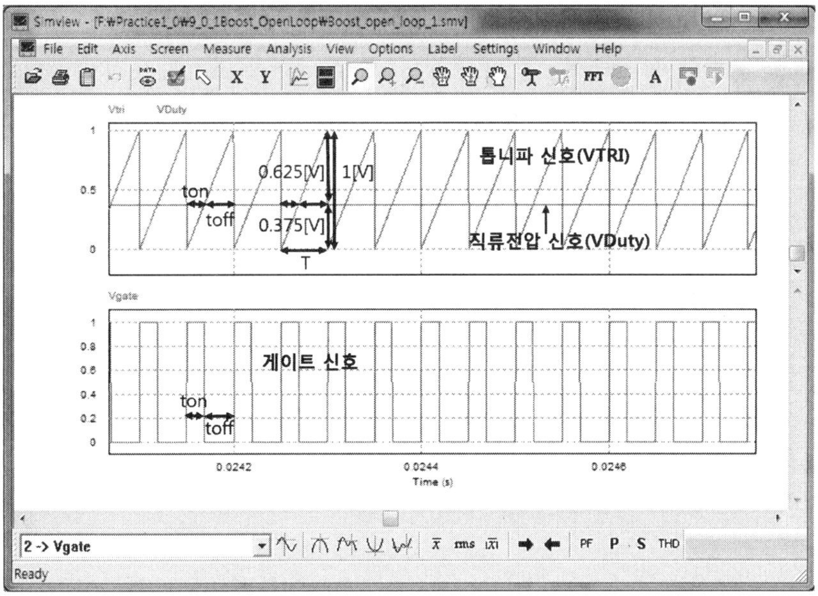

그림 6-27 톱니파 신호(VTRI)와 직류 신호(VDuty)를 사용한 게이트 신호의 듀티(D) 결정

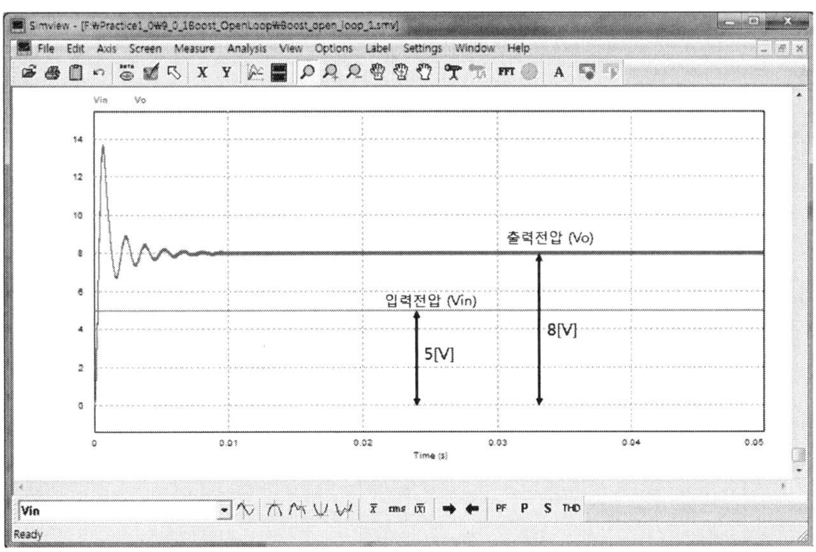

그림 6-28 오픈 루프(Open Loop) 제어방식에 의한 부스트 컨버터 출력전압 파형 (듀티(D)=0.375)

그림 6-27은 톱니파 신호(VTRI)와 직류 신호(VDuty)를 사용하여 스위치에 인가되는 게이트 신호의 발생을 보여 주고 있는 그림으로, 톱니파의 크기는 1이며 직류 전압의 크기를 0.375로 설정하였으므로 그림의 톱니파 삼각형으로부터 톱니파의 주기를 T라 한다면 1[V] : T=(1−0.375)[V] : t_{off} 또는 1[V] : T=0.625[V] : $(T-t_{on})$의 관계에 있으므로 듀티는 $D=\frac{t_{on}}{T}=0.375$가 된다. 따라서 식 (6-15)로부터 출력 전압은 그림 6-26의 입력전압(Vin)이 5[V]이므로 $V_o=\frac{5}{1-0.375}=8$[V]로 결정된다. 그림 6-28은 듀티(D)=0.375인 경우 오픈 루프(Open Loop) 제어방식에 의한 부스트 컨버터의 출력전압 파형을 보여 주고 있는 것으로 과도상태 후 출력전압은 8[V]를 유지하고 있음을 나타내고 있다.

(2) 클로즈드 루프(Closed Loop) 제어(피드백 컨트롤) 실습

가. PSIM의 PI Controller 사용

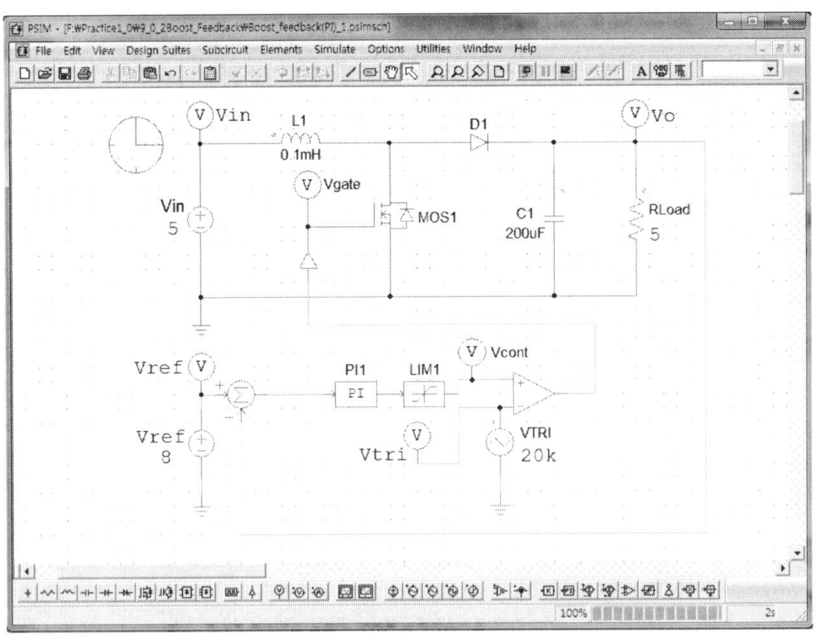

그림 6-29 PI Controller를 사용하는 피드백(Feedback) 제어방식에 의한 부스트 컨버터 PSIM Schematic 회로(인덕터 0.1[mH], 커패시터 200[uF], 출력 기준전압 8[V])

그림 6-29는 PI Controller를 사용하는 피드백(Feedback) 제어방식에 의한 부스트 컨버터 PSIM Schematic 회로를 나타낸다. 이때 회로의 인덕터는 0.1[mH], 커패시터는 200[μF]이며 입력전압은 5[V]이고 출력 기준전압은 8[V]로 설정되어 있다.

그림 6-30은 그림 6-29의 부스트 컨버터에서 사용되고 있는 PI Controller의 파라미터를 나타내는 것으로, 파라미터 중 Gain은 0.01, Time Constant는 0.5[m]로 설정되어 있음을 보여 주고 있다. 따라서 식 (6-8)로부터 PI 제어기의 비례이득은 $K_P = 0.01$이고, 적분이득은 $K_I = 20$이 된다. 톱니파를 발생시키기 위해 회로에 사용된 삼각파 전압원(Triangular-wave voltage source)은 그림 6-12와 동일하고 사용된 Limiter는 그림 6-13에서 보여 주고 있는 바와 같다. 그림 6-31은 출력 기준전압(Vref)에서 검출된 출력 피드백 전압(Vo)을 빼 주기위한 Summer( )에 대한 파라미터를 보여 주고 있다.

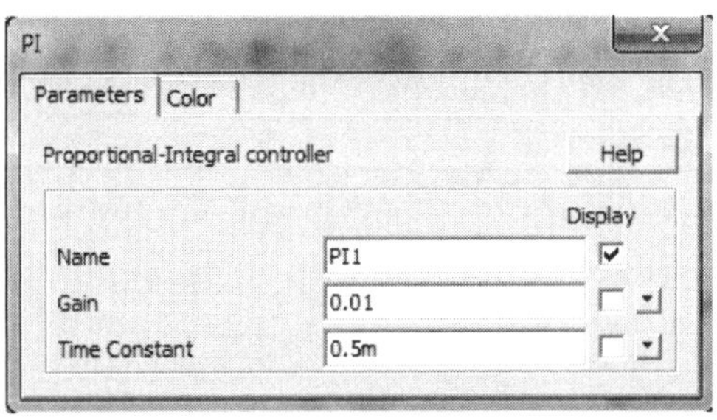

그림 6-30 PI Controller 파라미터

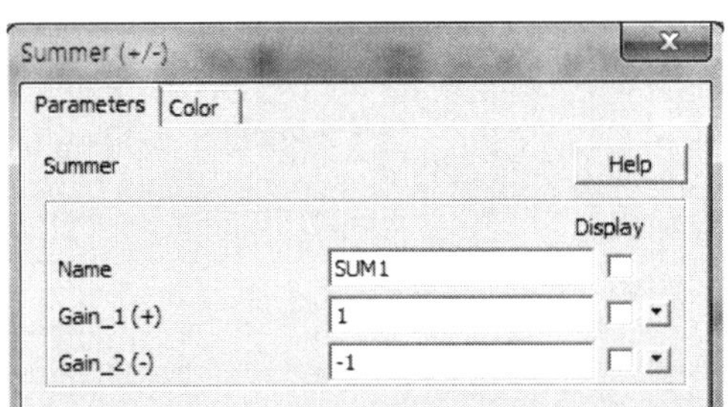

그림 6-31 Summer 파라미터

그림 6-32는 그림 6-29의 PI Controller를 사용하는 피드백(Feedback) 제어방식에 의한 부스트 컨버터의 출력전압 파형을 나타내고 있으며, 검출된 피드백 출력전압은 PI 제어기의 동작으로 과도상태 후 출력 기준전압 8[V]를 따라가면서 출력되고 있음을 보여 주고 있다. 그림 6-33은 그림 6-29 부스트 컨버터의 각부 파형을 나타내고 있는 것으로, 맨 위의 그림은 톱니파 출력 신호(VTRI)와 Limiter LIM1을 거친 후의 PI Controller 제어신호(Vcont)를 나타낸다. 위에서 두 번째 그림은 비교기에서 톱니파 출력 신호(VTRI)와 제어기 출력신호(Vcont)의 비교를 통해 발생하는 스위치 게이트 펄스 파형을 보여 주고 있는 것이며, 마지막 세 번째 그림은 컨버터의 인덕터에 흐르는 전류파형을 나타내고 있다. 세 번째 그림으로부터 인덕터에 흐르는 전류는 연속으로 흐르고 있는 상태임을 확인 할 수 있다.

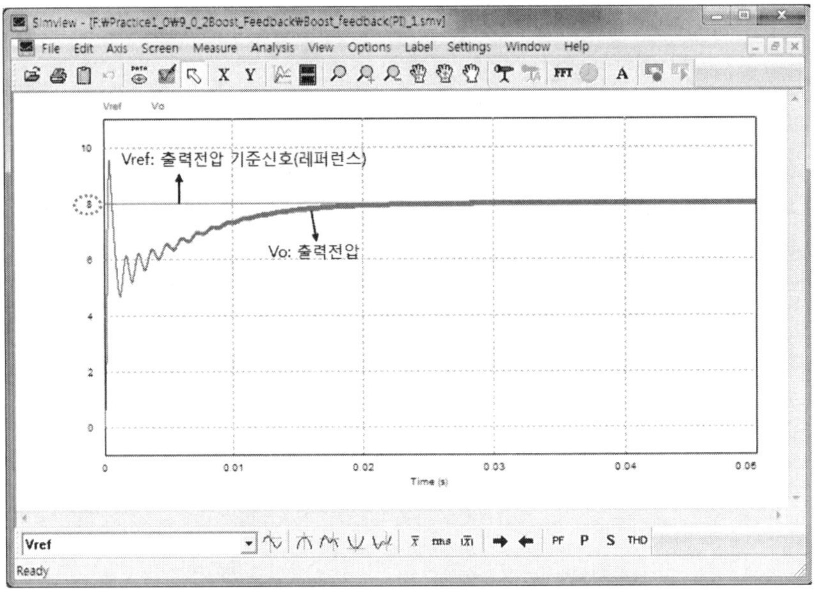

그림 6-32 PI Controller를 사용하는 피드백(Feedback) 제어방식에 의한 부스트 컨버터 출력전압 파형(인덕터 0.1[mH], 커패시터 200[uF], 출력 기준전압 8[V])

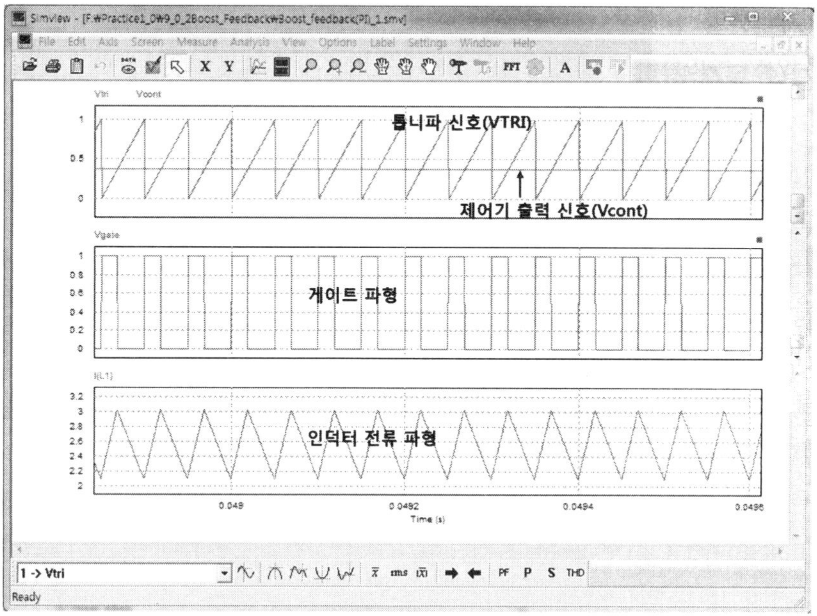

그림 6-33 PI Controller를 사용하는 피드백(Feedback) 제어방식에 의한 부스트 컨버터 각 부 파형(인덕터 0.1[mH], 커패시터 200[uF], 출력 기준전압 8[V])

나. OP-Amp를 이용한 PI 제어기의 사용

그림 6-34는 OP-Amp로 구성된 PI 제어기를 사용하는 피드백(Feedback) 제어방식의 부스트 컨버터 PSIM Schematic 회로를 나타내고 있으며, 사용된 PI 제어기의 비례이득(K_P)과 적분이득(K_I)은 앞의 식 (6-9)~식 (6-11)을 통해서 얻을 수 있다.

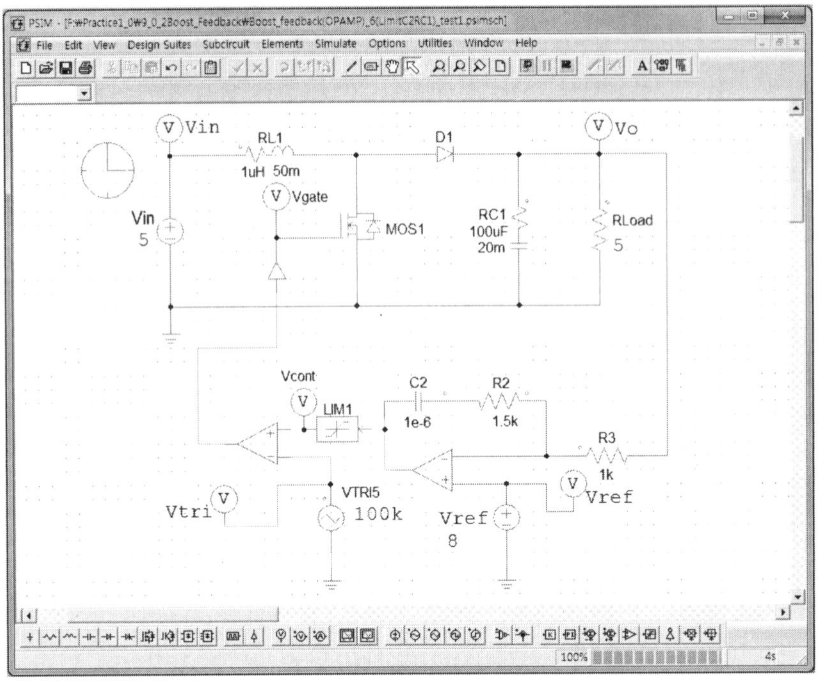

그림 6-34 OP-Amp로 구성된 PI제어기를 사용하는 피드백(Feedback) 제어방식의 부스트 컨버터 PSIM Schematic 회로

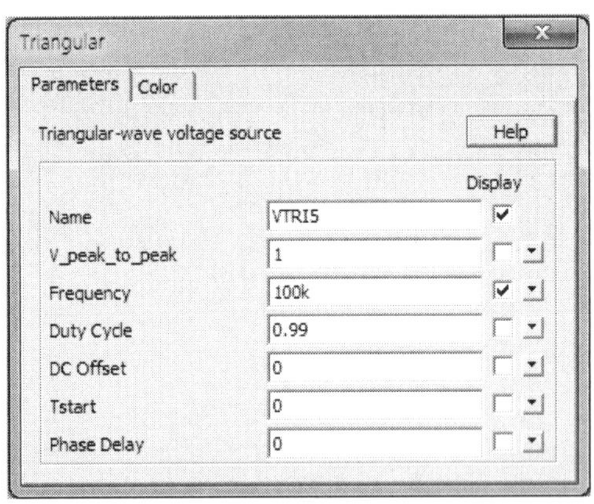

그림 6-35 Triangular-wave voltage source 파라미터(Frequency 100[kHz])

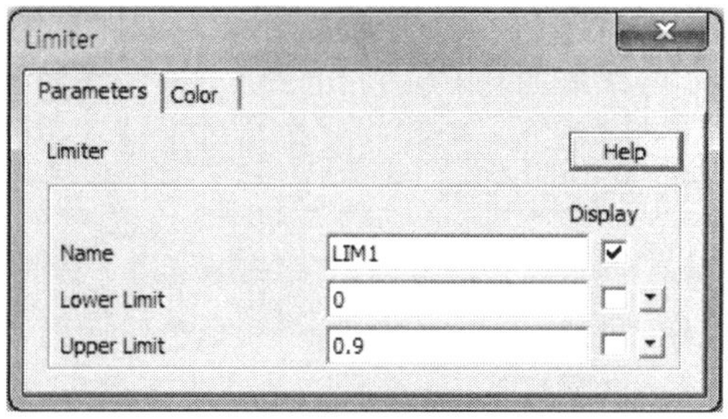

그림 6-36 Limiter 파라미터

앞에서 설명된 벅 컨버터의 경우에서와 마찬가지로 제어기의 출력은 Limiter인 LIM1을 거쳐 비교기에서 톱니파 출력(Vtri)과 비교되고 스위치를 구동하기 위한 펄스파 게이트 신호(Vgate)를 발생시킨다. 그림 6-34 부스트 컨버터의 입력전압(Vin)은 5[V], 출력 기준전압(Vref)은 8[V]로 설정되어 있으며, 그림 6-35는 회로에 사용된 스위칭 주파수 100[kHz]의 톱니파 발생 삼각파 전압원의 파라미터를, 그림 6-36은 사용된 Limiter의 파라미터를 나타내고 있다.

그림 6-37은 OP-Amp로 구성된 PI제어기를 사용하는 벅 컨버터 출력전압 파형을 보여주는 것으로 제어기의 동작을 통해서 과도상태 후 출력전압(Vo)이 출력 기준전압(Vref) 8[V]를 추종하고 있음을 확인 할 수 있다.

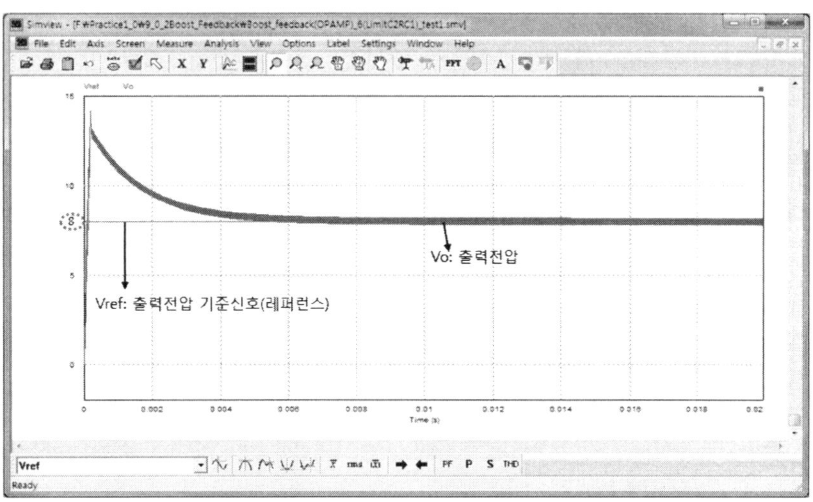

그림 6-37 OP-Amp로 구성된 PI제어기를 사용하는 부스트 컨버터 출력전압 파형(출력 기준전압 8[V])

제7장 인버터 회로 PSIM 시뮬레이션 실습

직류를 교류로 변환하는 전력 변환장치를 인버터(Inverter)라 하며 정류기(Rectifier)와는 그 동작이 반대인 것으로 볼 수 있다. 직류 입력전원으로부터 교류부하에 전력을 전달하는 전력 변환기로서 인버터는 직류전원으로부터 부하가 요구하는 형태의 크기와 주파수를 갖는 교류를 발생시킨다. 인버터는 입력전원의 형태, 출력상수 및 제어방식 등에 따라 분류가 가능하며 구형파 교류출력을 발생시키는 구형파 인버터에서부터 스위칭 소자의 손실을 줄이기 위한 공진형 인버터에 이르기까지 그 종류가 매우 다양하다. 인버터를 입력전원의 형태에 따라 분류하면 입력이 전압원인지 전류원인지에 따라 전압형 인버터 또는 전류형 인버터로 구분하고, 출력상수에 따라서는 출력이 단상인지, 3상인지 또는 3상 이상의 다상인지에 따라 단상 인버터, 3상 인버터 및 다상 인버터로 분류하며 부하와의 접속이 직렬인지 병렬인지에 따라서 직렬형 인버터와 병렬형 인버터로 구분한다. 인버터를 출력 제어방식에 따라 분류하면 대표적으로 PAM(Pulse Amplitude Modulation) 인버터와 PWM(Pulse Width Modulation) 인버터로 구분할 수 있는데, 여기서 다시 PAM 인버터 방식은 6-스텝(6-Step), 다중 스텝(Multi-Step), 가변 입력전압(Variable-Voltage Input) 및 가변 출력전압(Variable-Voltage Output) 방식의 인버터로 구분할 수 있고, PWM 인버터 방식은 다시 SPWM(Sinusoidal PWM), 히스테리시스 PWM(Hysteresis PWM), 다중 PWM(Multi PWM) 방식 등으로 분류 할 수 있다. 마지막으로 인버터는 회로 토폴로지를 어떻게 구성하느냐에 따라 해프-브리지(Half-Bridge) 인버터와 풀-브리지(Full-Bridge) 인버터 등으로 그 종류를 나누어 볼 수 있다.

7.1 인버터의 동작원리

그림 7-1의 (a)는 한 개의 직류 입력 전압원과 4개의 스위치를 통해 부하에 교류 출력을 발생시키는 단상 풀-브리지 인버터를 나타내고 있으며, 이를 이용하여 인버터의 동작을 살펴보도록 한다. 기본적으로 인버터의 출력은 사용되고 있는 스위치들의 온, 오프 상태를 조절하여 제어하는데, 그림 7-1 (a)의 풀-브리지 인버터는 그림 7-1 (b)~(e)에서와 같은 스위칭 조합에 따라 부하에 인가되는 출력전압의 상태를 결정할 수 있다. 그림에서와 같이 입력전압의 크기가 V_{dc}일 때, 그림 7-1 (b)~(e)에서와 같은 스위칭 조합은 각각 $+V_{dc}$, 0, $-V_{dc}$ 중 하나의 출력 상태를 발생시키는데, 요구되는 교류출력은 이와 같은 스위칭 조합들의 적절한 배열에 의하여 발생된다. 달리 설명하면 그림에서 부하에 인가되는 출력전압 $v_o(t)$는 순간, 순간 어떤 스위치들이 온되어 있는지에 따라 $+V_{dc}$, 0, $-V_{dc}$ 중 하나의 출력 상태를 갖게 되는데, 그림 7-1 (b)~(e)의 동작에서 보여주고 있는 것처럼 스위치 S_1과 S_4가 동시에 닫혀 있는 경우 출력전압은 $+V_{dc}$가 되고 S_1과 S_3 또는 S_2와 S_4가 동시에 온되어 있는 경우 출력은 나타나지 않고 0이 된다. 반면 스위치 S_2와 S_3가 동시에 켜지고 나머지 스위치들이 오프되어 있는 구간동안 출력전압은 $-V_{dc}$가 되는데, 일정 시간 간격으로 그림 (b)~(e)의 순서대로 스위치들을 온 시키는 경우에 대한 출력전압 파형은 그림 7-1의 (f)와 같이 $+V_{dc}$, 0, $-V_{dc}$, 0을 반복하는 교류 출력으로 나타나게 된다. 한편 스위치 S_1과 S_2 또는 S_3와 S_4는 동시에 온되어 있는 경우가 발생하면 안 되는데, 이는 S_1과 S_2 또는 S_3와 S_4가 동시에 온이 되면 각각의 경우 직류전원과 단락이 되는 암 쇼트(Arm short)가 발생되기 때문이다. 따라서 스위치 S_1과 S_4가 켜져 있다가 S_4를 끄고 S_3를 온 시키는 경우 S_4가 완전히 꺼져있는지를 확인한 후 S_3를 온 시켜야만 한다.

이때 S_3를 온 시키기 전 S_4가 완전히 오프되는 것을 보장하기 위한 시간을 데드타임(dead time)이라고 하고, 다른 스위치 조합들의 온, 오프 상태가 변경되는 경우에 있어서도 이와 같은 데드타임을 확보하여 같은 레그(Leg)에 있는 스위치들 간에 암 쇼트(Arm short)가 발생되는 것을 반드시 방지하여야만 한다.

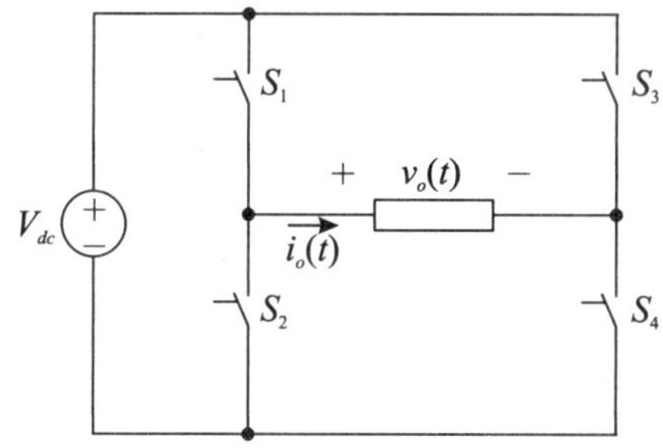

(a) 풀-브리지 인버터 회로

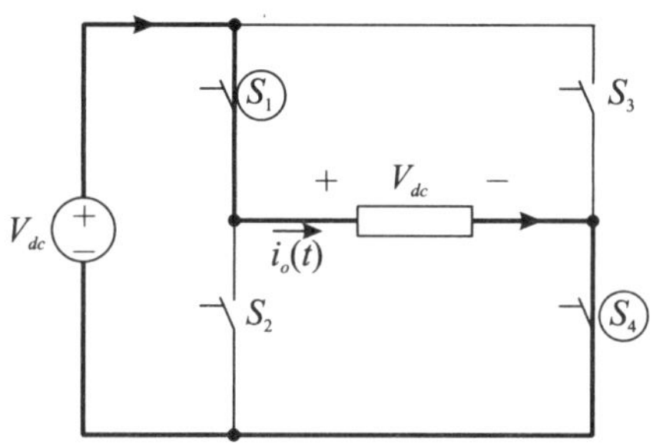

(b) 스위치 S1, S4 온 상태

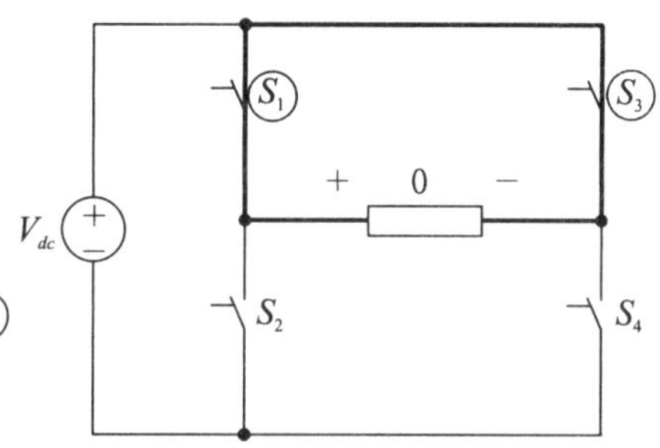

(c) 스위치 S1, S3 온 상태

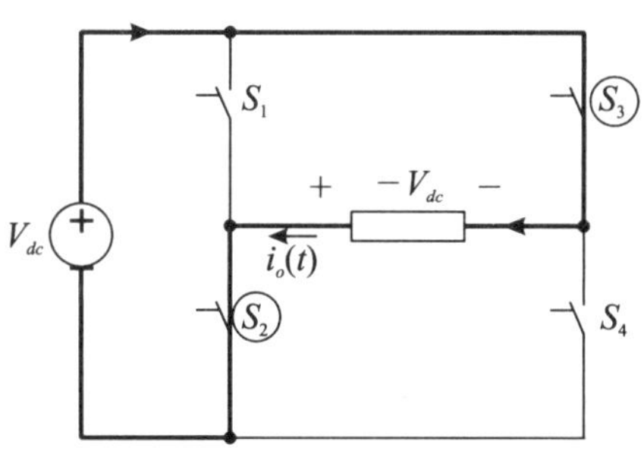

(d) 스위치 S2, S3 온 상태

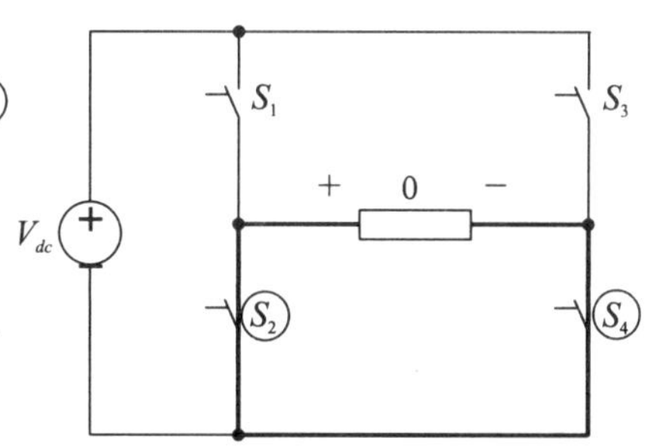

(e) 스위치 S2, S4 온 상태

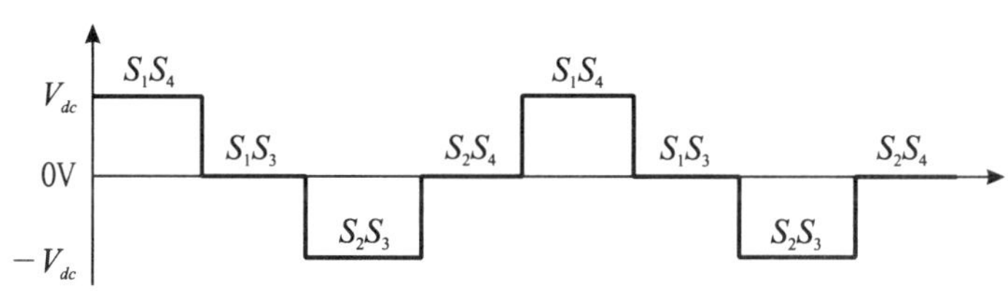

(f) 스위치 온 상태에 따른 출력전압의 발생

그림 7-1 풀-브리지 인버터 스위치 온, 오프 상태에 따른 출력전압

이상에서와 같이 인버터는 직류를 교류로 변환시키기 위해 스위치의 온·오프 상태를 조절하여 교류 출력을 얻으며, 교류 출력의 형태는 사용되는 인버터 회로의 종류 및 출력 제어 방식에 따라 다르게 나타난다. 그림 7-1의 (f)에서와 같은 구형파는 가장 기본적인 형태의 교류 출력파형으로서 구형파에는 크기가 큰 많은 고조파들이 존재한다. 이러한 고조파 성분들은 푸리에 급수를 전개하여 얻을 수 있으며, 일반적인 형태의 인버터 출력으로서 기본파 성분의 정현파를 얻기 위해서는 적당한 저역통과 필터(Low-Pass Filter)를 출력측에 사용하여야 한다.

7.2 구형파 출력 단상 전압형 인버터 실습

7.2.1 구형파 출력 해프-브리지(Half-Bridge) 인버터 실습

(1) 구형파 출력 해프-브리지(Half-Bridge) 인버터 개요

그림 7-2 (a)는 해프-브리지 인버터 회로를 보여주고 있는 것으로 두 개의 전원과 두 개의 반도체 스위치로 구성된다. 해프-브리지 인버터에서 두 개의 전압원은 하나의 직류 전원전압을 두 개의 커패시터를 사용하여 두 부분으로 분리함으로써 얻을 수 있으며, 이때 사용되는 두 개 커패시터의 용량은 서로 동일하도록 한다. 공급되는 하나의 직류 전압원의 크기를 V_{dc}라고 한다면 한 개의 커패시터 양단에 걸리는 전압은 각각 $V_{dc}/2$씩이 된다. 각 스위치와 역병렬로 연결되어 있는 다이오드는 부하가 인덕터를 포함하는 경우 인덕터에 축적된 에너지를 전원측으로 반환하도록 하는 경로를 제공한다. 그림 7-2 (a)에서 A점과 0점 사이의 전압, 즉 출력전압 $v_o(t)$는 스위치 S_1이 온되어 있는 경우(스위치 S_2는 오프)에는 $+V_{dc}/2$로 되고, 스위치 S_2가 온되어 있는 경우(스위치 S_1은 오프)에는 $-V_{dc}/2$의 크기로 된다. 따라서 출력전압 $v_o(t)$는 이러한 두 상태의 전압이 교번되어 나타나게 되어 그림 7-2 (b)의 첫 번째 그림에서와 같이 구형파 형태로 발생하게 된다. 해프-브리지 인버터의 경우에서도 풀-브리지 인버터에서와 마찬가지로 회로에서 두 스위치 S_1과 S_2이 동시에 온되는 것을 방지해야만 하는데, 두 스위치가 동시에 켜지면 전원이 두 스위치를 통해 단락되는 상태가 발생되기 때문이다. 따라서 스위치 S_1이 켜져 있고 스위치 S_2가 꺼져 있는 상태에서 스위치 S_1을 끄고 스위치 S_2를 켜고자 한다면, 스위치 S_1을 오프시킨 후 일정 시간이 경과한 후 S_2를 온 시켜야 하는데, 이와

같은 지연시간을 데드 타임이라고 한다는 것은 이미 앞에서 설명한 바와 같다. 한편 해프-브리지 인버터에서 오프되어 있는 스위치의 양단에 걸리는 전압은 한 개 커패시터 전압의 크기($V_{dc}/2$)에 대한 2배로서 전체 공급 전압의 크기인 V_{dc}가 되므로 회로에 사용되는 스위치 선정시 이를 고려하여 줄 필요가 있다. 7-2 (b)의 두 번째 그림과 세 번째 그림은 각각 그림 7-2 (a)의 단상 해프-브리지 인버터에 연결되어 있는 부하에 따른 전류 파형들을 나타내고 있는 것으로, 위에서 두 번째 그림은 저항 및 인덕터 R-L 부하에 대한 전류 파형을, 위에서 세 번째 그림은 저항 부하를 사용하는 경우에 대한 전류파형을 각각 보여준다. 그림에서와 같이 해프-브리지 인버터가 저항 및 인덕터 R-L 부하를 갖는 경우 전류는 사용되는 저항과 인덕터 크기에 따라 달라지기는 하나 지수 함수적으로 증감을 반복하는 삼각파형으로 전류가 흐르게 되고 전압보다 위상이 뒤지게 된다. 이와 같이 부하에 인덕턴스 성분이 존재하면 스위치의 역병렬 다이오드를 통하여 전류가 흐르는 구간이 발생하게 된다. 한편 해프-브리지 인버터가 저항만을 부하로 갖는 경우의 전류파형은 그림에서 보여 주고 있는 바와 같이 부하에 걸리는 출력전압과 같은 형태인 구형파 전류가 된다.

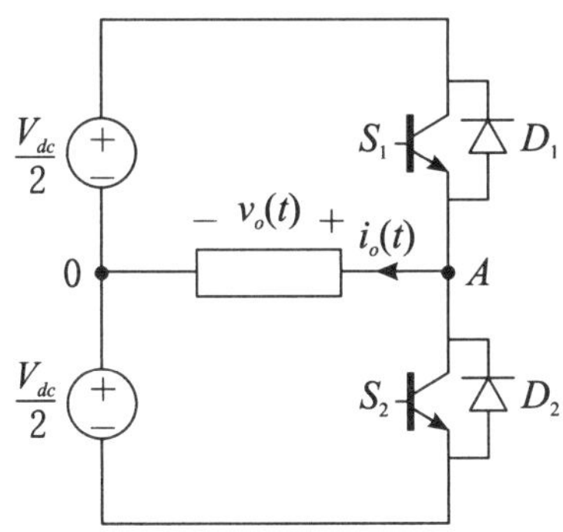

(a) 해프-브리지 인버터

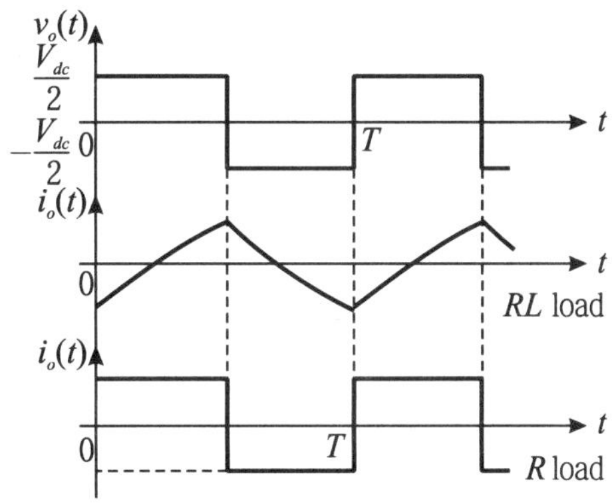

(b) 해프-브리지 인버터 출력전압 및 부하전류 파형

그림 7-2 해프-브리지(Half-Bridge) 인버터 회로 및 각 부 파형

(2) 구형파 출력 해프-브리지(Half - Bridge) 인버터 실습

그림 7-3은 R-L 부하를 갖는 경우에 대한 단상 해프-브리지 인버터 PSIM Schematic 회로를 나타내고 있다. 그림에서와 같이 해프-브리지 인버터는 공급 직류 전압원을 두 개의 커패시터를 사용하여 두 개의 직류 전압원으로 나누고 있으며, 두 개의 스위치를 사용하여 교류 출력전압을 발생시킨다. 이때 PSIM 실습을 위하여 사용된 스위칭 소자는 MOSFET이며 PSIM의 주메뉴 바에서 [Elements] → [Power] → [Switches] → [MOSFET]를 선택하거나 부품툴 바로부터 직접 를 선택하여 가져 올 수 있다. 사용된 스위치들의 온, 오프를 위해 사용된 게이팅 블록들의 파라미터는 그림 7-4에서 보여 주고 있는 바와 같으며, 여기에서는 100[Hz]의 구형파 출력을 발생시키도록 설정되었다.

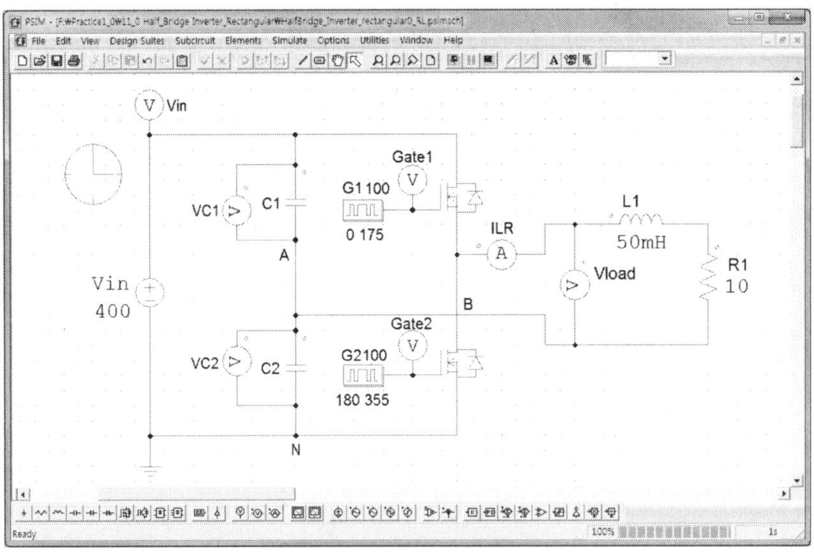

그림 7-3 단상 해프 - 브리지 인버터 PSIM Schematic 회로(R-L 부하를 갖는 경우)

그림 7-3의 실습을 위한 해프-브리지 인버터 예에서는 부하로서 저항 및 인덕터 R-L를 사용하고 있고, 그 시뮬레이션 결과는 그림 7-5에서 나타내어 주고 있는 바와 같다.

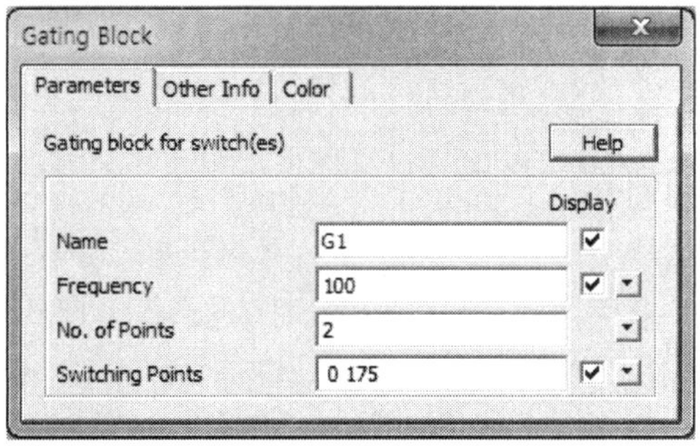

(a) 상위 스위치(MOSFET) 게이팅 블록 파라미터

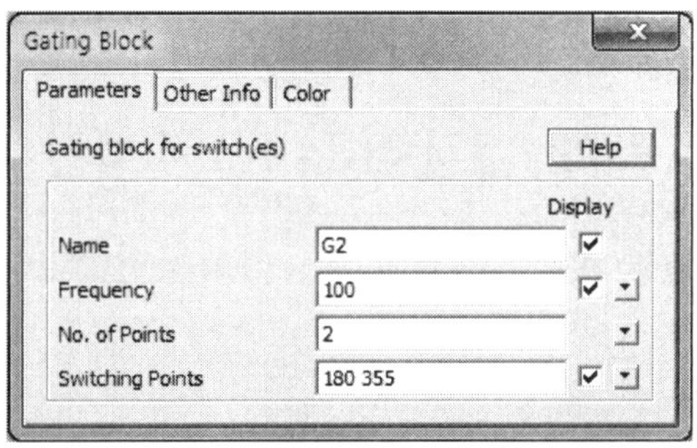

(b) 하위 스위치(MOSFET) 게이팅 블록 파라미터

그림 7-4 스위치 게이팅 블록(Gating Block) 파라미터

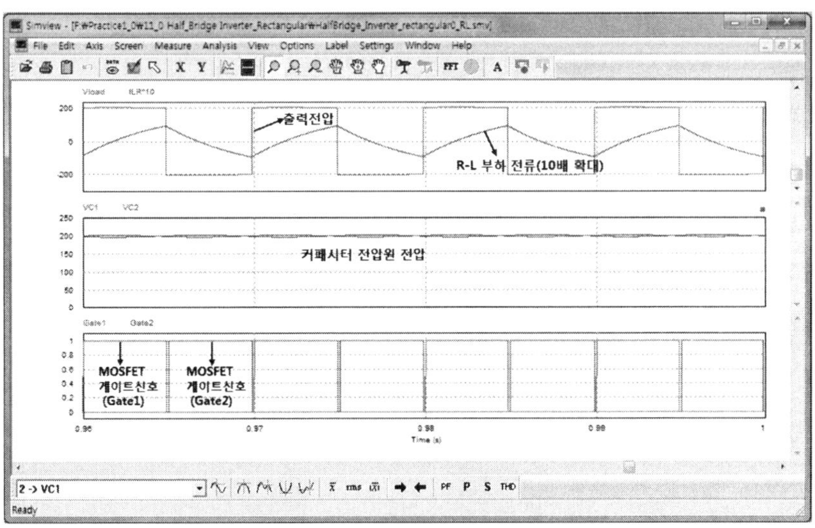

그림 7-5 단상 해프-브리지 인버터 각 부 파형(R-L 부하를 갖는 경우)

그림 7-5의 위에서 첫 번째 파형들은 $R-L$ 부하에 걸리는 출력전압 파형과 전류 파형으로서 전류의 경우 10배 확대하여 나타낸 것이다. 위에서 두 번째 그림은 직류 전원전압을 두 개의 커패시터로 이등분한 결과를 나타내는 것으로 각각의 커패시터에 걸리는 전압을 보여 주고 있으며 마지막으로 위에서 세 번째 파형들은 인버터 두 개의 스위치에 각각 인가되는 게이트 신호를 나타내고 있다. 실습을 위하여 구성된 단상 해프-브리지 인버터는 저주파수의 구형파 출력을 발생시키는 형태로, 만일 기본파 성분의 정현파 출력을 발생시키고자 한다면 일반적으로 PWM (Pulse Width Modulation)에 의한 고주파 스위칭 후 인버터 출력단에 저역통과 필터(Low-Pass Filter)를 사용하여 줄 필요가 있다.

7.2.2 구형파 출력 풀-브리지(Half-Bridge) 인버터 실습

(1) 구형파 출력 풀-브리지(Half-Bridge) 인버터 개요

단상 풀-브리지(Full-Bridge) 인버터는 그림 7-6에서 보여 주고 있는 바와 같으며, 해프-브리지 인버터의 경우와는 달리 하나의 직류 입력 전압원과 4개의 스위칭 소자로 구성된다. 따라서 풀-브리지 인버터의 교류 출력전압 $v_o(t)$의 크기는 해프-브리지 인버터의 경우에 비해 2배의 크기를 갖게 된다. 앞에서 이미 설명된 바와 같이 풀-브리지 인버터의 출력전압은 인버터 스위치들의 온 상태 조합을 적절히 조정함으로써 결정해 줄 수 있다. 예를 들어 그림 7-6의 인버터에서 스위치 S_1과 S_4를 동시에 온 시키면(S_2 및 S_3는 오프) 인버터의 노드 A가 노드 B보다 높은 전위를 갖게 되며 이때 양(+)의 출력 $+V_{dc}$가 부하에 걸리게 된다. 반대로 스위치 S_2와 S_3를 동시에 온 시키면(S_1 및 S_4는 오프) 노드 B의 전위가 노드 A에 비해 더 높은 전위가 되므로 부하에는 음(−)의 출력 즉, $-V_{dc}$가 나타나게 된다. 한편 스위치 S_1과 S_3가 동시에 온되어 있는 경우(S_2와 S_4는 오프)나 또는 S_2와 S_4가 동시에 온되어 있는 경우(S_1과 S_3는 오프)는 출력전압이 0이 되어 나타나지 않는다. 이는 앞에서 이미 설명된 내용으로, 이와 같은 4개의 스위치 온 조합 즉, (S_1, S_4), (S_1, S_3), (S_2, S_3), (S_2, S_4) 들을 온 시키는 스위칭 시퀀스의 조정에 의해 구형파 교류 출력전압을 그림 7-7에서와 같이 발생시킬 수 있다. 그림 7-7 (a)는 그림 7-6의 단상 인버터에서 대각선 상에 위치한 각 스위치 군 (S_1, S_4) 및

(S_2, S_3)를 각각 180° 간격을 두고 번갈아 온, 오프 시킨 경우의 출력 파형으로 출력이 0이 되는 (S_1, S_3), (S_2, S_4) 그룹의 스위치 온 조합은 사용하지 않은 경우이다. 부하에 걸리는 출력전압 $v_o(t)$는 노드 A와 노드 B사이의 전압차 즉, 노드 A와 N 사이의 전압 v_{AN}과 노드 B와 N 사이의 전압 v_{BN}의 차 이므로, 그림 7-7 (a)의 경우는 우선 스위치 쌍 (S_1, S_4)가 온되어 있을 때 출력은 $v_o(t) = v_{AB} = v_{AN} - v_{BN} = V_{dc} - 0 = V_{dc}$로 결정되고, 스위치 쌍 ($S_2$, S_3)가 온되어 있을 때에는 부하에 걸리는 전압 $v_o(t)$가 $v_o(t) = v_{AB} = v_{AN} - v_{BN} = 0 - V_{dc} = -V_{dc}$로 결정되어 나타나게 된다. 아울러 그림 7-7 (a)의 경우는 출력전압이 0이 되는 스위치 쌍 (S_1, S_3), (S_2, S_4)들의 온 조합은 사용하지 않는 경우로 출력전압 $v_o(t)$에는 0전압이 나타나지 않는 경우가 된다. 한편 그림 7-7의 (b)와 (c)는 그림 7-1 (f)에서 이미 설명한 스위칭 상태들을 통해 얻어지는 출력전압 파형을 나타내고 있는 것으로, 스위치 쌍 (S_1, S_4), (S_1, S_3), (S_2, S_3) 및 (S_2, S_4)의 순서로 온 시킴으로써 얻어지는 출력전압의 형태를 보여주고 있다. 그림 7-7의 (b)는 위의 스위치 쌍 (S_1, S_4), (S_1, S_3), (S_2, S_3) 및 (S_2, S_4)의 순서로 이어지는 도통각이 각각 120°, 60°, 120°, 60°씩인 경우를 나타내고, 그림 7-7의 (c)는 도통각이 각각 60°, 120°, 60°, 120°씩 주어지는 경우를 나타내고 있다.

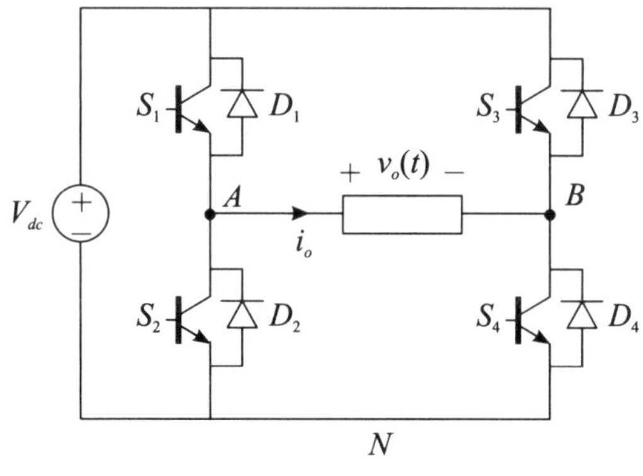

그림 7-6 풀-브리지 인버터

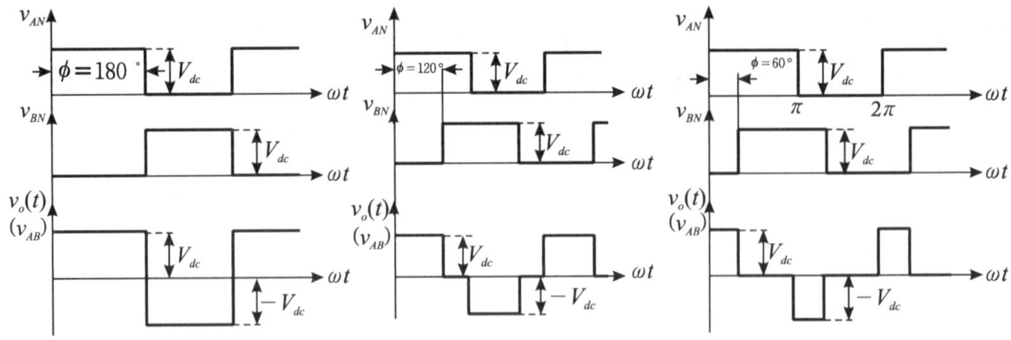

(a) (b) (c)

그림 7-7 구형파 출력 풀-브리지 인버터의 스위치 동작에 따른 출력전압 파형의 변화

그림 7-8은 그림 7-7 (a)에서 보여주고 있는 구형파 출력을 발생시키는 풀-브리지 인버터에서 저항 및 인덕터 R-L 부하로 구성되어 있는 경우의 부하에 흐르는 전류파형을 보여 주고 있으며 만일 부하가 저항만으로 구성된 경우라면 전류 파형은 출력 전압과 같은 형태의 구형파 모양의 파형이 된다.

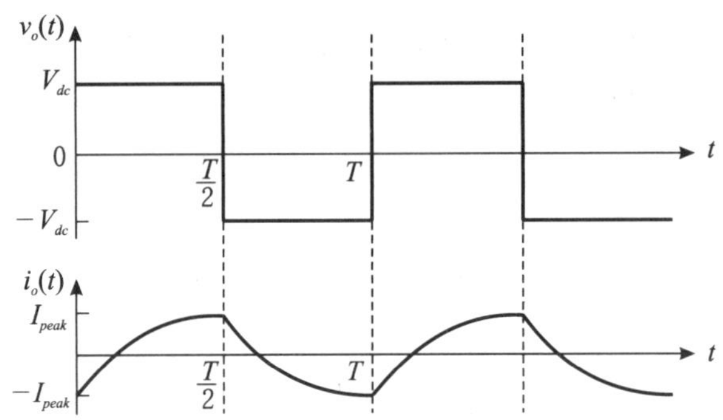

그림 7-8 구형파 출력을 갖는 인버터의 출력전압 파형 및 R-L 부하시 부하전류 파형

(2) 구형파 출력 풀-브리지(Half-Bridge) 인버터 실습

그림 7-9~그림 7-18은 구형파 출력을 갖는 단상 풀-브리지 인버터 PSIM Schematic회로 및 그 출력파형을 각각 보여 주고 있는 것으로 그림 7-9~그림 7-14는 저항 R 부하를 갖는 경우이며 그림 7-15~그림 7-18은 저항 및 인덕터 R-L 부하를 갖는 경우를 나타내고 있다. 그림 7-9는 스위치 쌍 (S_1, S_4) 및 (S_2,

S_3)의 도통각이 각각 180°씩인 경우 저항 R 부하를 갖는 단상 풀-브리지 인버터 PSIM Schematic회로를 나타내고 있으며, 그림 7-10은 그림 7-9 회로에 대한 출력 전압 파형을 보여 주고 있는 것으로 위에서 첫 번째 그림은 인버터의 노드 A와 N 사이의 전압 VAN을, 위에서 두 번째 그림은 노드 B와 N사이의 전압 VBN을 나타내고 있고 위에서 세 번째 그림은 위에서 얻은 두 개 전압 VAN과 VBN의 차인 부하 출력전압 VAB를 나타낸다. 이 경우 출력전압은 180°씩 $+V_{dc}$와 $-V_{dc}$를 반복하는 출력을 발생시키고 있음을 확인할 수 있다. 그림 7-11은 스위치 쌍 (S_1, S_4), (S_1, S_3), (S_2, S_3), (S_2, S_4)의 도통각이 각각 120°, 60°, 120°, 60°씩인 경우 저항 R 부하를 갖는 단상 풀-브리지 인버터 PSIM Schematic 회로를 나타내며, 그림 7-12는 그림 7-11 회로에 대한 출력전압 파형을 보여 준다. 이 경우에 있어서도 위에서와 마찬가지로 위에서 첫 번째 그림은 인버터의 노드 A와 N사이의 전압 VAN을, 위에서 두 번째 그림은 노드 B와 N사이의 전압 VBN을 나타내며 위에서 세 번째 그림은 위에서 얻은 두 개 전압 VAN과 VBN의 차인 부하 출력전압 VAB를 보여 준다. 그림 7-13은 스위치 쌍 (S_1, S_4), (S_1, S_3), (S_2, S_3), (S_2, S_4)의 도통각이 각각 60°, 120°, 60°, 120°씩인 경우 저항 R 부하를 갖는 단상 풀-브리지 인버터 PSIM Schematic 회로를 보여 주고 있으며, 그림 7-14는 7-13 회로에 대한 출력전압 파형으로 위에서 첫 번째 그림부터 마지막 세 번째 그림은 위에서 설명한 내용과 동일하다. 그림 7-11 및 그림 7-13 회로들의 경우 출력전압은 각각 $+V_{dc}$, 0, $-V_{dc}$의 3단계로 나타남을 확인 할 수 있다. 그림 7-15는 스위치 쌍 (S_1, S_4) 및 (S_2, S_3)의 도통각이 180°씩인 것은 그림 7-9의 경우와 같으나 부하가 저항 및 인덕터 R-L로 구성된 경우의 PSIM Schematic 회로를 나타내고 있는 것으로, 이때 그림 7-16은 그림 7-15 회로에 대한 출력전압 및 부하전류 파형을 보여 주고 있다. 그림 7-17은 스위치 쌍 (S_1, S_4), (S_1, S_3), (S_2, S_3), (S_2, S_4)의 도통각이 각각 120°, 60°, 120°, 60°씩 인가된 경우인 그림 7-11의 단상 풀-브리지 인버터 PSIM Schematic 회로와 같으나 부하가 저항 및 인덕터 R-L로 구성된 경우이며, 그림 7-18은 이 경우에 대한 인버터 출력전압 및 부하전류 파형을 나타내고 있다. 이때 2단계 출력전압을 발생시키고 있는 경우인 그림 2-16의 전류파형과 3단계 출력전압을 발생시키고 있는 경우인 그림 7-18에서의 전류파형 사이에 차이가 있음을 확인 할 수 있다.

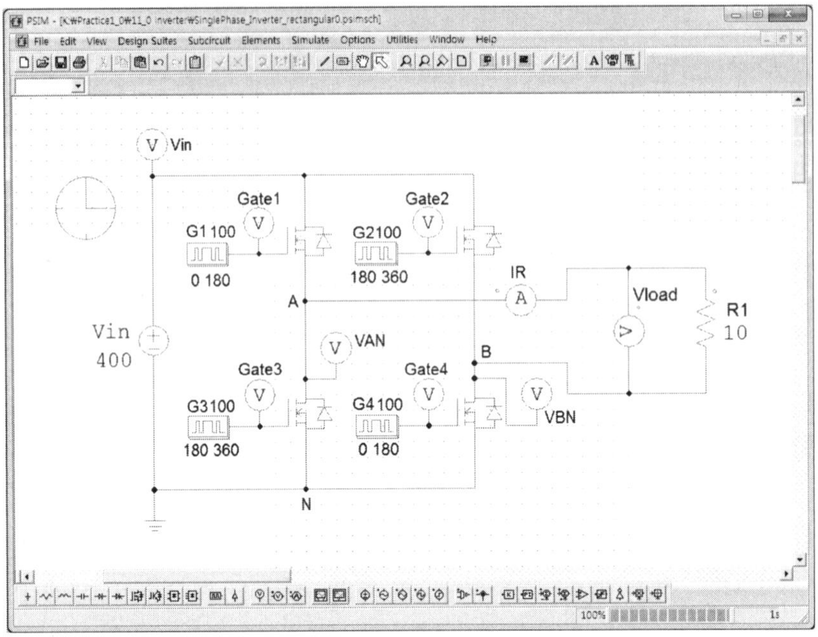

그림 7-9 단상 풀-브리지 인버터 PSIM Schematic 회로(스위치 쌍 (S_1, S_4) 및 (S_2, S_3)의 도통각이 180°씩인 경우, R부하)

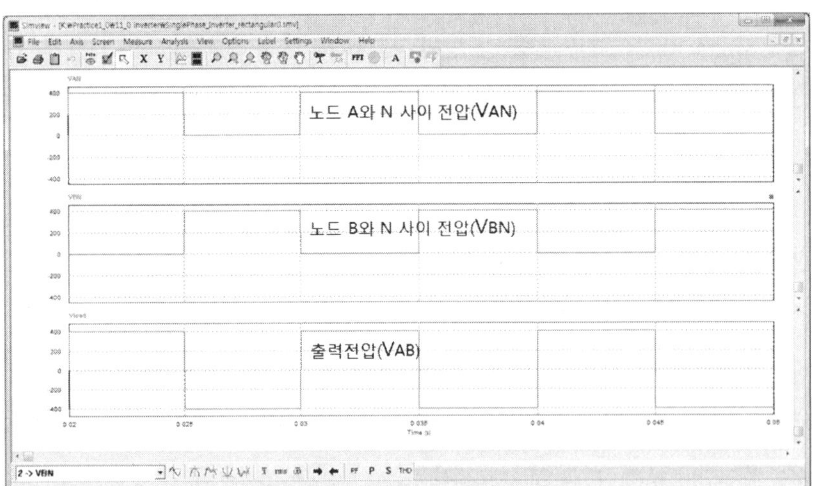

그림 7-10 단상 풀-브리지 인버터 출력전압 파형(스위치 쌍 (S_1, S_4) 및 (S_2, S_3)의 도통각이 180°씩인 경우, R부하)

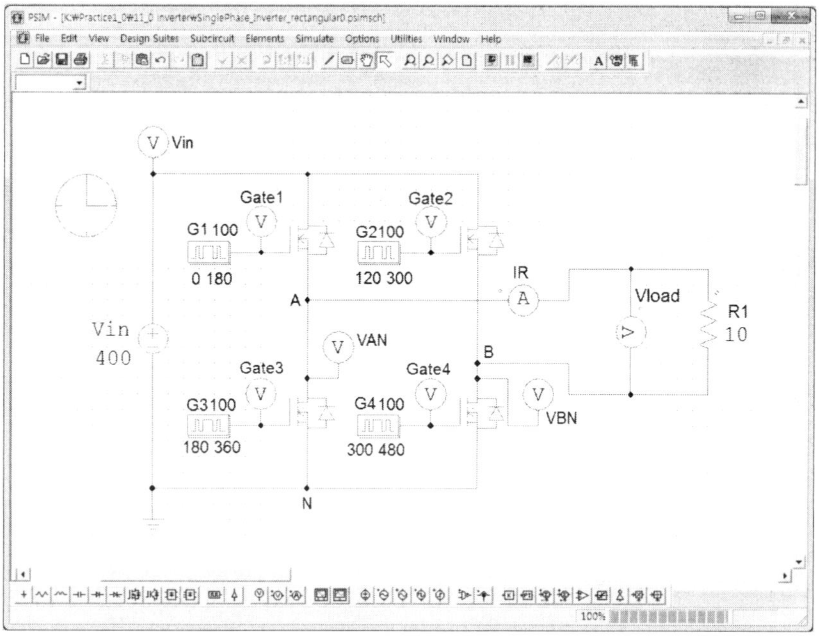

그림 7-11 단상 풀-브리지 인버터 PSIM Schematic 회로(스위치 쌍 (S_1, S_4), (S_1, S_3), (S_2, S_3), (S_2, S_4)의 도통각이 120°, 60°, 120°, 60°씩인 경우, R부하)

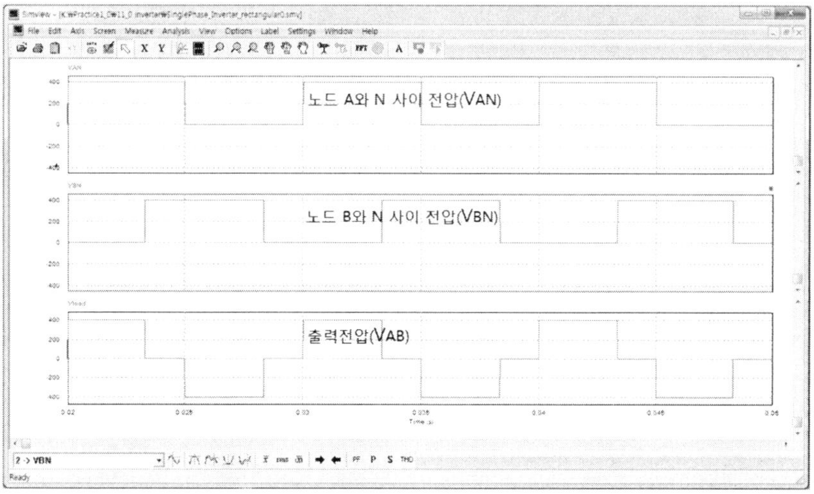

그림 7-12 단상 풀-브리지 인버터 출력전압 파형(스위치 쌍 (S_1, S_4), (S_1, S_3), (S_2, S_3), (S_2, S_4)의 도통각이 120°, 60°, 120°, 60°씩인 경우, R부하)

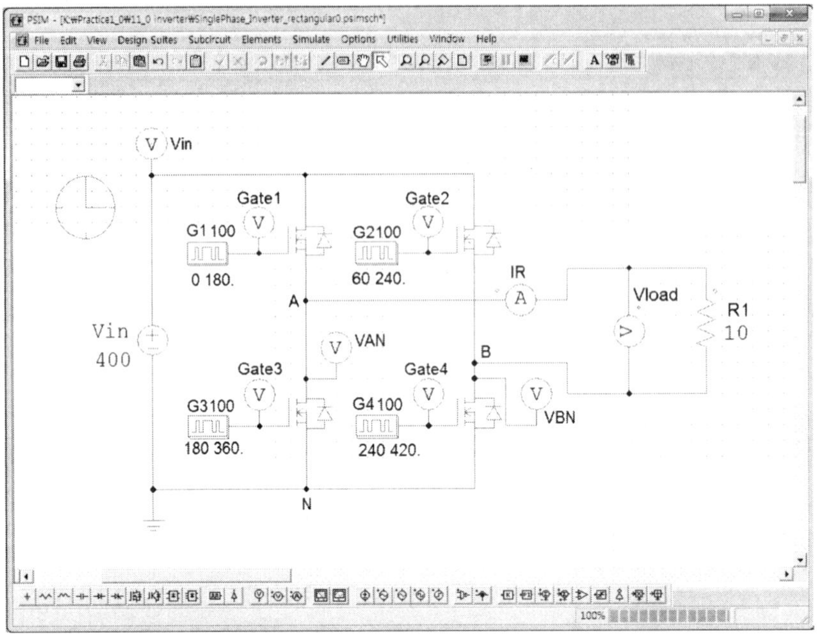

그림 7-13 단상 풀-브리지 인버터 PSIM Schematic 회로(스위치 쌍 $(S_1,\ S_4)$, $(S_1,\ S_3)$, $(S_2,\ S_3)$, $(S_2,\ S_4)$의 도통각이 60°, 120°, 60°, 120°씩인 경우, R부하)

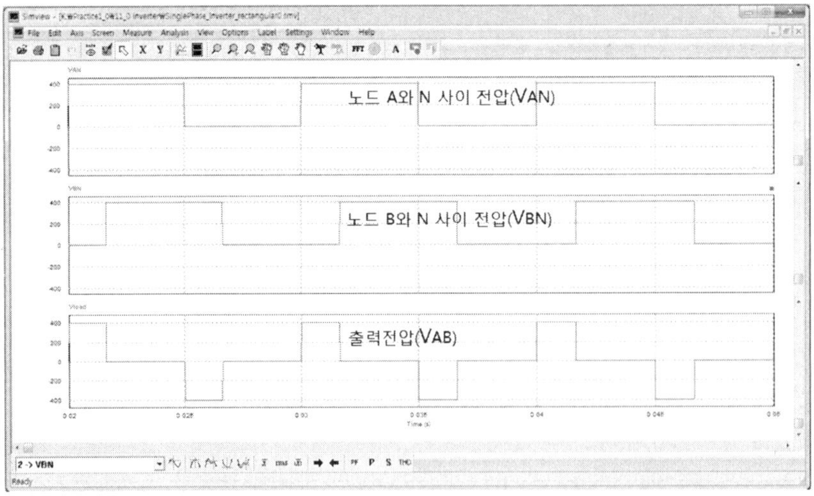

그림 7-14 단상 풀-브리지 인버터 출력전압 파형(스위치 쌍 $(S_1,\ S_4)$, $(S_1,\ S_3)$, $(S_2,\ S_3)$, $(S_2,\ S_4)$의 도통각이 60°, 120°, 60°, 120°씩인 경우, R부하)

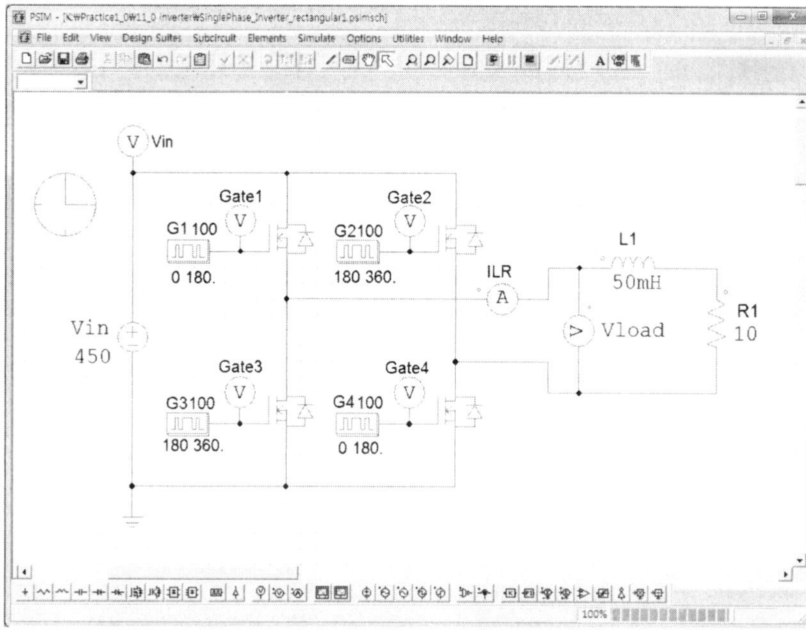

그림 7-15 단상 풀-브리지 인버터 PSIM Schematic 회로(스위치 쌍 (S_1, S_4) 및 (S_2, S_3)의 도통각이 180°씩인 경우, R-L 부하)

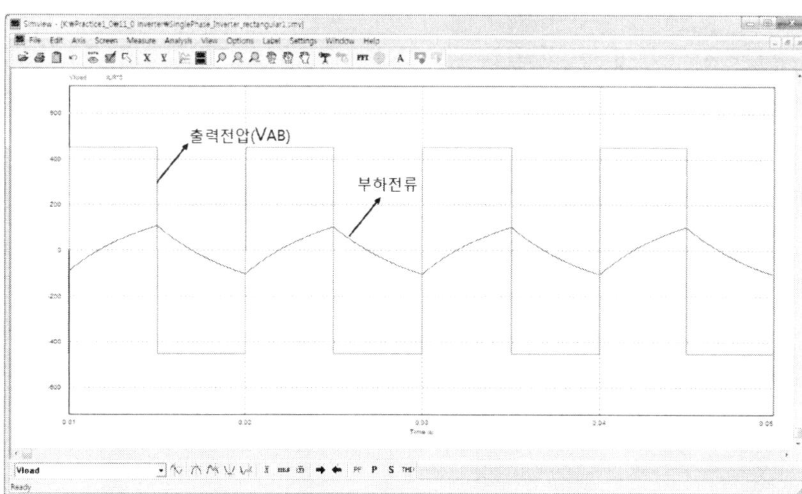

그림 7-16 단상 풀-브리지 인버터 출력전압 및 부하전류 파형(스위치 쌍 (S_1, S_4) 및 (S_2, S_3)의 도통각이 180°씩인 경우, R-L 부하)

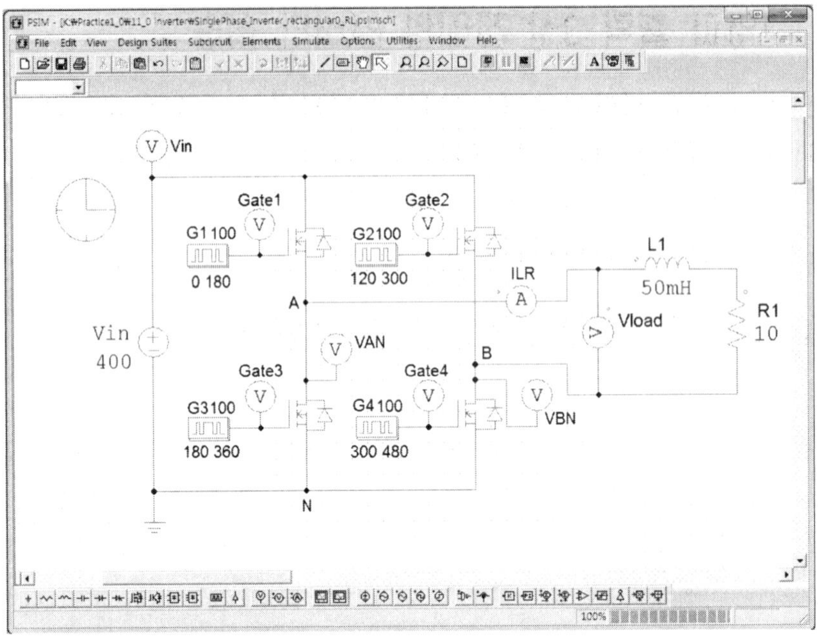

그림 7-17 단상 풀-브리지 인버터 PSIM Schematic 회로(스위치 쌍 (S_1, S_4), (S_1, S_3), (S_2, S_3), (S_2, S_4)의 도통각이 120°, 60°, 120°, 60°씩인 경우, R-L 부하)

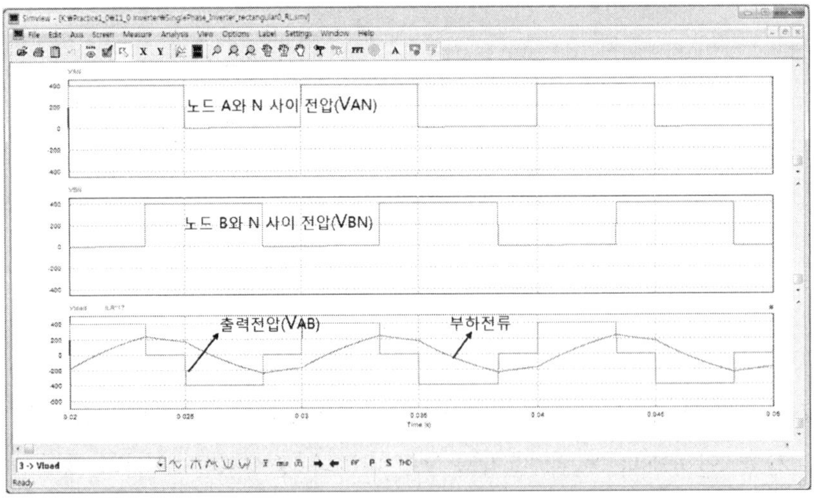

그림 7-18 단상 풀-브리지 인버터 출력전압 및 부하전류 파형(스위치 쌍 (S_1, S_4), (S_1, S_3), (S_2, S_3), (S_2, S_4)의 도통각이 120°, 60°, 120°, 60°씩인 경우, R-L 부하)

7.3 구형파 출력 3상 전압형 인버터 실습

3상 인버터는 직류 입력에 대해 3개의 상으로 교류 출력을 발생시키는 전력변환 장치로서, 입력 전원이 전압형인 경우 일반적으로 상용전원을 정류기로 정류시킨 직류 전압원을 입력으로 사용한다. 여기에서는 구형파 출력을 발생시키는 대표적인 3상 전압형 인버터로서 6-스텝(6-step) 인버터에 대한 실습을 수행하도록 한다.

(1) 구형파 출력 3상 전압형 인버터(6-스텝 인버터) 개요

3상 전압형 인버터는 단상 풀-브리지 인버터의 스위치 구조에 세 번째 상에 해당하는 레그(Leg)가 하나 더 추가된 것으로 볼 수 있다. 그림 7-19는 직류 입력 전압원으로부터 3상 교류출력을 만들어내는 인버터 회로로서, 일반적으로 많이 사용되고 있는 3상 전압형 인버터의 구조를 나타내고 있다. 이때 그림 7-19의 인버터 구조에서 출력의 한 주기에 6개의 스위칭 조합을 사용하여 한 주기 마다 6단계(6-Step)의 구형파 출력을 내는 3상 인버터를 6-스텝 인버터(6-Step Inverter)라고 한다.

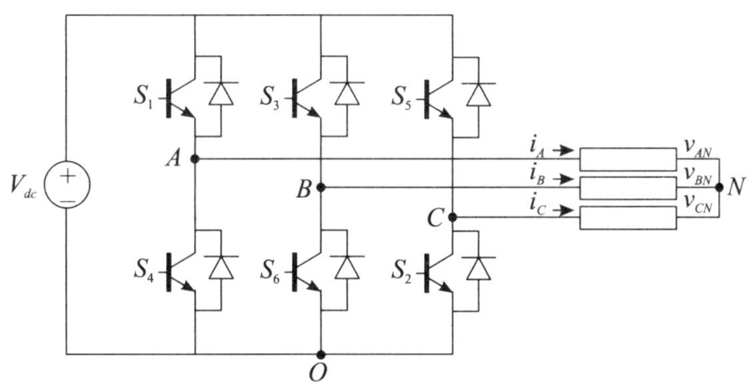

그림 7-19 3상 전압형 인버터

그림 7-19의 3상 전압형 인버터에서 각 레그(Leg)의 중간 마디 점들을 각각 A, B, C라 하고 인버터의 하위 단자를 O, 부하의 중성점을 N이라 놓을 때, 그림 7-19의 3상 전압형 인버터를 6-스텝 인버터로 사용하는 경우에 대한 인버터 동작을 살펴보기로 한다. 인버터 각 상 레그에 존재하는 스위치들의 조합으로서 스위치 쌍 (S_1, S_4), (S_3, S_6), (S_5, S_2)들은 항상 50[%]의 시비율을 가지고 교대로 온, 오프 동작을 하며 출력전압의 한주기인 T에 대해 매 $T/6$인 시간 간격 마다(한주기

360°에 대해 60°마다) 6개의 스위치 중 온되는 3개의 스위치들의 조합이 바뀌게 된다. 이때 $T/6$인 시간 간격 마다 온되는 스위치는 상위 스위치 군 S_1, S_3, S_5 중에서 하나의 스위치가 온되면 하위 스위치 군 S_4, S_6, S_2 중에서 2개의 스위치가 온되고, 만일 하위 스위치 군 중에서 하나의 스위치가 온 되면 상위 스위치 군 중에서 2개의 스위치가 온된다. 이에 따라서 그림 7-20은 상당 6-스텝 출력전압을 얻기 위한 스위치 게이트 신호를 나타내고 있는 것으로 스위치 온 상태의 조합 순서는 60°구간 마다 $(S_1, S_6, S_5) \rightarrow (S_1, S_6, S_2) \rightarrow (S_1, S_3, S_2) \rightarrow (S_4, S_3, S_2) \rightarrow (S_4, S_3, S_5) \rightarrow (S_4, S_6, S_5) \rightarrow \cdots\cdots$로 설정된다.

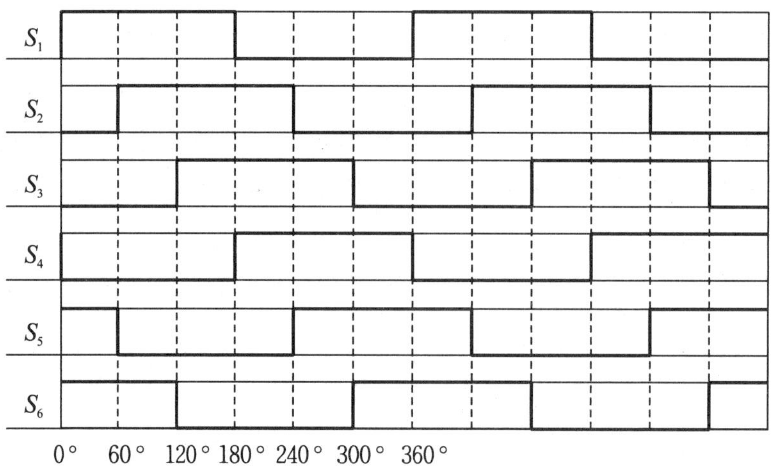

그림 7-20 6-스텝 출력을 얻기 위한 3상 전압형 인버터의 스위치 온, 오프 게이팅 신호

그림 7-20에서와 같은 스위칭 패턴을 그림 7-19의 스위치들에 인가함으로써 3상 부하에 나타나는 출력 전압 즉, v_{AN}, v_{BN}, v_{CN}의 표현을 아래에서와 같이 구해보도록 한다. 그림 7-19에서 인버터 시스템은 중성선이 없으며, 부하가 모두 평형되어 있는 3상 평형 시스템을 가정하면 그림으로 부터 다음 식 (7-1)~(7-2)와 같은 평형조건을 설정할 수 있다.

$$v_{AN} + v_{BN} + v_{CN} = 0 \tag{7-1}$$

$$i_A + i_B + i_C = 0 \tag{7-2}$$

이때 각 부하의 상전압 v_{AN}, v_{BN}, v_{CN}은 중성선이 없는 경우이므로 그림으로부터 키르히호프의 전압법칙을 적용하여 식 (7-3)과 같이 나타낼 수 있다.

$$\left.\begin{aligned} v_{AN} &= v_{AO} - v_{NO} \\ v_{BN} &= v_{BO} - v_{NO} \\ v_{CN} &= v_{CO} - v_{NO} \end{aligned}\right\} \tag{7-3}$$

식 (7-3)으로부터 좌변과 우변의 항들을 각각 더하면 다음 식 (7-4)와 같은 식이 성립되며 이로부터 그림 7-19 3상 인버터의 N점과 O점 사이의 전압 v_{NO}를 식 (7-5)와 같이 얻을 수 있다.

$$v_{AN} + v_{BN} + v_{CN} = v_{AO} + v_{BO} + v_{CO} - 3v_{NO} \tag{7-4}$$

$$v_{NO} = \frac{1}{3}(v_{AO} + v_{BO} + v_{CO}) \tag{7-5}$$

따라서 식 (7-3)에 식 (7-5)를 대입하면 다음 식 (7-6)과 같이 3상 인버터의 Y 결선된 부하의 상전압에 대한 표현식을 얻을 수 있다.

$$\left.\begin{aligned} v_{AN} &= v_{AO} - v_{NO} = v_{AO} - \frac{1}{3}(v_{AO} + v_{BO} + v_{CO}) = \frac{2}{3}v_{AO} - \frac{1}{3}v_{BO} - \frac{1}{3}v_{CO} \\ v_{BN} &= v_{BO} - v_{NO} = v_{BO} - \frac{1}{3}(v_{AO} + v_{BO} + v_{CO}) = \frac{2}{3}v_{BO} - \frac{1}{3}v_{CO} - \frac{1}{3}v_{AO} \\ v_{CN} &= v_{CO} - v_{NO} = v_{CO} - \frac{1}{3}(v_{AO} + v_{BO} + v_{CO}) = \frac{2}{3}v_{CO} - \frac{1}{3}v_{AO} - \frac{1}{3}v_{BO} \end{aligned}\right\} \tag{7-6}$$

아울러 인버터 3상 출력에 대한 부하 선간전압은 다음과 같이 구해 줄 수 있다.

$$\left.\begin{aligned} v_{AB} &= v_{AO} - v_{BO} \\ v_{BC} &= v_{BO} - v_{CO} \\ v_{CA} &= v_{CO} - v_{AO} \end{aligned}\right\} \tag{7-7}$$

그림 7-19로부터 3상 전압형 인버터의 각 레그(Leg)의 중간 마디 점들 A, B, C와 인버터의 하위 단자 O사이의 전압 v_{AO}, v_{BO}, v_{CO}는 각각 스위치 쌍 (S_1, S_4), (S_3, S_6), (S_5, S_2)에서 스위치의 켜져 있는 상태에 따라 결정되는데, 만일 상위에 있는 스위치가 온되어 있고 하위에 있는 스위치가 오프되어 있는 경우라면 인버터 레그(Leg)의 중간 마디 점과 하위 단자 O 사이의 전압은 V_{dc}가 되며, 반대로 상위

에 있는 스위치가 오프 상태에 있고 하위에 있는 스위치가 온되어 있는 경우라면 인버터 레그(Leg)의 중간 마디 점과 하위 단자 O 사이의 전압은 0이 되는데, 이는 스위칭 상태에 따라 하위 스위치 그룹 S_4, S_6, S_2에 각각 걸리는 전압으로 생각해 줄 수 있다. 따라서 각 상 부하전압 v_{AN}, v_{BN}, v_{CN}은 이와 같이 얻어진 인버터 레그(Leg)의 중간 마디 점과 하위 단자 O 사이의 전압 v_{AO}, v_{BO}, v_{CO}에서 식 (7-5)로 얻어지는 v_{NO}전압을 각각 빼어 줌으로써 얻을 수 있다. 따라서 그림 7-20의 스위칭 패턴이 스위치 $S_1 \sim S_6$에 각 구간별로 인가되면 각 순간마다의 인버터 레그(Leg)의 중간 마디점과 하위 단자 O 사이의 전압 v_{AO}, v_{BO}, v_{CO}를 얻을 수 있고, 이 3개의 전압을 모두 더해서 3으로 나눈 v_{NO}를 각 상 v_{AO}, v_{BO}, v_{CO}에서 빼어주게 되면 전원 한 주기를 통해서 A상 $+\frac{V_{dc}}{3}$, $+\frac{2V_{dc}}{3}$, $+\frac{V_{dc}}{3}$, $-\frac{V_{dc}}{3}$, $-\frac{2V_{dc}}{3}$, $-\frac{V_{dc}}{3}$, B상 $-\frac{2V_{dc}}{3}$, $-\frac{V_{dc}}{3}$, $+\frac{V_{dc}}{3}$, $+\frac{2V_{dc}}{3}$, $+\frac{V_{dc}}{3}$, $-\frac{V_{dc}}{3}$, C상 $+\frac{V_{dc}}{3}$, $-\frac{V_{dc}}{3}$, $-\frac{2V_{dc}}{3}$, $-\frac{V_{dc}}{3}$, $+\frac{V_{dc}}{3}$, $+\frac{2V_{dc}}{3}$로 나타나는 6개 단계의 각 상 부하전압을 구할 수 있다. 이와 같이 각 상 부하의 상전압이 매주기 6단계 즉, 6-스텝의 구형파 출력 전압파형을 발생시키므로 이러한 형태의 3상 인버터를 6-스텝 인버터라 한다. 그림 7-19에서와 같이 Y결선된 3상 6-스텝 인버터의 부하가 $R-L$로 구성되어 있다면 부하의 상에 흐르는 전류파형은 그림 7-21과 같은 형태로 나타나게 된다.

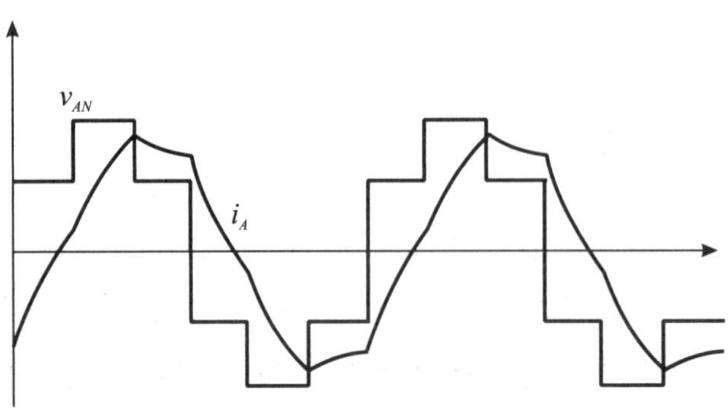

그림 7-21 $R-L$ 부하를 갖는 Y결선 3상 6-스텝 인버터의 A상 상전압 및 전류파형

(2) 구형파 출력 3상 전압형 인버터(6-스텝 인버터) 실습

그림 7-22는 R-L 부하를 갖는 3상 전압형 인버터의 PSIM Schematic 회로를 나타내고 있으며, 6-스텝 구형파 출력을 발생시키기 위해 PSIM의 게이팅 블록(Gating Block)을 사용하여 그림 7-20에서와 같은 게이트 신호를 각각의 스위치에 인가하도록 하고 있다. 이때 사용된 각 상의 부하 저항은 10[Ω], 인덕터의 인덕턴스는 1[mH]이다. 그림 7-23은 그림 7-20에서 보여 주고 있는 바와 같은 게이트 신호가 PSIM의 게이팅 블록을 통해 발생되고 있는 것을 보여 주고 있는 것으로, 위에서부터 스위치 MOS1~MOS6에 인가되는 게이트 신호 Gate1~Gate6의 파형을 나타내고 있다. 그림 7-24는 그림 7-22의 6-스텝 구형파 출력을 갖는 3상 전압형 인버터의 출력 선간전압 및 부하 상전압 파형을 보여 주고 있는 것으로 위에서부터 3개의 파형은 선간전압 Vab, Vbc, Vca를 각각 나타내고 있고, 다음 3개의 파형은 각 부하에 걸리는 상전압 Va, Vb, Vc에 대한 파형을 나타내고 있다. 그림에서 보여 주고 있는 바와 같이 각각의 선간전압은 Vdc(그림 7-22에서 450[V]), 0, $-V_{dc}$의 3단계의 값을 갖는다는 것을 알 수 있으며, 각각의 상전압은 A상 $+\frac{V_{dc}}{3}$, $+\frac{2V_{dc}}{3}$, $+\frac{V_{dc}}{3}$, $-\frac{V_{dc}}{3}$, $-\frac{2V_{dc}}{3}$, $-\frac{V_{dc}}{3}$, B상 $-\frac{2V_{dc}}{3}$, $-\frac{V_{dc}}{3}$, $+\frac{V_{dc}}{3}$, $+\frac{2V_{dc}}{3}$, $+\frac{V_{dc}}{3}$, $-\frac{V_{dc}}{3}$, C상 $+\frac{V_{dc}}{3}$, $-\frac{V_{dc}}{3}$, $-\frac{2V_{dc}}{3}$, $-\frac{V_{dc}}{3}$, $+\frac{V_{dc}}{3}$, $+\frac{2V_{dc}}{3}$로 나타나는 6단계의 6-스텝 출력을 발생시킴을 확인 할 수 있다. 그림 7-25는 그림 7-24에서 보여 주고 있는 각 상전압 파형에 각 상에 흐르는 전류 파형을 3배 확대하여 함께 나타내고 있는 것으로, 이 경우는 앞에서 이미 언급한 바와 같이 각 상 부하 저항이 10[Ω], 인덕터의 인덕턴스가 1[mH]인 경우에 해당한다. 그림 7-26은 그림 7-22와 같은 6-스텝 구형파 출력을 갖는 3상 전압형 인버터 PSIM Schematic 회로를 보여 주고 있는데, 이 경우는 각 상 R-L 부하의 저항을 10[Ω], 인덕터의 인덕턴스를 20[mH]로 한 경우이다. 이 경우에 대한 출력파형은 그림 7-27에서 보여 주고 있는 바와 같으며 앞의 그림 7-25에서와 같이 각 그림에서 각 상전압 파형과 각 상에 흐르는 전류 파형을 함께 나타내고 있다. 이 경우에서는 전류 파형을 9배 확대하여 나타내고 있으며, 그림에서 보여 주고 있는 바와 같이 인버터 회로의 부하로 사용되고 있는 인덕터의 인덕턴스가 1[mH]에서 20[mH]로 증

가함에 따라 각 상에 흐르는 전류의 파형에 변화가 발생되고 있음을 확인 할 수 있다.

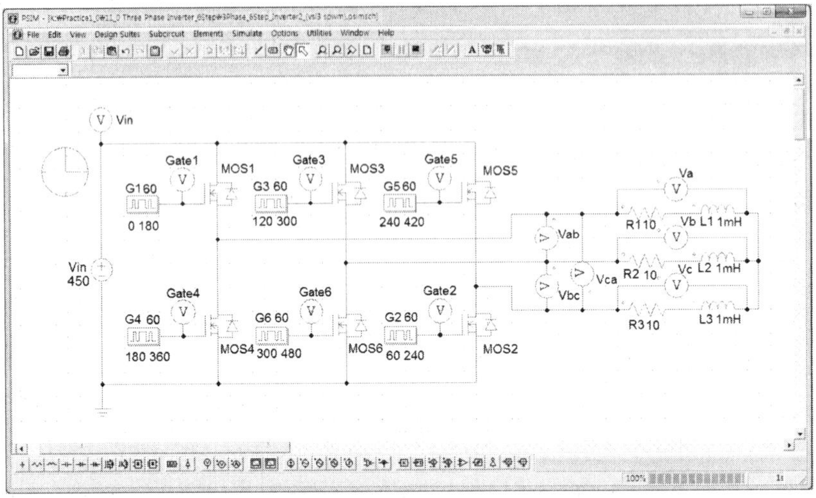

그림 7-22 6-스텝 구형파 출력을 갖는 3상 전압형 인버터 PSIM Schematic 회로(R-L 부하 : 저항 10[Ω], 인덕터 1[mH])

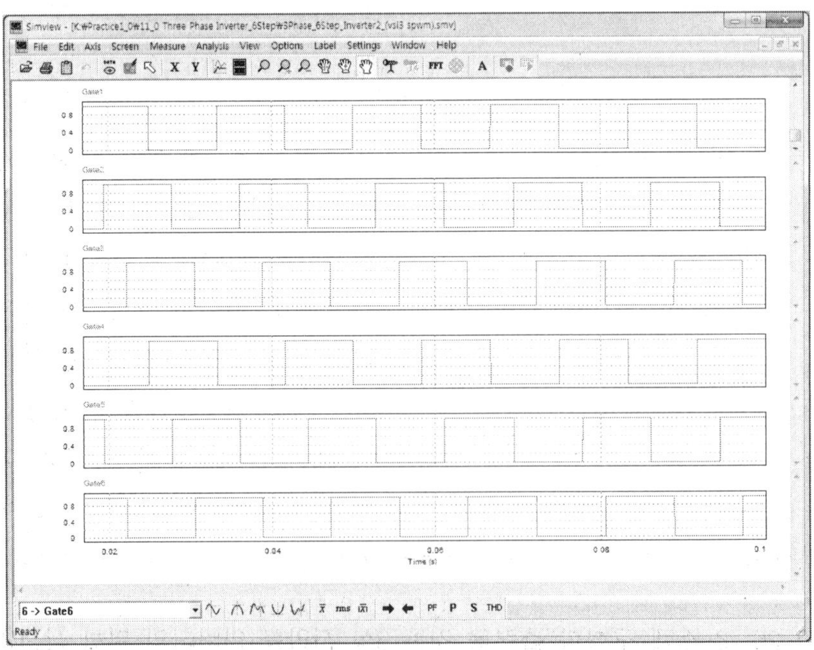

그림 7-23 6-스텝 구형파 출력을 갖는 3상 전압형 인버터 스위치 게이트 신호

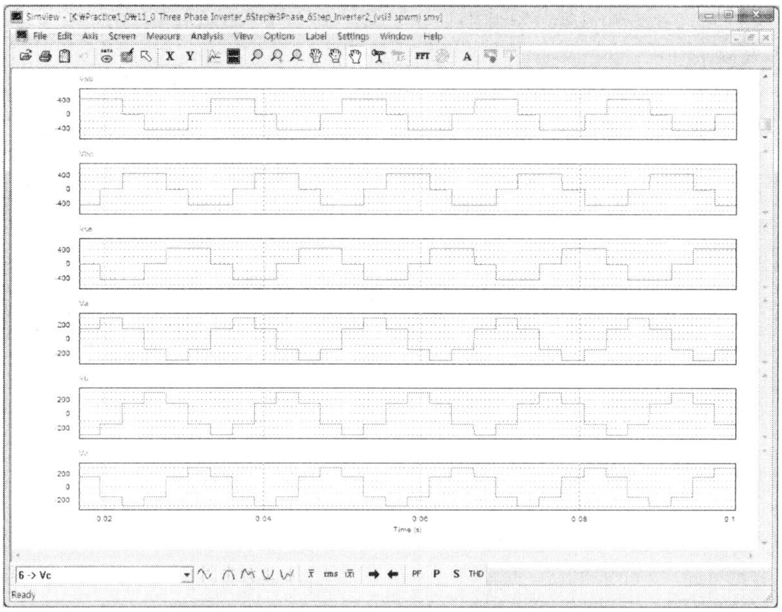

그림 7-24 6-스텝 구형파 출력을 갖는 3상 전압형 인버터 출력 선간전압 및 부하 상전압 파형

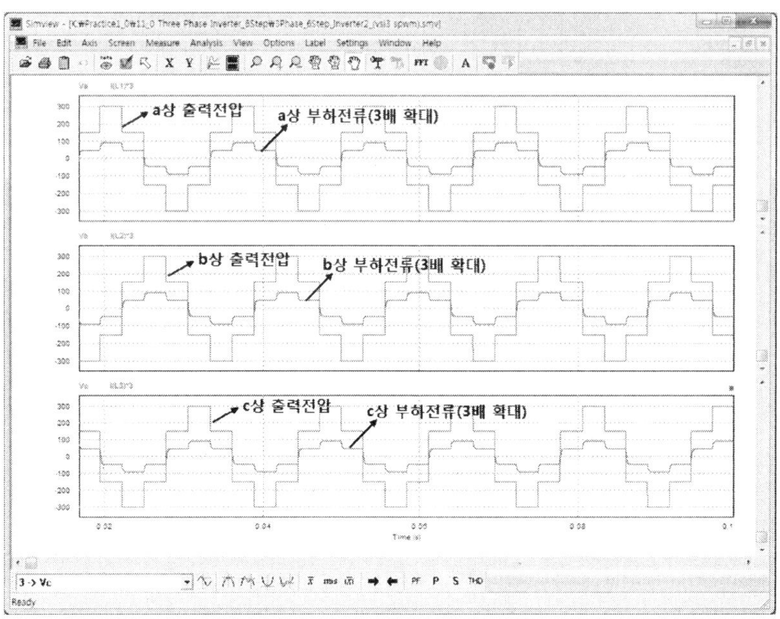

그림 7-25 6-스텝 구형파 출력을 갖는 3상 전압형 인버터의 부하 상전압 및 전류파형(R-L 부하 : 저항 10[Ω], 인덕터 1[mH])

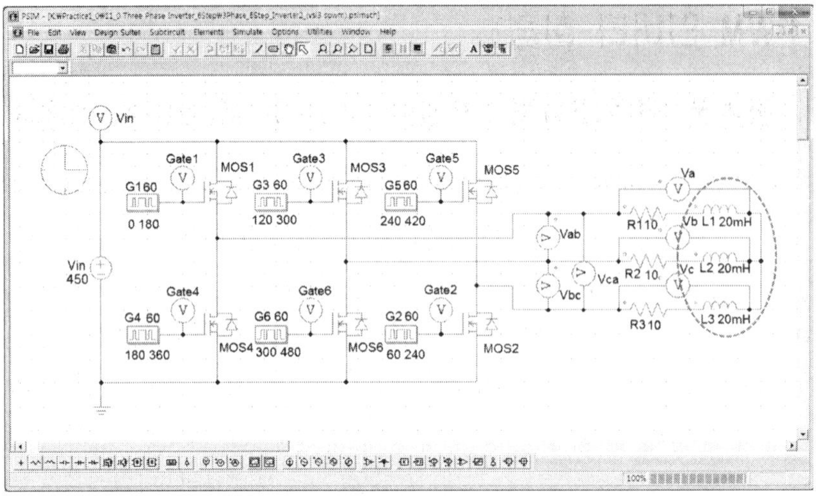

그림 7-26 6-스텝 구형파 출력을 갖는 3상 전압형 인버터 PSIM Schematic 회로(R-L 부하 : 저항 10[Ω], 인덕터 20[mH])

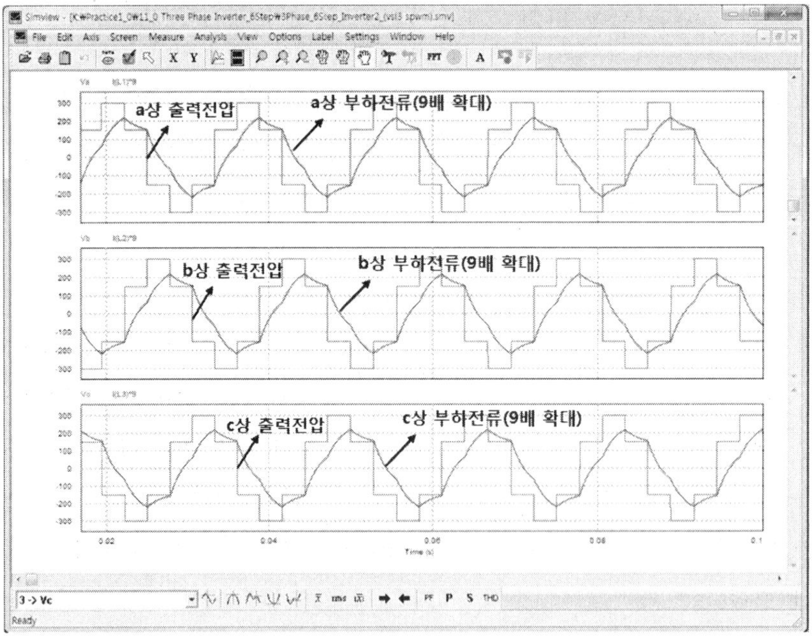

그림 7-27 6-스텝 구형파 출력을 갖는 3상 전압형 인버터의 부하 상전압 및 전류파형(R-L 부하 : 저항 10[Ω], 인덕터 20[mH])

7.4 PWM 인버터 실습

7.4.1 펄스폭 변조(PWM : Pulse Width Modulation)의 개요

인버터의 출력을 제어하기 위한 변조 방식에는 앞에서도 언급되었던 바와 같이 대표적으로 펄스의 크기를 제어하는 PAM(Pulse Amplitude Modulation) 방식과 펄스의 폭을 제어하는 PWM(Pulse Width Modulation) 방식이 있는데, 일반적으로는 PWM 방식이 더욱 흔히 사용되는 방식이라고 할 수 있다. PWM 방식은 출력전압의 파형을 펄스폭의 크기로 변조해서 제어하므로, 원하는 출력 전압 파형을 얻기 위해 우선 많은 펄스열들이 스위칭 주파수에 해당하는 만큼 한 주기에 걸쳐 발생되도록 하고, 추후 이 펄스열들을 적절한 필터를 사용하여 필터링함으로써 원하는 출력전압의 형태가 되도록 복조 시키도록 한다. 따라서 이러한 PWM 방식은 일반적으로 스위칭 주파수에 해당하는 수많은 펄스열들이 발생되도록 고주파수로 동작하므로 속응성이 좋고, 저차수의 고조파 성분이 제거되어 왜형률 면에서 우수한 특징을 갖는다. 이에 따라 PWM 방식에 있어서는 스위칭 주파수를 높게 할 수 없는 사이리스터 보다는 전력용 트랜지스터나 IGBT 또는 MOSFET 등의 고속 스위칭 소자들이 많이 이용된다. PWM을 사용하는 제어 기법들에는 아날로그 회로를 사용하여 구성이 가능한 아날로그 제어 방식에서부터 마이크로프로세서나 DSP (Digital Signal Processor)를 이용하는 디지털 방식에 이르기 까지 매우 다양한 방식이 존재하는데, 여기에서는 정현파 기준신호와 삼각파 캐리어 신호를 비교기의 두 입력으로 사용하여 그 비교 출력을 인버터 스위치를 구동하기 위한 게이트 신호로 사용하는 정현파 PWM(SPWM : Sinusoidal Pulse Width Modulation) 방식에 대하여 실습하도록 한다. 이 방식은 아날로그 회로로써 구성이 가능하며 간단하고 실현성이 좋아 가장 많이 사용되는 PWM 방식 중의 하나라고 볼 수 있으며, 크기 변조지수(Amplitude Modulation Ratio)에 의해 기본파 성분의 크기를 조정하고 주파수 변조지수(Frequency Modulation Ratio)를 사용하여 발생 고조파의 주파수 성분을 제어 한다.

7.4.2 SPWM을 이용한 단상 전압형 인버터 실습

PWM 방식 중 가장 많이 사용되는 방식의 하나로서 정현파 PWM은 SPWM이라고도 하며 인버터의 출력을 제어하기 위하여 정현파 기준신호와 삼각파 캐리어 신호를 비교하여 PWM 신호를 발생시킨다. 이때 위에서 이미 언급된 바와 같이 인버터 출력의 기본파 성분의 크기를 조정하기 위하여 크기 변조지수(크기 변조비)를 사용하는데, 크기 변조지수는 그림 7-28에서 보여 주고 있는 정현파 기준신호(Reference Signal)와 삼각파 운송신호(Carrier Signal)의 크기 비로써 아래 식 (7-8)과 같이 정의된다.

$$M_a = \frac{\text{기준신호(Reference)의 크기}}{\text{운송신호(Carrier)의 크기}} = \frac{v_{ref}}{v_{tri}} \tag{7-8}$$

여기서 인버터 출력의 기본파 성분의 크기를 조정할 때 보통 기준신호의 크기 v_{ref}를 조정하도록 하며, 만약 $M_a \le 1$이면 출력의 기본파 전압성분의 크기 V_1은 식 (7-9)에서와 같이 크기 변조지수 M_a에 선형적으로 비례하게 된다.

$$V_1 = M_a V_{dc} \tag{7-9}$$

여기서 V_{dc}는 직류 입력전압의 크기이다. 따라서 SPWM에 의한 기본파 성분의 크기가 크기 변조지수 M_a에 의해 제어되므로 $M_a \le 1$인 영역을 선형 변조(Linear Modulation) 영역이라 부른다. 반면에 $M_a > 1$인 영역은 과변조(Over Modulation) 영역이라고 부르며, 이 영역에서는 M_a가 증가 되더라도 출력이 포화되어 M_a의 변화에 따라 출력의 크기가 선형적으로 증가하지 않게 된다.

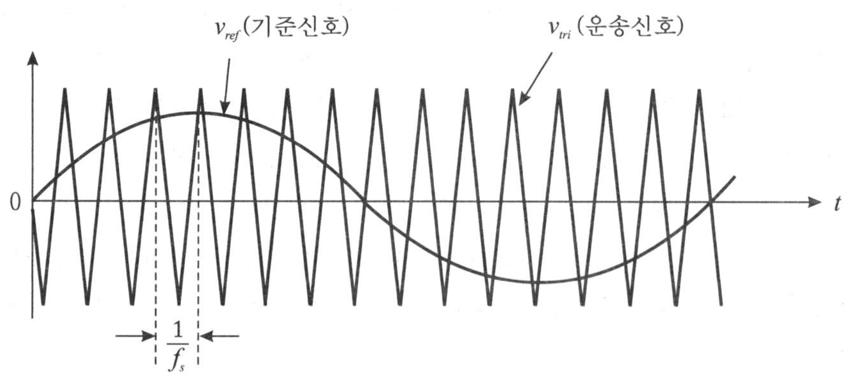

그림 7-28 SPWM을 위한 정현파 기준신호 및 삼각파 운송신호의 예

한편 인버터 출력에 있어서 발생 고조파 성분을 제어하기 위해서 식 (7-10)과 같이 주파수 변조지수(주파수 변조비)를 정의 하는데, 주파수 변조지수는 인버터 출력 기본파 성분에 해당하는 주파수를 갖는 정현파 기준신호 주파수에 대한 운송

신호(캐리어 신호)의 주파수 비로 정의한다.

$$M_f = \frac{\text{운송신호(Carrier)의 주파수}}{\text{기준신호(Reference)의 주파수}} = \frac{f_{tri}}{f_{ref}} \quad (7\text{-}10)$$

SPWM을 사용하는 인버터에 있어서 출력전압의 기본파 성분의 주파수는 정현파 기준신호의 주파수와 동일하고, 고조파 성분들은 운송신호의 주파수(스위칭 주파수)의 정수배와 그 주위의 주파수로 나타나게 된다. 따라서 이러한 고조파 성분들은 운송신호 주파수 대역의 높은 주파수 영역에 위치하므로 저역통과 필터를 사용해서 제거시키는 것이 가능하다. 특히 주파수 변조지수 M_f를 크게 할수록 출력에 나타나는 고조파들의 주파수가 더욱 높은 주파수의 고주파 대역으로 이동하므로 저역통과 필터를 이용한 고조파 성분들의 제거가 더욱 쉬워진다. 그러나 주파수 변조지수 M_f를 크게 하기 위해 운송신호의 주파수 f_{tri}를 증가시키면 이에 따른 스위칭 주파수가 높아져 인버터의 스위칭 손실이 증가하는 단점이 발생하게 된다.

(1) 양방향 스위칭 방식(Bipolar Switching Method) PWM을 이용한 단상 인버터 실습

가. 양방향 스위칭 방식(Bipolar Switching Method) PWM을 이용한 단상 인버터 개요

정현파 PWM(SPWM) 출력을 얻기 위해서 정현파 기준신호(Sinusoidal Reference Signal)와 삼각파 운송신호(캐리어 신호(Carrier Signal))를 사용하며, 이때 인버터의 스위칭 주파수를 결정하는 것은 운송신호 즉 삼각파 캐리어 신호의 주파수이다. 그림 7-29는 양방향 스위칭 방식(Bipolar Switching Method)에 의해 PWM 출력을 얻는 과정을 나타내고 있는 것으로 그림 7-29 (a)에서는 정현파 기준신호와 삼각파 운송신호를 함께 나타내고 있고 이 두 신호를 비교하여 그림 7-29 (b)와 같은 인버터 출력전압 파형을 얻도록 한다.

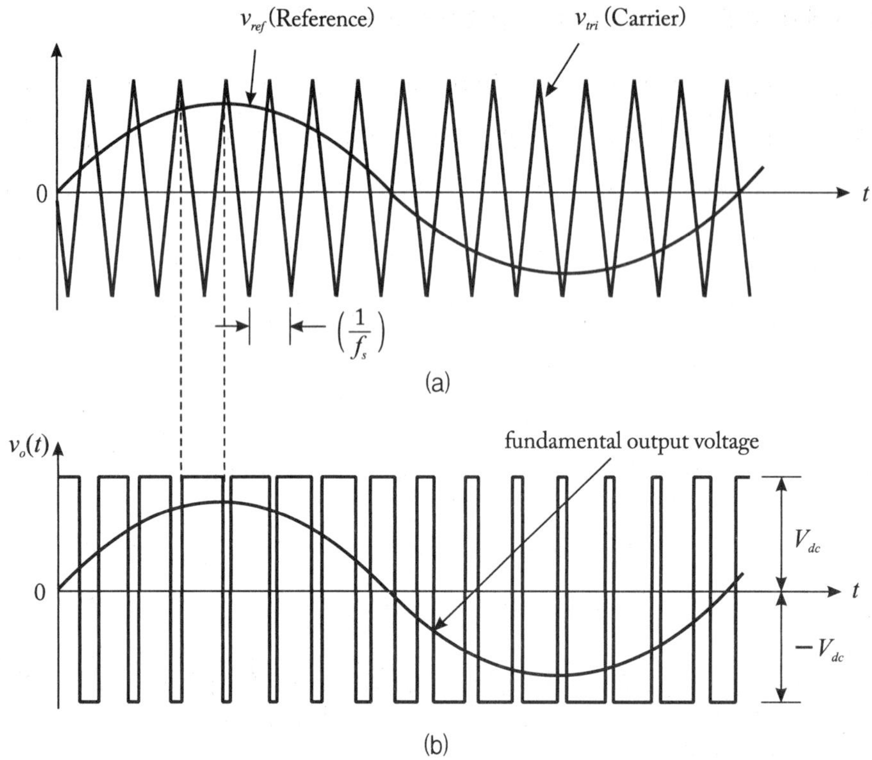

그림 7-29 양방향 스위칭 방식(Bipolar Switching Method)에 의한 SPWM

양방향 스위칭 방식에서는 그림 7-29 (a)에서와 같이 정현파 기준신호의 순시적인 값이 삼각파 운송신호의 순시적인 값보다 큰 경우 인버터의 출력전압이 직류입력전압의 크기인 $+V_{dc}$로 나타나도록 하며, 반대로 기준신호의 값이 운송신호의 값 보다 작은 경우에는 출력전압이 $-V_{dc}$로 발생하도록 한다. 따라서 전체 출력전압은 다음 식 (7-11)과 같이 $+V_{dc}$와 $-V_{dc}$를 갖는 2단계(2-Level)로 발생하게 된다.

$$\left.\begin{array}{ll} V_{ref} > V_{tri}, & v_o(t) = +V_{dc} \\ V_{ref} < V_{tri}, & v_o(t) = -V_{dc} \end{array}\right\} \qquad (7\text{-}11)$$

그림 7-29에서 보여 주고 있는 바와 같이 PWM 출력전압에는 직류 입력 전원전압의 양(+)과 음(−)의 값이 교대로 나타나므로 이와 같은 스위칭 방식을 양방향 전압 스위칭 방식이라 한다. 그림 7-6의 단상 풀-브리지 인버터를 사용하여 양방향 전압 스위칭을 구현하기 위해서는 정현파 기준신호와 운송신호의 순시값을 비

교하여 아래와 같은 스위칭 조합을 발생시키도록 한다.

$$\left.\begin{array}{ll} V_{ref} > V_{tri}, & v_o(t) = +V_{dc}\text{인 경우 스위치 } S_1,\ S_4 \text{ 온 } (S_2,\ S_3 \text{ 오프}) \\ V_{ref} < V_{tri}, & v_o(t) = -V_{dc}\text{인 경우 스위치 } S_2,\ S_3 \text{ 온 } (S_1,\ S_4 \text{ 오프}) \end{array}\right\} \qquad (7\text{-}12)$$

그림 7-30은 크기 변조지수 $M_a = 1$이고 주파수 변조지수 M_f가 홀수인 경우에 대해 그림 7-29의 아래 그림, 즉 양방향 스위칭 방식에 의한 인버터 출력전압 $v_o(t)$의 주파수 스펙트럼을 정규화하여 보여 주고 있는 것으로, 인버터 출력 전압의 발생 고조파의 차수는 식 (7-13)과 같이 나타난다. 따라서 인버터 출력 전압에서의 고조파 차수는 주파수 변조지수 M_f를 P배 한 것의 사이드 밴드에 존재하게 됨을 알 수 있다.

$$H = PM_f \pm Q \qquad (7\text{-}13)$$

여기서 H는 고조파의 차수이고 P와 Q는 각각 정수인데, P가 홀수인 경우 Q는 짝수이고 P가 짝수인 경우 Q는 홀수가 된다. 따라서 P가 1, 3, 5, ······ 일 때 Q는 0, 2, 4, 6 ······이며, P가 2, 4, 6, ······인 경우 Q는 1, 3, 5, ······이다.

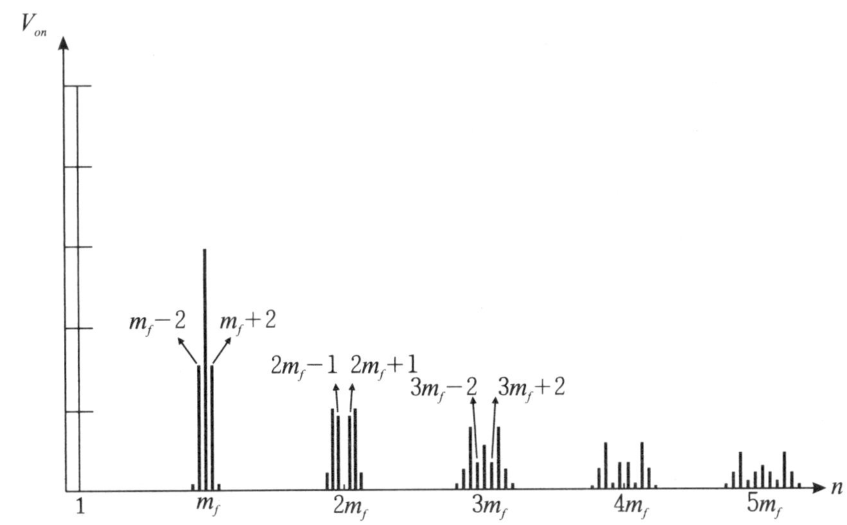

그림 7-30 양방향 전압 스위칭 방식에 대한 출력 주파수 스펙트럼($m_f = M_f$)

나. 양방향 스위칭 방식(Bipolar Switching Method) PWM을 이용한 단상 인버터 실습

그림 7-31은 양방향 스위칭 방식에 의한 SPWM 단상 인버터 실습을 수행하기 위한 PSIM Schematic 회로를 보여 주고 있는 것으로, 여기서 스위칭 주파수는 1.5[kHz]이며 인버터 출력전압을 정현파로 만들어 주기 위한 $L-C$ 저역공과 필터 인덕터의 인덕턴스는 280[μH], 필터 커패시터의 커패시턴스는 250[μF]이다. 설정된 필터 인덕터와 커패시터 값으로부터 저역통과 필터의 공진 주파수는 약 600[Hz]이며, 인버터의 펄스 형태 출력은 이 저역통과 필터를 거친 후 필터링 되어 정현파 전압을 발생시키게 된다. 그림 7-32는 정현파 기준신호(Vref)와 삼각파 운송신호(VTRI1)를 비교하여 스위치들의 게이트 신호를 발생시키기 위한 비교기(Comparator :) 파라미터를 나타내고 있는 것으로 사용자가 특별히 설정해 줄 파라미터는 없다. 그림 7-31로부터 비교기 출력은 PSIM의 On-Off Controller()를 사용하여 직접 스위치 1번과 4번, 즉 MOS1과 MOS4의 게이트에 연결되고, NOT Gate()를 거친 비교기 출력은 On-Off Controller를 통해 2번과 3번 스위치, 즉 MOS2와 MOS3의 게이트에 연결되어 스위치를 온, 오프 시키는 신호로 사용됨을 확인 할 수 있다. 이때 정현파 기준신호로 사용하기 위한 정현파 전압원(Sine)의 파라미터는 그림 7-33에서 보여 주고 있는 바와 같으며, 운송신호로 사용되는 삼각파 전압원(Triangular)의 파라미터는 그림 7-34와 같다. 그림 7-33으로부터 정현파 기준신호의 주파수는 60[Hz]로, 최대값은 0.8[V]로 설정되었고, 그림 7-34로부터 삼각파 운송신호의 주파수는 1.5[kHz]이며 파라미터 중 V_peak_to_ peak가 2이고 DC Offset이 −1의 크기를 가지므로 삼각파의 최대값은 1[V]로 설정되었음을 나타낸다. 따라서 그림 7-31의 인버터 회로에서 크기 변조지수는 $M_a=\dfrac{v_{ref}}{v_{tri}}=\dfrac{0.8}{1}=0.8$로 설정되며 주파수 변조지수는 $M_f=\dfrac{f_{tri}}{f_{ref}}=\dfrac{1500}{60}=25$이다. 그림 7-35는 그림 7-31의 양방향 스위칭 방식을 사용하는 단상 전압형 인버터에 대한 출력전압 파형을 보여 주고 있는 것으로, 위에서 첫 번째 파형은 인터버 출력단 전압 파형(Vinv)을 두 번째 그림은 저역통과 필터를 거치고 난 후 부하 저항에 걸리는 출력 전압 파형(Vload)을 나타낸다. 그림 7-36은 그림 7-35와 같은 결과를 보여 주고 있는 것이나 위에서 첫 번째 그림은 삼각파 운송신호(Vcarr)와 정현파 기준신호

(Vref)를 함께 보여 주고 있는 그림이고, 위에서 두 번째 그림과 세 번째 그림은 각각 그림 7-35의 첫 번째 및 두 번째 그림과 같은 파형인데 출력의 3주기만을 확대하여 나타낸 것이다. 그림 7-37은 인버터 출력에 대한 FFT 결과를 나타내는 것으로, 위에서 첫 번째 그림은 그림 7-36의 두 번째 그림, 즉 인버터의 펄스 출력파형에 대한 FFT 결과를 나타내고, 위에서 두 번째 그림은 그림 7-36의 세 번째 그림, 즉 부하 저항에 걸리는 출력전압 파형에 대한 FFT 결과를 보여 주는 것이다. 그림의 결과로부터 부하 저항에 걸리는 인버터 출력전압에는 기본파 60[Hz] 성분 이외에 스위칭 주파수에 해당하는 1.5[kHz] 성분이 어느 정도 포함되어 나타나고 있음을 알 수 있다.

그림 7-38은 그림 7-31과 마찬가지로 양방향 스위칭 방식에 의한 SPWM 단상 인버터 PSIM Schematic 회로를 나타내고 있는 것인데, 단지 그림 7-31의 경우와 다른 점은 필터 인덕터의 인덕턴스를 280[uH]에서 1[mH]로 변경했다는 점이다. 이에 따라 $L-C$ 저역통과 필터의 공진 주파수가 약 600[Hz]에서 318[Hz]로 옮겨지고, 이로 인해 고주파수의 고조파들에 대한 감쇄효과가 더욱 커지게 된 경우이다. 그림 7-39는 그림 7-38에 대한 출력전압 파형을 나타내고 있는 그림으로 앞에서와 같이 위에서 첫 번째 파형은 인터버 출력단 펄스 형태의 전압 파형(Vinv)을 두 번째 그림은 저역통과 필터를 거치고 난 후 부하저항에 걸리는 출력전압 파형(Vload)을 나타낸다. 그림 7-40은 그림 7-39와 같은 출력 파형들을 보여 주고 있는 것인데, 위에서 첫 번째 그림과 두 번째 그림은 각각 그림 7-39의 첫 번째 및 두 번째 파형을 출력의 3주기만을 확대하여 나타낸 것이다. 그림 7-41은 인버터 출력에 대한 FFT 결과를 나타내는 것으로, 위에서 첫 번째 그림은 그림 7-40의 첫 번째 그림, 즉 인버터의 펄스 출력파형에 대한 FFT 결과를 나타내고, 위에서 두 번째 그림은 그림 7-40의 두 번째 그림, 즉 부하 저항에 걸리는 출력전압 파형에 대한 FFT 결과를 보여 주고 있는 것이다. 그림의 결과로부터 부하 저항에 걸리는 인버터 출력전압(Vload)에 스위칭 주파수에 해당하는 1.5[kHz]의 고조파 성분이 필터 인덕터의 인덕턴스가 280[uH]인 경우인 그림 7-37에 비하여 크게 줄어들게 됨을 확인 할 수 있다.

그림 7-42는 그림 7-38과 같은 양방향 스위칭 방식에 의한 SPWM 단상 인버터 PSIM Schematic 회로를 나타내고 있는 것인데, 그림 7-38에서 보여 주고 있는 인버터 회로와의 차이는 삼각파 운송신호의 주파수, 즉 인버터의 스위칭 주파수가 1.5[kHz]에서 5[kHz]로 변경되었다는 점이다. 따라서 이 경우 스위칭 주파수는 L-

C 저역통과 필터의 공진 주파수 318[Hz]와 더욱 거리가 멀어지게 되며, 이로 인해 고조파 성분들의 필터링이 더욱 효과적으로 이루어지게 되는 경우이다. 그림 7-43은 그림 7-42에 대한 출력전압 파형을 나타내고 있는 그림으로 위에서 첫 번째 파형은 인버터 출력단 펄스 형태의 전압 파형(Vinv)을, 두 번째 그림은 저역통과 필터를 거치고 난 후 부하 저항에 걸리는 출력전압 파형(Vload)을 3주기에 걸쳐 나타낸 것이다. 그림 7-44는 인버터 출력에 대한 FFT 결과를 나타내는 것으로, 위에서 첫 번째 그림은 그림 7-43의 첫 번째 그림, 즉 인버터의 펄스 출력파형에 대한 FFT 결과를 나타내고, 위에서 두 번째 그림은 그림 7-43의 두 번째 그림, 즉 부하 저항에 걸리는 출력전압 파형에 대한 FFT 결과를 보여 주고 있다. 그림 7-44의 첫 번째 그림에서 나타나고 있는 인버터 펄스 출력에 포함되어 있는 스위칭 주파수 및 그 사이드 밴드에 존재하는 큰 크기의 고조파 성분 들이 필터링 후의 부하 저항에 걸리는 인버터 출력전압(Vload)에는 거의 나타나고 있지 않음을 확인 할 수 있다.

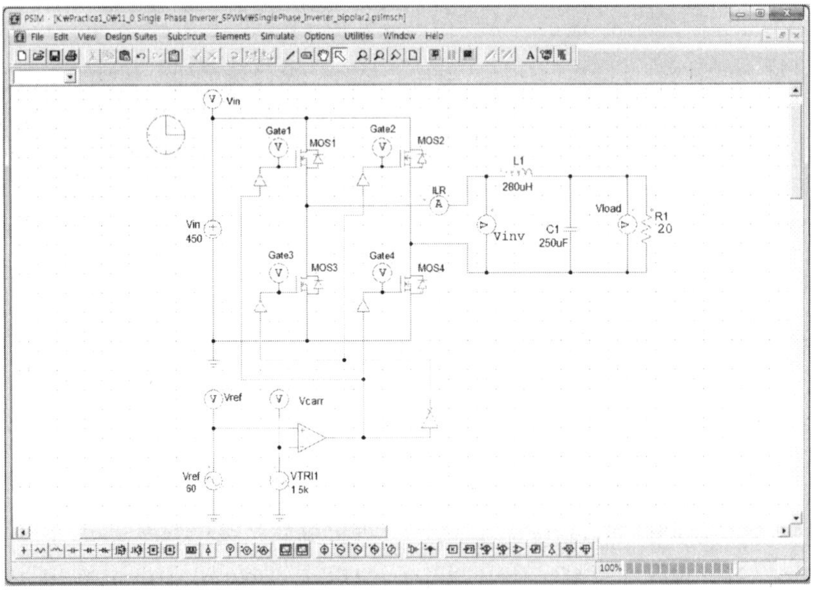

그림 7-31 양방향 스위칭 방식에 의한 단상 풀-브리지 인버터 PSIM Schematic 회로(스위칭 주파수 1.5[kHz], 필터 인덕턴스 280[uH], 커패시턴스 250[uF])

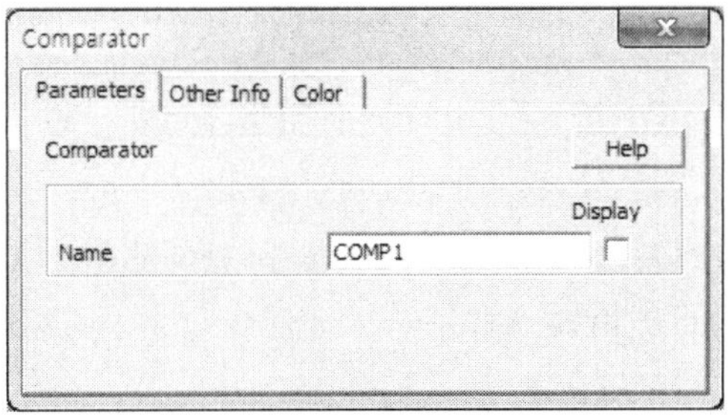

그림 7-32 비교기(Comparator) 파라미터

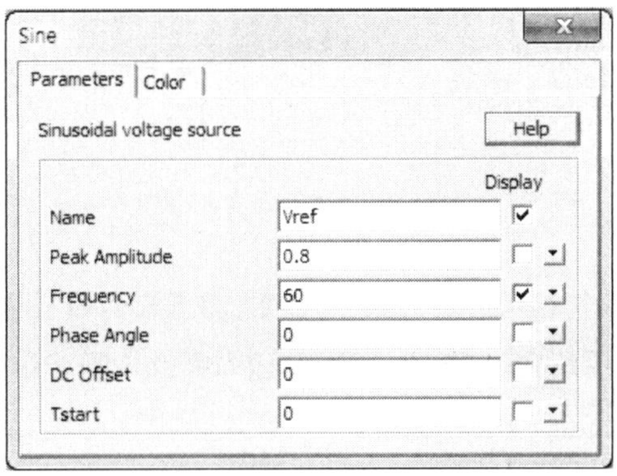

그림 7-33 정현파 기준신호로 사용되는 정현파 전압원(Sine) 파라미터

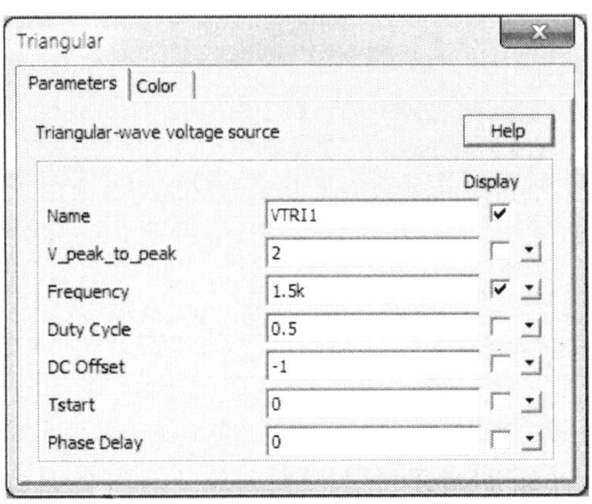

그림 7-34 운송신호로 사용되는 삼각파 전압원(Triangular) 파라미터

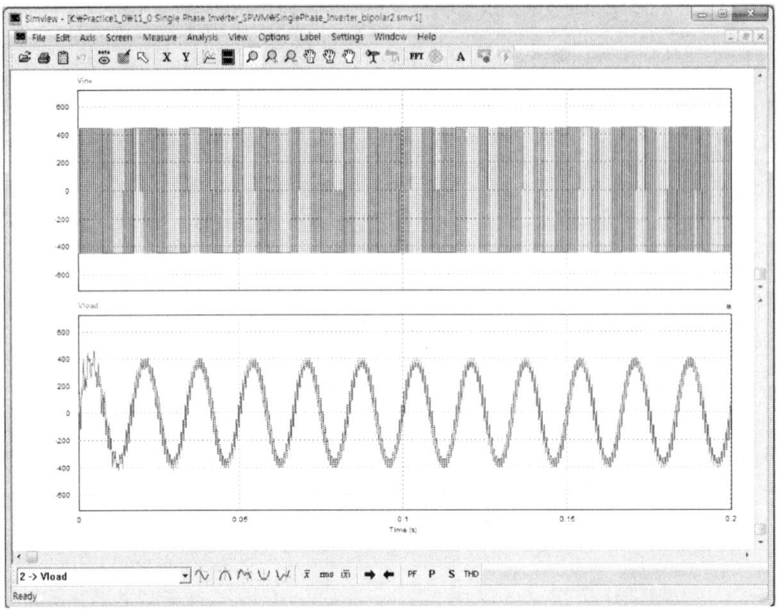

그림 7-35 양방향 스위칭 방식에 의한 단상 풀-브리지 인버터 출력전압 파형 (스위칭 주파수 1.5[kHz], 필터 인덕턴스 280[uH], 커패시턴스 250[uF])

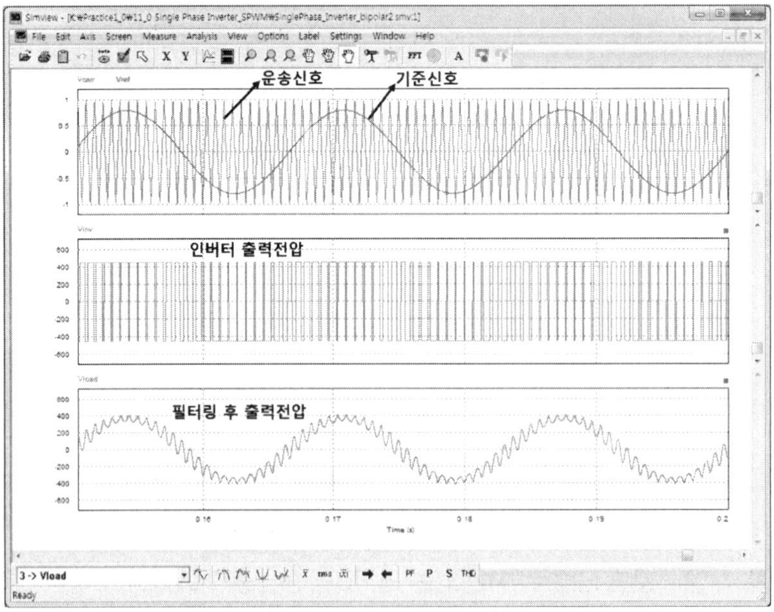

그림 7-36 양방향 스위칭 방식에 의한 단상 풀-브리지 인버터 각 부 확대 파형 (스위칭 주파수 1.5[kHz], 필터 인덕턴스 280[uH], 커패시턴스 250[uF])

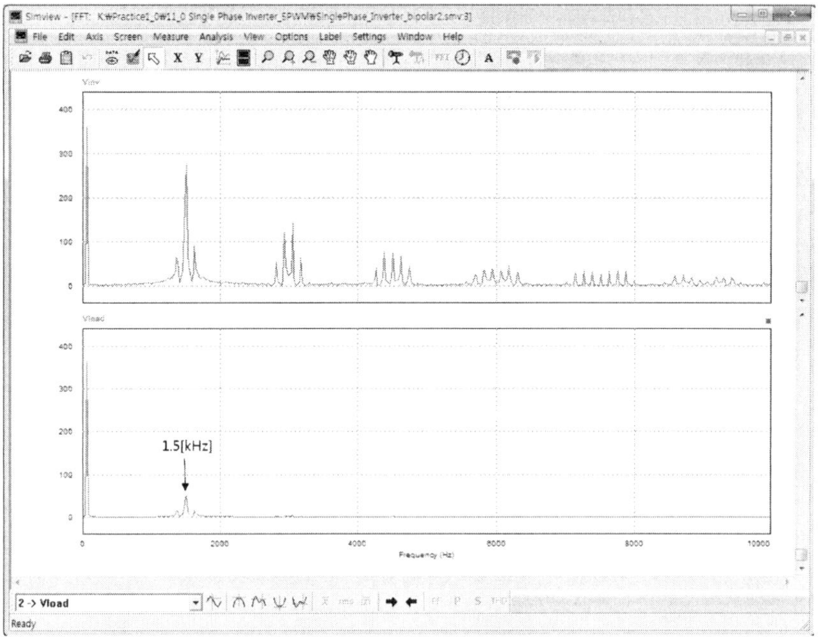

그림 7-37 양방향 스위칭 방식에 의한 단상 풀-브리지 인버터 출력전압 FFT 결과 (스위칭 주파수 1.5[kHz], 필터 인덕턴스 280[uH], 커패시턴스 250[uF])

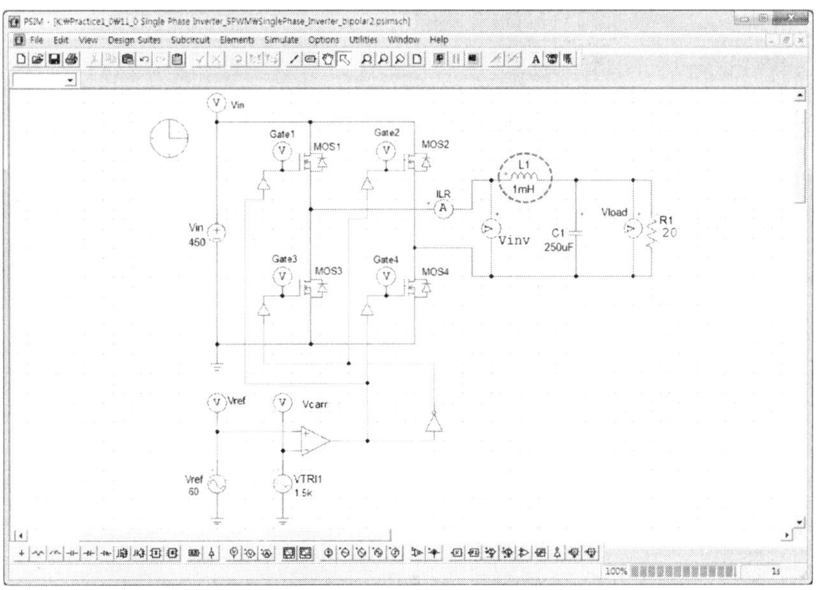

그림 7-38 양방향 스위칭 방식에 의한 단상 풀-브리지 인버터 PSIM Schematic 회로(스위칭 주파수 1.5[kHz], 필터 인덕턴스 1[mH], 커패시턴스 250[uF])

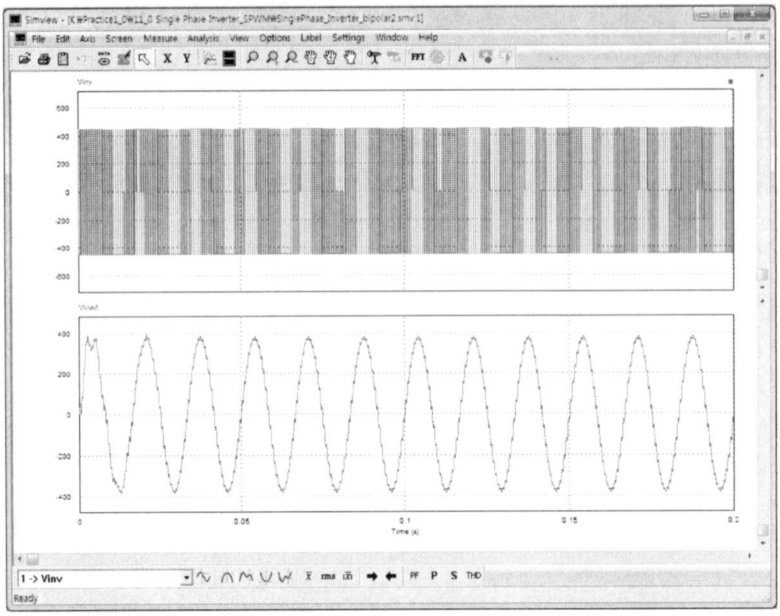

그림 7-39 양방향 스위칭 방식에 의한 단상 풀-브리지 인버터 출력전압 파형 (스위칭 주파수 1.5[kHz], 필터 인덕턴스 1[mH], 커패시턴스 250[uF])

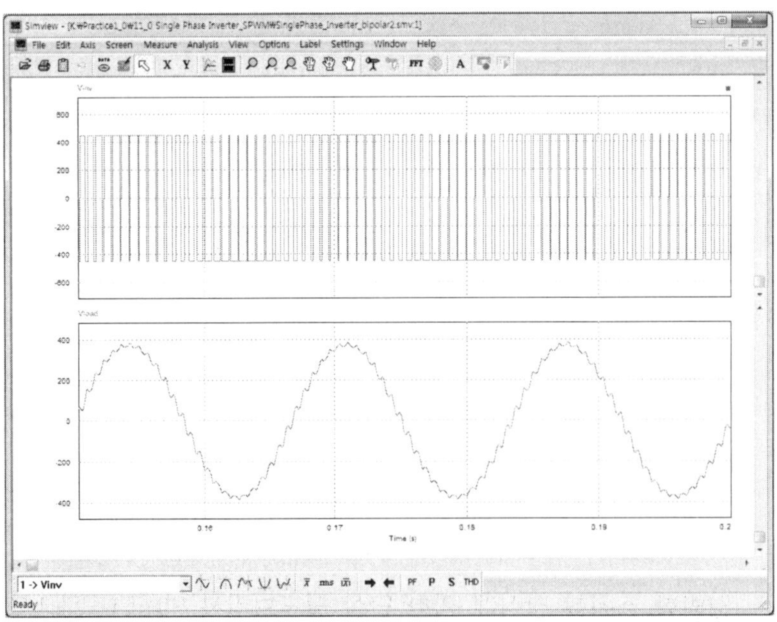

그림 7-40 양방향 스위칭 방식에 의한 단상 풀-브리지 인버터 출력전압 확대 파형(스위칭 주파수 1.5[kHz], 필터 인덕턴스 1[mH], 커패시턴스 250[uF])

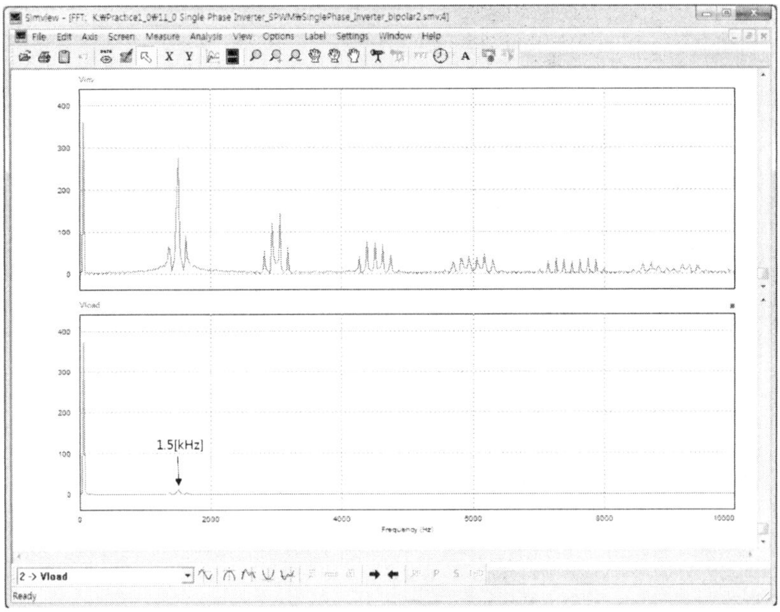

그림 7-41 양방향 스위칭 방식에 의한 단상 풀 - 브리지 인버터 출력전압 FFT 결과(스위칭 주파수 1.5[kHz], 필터 인덕턴스 1[mH], 커패시턴스 250[uF])

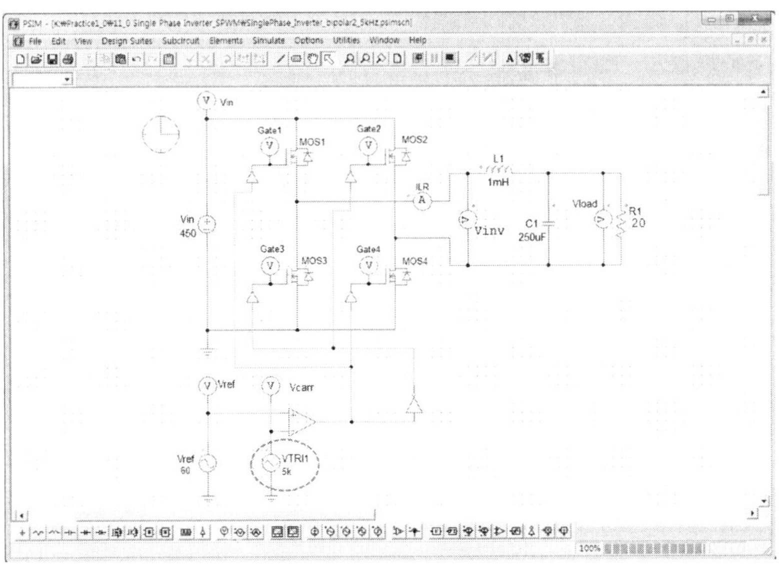

그림 7-42 양방향 스위칭 방식에 의한 단상 풀 - 브리지 인버터 PSIM Schematic 회로(스위칭 주파수 5[kHz], 필터 인덕턴스 1[mH], 커패시턴스 250[uF])

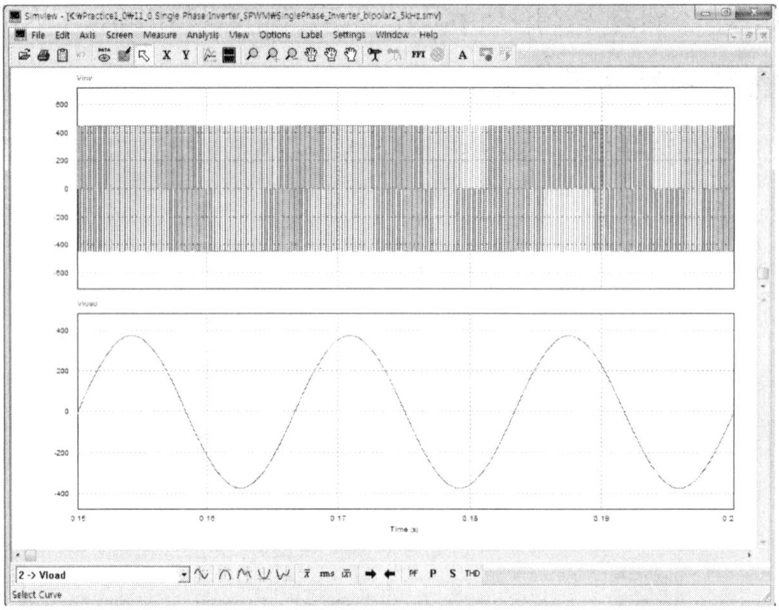

그림 7-43 양방향 스위칭 방식에 의한 단상 풀-브리지 인버터 출력전압 파형 (스위칭 주파수 5[kHz], 필터 인덕턴스 1[mH], 커패시턴스 250[uF])

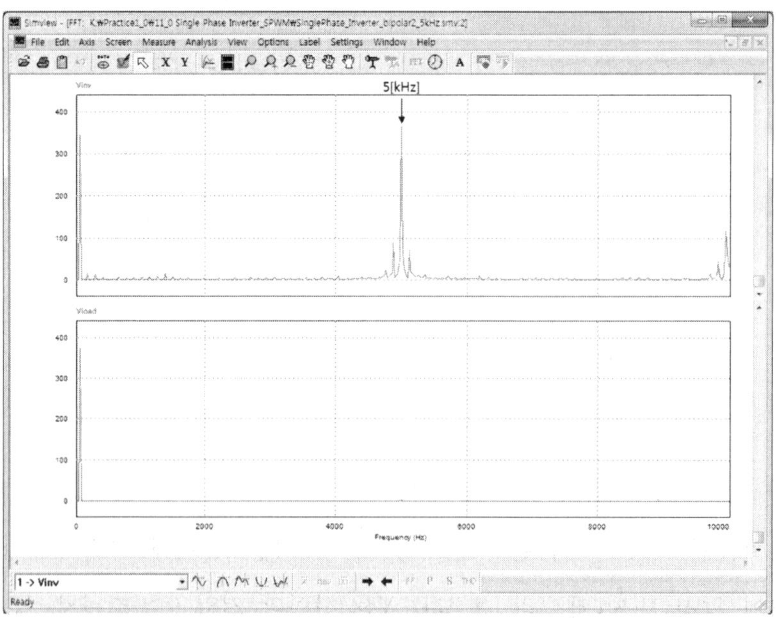

그림 7-44 양방향 스위칭 방식에 의한 단상 풀-브리지 인버터 출력전압 FFT 결과 (스위칭 주파수 5[kHz], 필터 인덕턴스 1[mH], 커패시턴스 250[uF])

(2) 단방향 스위칭 방식(Unipolar Switching Method) PWM을 이용한 단상 인버터 실습

가. 단방향 스위칭 방식(Unipolar Switching Method) PWM을 이용한 단상 인버터 개요

단방향 스위칭 방식을 사용하는 SPWM에서는 그림 7-6의 풀-브리지 인버터 각 레그에 있는 스위치 쌍들, 즉 스위치 (S_1, S_2) 그리고 반대편 레그의 스위치 (S_3, S_4)들을 각각 삼각파 운송신호 v_{tri}와 양과 음의 정현파 기준신호, 즉 v_{ref} 및 $-v_{ref}$를 별도로 비교함으로써 각각 제어하도록 한다.

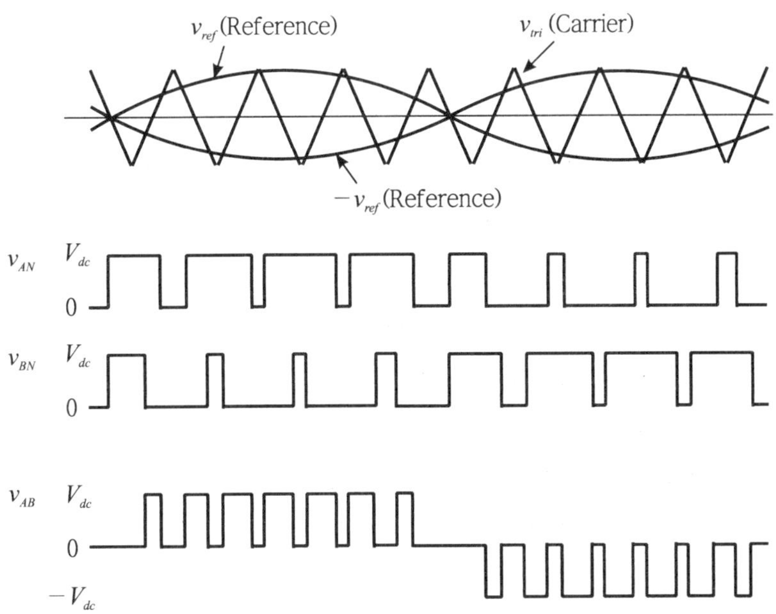

그림 7-45 단방향 스위칭 방식(Unipolar Switching Method)에 의한 SPWM

그림 7-45는 이러한 개념을 보여 주고 있는 그림으로, 그림에서 나타내고 있는 바와 같이 양의 기준 전압신호 v_{ref}와 삼각파 운송신호를 비교하여 첫 번째 레그에 있는 스위치들인 (S_1, S_2)의 온, 오프 상태를 제어한다. 이때 그림 7-6의 풀-브리지 인버터에서 첫 번째 레그의 A점과 N점 사이의 전압, 즉 스위치 S_2에 걸리는 전압 v_{AN}은 v_{ref}와 v_{tri}의 비교 결과에 따라 아래 식 (7-14)와 같이 발생된다.

$$\left.\begin{array}{l} v_{ref} > v_{tri}\text{이면 스위치 } S_1 \text{ 온}, \quad v_{AN} = +V_{dc} \\ v_{ref} < v_{tri}\text{이면 스위치 } S_2 \text{ 온}, \quad v_{AN} = 0 \end{array}\right\} \tag{7-14}$$

한편 그림 7-6에서 보여주고 있는 풀-브리지 인버터의 두 번째 레그에서 B점과 N점 사이의 전압, 즉 스위치 S_4에 걸리는 전압 v_{BN}은 음의 정현파 기준신호 $-v_{ref}$와 삼각파 운송신호 v_{tri}를 비교하여 스위치 쌍 (S_3, S_4)에 대한 온, 오프 상태를 제어함으로써 식 (7-15)와 같이 나타내어 줄 수 있다.

$$\left.\begin{array}{l} -v_{ref} > v_{tri}\text{이면 스위치 } S_3 \text{ 온}, \quad v_{BN} = +V_{dc} \\ -v_{ref} < v_{tri}\text{이면 스위치 } S_4 \text{ 온}, \quad v_{BN} = 0 \end{array}\right\} \tag{7-15}$$

그림 7-6의 부하에 걸리는 출력전압 $v_o(t)$는 그림 7-45에서 v_{AN}전압과 v_{BN}전압 사이의 차이인 $v_o(t) = v_{AB} = v_{AN} - v_{BN}$으로 나타나며, 그림에서와 같이 출력전압은 $+V_{dc}$, 0, $-V_{dc}$의 3단계(3레벨)를 갖게 된다. 이 경우에 있어서도 스위치 쌍 (S_1, S_2)이나 (S_3, S_4)는 항상 상보적으로 동작되며 각 스위치 쌍에서 하나의 스위치가 온되어 있으면 다른 하나의 스위치는 항상 오프 상태를 유지하게 된다.

단방향 스위칭 PWM 방식은 양방향 스위칭 PWM 방식에 비하여 출력전압에 나타나는 고조파 성분을 필터링하여 제거시키는 측면에 있어서 유리한데, 이는 단방향 스위칭 방식이 양방향 스위칭 방식에 비하여 스위칭 주파수를 2배로 높이는 것과 같은 효과를 나타내기 때문이다. 스위칭 주파수가 2배로 되는 효과의 장점은 인버터 출력 전압파형의 고조파 스펙트럼에 있어서 최저차수의 고조파 주파수가 더욱 고주파수 대역으로 이동하게 되므로 필터의 사이즈를 작게 해줄 수 있다는 점이다. 아울러 단방향 스위칭 방식과 양방향 스위칭 방식의 매 스위칭시 발생하는 출력전압의 크기 변동 폭을 비교해 본다면, 단방향 스위칭 방식의 출력전압 크기 변동 폭은 직류 입력전압 V_{dc}로 되는 반면 양방향 스위칭 방식의 경우에는 그 변동 폭이 직류 입력전압 V_{dc}의 2배가 되므로 단방향 스위칭 방식이 양방향 스위칭 방식에 비하여 스위칭시 전압 변동폭이 1/2로 줄어드는 효과를 얻게 된다. 그림 7-46은 주파수 변조지수 M_f가 짝수인 경우 그림 7-45의 단방향 스위칭 방식에 의한 출력전압, 즉 $v_o(t)$=v_{AB}에 나타나는 주파수 스펙트럼을 보여주고 있는 것으로, 최저차수의 고조파들이 스위칭 주파수의 두 배에 해당하는 고조파 차수($2M_f$)의 사이드 밴드에서 나타나게 된다. 일반적으로 주파수 변조지수 M_f가 짝수인 단방향 스위칭 방식을 사용하는 경우 그 발생 고조파 차수는 식 (7-16)과 같이 표현되며, 출력전압에서 스위칭 주파수에 해당하는 차수의 고조파 성분 및 그 사이드 밴드의 고조파 성분들이 사라져 나타나지 않음에 따라 양방향 스위칭 방식과 비교했을 때 출력전압에 있어서 주된 고조파 성분들이 현저히 줄어드는 효과를 나타내게 된다.

$$H = P(2M_f) \pm Q \qquad (7\text{-}16)$$

여기서 H는 고조파의 차수이고 P와 Q는 각각 정수이며, Q는 1, 3, 5, ……로 표현되는 홀수이다. 따라서 출력에 나타나는 고조파 차수는 $P=1$일 때 $H=2M_f \pm 1$, $H=2M_f \pm 3$, $H=2M_f \pm 5$, ……와 같이 나타나며, $P=2$일 때 $H=4M_f \pm 1$, $H=4M_f \pm 3$, $H=4M_f \pm 5$, ……로 표현되고 $P=2$ 이상의 정수에 대해서도 같은 방식으로 고조파 차수에 대한 표현식을 얻을 수 있다.

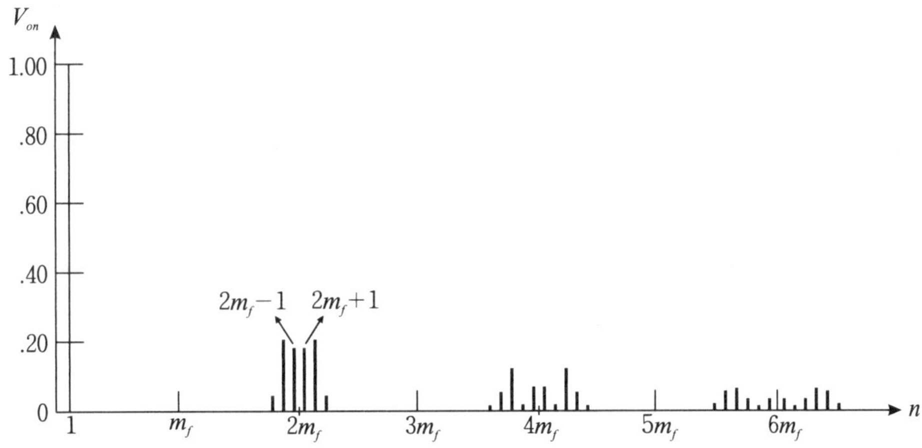

그림 7-46 단방향 전압 스위칭 방식에 대한 출력 주파수 스펙트럼($m_f = M_f$)

나. 단방향 스위칭 방식(Unipolar Switching Method) PWM을 이용한 단상 인버터 실습

그림 7-47은 단방향 스위칭 방식에 의한 SPWM 단상 인버터 PSIM Schematic 회로를 나타내며, 운송신호의 주파수에 의해 결정되는 스위칭 주파수는 1.5[kHz]이다. 인버터 출력전압을 정현파로 만들어 주기 위한 L-C 저역통과 필터에 사용되는 인덕터의 인덕턴스는 280[uH], 커패시터의 커패시턴스는 250[uF]으로, 사용된 필터 인덕터와 커패시터 값으로부터 저역통과 필터의 공진 주파수는 약 600[Hz]이다. 그림 7-45에서와 같이 펄스 형태로 나타나는 인버터의 출력전압은 이 저역통과 필터를 거친 후 필터링 되어 정현파 전압으로 된다. 그림 7-47에서 단방향 스위칭 방식을 구현하기 위하여 양(+)의 기준신호(Vref_P)와 음(−)의 기준신호(Vref_N)가 각각 비교기(Comparator :)를 통해 삼각파 운송신호(VTRI1)와 비교되어 스위치들을 구동하기 위한 게이트 펄스 신호를 발생시킨다. 그림의 왼쪽에 있는 비교기 출력은 왼쪽 레그의 스위치 1번과 3번, 즉 MOS1과 MOS3을 온, 오프 시키는데 사용되고, 그림의 오른쪽에 있는 비교기의 출력은 오른쪽 레그에 있는 스위치 2번과 4번, 즉 MOS2와 MOS4를 온, 오프 시키는데 사용된다. 각각의 경우에 있어서 비교기 출력은 PSIM의 On-Off Controller( )를 사용하여 상위에 있는 스위치, 즉 왼쪽 레그의 경우 MOS1, 오른쪽 레그의 경우 MOS2를 구동하도록 게이트 단자에 연결되고, NOT Gate( )를 거친 비교기 출력은 On-Off Controller를 통해 하위에 있는 스위치, 즉 왼쪽 레그의 경우 MOS3, 오른쪽 레그의 경우 MOS4를 구동하도록 게이트 단자에 연결된다. 이때 양(+) 및 음(−)의 정현파 기준신호로 사용되는 정현파 전압원(Sine)의 파라미터는 그림 7-48에서 보여주고 있는 바와 같으며 양(+)의 정현파 기준신호로 사용되는 파라미터는 그림의 (a)에, 음(−)의 정현파 기준신호로 사용되는 파라미터는 그림의 (b)에 보여주고 있다. 각각의 경우, 파라미터 Peak Amplitude와 Frequency는 동일한 값을 사용하며, 양(+)의 정현파 기준신호로 사용되는 경우 Phase Angle은 0으로, 음(−)의 정현파 기준신호로 사용되는 경우에는 Phase Angle을 −180으로 설정하여 두 신호의 위상이 반전되도록 한다. 운송신호로 사용되는 삼각파 전압원(Triangular)의 파라미터는 그림 7-33에서 이미 보여준 바와 같다. 그림 7-49는 그림 7-47의 단방향 스위칭 방식을 사용하는 단상 전압형 인버터에 대한 출력전압 파형을 보여 주고 있는 것으로, 위에서 첫 번째 파형은 인버터 출력단 전압 파형(Vinv)을, 두 번째 그림은 저역통과 필

터를 거치고 난 후 부하 저항에 걸리는 출력전압 파형(Vload)을 나타낸다. 그림 7-50은 그림 7-49와 같은 결과를 보여주고 있는 것인데, 위에서 첫 번째 그림은 삼각파 운송신호(Vcarr)와 양(+)과 음(−)의 정현파 기준신호(Vref, -Vref)를 함께 보여 주고 있고, 위에서 두 번째 그림과 세 번째 그림은 각각 그림 7-49의 첫 번째 및 두 번째 그림과 같은 파형으로 출력의 3주기만을 확대하여 나타낸 것이다.

그림 7-51은 인버터 출력에 대한 FFT 결과를 나타내는 것으로, 위에서 첫 번째 그림은 그림 7-50의 두 번째 그림, 즉 인버터의 펄스 출력파형에 대한 FFT 결과를 나타내고, 위에서 두 번째 그림은 그림 7-50의 세 번째 그림, 즉 부하 저항에 걸리는 출력전압 파형에 대한 FFT 결과를 보여 주고 있다. 그림의 결과로부터 인버터 출력단에 나타나는 고조파 성분들의 주파수는 양방향 스위칭 방식에서 나타나는 고조파 성분들의 주파수가 스위칭 주파수 대역부터 나타나는 것에 비하여, 단방향 스위칭 방식을 사용하는 경우는 스위칭 주파수의 2배의 사이드 밴드에서 나타나기 시작하므로 발생 고조파 성분들의 주파수가 더욱 고주파수 대역으로 이동되어 나타나고 있음을 확인 할 수 있다.

그림 7-52는 그림 7-47과 마찬가지로 단방향 스위칭 방식에 의한 SPWM 단상 인버터 PSIM Schematic 회로를 나타내고 있는데, 단지 그림 7-47의 경우와 다른 점은 필터 인덕터의 인덕턴스를 280[uH]에서 1[mH]로 변경했다는 것이다. 따라서 L-C 저역통과 필터의 공진 주파수가 약 600[Hz]에서 318[Hz]로 옮겨지며, 이로 인해 고주파수의 고조파들에 대한 감쇄효과가 더욱 커지게 되는 경우이다. 그림 7-53은 그림 7-52 인버터 회로에 대한 출력전압 파형을 나타내고 있는 그림으로 위에서 첫 번째 파형은 인터버 출력단 펄스 형태의 전압 파형(Vinv)을, 두 번째 그림은 저역통과 필터를 거치고 난 후 부하 저항에 걸리는 출력전압 파형(Vload)을 3주기에 걸쳐서 나타내고 있다. 그림 7-54는 그림 7-53의 인버터 출력 파형에 대한 FFT 결과를 나타내고 있는 것으로, 위에서 첫 번째 그림은 그림 7-53의 첫 번째 그림, 즉 인버터의 펄스 출력파형에 대한 FFT 결과를 나타내고, 위에서 두 번째 그림은 그림 7-53의 두 번째 그림, 즉 부하 저항에 걸리는 출력전압 파형에 대한 FFT 결과를 보여주고 있다. 그림의 결과로부터 부하 저항에 걸리는 인버터 출력전압(Vload)에 포함되어 있는 고조파 성분이 거의 보이지 않을 정도로 작게 나타나고 있음을 확인 할 수 있다.

그림 7-55는 그림 7-52와 같은 단방향 스위칭 방식에 의한 SPWM 단상 인버터 PSIM Schematic 회로를 나타내고 있는데, 그림 7-52에서 보여 주고 있는 인버터

회로와의 차이는 삼각파 운송신호의 주파수, 즉 인버터의 스위칭 주파수가 1.5[kHz]에서 5[kHz]로 변경되었다는 점이다. 따라서 이 경우 스위칭 주파수는 L-C 저역통과 필터의 공진 주파수 318[Hz]와 더욱 거리가 멀어지게 되며, 이로 인해 발생 고조파 성분들의 주파수 대역이 더욱 고주파수 쪽으로 밀려 나게 됨으로써 필터링의 효과가 더욱 크게 얻어지게 된다. 그림 7-56은 그림 7-55 인버터 회로에 대한 출력 전압 파형을 나타내고 있는 그림으로 위에서 첫 번째 파형은 인버터 출력단 펄스 전압 파형(Vinv)을, 두 번째 그림은 저역통과 필터를 거치고 난 후 부하 저항에 걸리는 출력전압 파형(Vload)을 3주기에 걸쳐 나타낸 것이다. 그림 7-57은 인버터 출력에 대한 FFT 결과를 나타내는 것으로, 위에서 첫 번째 그림은 그림 7-56의 첫 번째 그림, 즉 인버터의 펄스 출력파형에 대한 FFT 결과를 나타내고, 위에서 두 번째 그림은 그림 7-56의 두 번째 그림, 즉 부하 저항에 걸리는 출력전압 파형에 대한 FFT 결과를 보여 주고 있다. 그림 7-57의 첫 번째 그림에서 나타나고 있는 인버터 출력 펄스 파형(Vinv)에 포함되어 있는 스위칭 주파수에 대한 2배 주파수의 사이드 밴드에 존재하는 큰 크기의 고조파 성분 들이 필터링 후의 부하 저항에 걸리는 인버터 출력전압(Vload)에는 거의 나타나고 있지 않음을 확인 할 수 있다.

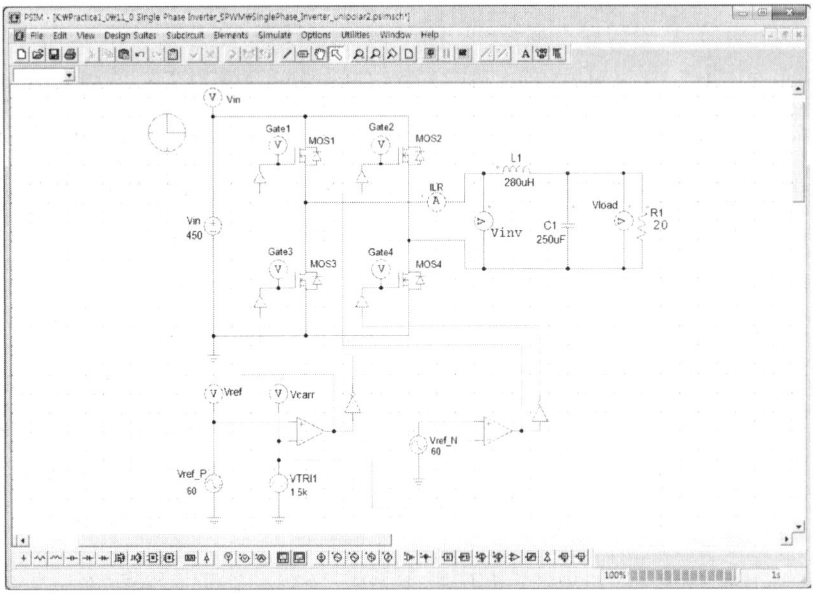

그림 7-47 단방향 스위칭 방식에 의한 단상 풀-브리지 인버터 PSIM Schematic 회로(스위칭 주파수 1.5[kHz], 필터 인덕턴스 280[uH], 커패시턴스 250[uF])

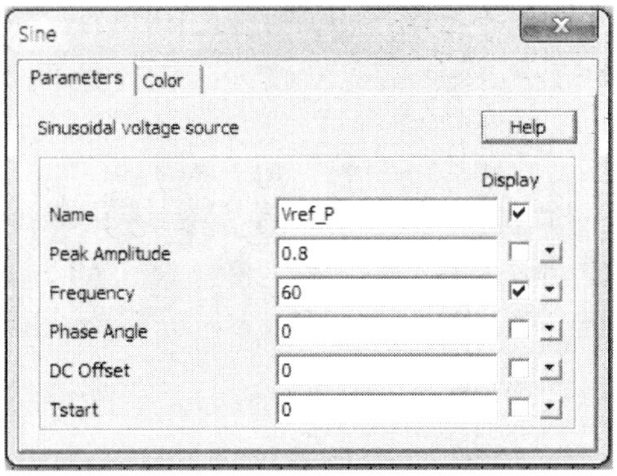

(a) 양(+)의 기준신호를 위한 Sine 파라미터

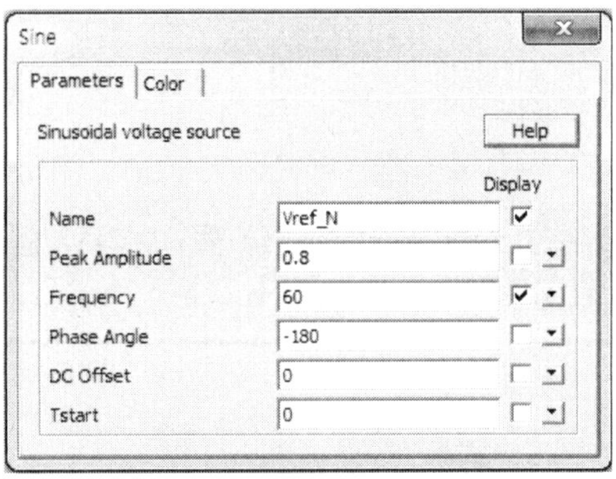

(b) 음(−)의 기준신호를 위한 Sine 파라미터

그림 7-48 양과 음의 정현파 기준신호로 사용되는 정현파 전압원(Sine) 파라미터

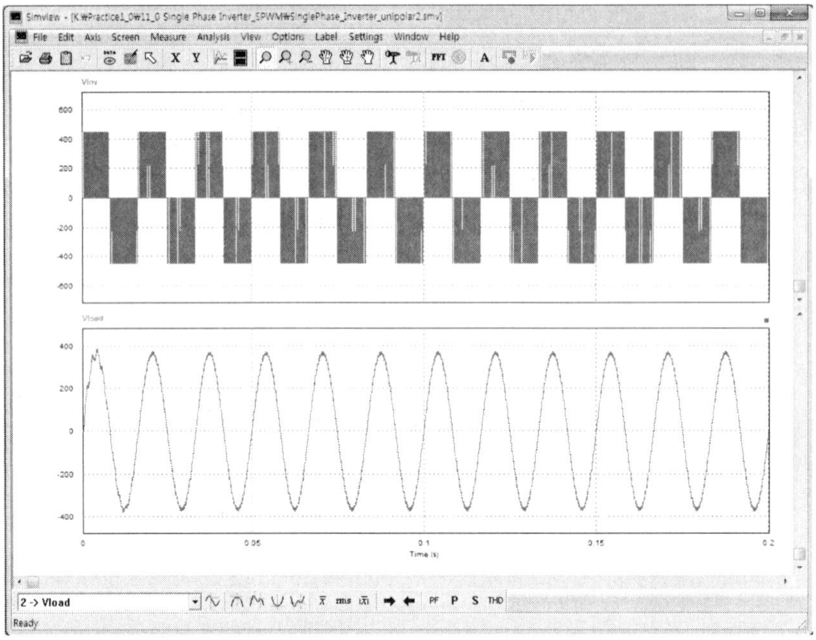

그림 7-49 단방향 스위칭 방식에 의한 단상 풀-브리지 인버터 출력전압 파형
(스위칭 주파수 1.5[kHz], 필터 인덕턴스 280[uH], 커패시턴스 250[uF])

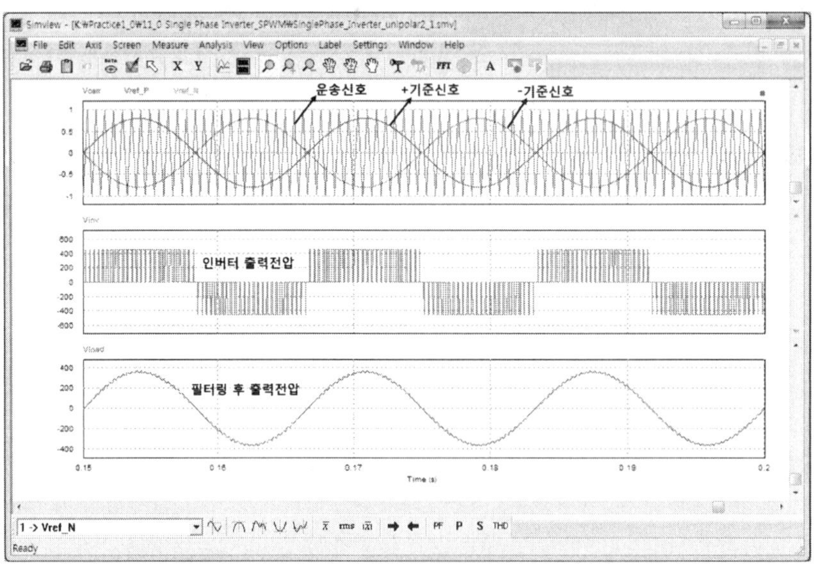

그림 7-50 단방향 스위칭 방식에 의한 단상 풀-브리지 인버터 각 부 확대 파형
(스위칭 주파수 1.5[kHz], 필터 인덕턴스 280[uH], 커패시턴스 250[uF])

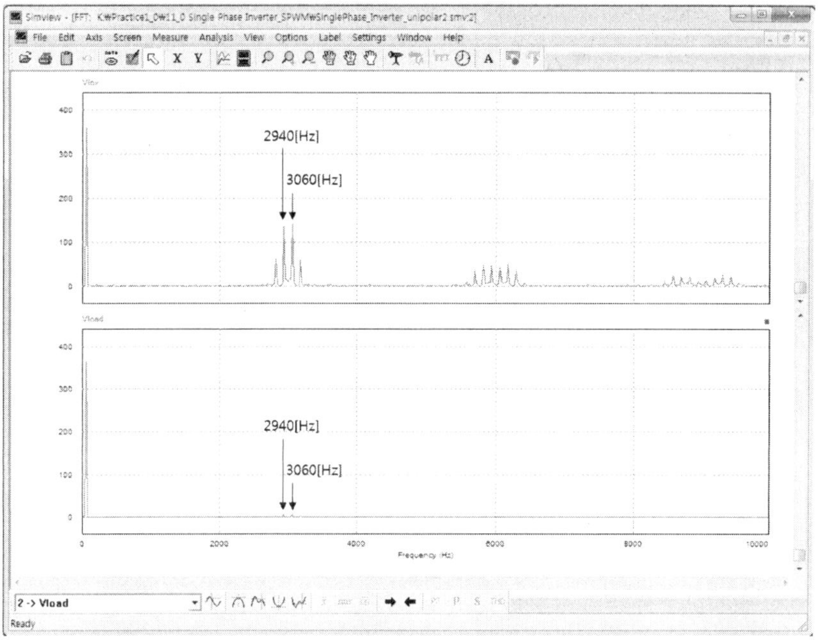

그림 7-51 단방향 스위칭 방식에 의한 단상 풀-브리지 인버터 출력전압 FFT 결과 (스위칭 주파수 1.5[kHz], 필터 인덕턴스 280[uH], 커패시턴스 250[uF])

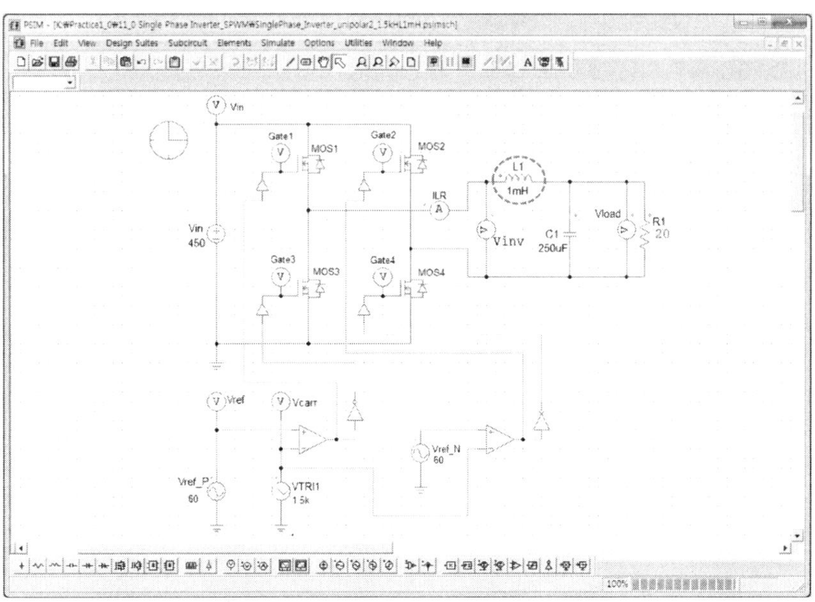

그림 7-52 단방향 스위칭 방식에 의한 단상 풀-브리지 인버터 PSIM Schematic 회로(스위칭 주파수 1.5[kHz], 필터 인덕턴스 1[mH], 커패시턴스 250[uF])

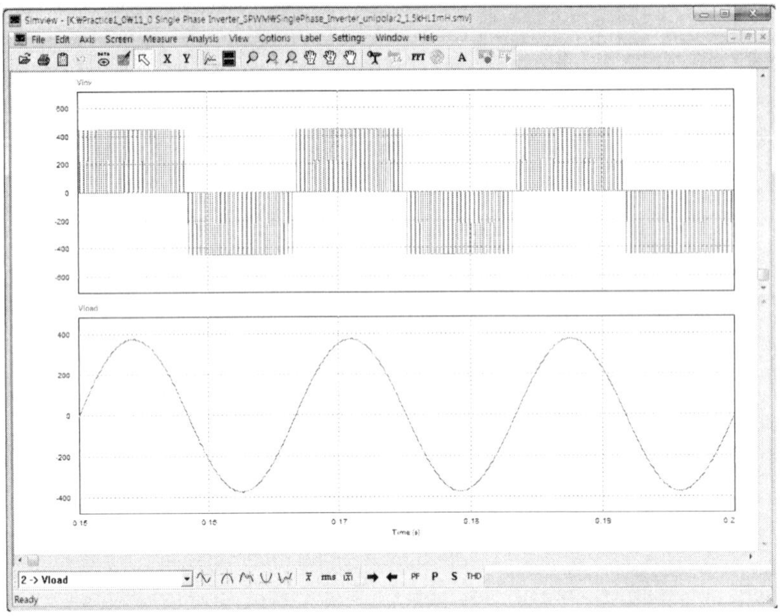

그림 7-53 단방향 스위칭 방식에 의한 단상 풀-브리지 인버터 출력전압 파형
(스위칭 주파수 1.5[kHz], 필터 인덕턴스 1[mH], 커패시턴스 250[uF])

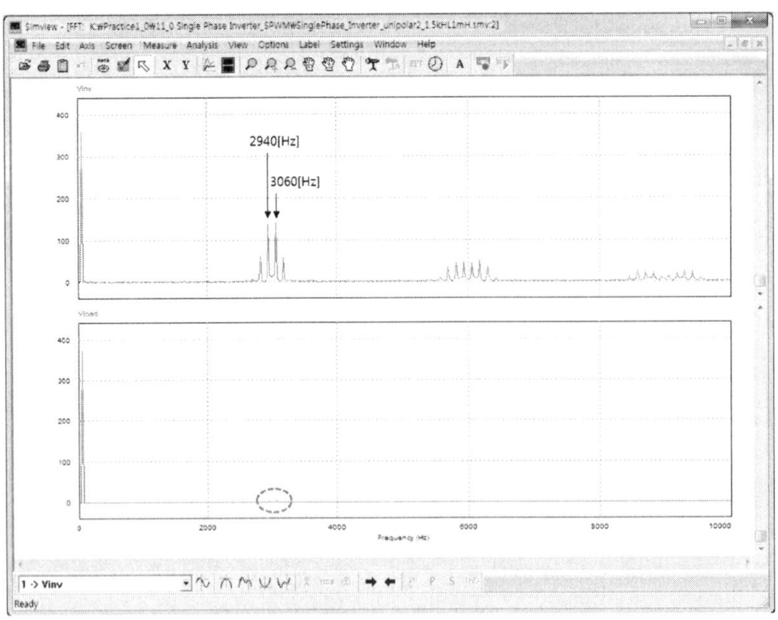

그림 7-54 단방향 스위칭 방식에 의한 단상 풀-브리지 인버터 출력전압 FFT 결과(스위칭 주파수 1.5[kHz], 필터 인덕턴스 1[mH], 커패시턴스 250[uF])

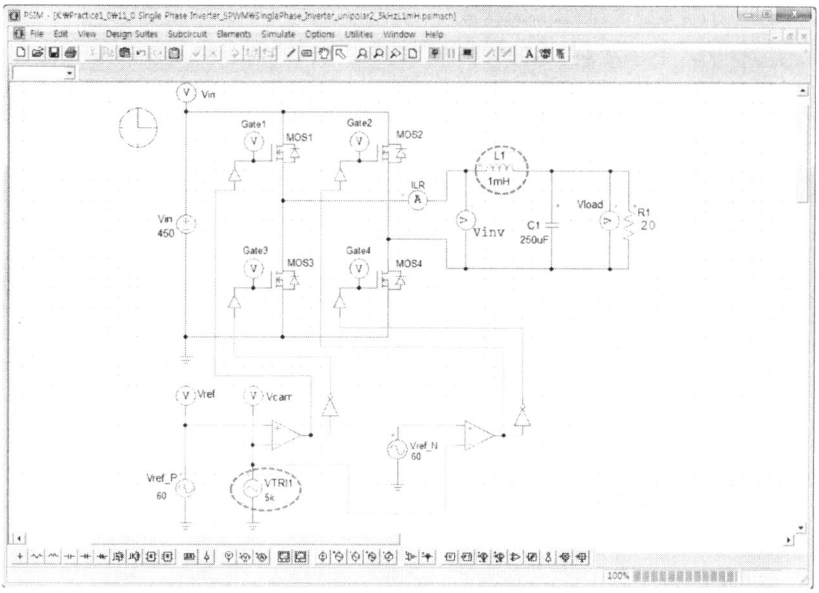

그림 7-55 단방향 스위칭 방식에 의한 단상 풀-브리지 인버터 PSIM Schematic 회로(스위칭 주파수 5[kHz], 필터 인덕턴스 1[mH], 커패시턴스 250[uF])

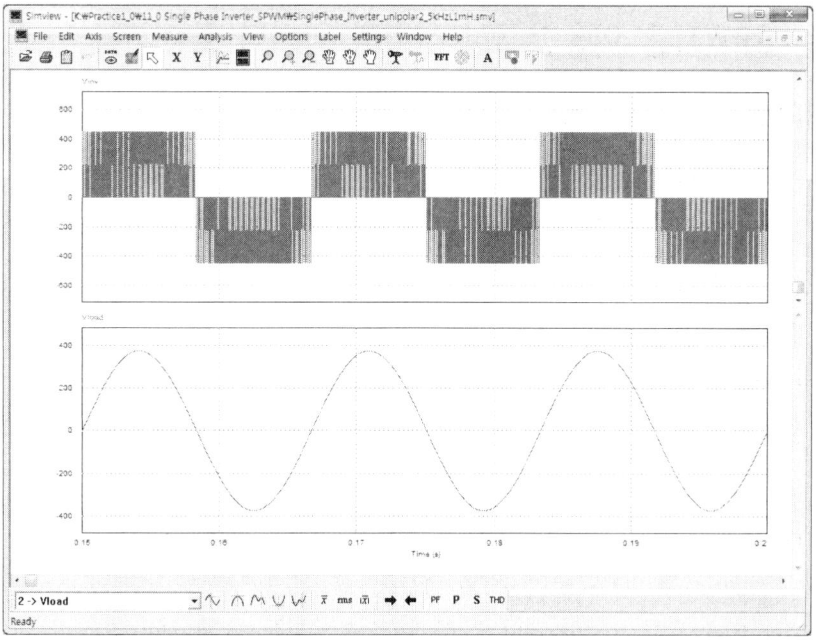

그림 7-56 단방향 스위칭 방식에 의한 단상 풀-브리지 인버터 출력전압 파형 (스위칭 주파수 5[kHz], 필터 인덕턴스 1[mH], 커패시턴스 250[uF])

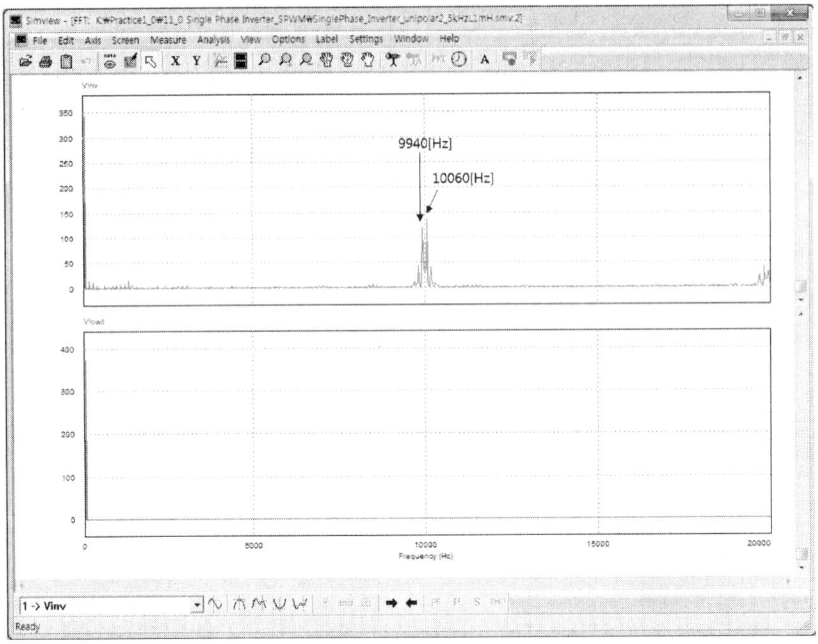

그림 7-57 단방향 스위칭 방식에 의한 단상 풀-브리지 인버터 출력전압 FFT 결과(스위칭 주파수 5[kHz], 필터 인덕턴스 1[mH], 커패시턴스 250[uF])

7.4.3 SPWM을 이용한 3상 전압형 인버터 실습

(1) SPWM을 이용한 3상 전압형 인버터 개요

PWM 방식은 3상 인버터 시스템에서도 널리 사용되고 있으며, 여기에서는 그림 7-19에서 보여주고 있는 3상 인버터의 SPWM 스위칭 방식에 대하여 살펴보도록 한다. 단상 인버터의 단방향 스위칭 방식에 의한 SPWM과 비슷하게 3상 인버터에 있어서도 3상 각각에 대한 정현파 기준신호(Reference Signal)를 하나의 삼각파 운송신호, 즉 캐리어 신호(Carrier Signal)와 비교하여 3상 각 레그의 스위치 쌍들에 대한 온, 오프 상태를 제어하도록 함으로써 SPWM을 구현한다. 3상 출력전압의 기본 주파수는 정현 기준신호의 주파수와 동일하며 출력전압에 대한 기본파 성분의 크기는 기준신호와 운송신호의 크기 비, 즉 크기 변조비에 의해 결정되는데, 그림 7-58은 3상 인버터의 SPWM에 의한 출력전압 발생과정을 나타내고 있다. 그림 7-58의 (a)는 3상 정현 기준신호와 삼각파 운송신호를 함께 나타내고 있는 것으로, 그림에서와 같이 3상 정현 기준신호 v_{refa}, v_{refb}, v_{refc}는 삼각파 운송신호 v_{tri}와 비교기를 통해 비교되고, 이를 통한 비교기의 출력신호들은 인버터 각 상의 스위치들을 구동하기 위한 게이팅 신호로 사용된다. 그림 7-58의 (b)는 그림 7-19 인버터 회로에서 A상 레그 스위치들과 B상 레그 스위치들의 스위칭 상태에 따라 마디 A점과 O점 사이의 전압, 즉 인버터 첫 번째 레그의 스위치 S_4에 걸리는 전압 v_{AO} 및 B점과 O점 사이의 전압, 즉 두 번째 레그의 스위치 S_6에 걸리는 전압 v_{BO}를 각각 나타내고 있으며, 그림 7-58의 (c)는 그림 7-19의 A점과 B점의 전위차로서, 즉 $v_{AB}=v_{AO}-v_{BO}$로 나타나는 A상과 B상 사이의 선간전압 파형을 보여 주고 있고, 그림 7-58의 (d)는 그림 7-19에서 A상 부하에 걸리는 상전압 v_{AN}을 나타내고 있다. 그림 7-58의 파형은 3상 PWM 인버터의 부하가 그림 7-19에서와 같이 Y로 연결된 경우이므로 이상에서와 같이 인버터 출력단 선간전압은 그림 7-58의 (c)로, 부하 상전압은 그림 7-58의 (d)로 각각 나타나게 되는데, 만약 부하가 Δ로 연결된 경우라면 그림 7-58 (c)의 파형은 인버터 출력단 선간전압이면서 동시에 부하 상전압이 된다.

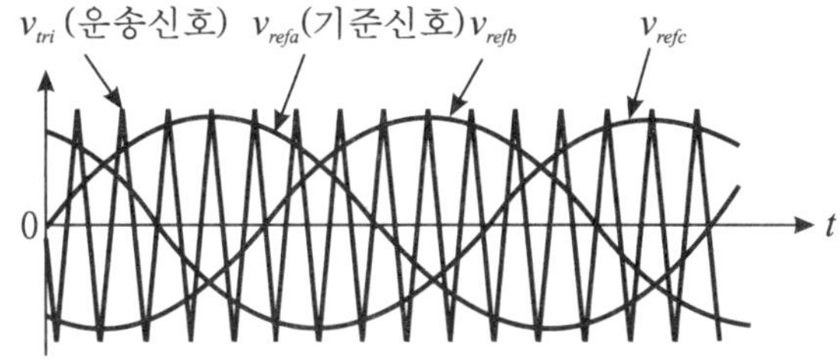

(a)

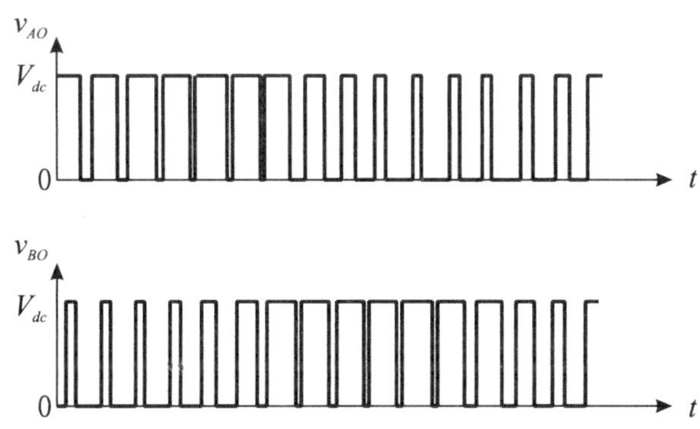

(b)

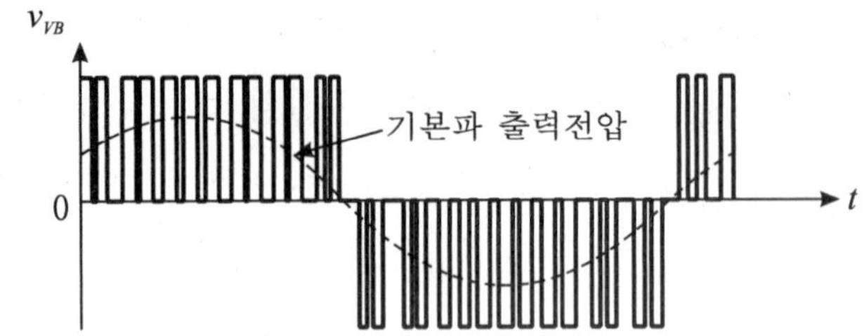

(c)

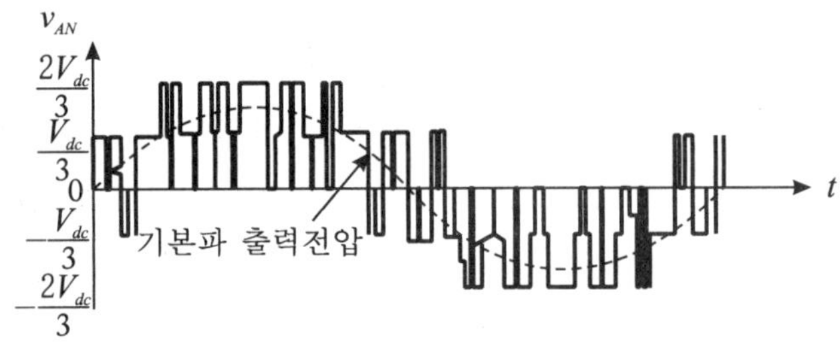

(d)

그림 7-58 SPWM을 사용하는 3상 인버터의 출력전압 파형

그림 7-19의 인버터 회로에서 그림 7-58과 같은 출력전압을 얻기 위한 스위치들의 온, 오프 제어는 각 상 레그에 존재하는 스위치 쌍 (S_1, S_4), (S_3, S_6), (S_5, S_2) 들을 통해 각각 이루어지며, 이때 인버터의 각 레그에 달려있는 스위치 쌍에서 하나의 스위치가 온되어 있으면 다른 쪽 스위치는 항상 오프 상태가 된다. 3상 PWM 인버터에서 SPWM을 구현하기 위해 사용되는 각 상 정현파 기준신호 v_{refa}, v_{refb}, v_{refc}는 평형 된 3상 출력을 내기 위해 각 상 120°씩의 위상차를 가지며 삼각파 운송신호 v_{tri}와의 비교를 통해 각 상 레그의 스위치 쌍에 대한 온, 오프 상태를 식 (7-17)과 같이 제어하도록 한다.

$$\left.\begin{array}{l} v_{refa} > v_{tri}\text{이면 스위치 } S_1 \text{ 온 } (S_4 \text{ 오프}) \\ v_{refa} < v_{tri}\text{이면 스위치 } S_4 \text{ 온 } (S_1 \text{ 오프}) \\ v_{refb} > v_{tri}\text{이면 스위치 } S_3 \text{ 온 } (S_6 \text{ 오프}) \\ v_{refb} < v_{tri}\text{이면 스위치 } S_6 \text{ 온 } (S_3 \text{ 오프}) \\ v_{refc} > v_{tri}\text{이면 스위치 } S_5 \text{ 온 } (S_2 \text{ 오프}) \\ v_{refc} < v_{tri}\text{이면 스위치 } S_2 \text{ 온 } (S_5 \text{ 오프}) \end{array}\right\} \qquad (7\text{-}17)$$

(2) SPWM을 이용한 3상 전압형 인버터 실습

그림 7-59는 SPWM을 사용하는 3상 인버터의 PSIM Schematic 회로를 보여 주고 있는 것으로, 3상 각 레그의 스위치 쌍들에 대한 게이트 신호를 발생시키기 위하여 삼각파 운송신호로 사용되는 하나의 삼각파 전압원(Triangular)과 3상에 대한 정현파 기준신호로 사용하기 위한 3개의 정현파 전압원(Sine)을 포함하고 있다. 여기서 인버터 각 스위치들의 스위칭 주파수로 나타나는 삼각파 운송신호의 주파수는 1.5[kHz]이고, 운송신호로 사용되는 삼각파 전압원의 파라미터는 그림 7-33에서 이미 보여주고 있는 바와 같다. 그림 7-60은 3상 정현파 기준신호 발생을 위한 정현파 전압원들의 파라미터를 각각 보여주고 있는 것으로, 각 상 120°의 위상 차이를 갖도록 파라미터 Phase Angle은 a상, b상, c상에 대해서 각각 0°, −120°, −240°로 설정해 주며, 각각의 경우 파라미터 Peak Amplitude와 Frequency는 각 상에서 동일한 값을 갖도록 설정한다. 3상 인버터의 각 상에서 정현파 기준신호(Vref_a, Vref_b, Vref_c)와 삼각파 운송신호(VTRI1)가 각각 비교기(Comparator:)를 통해 비교되어 각 상 레그에 있는 스위치들을 구동하기 위한 게이트 펄스 신호를 발생시키며, 그림의 가장 왼쪽에 있는 비교기 출력은 a상 레그에 있는 스위치 1번과 4번, 즉 MOS1과 MOS4를 온, 오프 시키는데 사용되고, 그림의 가운데에 있는 비교기의 출력은 b상 레그에 있는 스위치 3번과 6번, 즉 MOS3과 MOS6을 온, 오프 시키는데 사용된다. 마지막으로 그림의 맨 오른쪽에 있는 비교기의 출력은 c상 레그에 있는 스위치 5번과 2번, 즉 MOS5와 MOS2를 온, 오프 시키는데 사용된다. 각각의 경우에 있어서 비교기 출력은 PSIM의 On-Off Controller( )를 사용하여 상위에 있는 스위치, 즉 각 레그에 있어서 MOS1, MOS3, MOS5를 구동하도록 게이트 단자에 연결되고, NOT Gate( )를 거친

비교기 출력들은 각각 On-Off Controller를 거쳐 각 레그의 하위에 있는 스위치들, 즉 MOS4, MOS6, MOS2를 각각 구동하도록 게이트 단자에 연결된다. 그림 7-59의 PSIM Schematic 인버터 회로는 펄스파 형태의 인버터 출력전압을 정현파로 만들어주기 위한 L-C 저역통과 필터를 사용하고 있지 않는 경우이며, 각 상 부하는 저항과 인덕터를 포함하는 R-L 부하인 경우이다. 그림 7-61은 그림 7-59의 SPWM을 사용하는 3상 전압형 인버터에 대한 동작을 설명하는 각 부 파형을 보여주고 있는 것으로, 맨 위의 그림은 각 상 스위치들의 게이트 신호를 발생시키기 위해 각 상 비교기에서 비교되는 삼각파 운송신호와 각 상 정현파 기준신호를 보여주고 있다. 위에서 두 번째 그림부터 마지막 네 번째 그림은 각각 인버터 출력 선간전압을 나태내고 있는 것으로, 두 번째 그림은 인버터 출력의 ab선간전압을, 세 번째 그림은 bc선간전압을, 네 번째 그림은 ca선간전압을 각각 나타내고 있다. 그림 7-62는 그림 7-59 인버터 회로에서 각 상 부하에 걸리는 상전압 파형 및 각 상 부하에 흐르는 전류파형을 보여 주고 있는 것으로, 위에서 첫 번째 그림은 a상 부하에 걸리는 a상 출력전압과 전류파형을, 두 번째 그림은 b상 부하에 걸리는 b상 출력전압과 전류파형을, 세 번째 그림은 c상 부하에 걸리는 c상 출력전압과 전류파형을 각각 보여 주고 있다. 그림 7-63은 그림 7-61의 위에서 두 번째 그림에 해당하는 인버터 출력 ab선간전압을 확대하여 나타낸 것이며, 그림 7-64는 그림 7-63에서 보여주고 있는 인버터 출력 ab선간전압에 대한 FFT 수행 결과를 나타내고 있다. 그림 7-64에서와 보여 주고 있는 바와 같이 3상 인버터 출력 선간전압에는 스위칭 주파수에 해당하는 고조파 차수 및 그 정수배에 해당하는 고조파 차수들의 사이드 밴드에서 주된 고조파 성분들이 발생되고 있음을 확인 할 수 있다.

그림 7-65, 7-67 및 7-69는 모두 SPWM을 사용하는 3상 인버터 PSIM Schematic 회로를 나타내고 있는 것으로, 이 경우들은 모두 인버터 출력단에 펄스형태로 발생되는 인버터 출력전압을 정현파 전압으로 만들어 주기 위한 L-C 저역통과 필터를 각각 사용하고 있는 경우들이다. 그림 7-65, 7-67 및 7-69의 각 3상 인버터 회로에서의 차이점은 각각의 인버터가 사용하고 있는 L-C 저역통과 필터에서 필터 커패시터의 커패시턴스는 모두 250[μF]으로 동일하나, 필터 인덕터의 인덕턴스는 각각 140[uH], 280[uH] 및 1[mH]로 인덕터에 있어서 서로 각각 다른 값을 사용하고 있다는 점이다. 따라서 그림 7-65의 인버터 회로에서 사용하고 있는 L-C 저역통과 필터의 공진 주파수는 약 850[Hz]이며, 그림 7-67의 경우는 약 600[Hz] 그

리고 그림 7-69의 경우는 약 318[Hz]가 된다. 이에 따른 결과로 그림 7-66, 7-68 및 7-70은 각각 그림 7-65, 7-67 및 7-69의 인버터 회로에 대한 출력파형들을 보여 주고 있는 것으로, 각각의 그림에서 위에서 첫 번째 그림은 인버터 a와 b상간의 출력 선간전압 파형을, 두 번째 그림은 a상 R-L 부하에 걸리는 상전압 파형을 그리고 마지막 세 번째 그림은 a상 부하에 흐르는 부하 전류 파형을 각각 보여 주고 있다. 그림 7-66, 7-68 및 7-70의 결과로부터 각각의 경우 각 상 부하에 흐르는 전류 파형에는 별 차이가 없으나, 각 부하에 걸리는 상전압 파형에 있어서는 필터 인덕터의 인덕턴스가 큰 값을 가질수록, 즉 필터의 공진 주파수가 낮아질수록 부하에 걸리는 상전압 파형이 더욱 깨끗한 정현파의 형태로 나타나고 있음을 확인 할 수 있다.

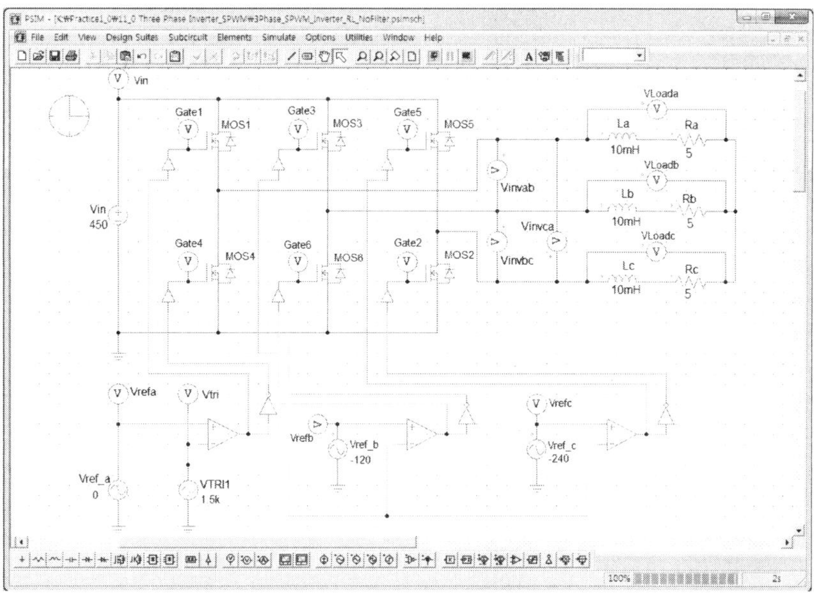

그림 7-59 SPWM에 의한 3상 전압형 인버터 PSIM Schematic 회로
(스위칭 주파수 1.5[kHz], 출력단 필터 없는 경우)

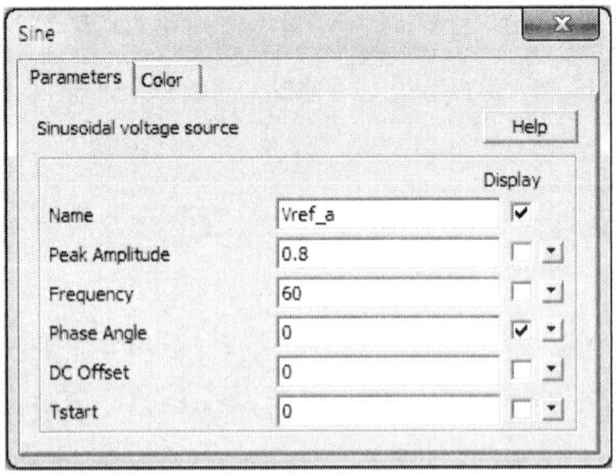

(a) a상 정현파 기준신호를 위한 Sine 파라미터

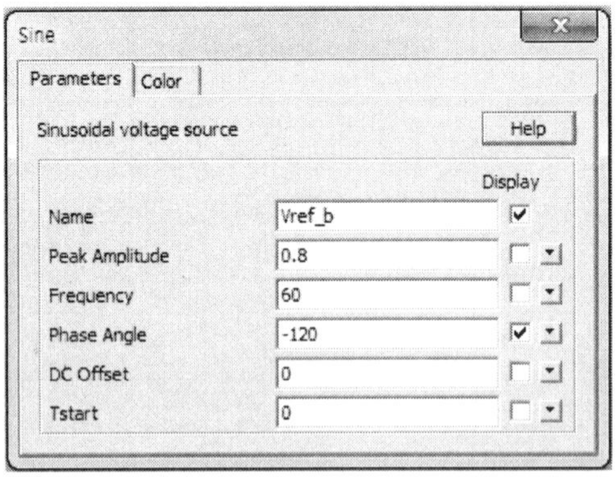

(b) b상 정현파 기준신호를 위한 Sine 파라미터

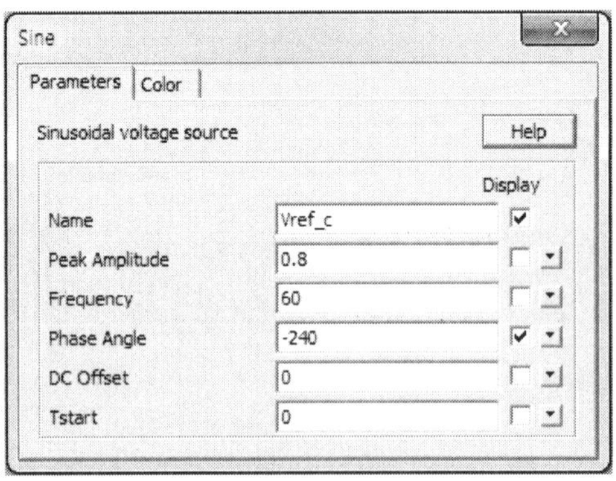

(c) c상 정현파 기준신호를 위한 Sine 파라미터

그림 7-60 3상 정현파 기준신호 발생을 위한 정현파 전압원(Sine) 파라미터

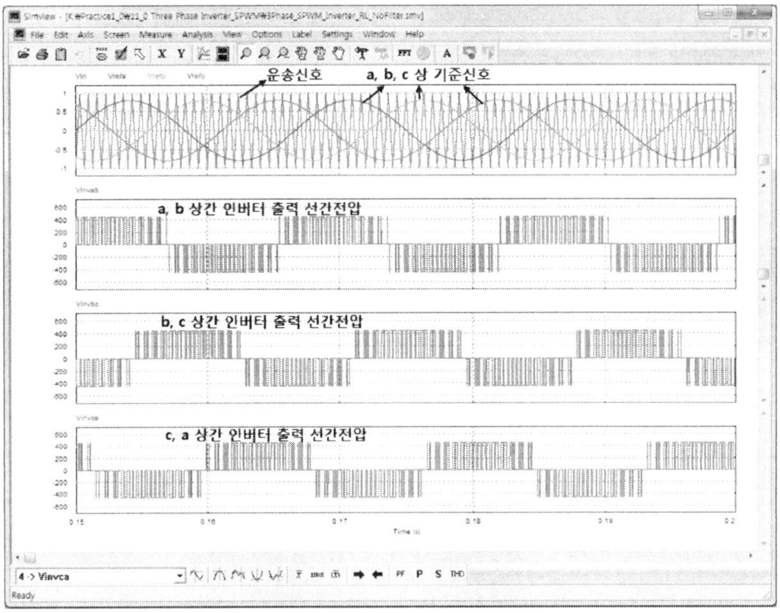

그림 7-61 SPWM에 의한 3상 전압형 인버터 기준신호와 운송신호 및 3상 선간 출력전압 파형(스위칭 주파수 1.5[kHz], 출력단 필터 없는 경우)

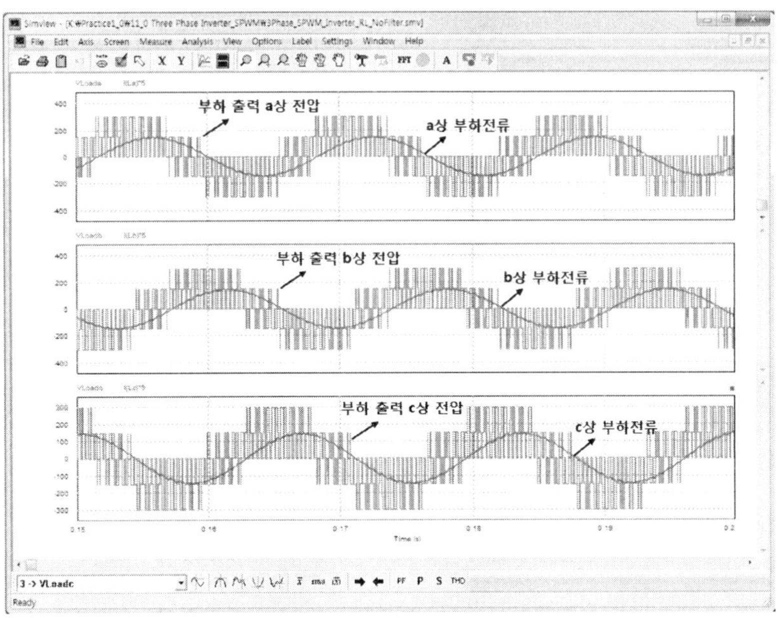

그림 7-62 SPWM에 의한 3상 전압형 인버터 3상 부하 상전압 및 전류 파형 (스위칭 주파수 1.5[kHz], 출력단 필터 없는 경우)

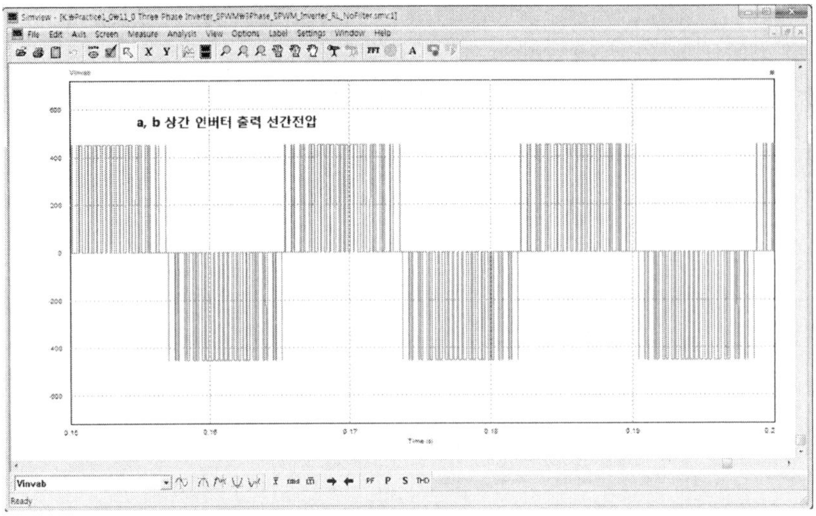

그림 7-63 SPWM에 의한 3상 전압형 인버터 a상 및 b상 선간 출력전압 확대 파형(스위칭 주파수 1.5[kHz], 출력단 필터 없는 경우)

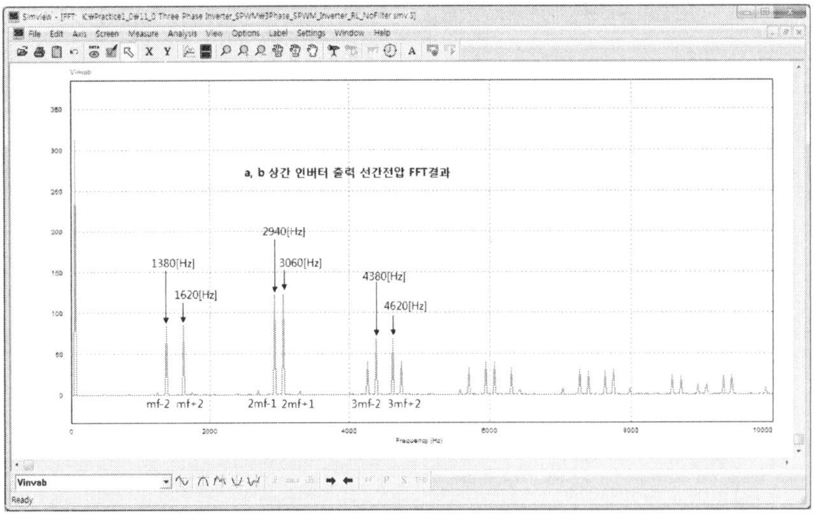

그림 7-64 SPWM에 의한 3상 전압형 인버터 a상 및 b상 선간 출력전압 파형에 대한 FFT 결과(스위칭 주파수 1.5[kHz], 출력단 필터 없는 경우)

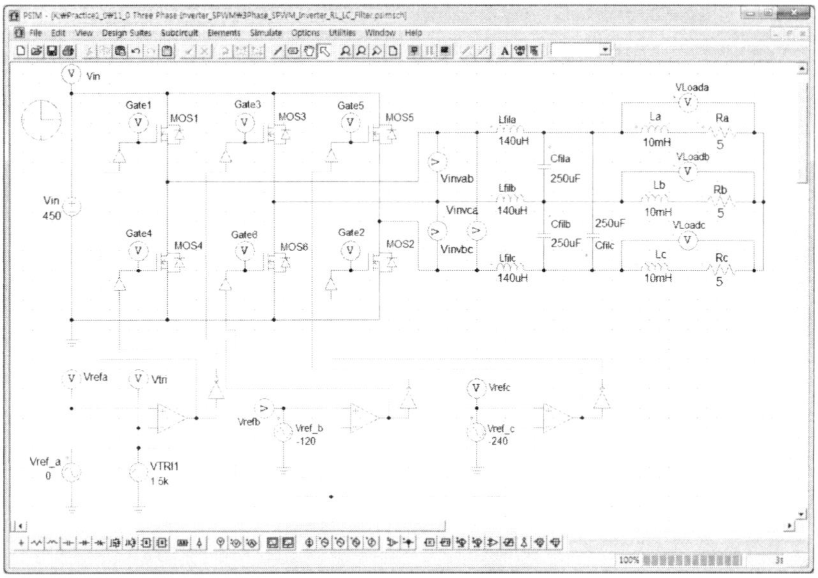

그림 7-65 SPWM에 의한 3상 전압형 인버터 PSIM Schematic 회로(스위칭 주파수 1.5[kHz], 필터 인덕턴스 140[uH], 커패시턴스 250[uF])

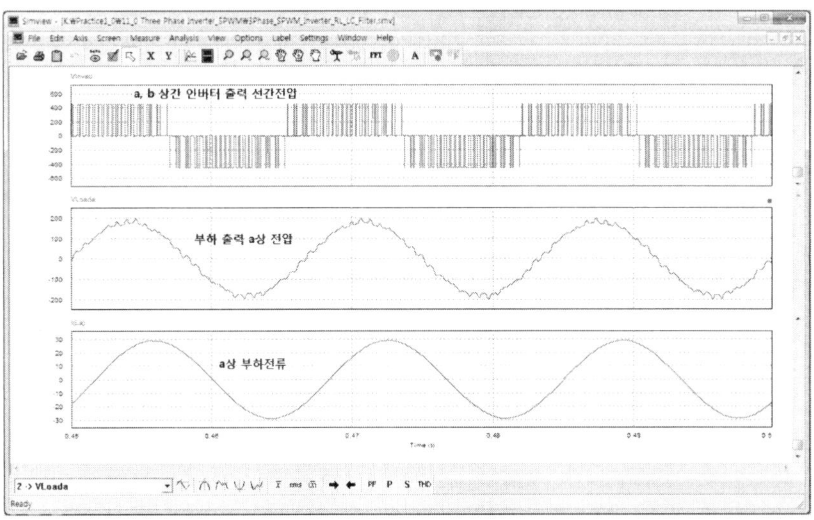

그림 7-66 SPWM에 의한 3상 전압형 인버터 출력 a, b 선간전압, a상 부하 전압 및 전류파형(스위칭 주파수 1.5[kHz], 필터 인덕턴스 140[uH], 커패시턴스 250[uF])

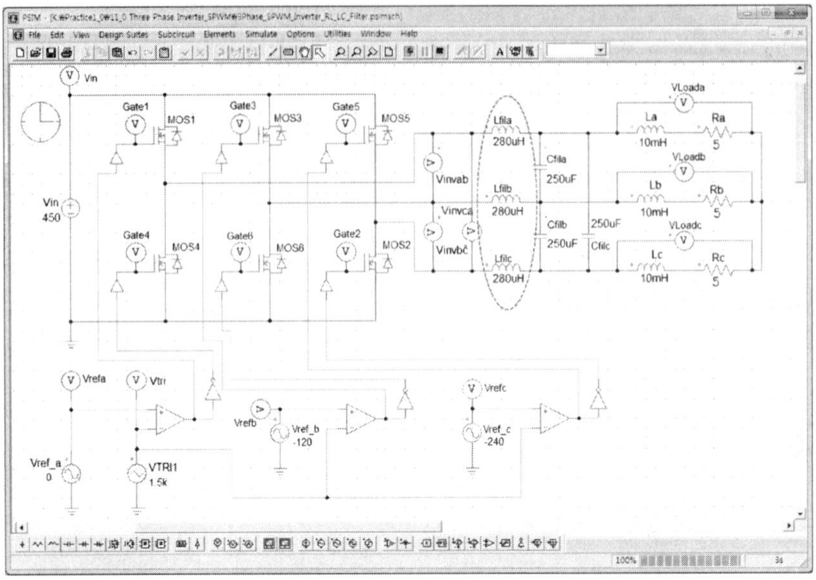

그림 7-67 SPWM에 의한 3상 전압형 인버터 PSIM Schematic 회로(스위칭 주파수 1.5[kHz], 필터 인덕턴스 280[uH], 커패시턴스 250[uF])

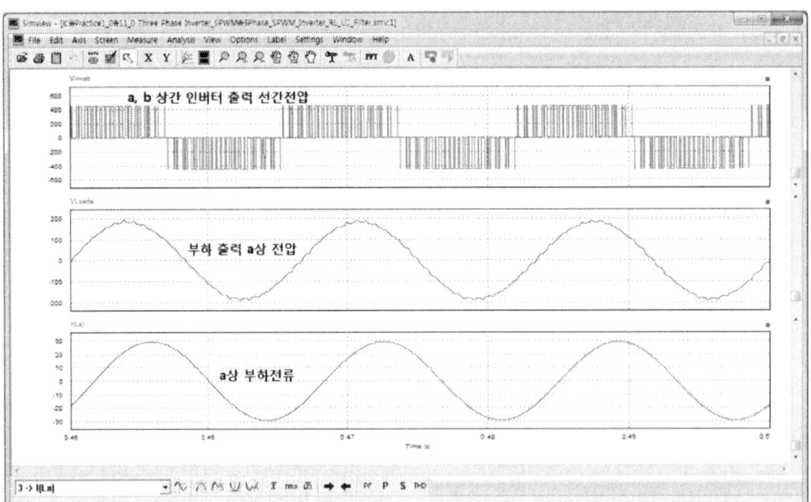

그림 7-68 SPWM에 의한 3상 전압형 인버터 출력 a, b 선간전압, a상 부하 전압 및 전류파형(스위칭 주파수 1.5[kHz], 필터 인덕턴스 280[uH], 커패시턴스 250[uF])

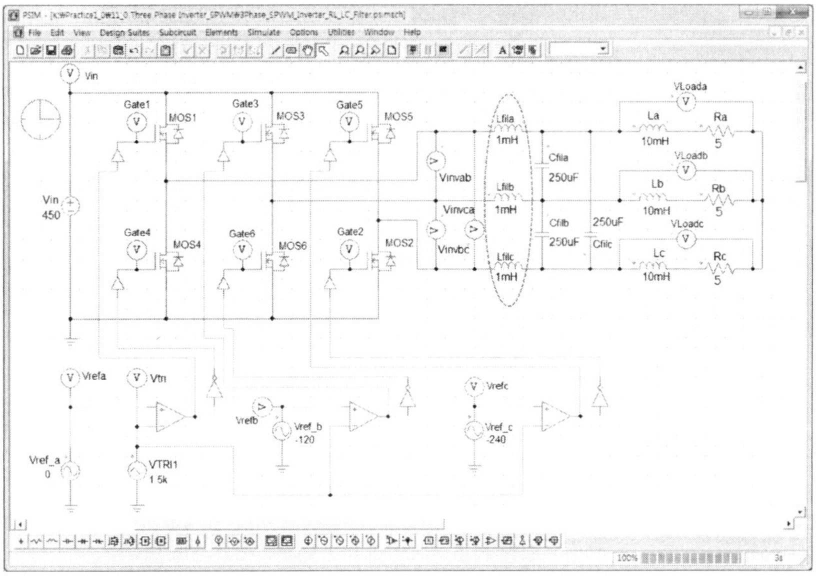

그림 7-69 SPWM에 의한 3상 전압형 인버터 PSIM Schematic 회로(스위칭 주파수 1.5[kHz], 필터 인덕턴스 1[mH], 커패시턴스 250[uF])

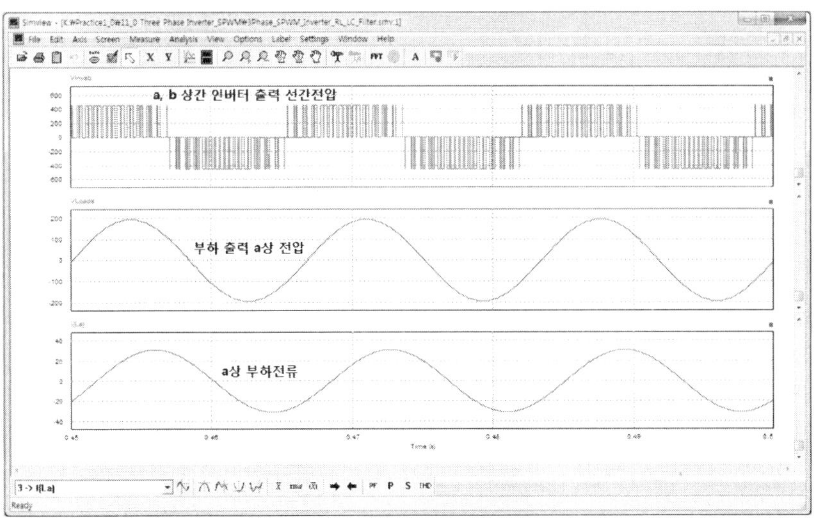

그림 7-70 SPWM에 의한 3상 전압형 인버터 출력 a, b 선간전압, a상 부하 전압 및 전류파형(스위칭 주파수 1.5[kHz], 필터 인덕턴스 1[mH], 커패시턴스 250[uF])

제 8 장 벅 컨버터 제작 실습

벅 컨버터(Buck Converter)는 직류 입력전압에 비해 출력전압의 크기가 작아지는 형태의 DC/DC 컨버터로서, 직류 입력전압을 반도체 스위치의 온(on), 오프(off) 동작을 통하여 구형파 형태의 전압으로 변환한 후 필터를 사용하여 일정한 크기의 직류 출력전압을 만들어 내는 직류 전력변환장치의 한 가지이다. 이번 장에서는 반도체 스위칭 소자와 PWM 컨트롤 IC를 이용하여 벅 컨버터를 직접 구성하고, 벅 컨버터의 실험 결과를 통해서 그 특성을 확인해 볼 수 있도록 한다. 그림 8-1은 앞의 6장에서 소개 되었던 벅 컨버터의 구조를 다시 보여 주는 것으로 크게 전력회로부와 제어부로 구성이 된다.

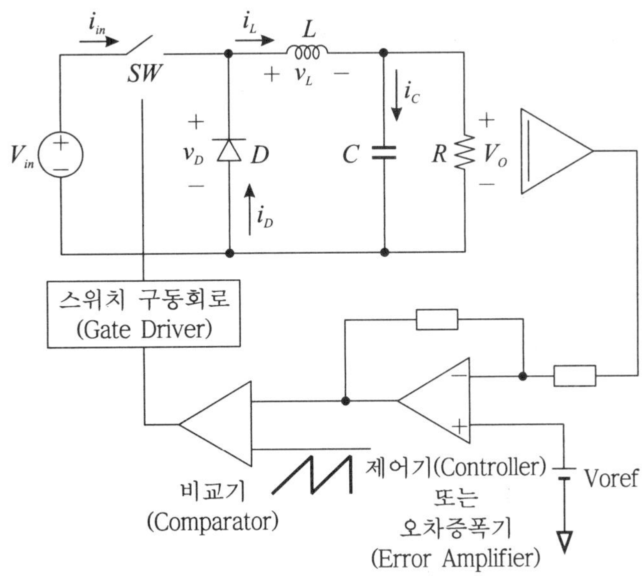

그림 8-1 제어부를 갖는 벅 컨버터의 구성

전력회로부는 반도체 스위치(SW), 환류 다이오드(D) 및 인덕터(L)와 커패시터(C)로 구성되는 필터로 이루어져 있으며, 입력전압(V_{in})을 부하 저항 R이 요구하는 전압의 크기로 변화시켜 이에 따른 출력전압(V_o)을 발생시키는 부분이다. 제어부는 발생 출력전압을 검출(Sensing)하여 OP-Amp로 구성되는 제어기(Controller) 또는 오차 증폭기(Error Amplifier)로 궤환하고 제어기의 출력신호를 비교기의 톱니파와 비교하여 스위치를 온(on), 오프(off) 시키기 위한 펄스 형태의 스위치의 구동신호를 만들어 낸다. 이때 스위치를 온, 오프 하기 위해서는 별도의 스위치 구동회로(Gate Driver)가 필요하며 벅 컨버터의 경우는 특히 스위치가 접지(Ground)에 대해 플로팅되어 있으므로 구동회로 구성시 주의를 요한다. 그림 8-1과 같은 경우의 제어방식을 궤환 제어 또는 피드백 제어(Feedback Control)방식이라고 한다.

8.1 벅 컨버터의 설계식

벅 컨버터에 사용되는 필터 인덕터, 커패시터, 주 스위치 및 프리휠링 다이오드와 같은 부품의 정격을 결정하기 위한 설계식은 다음과 같이 얻어질 수 있다.

8.1.1 필터 인덕터의 인덕턴스 산정

그림 8-2의 벅 컨버터 전력회로부에서 필터 인덕터 L의 인덕턴스를 구하기 위해 인덕터에 걸리는 전압을 구하면 다음과 같다. 우선 주 스위치 SW가 온되어 있다고 가정을 하면 스위치 온 구간 동안의 인덕터 전압 v_L은 식 (8-1)과 같이 표현된다. 주 스위치가 온되어 있는 구간에서는 전류가 인덕터를 통하여 출력측으로 흐르고 인덕터에는 에너지가 저장된다. 이때 인덕터에 걸리는 전압은 식 (8-1)에서와 같이 입력전압(V_{in})과 출력전압(V_o)의 차이가 되고, 시간의 변화 dt를 Δt로 놓는다면 그림 8-3에서와 같이 Δt는 스위칭 주기 T_s에 듀티(Duty) D를 곱한 DT_s와 같이 표현되므로 인덕터에 걸리는 전압은 식 (8-2)와 같이 나타낼 수 있다. 따라서 식 (8-1)과 식 (8-2)를 통해서 결과적으로 식 (8-3)을 얻을 수 있다.

$$v_L = L\frac{di_L}{dt} = V_{in} - V_o \tag{8-1}$$

$$v_L = L\frac{di_L}{dt} \approx L\frac{\Delta i_L}{\Delta t} = L\frac{\Delta i_L}{DT_s} \tag{8-2}$$

$$V_{in} - V_o \approx L\frac{\Delta i_L}{DT_s} \tag{8-3}$$

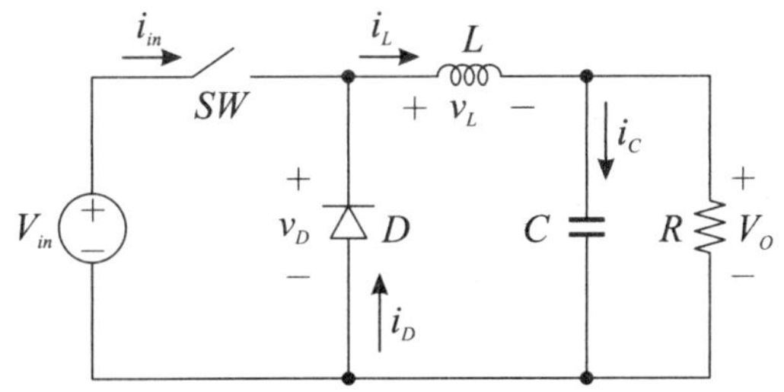

그림 8-2 벅 컨버터의 전력회로부

식 (8-3)으로부터 스위치가 온되어 있는 구간 동안의 인덕터에 흐르는 전류의 변화 Δi_L은

$$\Delta i_L = \frac{V_{in} - V_o}{L} DT_s \tag{8-4}$$

와 같이 된다.

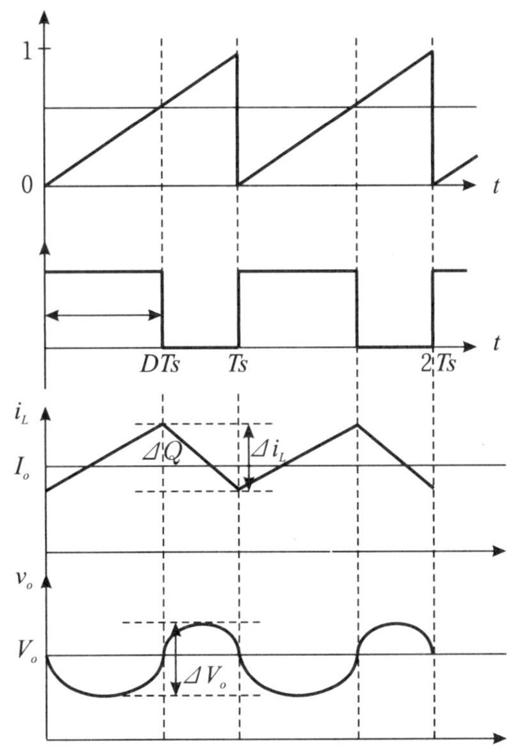

그림 8-3 벅 컨버터의 스위칭 구간에 따른 인덕터 전류 및 출력 커패시터 전압 파형

이제 주 스위치 SW가 오프인 구간 동안의 전류변화를 생각해 보면 다음과 같다. 주 스위치 SW가 오프 상태인 구간동안 시간 간격은 $T_s - DT_s = (1-D)T_s$와 같으므로 $(1-D)$를 D'이라 한다면 스위치 오프 동안의 인덕터에 걸리는 전압은 식 (8-5)와 같이 출력전압과 같으므로, 앞에서와 마찬가지로 SW가 오프인 구간 동안의 전류변화는 식 (8-6)~식 (8-8)과 같이 얻어진다.

$$v_L = L\frac{di_L}{dt} = V_o \tag{8-5}$$

$$v_L = L\frac{di_L}{dt} \approx L\frac{\Delta i_L}{\Delta t} = L\frac{\Delta i_L}{(1-D)T_s} = L\frac{\Delta i_L}{D' T_s} \tag{8-6}$$

따라서,

$$V_o \approx L\frac{\Delta i_L}{D' T_s} \tag{8-7}$$

$$\Delta i_L = \frac{V_o}{L}D' T_s \tag{8-8}$$

여기서 $D' = 1-D$이다.

식 (8-4) 및 (8-8)로부터 벅 컨버터의 필터 인덕터에 대한 인덕턴스는 아래 식 (8-9) 또는 식 (8-10)과 같이 산정될 수 있으며, 수식에서 Δi_L은 스위치 SW의 턴 온 및 턴 오프시 인덕터 전류의 크기 변화량 즉, 리플(Ripple) 전류의 크기를 나타낸다.

$$L = \frac{V_{in} - V_o}{\Delta i_L}DT_s \tag{8-9}$$

$$L = \frac{V_o}{\Delta i_L}D' T_s \tag{8-10}$$

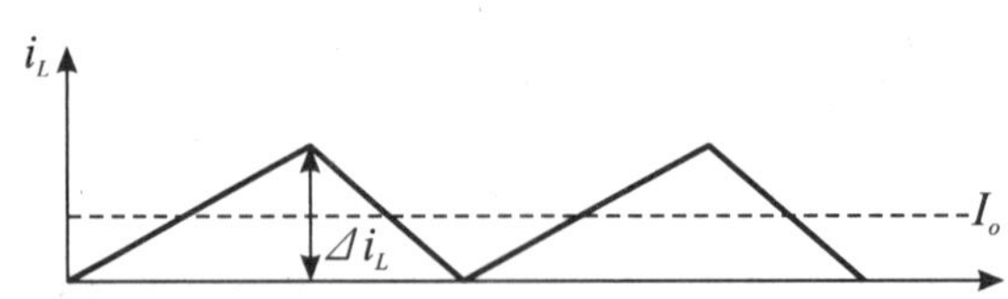

그림 8-4 인덕터 리플 전류

인덕터 전류의 리플을 그림 8-4와 같이 나타내면 리플 전류의 평균치 I_o를 이용하여 벅 컨버터 인덕터의 인덕턴스는 식 (8-11) 및 식 (8-12)와 같이 나타낼 수 있다.

$$L = \frac{V_{in} - V_o}{2I_o} DT_s \tag{8-11}$$

$$L = \frac{V_o}{2I_o} D^{'} T_s \tag{8-12}$$

8.1.2 출력 필터 커패시터의 커패시턴스 산정

그림 8-3에서 인덕터 전류의 ΔQ 부분은 출력 필터 커패시터 C에 충전하는 전하량을 나타낸다. 그림으로부터 이 충전 전하량을 나타내는 수식은 식 (8-13)과 같이 표현된다.

$$\Delta Q = \frac{1}{2} \cdot \frac{\Delta i_L}{2} \cdot \frac{T_s}{2} = \frac{\Delta i_L}{8} T_s \tag{8-13}$$

C를 커패시터의 정전용량(커패시턴스)이라 할 때, 커패시터의 충전 전하량과 전압의 관계 $Q = Cv$로부터

$$\Delta Q = C \cdot \Delta v_o \tag{8-14}$$

$$C = \frac{\Delta Q}{\Delta v_o} \tag{8-15}$$

의 관계가 있으므로, 벅 컨버터의 출력단 필터 커패시터의 정전용량 즉, 커패시턴스는 식 (8-8), 식 (8-13)과 식 (8-15)를 사용하여 다음 식 (8-16)과 같이 얻을 수 있다.

$$C = \frac{\Delta i_L}{8\Delta v_o} T_s = \frac{(\frac{V_o}{L} D^{'} T_s)}{8\Delta v_o} \cdot T_s = \frac{V_o D^{'} T_s^2}{8L\Delta v_o} \tag{8-16}$$

8.1.3 주 스위치 사양

그림 8-2의 주 스위치 SW의 전압 및 전류 정격은 다음과 같이 구할 수 있다. 우선 주 스위치 SW가 온되어 있는 경우는 이상적으로 스위치에 전압이 걸리지 않는다. 그러나 스위치가 오프되어 있는 경우에는 인덕터에 저장되어 있는 에너지에 의해 인덕터 전류가 환류 다이오드를 통해 프리휠링 하면서 흐르게 되고, 스위치 양단간에는 입력전압이 모두 걸리게 되므로 주 스위치의 전압 정격은 식 (8-17)과 같이 입력전압으로 결정된다.

$$V_{SW} = V_{in} \tag{8-17}$$

한편 주 스위치 SW에 흐르는 전류 I_{SW}는 그림 8-3에서와 같이 직류 출력전류 I_o의 크기에 인덕터 리플전류 $\frac{\Delta i_L}{2}$를 고려해 주어야 한다.

$$I_{SW} = I_o + \frac{\Delta i_L}{2} \tag{8-18}$$

8.1.4 환류(Free-wheeling) 다이오드 사양

주 스위치가 온되어 있는 경우 환류(Free-wheeling) 다이오드는 역 바이어스가 걸리므로 오프되고 입력전압이 다이오드에 역 방향으로 모두 걸리게 되므로 환류 다이오드의 전압 정격은 다음과 같이 입력전압의 크기로 결정이 된다.

$$V_D = V_{in} \tag{8-19}$$

환류 다이오드에 흐르는 전류는 주 스위치가 오프되는 구간에서 인덕터에 흐르는 전류와 같으므로, 주 스위치의 경우와 마찬가지로 그림 8-3에서와 같이 직류 출력전류 I_o의 크기에 인덕터 리플전류 $\frac{\Delta i_L}{2}$를 고려한 형태로 나타나게 된다.

$$I_D = I_o + \frac{\Delta i_L}{2} \tag{8-20}$$

8.2 벅 컨버터 회로 제작

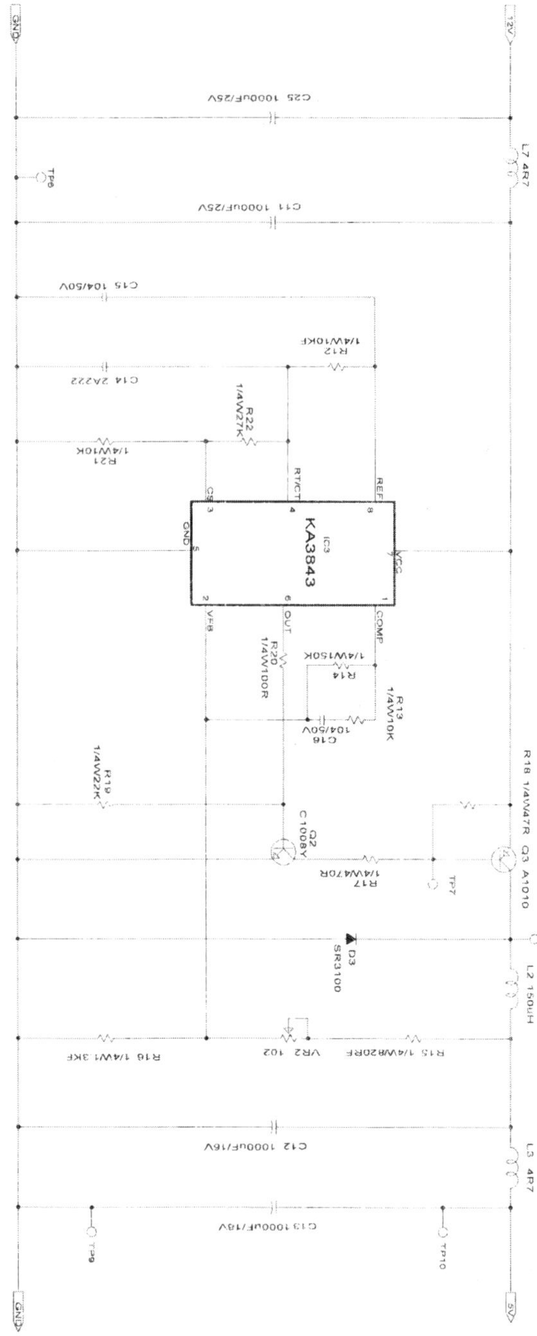

그림 8-5 벅 컨버터 제작 회로

표 8-1 제작 벅 컨버터 부품 리스트

BUCK CONVERTER						
No.	LOCATION	DESCRIPTION	VENDOR P/N	VENDOR	Q'TY	REMARK
1	PCB	PCB	FR-4 106×49×1.6t	CHOIL	1	
2	IC3	IC	KA3843B	FAIRCHILD	1	
3	Q2	TRANSISTOR	KSC1008Y	FAIRCHILD	1	
4	Q3	TRANSISTOR	KSA1010	FAIRCHILD	1	
5	D3	DIODE	SB3100	DEC	1	
6	C11, C25	CAPACITOR ELEC.	KMG 25[V] 1000[uF]	SAMYOUNG	2	
7	C12, C13	CAPACITOR ELEC.	KMG 16[V] 1000[uF]	SAMYOUNG	2	
8	C15, C16	CAPACITOR CER.	50[V] 100[nF](104)	NETRONTECH	2	
9	C14	CAPACITOR MYLAR	100[V] 2.2[nF](2A222)	SEJIN	1	
10	L2	INDUCTOR TROIDAL	18ϕ 150[uH]	POSTECH	1	
11	L3, L7	INDUCTOR DRUM	4.7[uH](4R7)	POSTECH	2	
12	R13, R21	RESISTER	1/4[W] 10[kΩ] J	SUNGJIN	2	
13	R14	RESISTER	1/4[W] 150[kΩ] J	SUNGJIN	1	
14	R17	RESISTER	1/4[W] 470[Ω] J	SUNGJIN	1	
15	R20	RESISTER	1/4[W] 100[Ω] J	SUNGJIN	1	
16	R18	RESISTER	1/4[W] 47[Ω] J	SUNGJIN	1	
17	R19	RESISTER	1/4[W] 22[kΩ] J	SUNGJIN	1	
18	R22	RESISTER	1/4[W] 27[kΩ] J	SUNGJIN	1	
19	R12	RESISTER METAL	1/4[W] 10[kΩ] F	SUNGJIN	1	
20	R15	RESISTER METAL	1/4[W] 820[Ω] F	SUNGJIN	1	
21	R16	RESISTER METAL	1/4[W] 1.3[kΩ] F	SUNGJIN	1	
22	VR2	RESISTER VOLUME	3362P_102(1[Ω])	BOURNS	1	
23	HS2	HEATSINK	15×10×20(h)	보성정밀	1	
24	FOR HS2	SCREW	PH 3×8 M/C	믿음	1	
25	TP6, TP9	TEST POINT	LC-2-G(BLACK)	영진전자	2	
26	TP7, TP8, TP10	TEST POINT	LC-2-G(RED)	영진전자	3	
27	FOR IC3	IC SOCKET	DIP-8		1	
28	CN4	CONNECTOR	5267-02A	MOLEX	1	
LOAD RESISTER						
29	R35	RESISTER CEMENT	10[W] 10[Ω] J AXIAL TYPE	SUNGJIN	1	

그림 8-5는 실습에 사용할 벅 컨버터 제작 회로로서 실험에서는 입력전압을 12[V]로, 출력전압을 5[V]로 설정하고, 회로도에서 보여주고 있는 바와 같이 컨버터의 주 스위치(Q3)에는 KSA1010 PNP형 트랜지스터가, 제어용 IC에는 PWM 컨트롤러인 KA3843B가 사용되었다. 주 스위치 오프시 인덕터 전류를 환류 시키기 위한 환류 다이오드에는 SR3100이 사용되었으며 출력단 필터 인덕터의 인덕턴스는 150[uH], 커패시터는 1000[uF] 2개가 병렬로 연결되어 총 2000[uF]이 사용되었다. 메인 스위치인 트랜지스터 KSA1010를 구동하기 위해서 KSC1008Y NPN 타입 트랜지스터가 사용되었으며 KA3843 PWM 제어기 주변의 저항 및 커패시터들은 KA3843의 구동 및 벅 컨버터의 제어를 위한 주변 부품들이다. 부하로는 10[Ω], 10[W]의 Axial Type 시멘트 저항이 사용되었고, 표 8-1은 실험에 사용된 부품들의 리스트를 보여주고 있다.

8.2.1 실습 사용 부품

그림 8-6은 실험에 사용되는 부품들을 사진으로 보여주고 있는 것으로 그림 8-5의 회로를 구현하기 위한 PCB가 제작 되어 있으나 PCB가 없는 경우는 브레드 보드(Breadboard) 등을 이용하여 회로를 구성 및 실험하는 것이 가능하다.

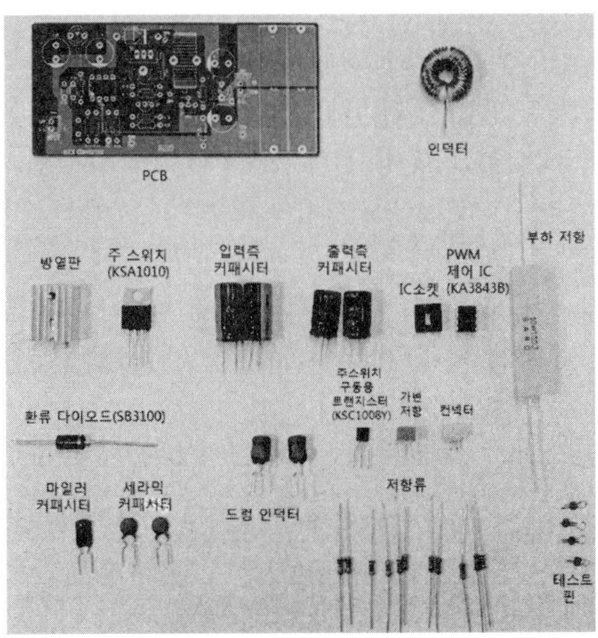

그림 8-6 실험 사용 부품

(1) 주 스위치(KSA1010)

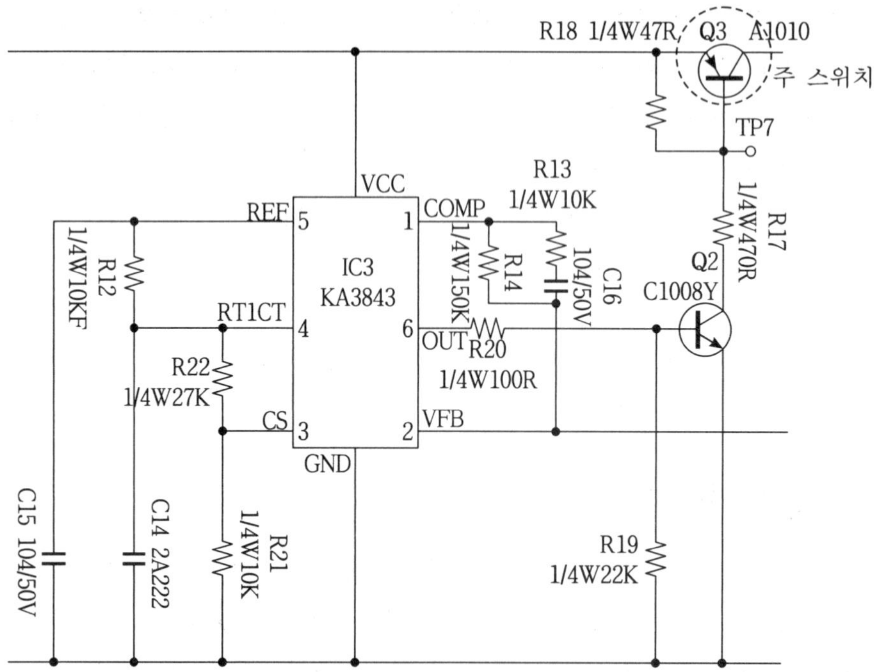

그림 8-7 회로 상에서 주 스위치의 위치

그림 8-7은 그림 8-5 실습 회로도 상의 일부를 확대하여 주 스위치를 표시한 것으로 사용된 스위치는 PNP 트랜지스터 KSA1010이다. PNP 트랜지스터를 턴 온시키기 위해서는 NPN 타입 트랜지스터의 경우와는 반대로 베이스로 부터 전류가 흘러나와야 한다. 따라서 그림에서 스위치의 구동부로 사용되고 있는 Q2 스위치(KSC1008)가 온되면 주 스위치의 베이스로부터 전류가 그라운드 쪽으로 흐르므로 주 스위치는 온되고 주 스위치의 이미터 단자에서 컬렉터 단자로 전류가 흐르게 된다. 주 스위치인 트랜지스터 KSA1010를 오프시키기 위해서는 구동부로 사용되고 있는 Q2(KSC1008)를 오프시키면 된다.

그림 8-8은 주 스위치로 사용되는 PNP 트랜지스터 KSA1010의 데이터 시트 일부를 발췌하여 보여주고 있는 그림으로 컬렉터-베이스 간 전압, 컬렉터-이미터 간 전압, 이미터-베이스 간 전압 정격은 물론 컬렉터 전류 및 베이스 전류 등의 정격을 나타내고 있다.

데이터 시트에서 보이고 있는 바와 같이 트랜지스터를 위에서 내려 보았을 때 맨 왼쪽 다리(1번)가 베이스(Base), 두 번째 다리가 컬렉터(Collector), 마지막 세 번째 다리는 이미터(Emitter)임을 확인할 수 있으며 기판에 트랜지스터를 연결할 때 잘 구분하여 연결해 주어야 한다. 그림 8-5 및 그림 8-7에서 보여주고 있는 바와 같이 주 스위치의 베이스는 저항 R17을 통해 주 스위치 구동용 트랜지스터 Q2에 연결되어 있으며 이미터는 입력측에, 컬렉터는 출력측 필터 인덕터에 연결됨을 확인 하여야 한다.

FAIRCHILD
SEMICONDUCTOR®

KSA1010

High Speed High Voltage Switching

- Industrial Use
- Complement to KSC2334

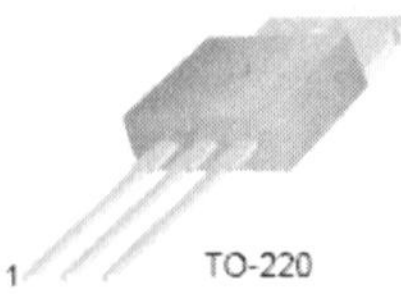

1.Base 2.Collector 3.Emitter

PNP Epitaxial Silicon Transistor

Absolute Maximum Ratings T_C=25°C unless otherwise noted

Symbol	Parameter	Value	Units
V_{CBO}	Collector-Base Voltage	- 100	V
V_{CEO}	Collector-Emitter Voltage	- 100	V
V_{EBO}	Emitter-Base Voltage	- 7	V
I_C	Collector Current (DC)	- 7	A
I_{CP}	*Collector Current (Pulse)	- 15	A
I_B	Base Current	- 3.5	A
P_C	Collector Dissipation (T_C=25°C)	40	W
	Collector Dissipation (T_a=25°C)	1.5	W
T_J	Junction Temperature	150	°C
T_{STG}	Storage Temperature	- 55 ~ 150	°C

* PW≤300μs, Duty Cycle≤10%

Electrical Characteristics T_C=25°C unless otherwise noted

Symbol	Parameter	Test Condition	Min.	Max.	Units
V_{CEO}(sus)	Collector-Emitter Sustaining Voltage	I_C = - 5A, I_{B1} = - 0.5A, L = 1mH	- 100		V
V_{CEX}(sus)1	Collector-Emitter Sustaining Voltage	I_C = - 5A, I_{B1} = - I_{B2} = - 0.5A V_{BE}(off) = 5V, L = 180μH Clamped	- 100		V
V_{CEX}(sus)2	Collector-Emitter Sustaining Voltage	I_C = - 10A, I_{B1} = - 1A I_{B2} = 0.5A, V_{BE}(off) = 5V L = 180μH, Clamped	- 100		V
I_{CBO}	Collector Cut-off Current	V_{CB} = - 100V, I_E = 0		- 10	μA
I_{CER}	Collector Cut-off Current	V_{CE} = - 100V, R_{BE} = 51Ω T_C = 125°C		- 1	mA
I_{CEX1}	Collector Cut-off Current	V_{CE} = - 100V, V_{BE}(off) = 1.5V		- 10	μA
I_{CEX2}	Collector Cut-off Current	V_{CE} = - 100V, V_{BE}(off) = 1.5V T_C = 125°C		- 1	mA
I_{EBO}	Emitter Cut-off Current	V_{EB} = - 5V, I_C= 0		- 10	uA
h_{FE1} h_{FE2} h_{FE3}	* DC Current Gain	V_{CE} = - 5V, I_C = - 0.5A V_{CE} = - 5V, I_C = - 3A V_{CE} = - 5V, I_C = - 5A	40 40 20	200	
V_{CE}(sat)	* Collector-Emitter Saturation Voltage	I_C = - 5A, I_B = - 0.5A		- 0.6	V
V_{BE}(sat)	* Base-Emitter Saturation Voltage	I_C = - 5A, I_B = - 0.5A		- 1.5	V
t_{ON}	Turn On Time	V_{CC} = - 50V, I_C = - 5A, I_{B1} = - I_{B2} = - 0.5A R_L = 10Ω		0.5	μs
t_{STG}	Storage Time			1.5	μs
t_F	Fall Time			0.5	μs

Pulse Test: PW≤350μs, Duty Cycle≤2%

h_{FE} Classification

Classification	R	O	Y
h_{FE2}	40 ~ 80	60 ~ 120	100 ~ 200

Typical Characteristics

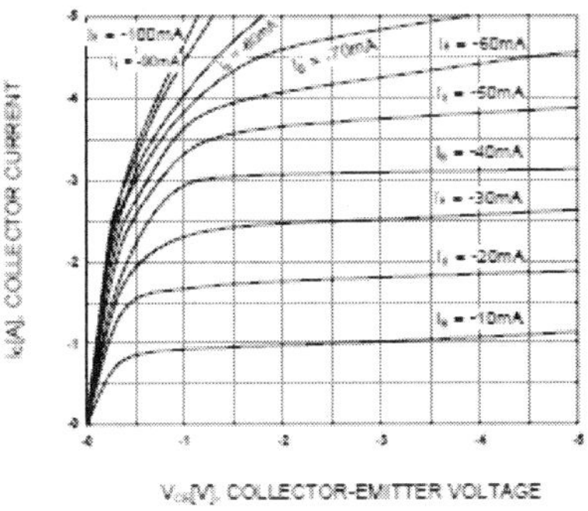

Figure 1. Static Characteristic

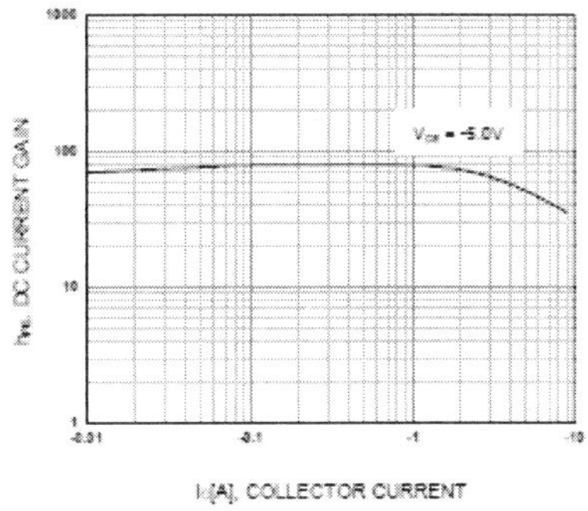

Figure 2. DC current Gain

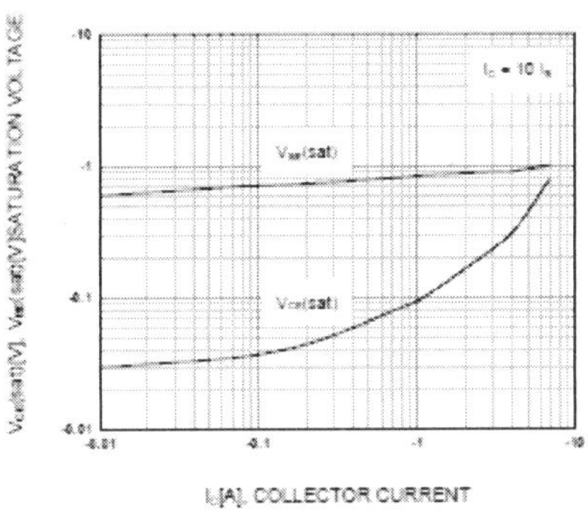

Figure 3. Base-Emitter Saturation Voltage
Collector-Emitter Saturation Voltage

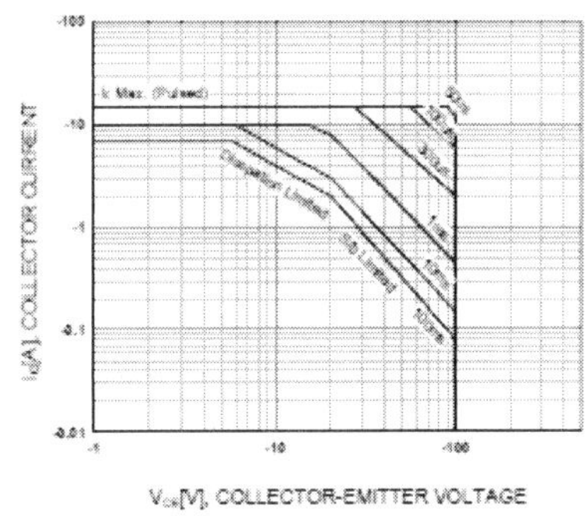

Figure 4. Safe Operating Area

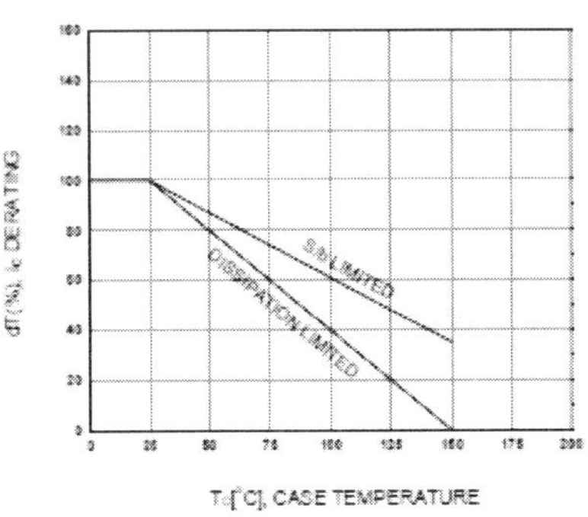

Figure 5. Derating Curve of Safe Operating Areas

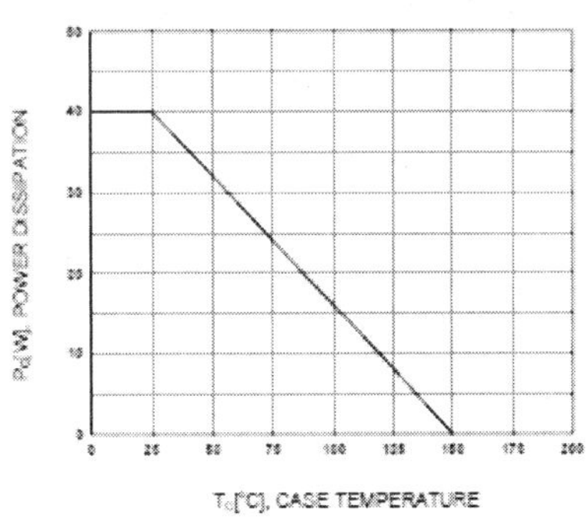

Figure 6. Power Derating

그림 8-8 주 스위치 데이터 시트(2001 Fairchild Semiconductor Corporation)

(2) 주 스위치 구동용 트랜지스터(KSC1008)

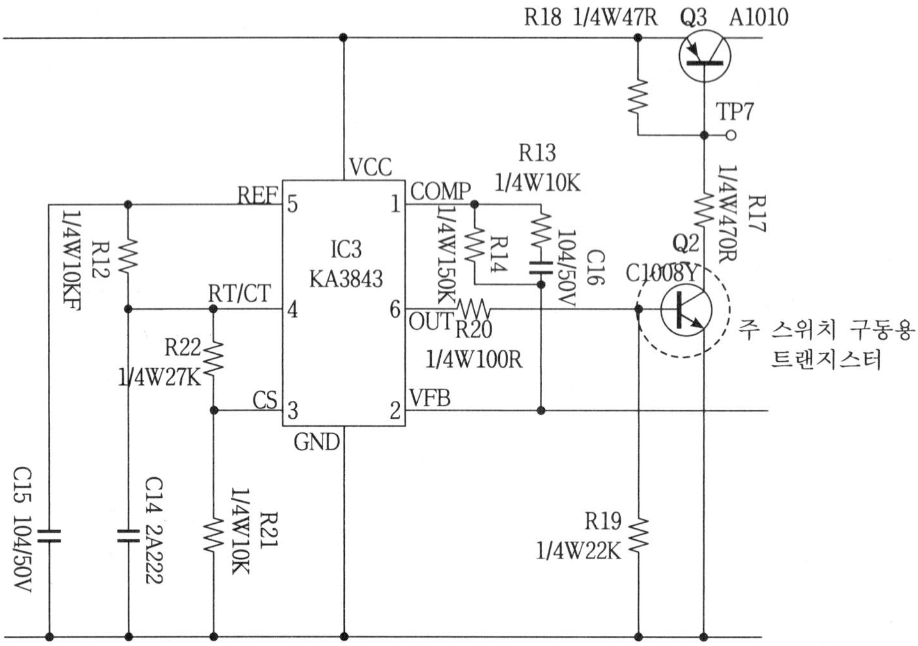

그림 8-9 회로 상에서 주 스위치 구동용 트랜지스터의 위치

그림 8-9는 회로도 상의 주 스위치 구동용 트랜지스터를 표시하고 있는 것으로 사용된 주 스위치 구동용 트랜지스터는 NPN 타입의 트랜지스터인 KSC1008이다. NPN 트랜지스터를 턴 온 시키기 위해서는 트랜지스터의 베이스로 전류가 흘러들어가야 한다. 그림에서와 같이 주 스위치 구동용 트랜지스터 KSC1008의 베이스에는 컨트롤 IC KA3843의 출력 핀(6번(OUT) 핀)에 연결되어 있으며 컨트롤 IC KA3843의 출력이 High인 경우 스위치 Q2 즉, KSC1008의 베이스 단자로 전류가 흐르게 되어 주 스위치 구동용 트랜지스터 KSC1008는 켜지게 된다. 아울러 컨트롤 IC KA3843의 출력이 Low(0)가 되는 경우 트랜지스터 KSC1008는 오프되고 이로 인해 주 스위치 Q3(KSA1010)도 오프하게 된다.

그림 8-10은 주 스위치 구동용 트랜지스터 KSC1008의 데이터 시트를 보여주고 있는 것으로 컬렉터-베이스 간 전압, 컬렉터-이미터 간 전압, 이미터-베이스 간 전압 정격은 물론 컬렉터 전류 등의 정격을 나타내고 있다.

데이터 시트에서 보이고 있는 바와 같이 트랜지스터를 위에서 내려 보았을 때 맨 왼쪽 다리(1번)가 이미터(Emitter), 두 번째 다리가 베이스(Base), 마지막 세 번째 다리가 컬렉터(Collector)라는 것을 확인할 수 있으며, 앞에서와 마찬가지로 기판에 트랜지스터를 연결할 때 거꾸로 꼽지 않도록 잘 구분하여 연결해 주어야 한다. 그림 8-5 및 그림 8-9에서 보여주고 있는 것처럼 주 스위치 구동용 트랜지스터의 베이스는 저항 R20을 통해 컨트롤 IC KA3843의 출력 핀(6번 핀)에 연결되어 있고, 컬렉터는 저항 R17을 통해 주 스위치에 연결된다. 마지막으로 트랜지스터의 이미터는 그라운드 라인에 직접 연결됨을 확인 할 수 있다.

FAIRCHILD
SEMICONDUCTOR®

KSC1008

Low Frequency Amplifier Medium Speed Switching

- Complement to KSA708
- High Collector-Base Voltage : V_{CBO}=80V
- Collector Current : I_C=700mA
- Collector Power Dissipation : P_C=800mW
- Suffix "-C" means Center Collector (1. Emitter 2. Collector 3. Base)

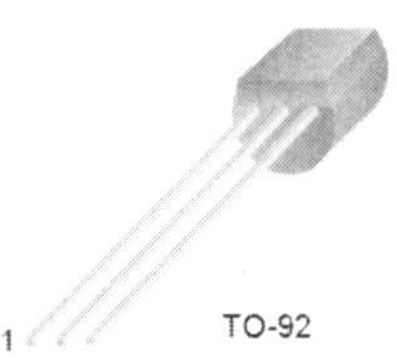

1. Emitter 2. Base 3. Collector

NPN Epitaxial Silicon Transistor

Absolute Maximum Ratings T_a=25°C unless otherwise noted

Symbol	Parameter	Ratings	Units
V_{CBO}	Collector-Base Voltage	80	V
V_{CEO}	Collector-Emitter Voltage	60	V
V_{EBO}	Emitter-Base Voltage	8	V
I_C	Collector Current	700	mA
P_C	Collector Power Dissipation	800	mW
T_J	Junction Temperature	150	°C
T_{STG}	Storage Temperature	-55 ~ 150	°C

Electrical Characteristics T_a=25°C unless otherwise noted

Symbol	Parameter	Test Condition	Min.	Typ.	Max.	Units
BV_{CBO}	Collector-Base Breakdown Voltage	I_C=100μA, I_E=0	80			V
BV_{CEO}	Collector-Emitter Breakdown Voltage	I_C=10mA, I_B=0	60			V
BV_{EBO}	Emitter-Base Breakdown Voltage	I_E=10μA, I_C=0	8			V
I_{CBO}	Collector Cut-off Current	V_{CB}=60V, I_E=0			0.1	μA
I_{EBO}	Emitter Cut-off Current	V_{EB}=5V, I_C=0			0.1	μA
h_{FE}	DC Current Gain	V_{CE}=2V, I_C=50mA	40		400	
V_{CE} (sat)	Collector-Emitter Saturation Voltage	I_C=500mA, I_B=50mA		0.2	0.4	V
V_{BE} (sat)	Base-Emitter Saturation Voltage	I_C=500mA, I_B=50mA		0.86	1.1	V
f_T	Current Gain Bandwidth Product	V_{CE}=10V, I_C=50mA	30	50		MHz
C_{ob}	Output Capacitance	V_{CB}=10V, I_E=0, f=1MHz		8		pF

h_{FE} Classification

Classification	R	O	Y	G
h_{FE}	40 ~ 80	70 ~ 140	120 ~ 240	200 ~ 400

Typical Characteristics

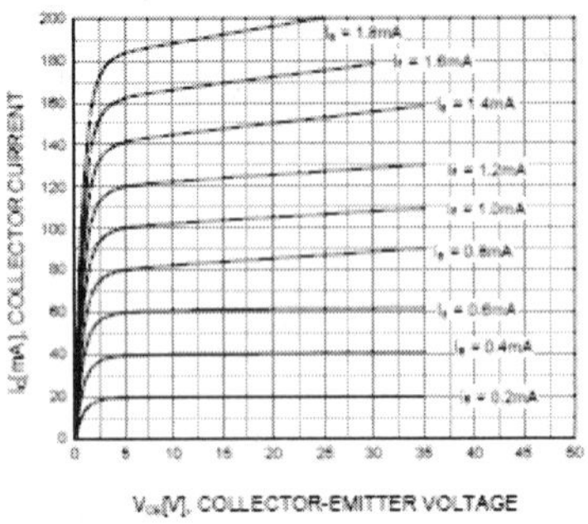

Figure 1. Static Characteristic

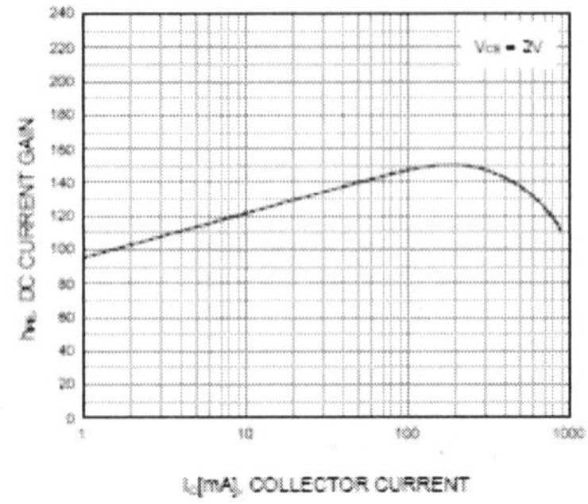

Figure 2. DC current Gain

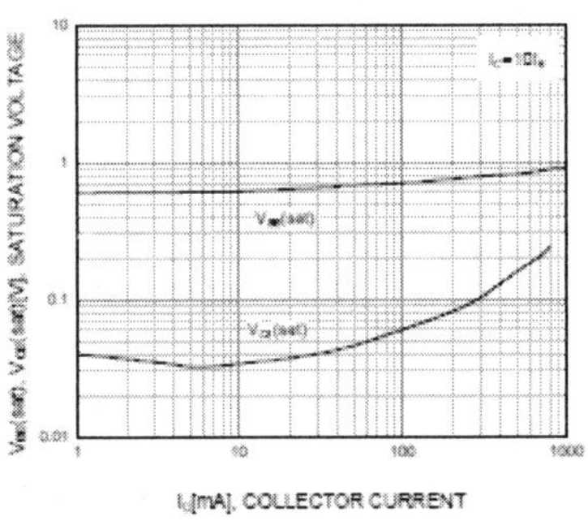

Figure 3. Base-Emitter Saturation Voltage
Collector-Emitter Saturation Voltage

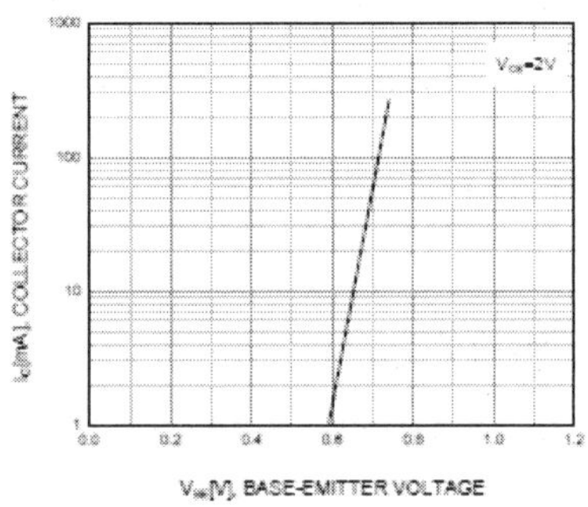

Figure 4. Base-Emitter On Voltage

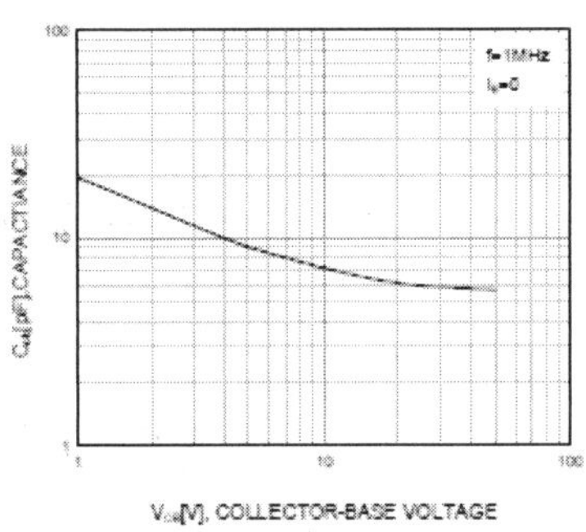

Figure 5. Collector Output Capacitance

그림 8-10 주 스위치 구동용 트랜지스터 데이터 시트
(2001 Fairchild Semiconductor Corporation)

(3) 환류 다이오드

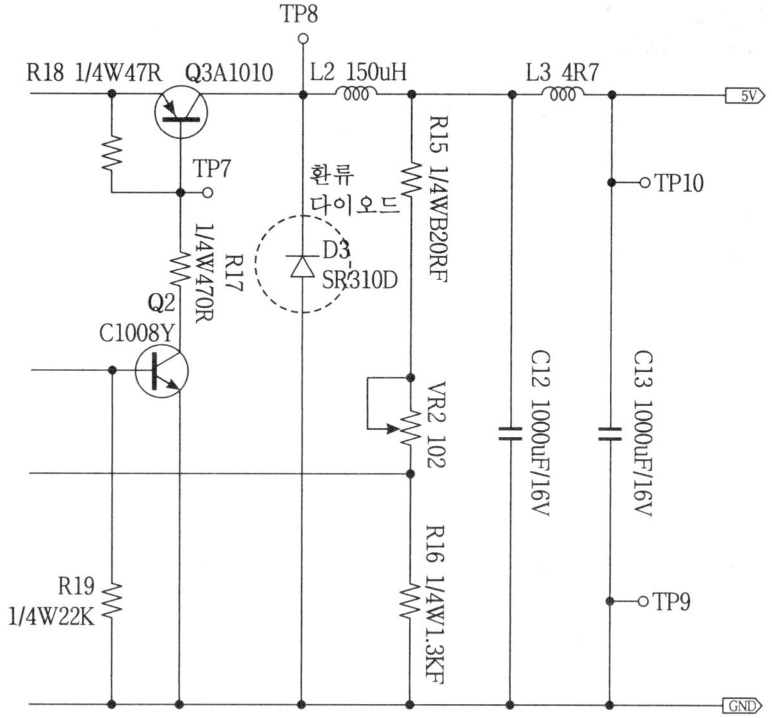

그림 8-11 회로 상에서 환류 다이오드의 위치

주 스위치 Q3가 오프되면 주 스위치 Q3가 온되어 있던 구간 동안 필터 인덕터 L2에 저장되어 있던 에너지를 환류 시키기 위한 전류 경로가 필요한데 그림 8-5 및 그림 8-11의 다이오드 D3(SR3100)는 이러한 전류 경로를 제공하기 위한 환류 다이오드로서 사용된다. 이때 환류 다이오드는 프리-휠링 다이오드(Free-wheeling Diode)라고도 하며, 벅 컨버터 환류 다이오드의 애노드(Anode) 쪽이 그라운드에 캐소드(Cathod) 쪽이 주 스위치와 필터 인덕터 사이에 접속된다.

그림 8-12는 환류 다이오드로 사용되는 SR3100의 데이터 시트의 한 가지 예를 나타낸 것으로 최대 역전압, 최대 실효치 전압, 최대 과부하 서지 전류 및 동작 전류 등에 대한 정격을 제시해 주고 있다. 실험에 사용된 SR3100 다이오드는 쇼트키(Schottky) 다이오드로 최대 역전압 100[V], 3[A]의 정격을 갖는다.

그림 8-6의 실물 사진이나 그림 8-12의 데이터 시트 다이오드 그림에서와 같이 소자에 줄이 표시되어 있는 쪽이 캐소드 쪽이며 반대 쪽이 애노드 쪽으로서 기판

에 회로를 연결할 때 방향에 주의하여 연결을 할 필요가 있다.

FAIRCHILD SEMICONDUCTOR®

SB320 - SB3100

Features

- 3.0 ampere operation at T_A = 75°C with no thermal runaway.
- For use in low voltage, high frequency inverters free wheeling, and polarity protection applications.

DO-201AD
COLOR BAND DENOTES CATHODE

Schottky Rectifiers

Absolute Maximum Ratings*

T_A = 25°C unless otherwise noted

Symbol	Parameter	Value 320	330	340	350	360	380	3100	Units
V_{RRM}	Maximum Repetitive Reverse Voltage	20	30	40	50	60	80	100	V
$I_{F(AV)}$	Average Rectified Forward Current .375 " lead length @ T_A = 75°C	3.0							A
I_{FSM}	Non-repetitive Peak Forward Surge Current 8.3 ms Single Half-Sine-Wave	80							A
T_{stg}	Storage Temperature Range	-65 to +125							°C
T_J	Operating Junction Temperature	-65 to +125							°C

*These ratings are limiting values above which the serviceability of any semiconductor device may be impaired.

Thermal Characteristics

Symbol	Parameter	Value	Units
P_D	Power Dissipation	3.6	W
$R_{\theta JA}$	Thermal Resistance, Junction to Ambient	40	°C/W

Electrical Characteristics

T_A = 25°C unless otherwise noted

Symbol	Parameter	Device 320	330	340	350	360	380	3100	Units
V_F	Forward Voltage @ 3.0 A	500			740		850		mV
I_R	Reverse Current @ rated V_R T_A = 25°C	0.5							mA
	T_A = 100°C	20			10		10		mA
I_{rr}	Maximum Full Load Reverse Current, Full Cycle T_A = 100°C	30							mA
C_T	Total Capacitance V_R = 4.0 V, f = 1.0 MHz	180							pF

Typical Characteristics

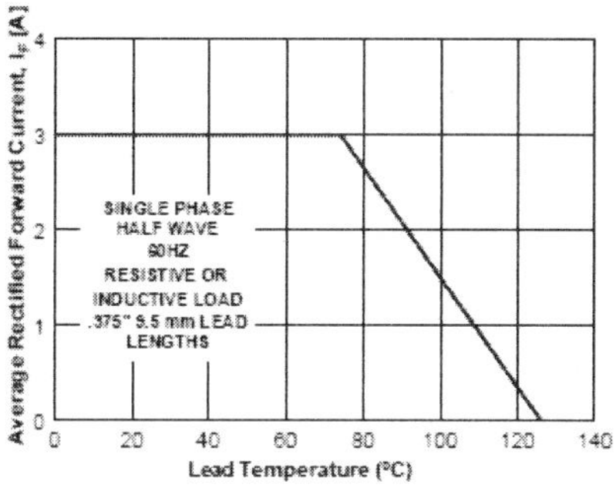

Figure 1. Forward Current Derating Curve

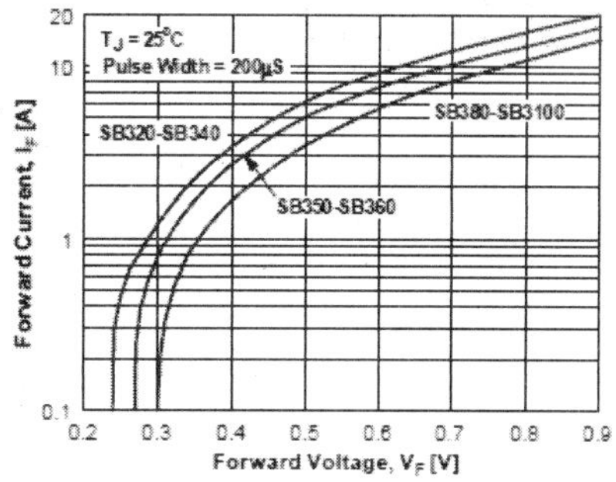

Figure 2. Forward Voltage Characteristics

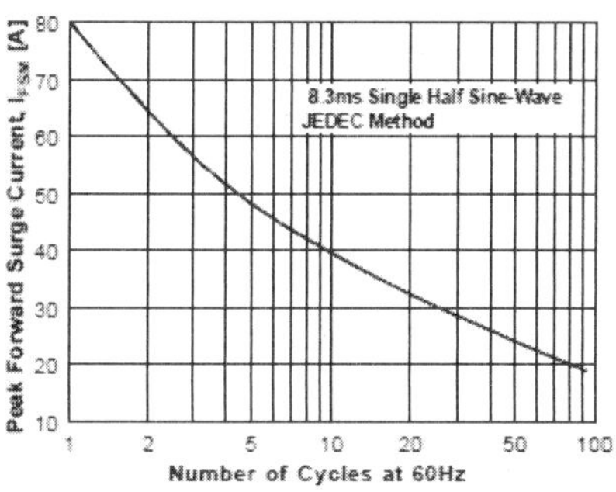

Figure 3. Non-Repetitive Surge Current

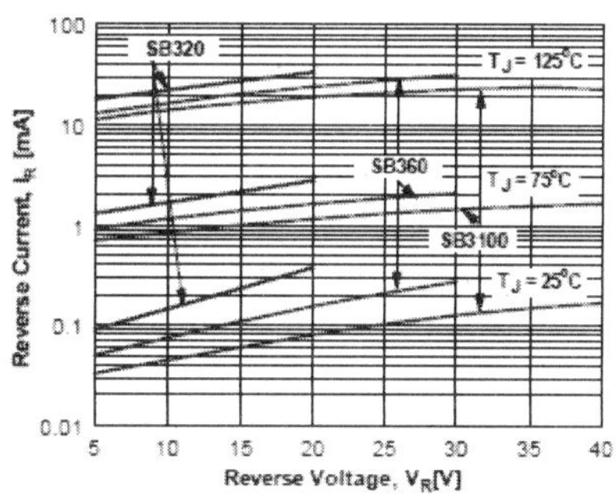

Figure 4. Reverse Current vs Reverse Voltage

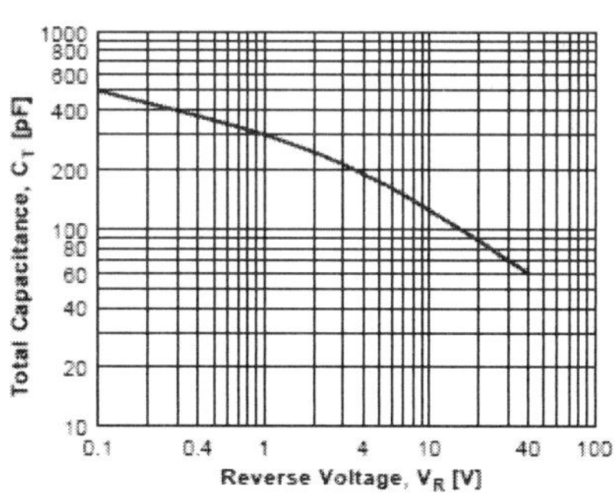

Figure 5. Total Capacitance

그림 8-12 환류 다이오드 데이터 시트

[2001 Fairchild Semiconductor Corporation]

(4) 출력단 필터 인덕터

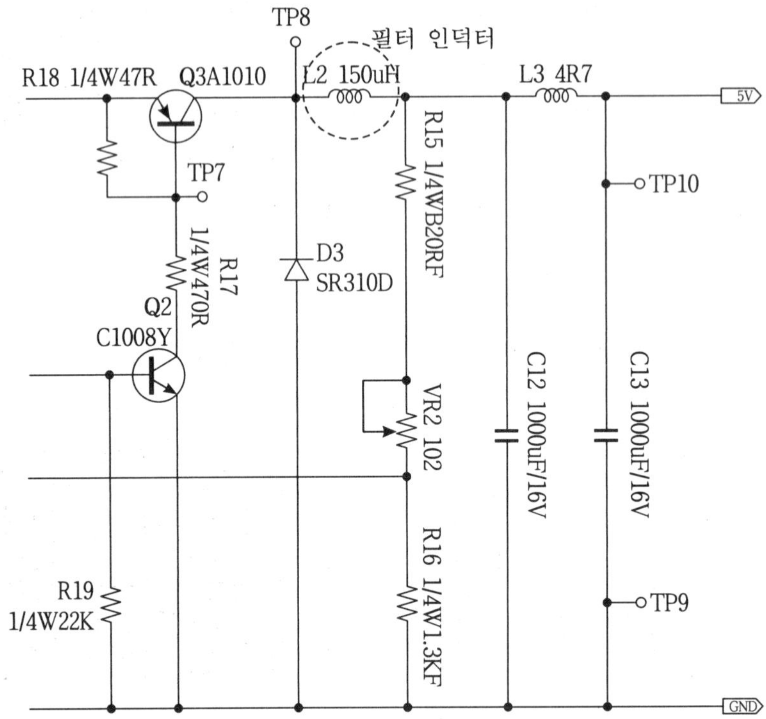

그림 8-13 회로 상에서 필터 인덕터의 위치

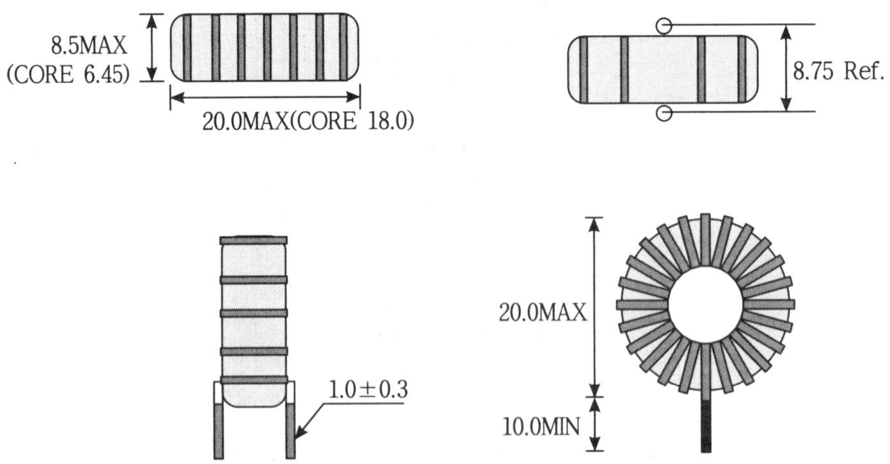

그림 8-14 사용 필터 인덕터의 외관 및 사이즈

그림 8-13은 실습 회로도 상에서 출력단 필터 인덕터의 위치를 보여주고 있는 것으로, 사용된 인덕터는 18ϕ 아이언(Iron) 코어를 가지며 0.7ϕ의 직경을 갖는 권선(Wire)이 45회(turn) 감겨져 있다. 그림 8-14는 사용된 인덕터의 외관과 사이즈를 나타내고 있으며, 인덕터의 인덕턴스는 150[μH]이다.

표 8-2는 인덕터의 권선 사양을, 표 8-3은 인덕터의 전기적 특성을 보여주고 있으며 표 8-4는 인덕터에 사용된 코어, 권선 및 솔더의 재질을 나타내고 있다.

인덕터의 단자에는 방향성이 없으며 PCB 기판이 준비되어 있다면 인덕터 위치에 인덕터 단자의 방향에 상관없이 꽂아서 납땜하면 된다.

표 8-2 인덕터 권선 사양(Winding Specification)

WINDING ORDER	TERMINAL NO	WIRE	TURNS	WINDING METHOD
W1	1→2	2UEW 0.7ϕ	45 Ts	SOLENOID

표 8-3 인덕터의 전기적 특성(Electrical Characteristics)

NO	CLOSURE	TERMINAL NO.	ELECTRICAL CHARACTER ISTICS	TOLERANCE	CONDITION
1	INDUCTANCE	L1	150[μH]	±30[%]	LCR-745 LCR-METER at 1.0[KHz]. LEVEL : 1.0[V] r.m.s (50[℃])
2	INSULATION RESISTANCE	DC 500[V], 100Mohm MIN(COIL TO COIL)			
3	WITHSTAND VOLTAGE	AC 2000[V] r.m.s, 1MINUTE(COIL TO COIL)			

표 8-4 사용 인덕터의 재질

NO	COMPONENT	NAME OF MATERIAL	MANUFACTURER OF MATERIAL	REMARKS
1	CORE	IRON CORE 18phi	CHANG SUNG CORE CO., LTD.	
2	WIRE	POLYURETHANE 2UEW 0.7ϕ	TAIHAN ELECTRIC WIRE CO., LTD. DONG YANG ELECTRONICS IND CO., LTD.	
3	SOLDER	SN99.5[%], CU0.5[%]	DONGBU HANNONG CHEMICAL CO., LTD.	

(5) 출력단 필터 커패시터

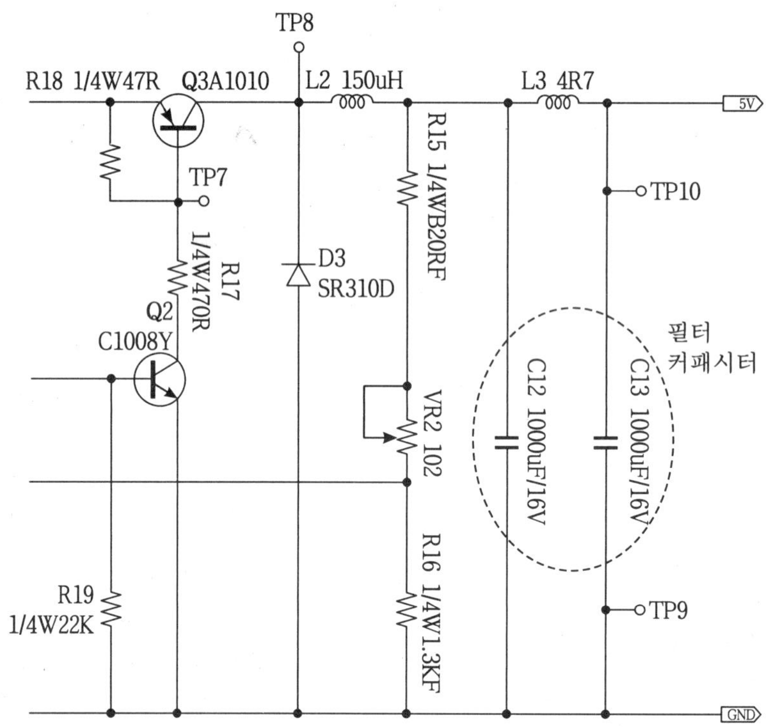

그림 8-15 회로 상에서 필터 커패시터의 위치

그림 8-15는 실습 회로도 상에서 출력단 필터 커패시터의 위치를 보여주고 있는 것으로, 1000[μF]의 커패시턴스를 갖는 2개의 전해 커패시터가 병렬로 연결되어

사용되었음을 나타내고 있다. 사용된 커패시터의 동작 전압은 각각 16[V]로 출력측 전압이 16[V]가 넘어가지 않도록 주의를 해 줄 필요가 있다. 실험에서는 출력단 전압을 4[V]~6[V]까지 제어 하도록 한다. 아울러 전해 커패시터는 +, − 극성이 있으므로 기판 상에 연결을 할 때 극성이 뒤바뀌지 않도록 주의를 해 줄 필요가 있다. 부하 저항은 회로도 상에 나타나 있지는 않으나 기판 상에서 출력 필터 커패시터와 병렬로 연결되도록 접속한다.

(6) PWM 컨트롤 IC(펄스폭 변조 제어 IC)

벅 컨버터의 실험을 위하여 컨버터의 제어를 위한 PWM 컨트롤러를 사용하며, 실험에 사용된 컨트롤 IC는 KA3843B이다. KA3843B는 KA3842B, KA3844B 및 KA3845B와 유사 계열 IC로 고정주파수 전류제어 모드 PWM 제어기(fixed freque-ncy current-mode PWM controller)이다.

그림 8-16은 회로 상에서 PWM 컨트롤러의 위치를 나타내고 있으며, 부하전압을 핀 2번(VFB 단자)을 통해 피드백 받아 최종적으로 주 스위치(Q3 : KSA1010)를 구동시키기 위한 구동용 트랜지스터(Q2 : KSC1008Y)의 온, 오프를 발생시키도록 하는 신호를 핀 6번(OUT 단자)을 통해 출력한다.

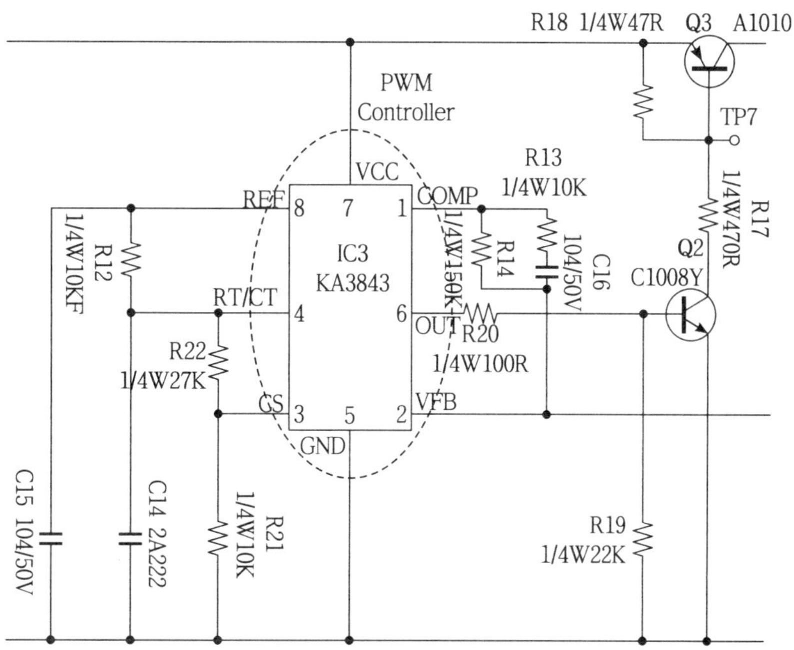

그림 8-16 회로 상에서 PWM Controller의 위치

그림 8-16에서 R12 및 C14는 내부 오실레이터의 주파수와 최대 듀티 사이클을 결정하는데 사용하며, 컨트롤러의 1번 핀(COMP 단자)에 연결되는 주변 소자(R13, R14, C16)들은 제어기의 제어 파라미터를 구성하는데 사용된다. 그림 8-17은 PWM 컨트롤러로 사용된 KA3843B 데이터 시트를 정리해 놓은 것으로 IC의 특징과 내부 블록 다이어그램을 제공하고 있고, IC 동작을 위한 최대 정격 및 전기적 특성들을 설명하고 있다.

한편 기판에 PWM 컨트롤러 IC를 바로 납땜하지 않고 IC 소켓을 이용하여 소켓을 먼저 납땜한 후 소켓에 IC를 꽂도록 하며, IC를 위에서 보았을 때 동그라미 모양으로 마킹되어 있는 부분의 핀이 1번 핀이므로 IC를 꽂을 때 IC의 방향이 거꾸로 되지 않도록 주의를 하여야 할 필요가 있다.

FAIRCHILD SEMICONDUCTOR™ www.fairchildsemi.com

KA3842B/KA3843B/KA3844B/KA3845B

SMPS Controller

Features

- Low Start Up Current
- Maximum Duty Clamp
- UVLO With Hysteresis
- Operating Frequency Up To 500KHz

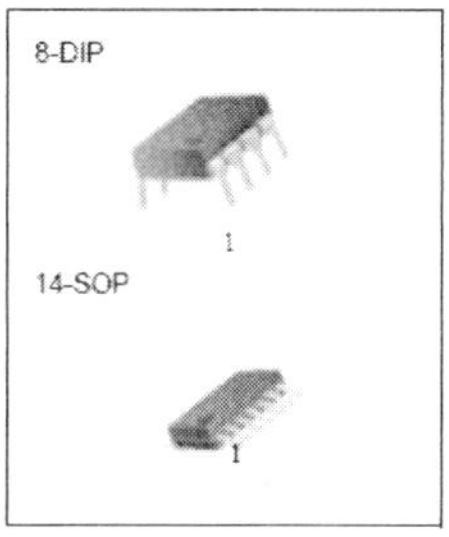

Description

The KA3842B/KA3843B/KA3844B/KA3845B are fixed frequency current-mode PWM controller. They are specially designed for Off - Line and DC-to-DC converter applications with minimum external components. These integrated circuits feature a trimmed oscillator for precise duty cycle control, a temperature compensated reference, high gain error amplifier. current sensing comparator, and a high current totempole output Ideally suited for driving a power MOSFET. Protection circuity Includes built in under-voltage lockout and current limiting. The KA3842B and KA3844B have UVLO thresholds of 16V (on) and 10V (off) The KA3843B and KA3845B are 8.5V (on) and 7.9V (off) The KA3842B and KA3843B can operate within 100% duty cycle. The KA3844B and KA3845B can operate with 50% duty cycle.

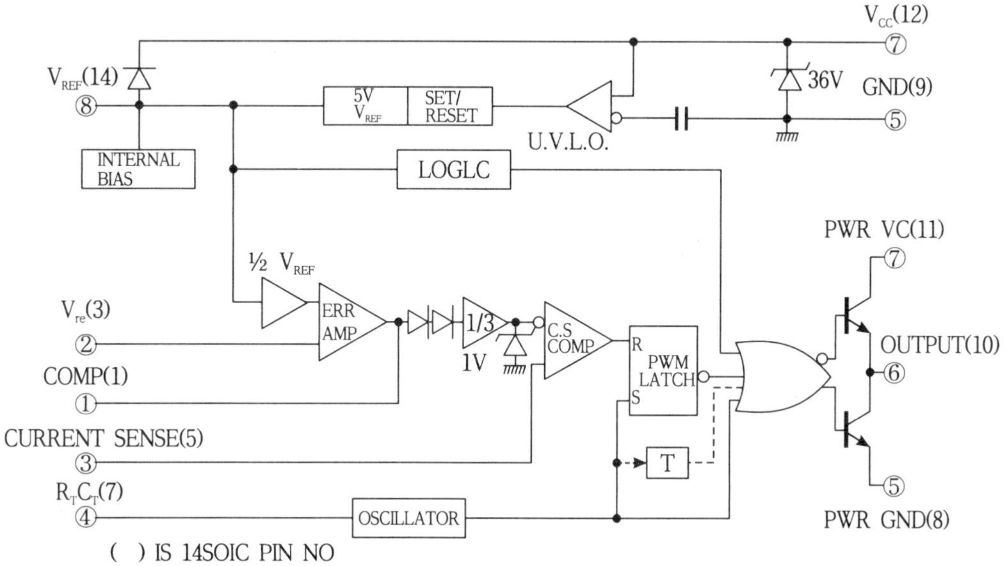

( ) IS 14SOIC PIN NO

TOGGLE FLIP FLOP USED ONLY IN KA3644B, KA3845B

Absolute Maximum Ratings

Parameter	Symbol	Value	Unit
Supply Voltage	V_{CC}	30	V
Output Current	I_O	±1	A
Analog Inputs (Pin 2.3)	$V_{(ANA)}$	-0.3 to 6.3	V
Error Amp Output Sink Current	$I_{SINK\ (E.A)}$	10	mA
Power Dissipation (T_A = 25°C)	P_D	1	W

Electrical Characteristics

(V_{CC}=15V, R_T=10KΩ, C_T=3.3nF, T_A= 0°C to +70°C, unless otherwise specified)

Parameter	Symbol	Conditions	Min.	Typ.	Max.	Unit
REFERENCE SECTION						
Reference Output Voltage	V_{REF}	T_J = 25°C, I_{REF} = 1mA	4.90	5.00	5.10	V
Line Regulation	ΔV_{REF}	12V≤V_{CC}≤25V	-	6	20	mV
Load Regulation	ΔV_{REF}	1mA≤I_{REF}≤20mA	-	6	25	mV
Short Circuit Output Current	I_{SC}	T_A = 25°C	-	-100	-180	mA
OSCILLATOR SECTION						
Oscillation Frequency	f	T_J = 25°C	47	52	57	KHz
Frequency Change with Voltage	$\Delta f/\Delta V_{CC}$	12V≤V_{CC}≤25V	-	0.05	1	%
Oscillator Amplitude	V_{OSC}	-	-	1.6	-	V_{P-P}
ERROR AMPLIFIER SECTION						
Input Bias Current	I_{BIAS}	-	-	-0.1	-2	μA
Input Voltage	$V_{I(E>A)}$	V_1 = 2.5V	2.42	2.50	2.58	V
Open Loop Voltage Gain	G_{VO}	2V≤ V_O ≤4V	65	90	-	dB
Power Supply Rejection Ratio	PSRR	12V≤ V_{CC} ≤25V	60	70	-	dB
Output Sink Current	I_{SINK}	V_2 = 2.7V, V_1 = 1.1V	2	7	-	mA
Output Source Current	I_{SOURCE}	V_2 = 2.3V, V_1 = 5V	-0.6	-1.0	-	mA
High Output Voltage	V_{OH}	V_2 = 2.3V, R_L = 15KΩ to GND	5	6	-	V
Low Output Voltage	V_{OL}	V_2 = 2.7V, R_L = 15KΩ to Pin 8	-	0.8	1.1	V
CURRENT SENSE SECTION						
Gain	G_V	(Note 1 & 2)	2.85	3	3.15	V/V
Maximum Input Signal	$V_{I(MAX)}$	V_1 = 5V(Note 1)	0.9	1	1.1	V
Power Supply Rejection Ratio	PSRR	12V≤ V_{CC} ≤25V (Note 1)	-	70	-	dB
Input Bias Current	I_{BIAS}	-	-	-3	-10	μA
OUTPUT SECTION						
Low Output Voltage	V_{OL}	I_{SINK} = 20mA	-	0.08	0.4	V
		I_{SINK} = 200mA	-	1.4	2.2	V
High Output Voltage	V_{OH}	I_{SOURCE} = 20mA	13	13.5	-	V
		I_{SOURCE} = 200mA	12	13.0	-	V
Rise Time	t_R	T_J = 25°C, C_L= 1nF (Note 3)	-	45	150	ns
Fall Time	t_F	T_J = 25°C, C_L= 1nF (Note 3)	-	35	150	ns
UNDER-VOLTAGE LOCKOUT SECTION						
Start Threshold	$V_{TH(ST)}$	KA3842B/KA3844B	14.5	16.0	17.5	V
		KA3843B/KA3845B	7.8	8.4	9.0	V
Min. Operating Voltage (After Turn On)	$V_{OPR(MIN)}$	KA3842B/KA3844B	8.5	10.0	11.5	V
		KA3843B/KA3845B	7.0	7.6	8.2	V

Electrical Characteristics (Continued)

(V_{CC}=15V, R_T=10KΩ, C_T=3.3nF, T_A= 0°C to +70°C unless otherwise specified)

Parameter	Symbol	Conditions	Min.	Typ.	Max.	Unit
PWM SECTION						
Max. Duty Cycle	$D_{(max)}$	KA3842B/KA3843B	95	97	100	%
	D	KA3844B/KA3845B	47	48	50	%
Min. Duty Cycle	$D_{(MIN)}$	-	-	-	0	%
TOTAL STANDBY CURRENT						
Start-Up Current	I_{ST}	-	-	0.45	1	mA
Operating Supply Current	$I_{CC(OPR)}$	V_3=V_2=ON	-	14	17	mA
Zener Voltage	V_Z	I_{CC} = 25mA	30	38	-	V

Adjust V_{CC} above the start threshould before setting at 15V

그림 8-17 PWM 컨트롤러(KA3843B) 데이터 시트
(2000 Fairchild Semiconductor International)

(7) 출력전압 조정을 위한 가변저항의 사용

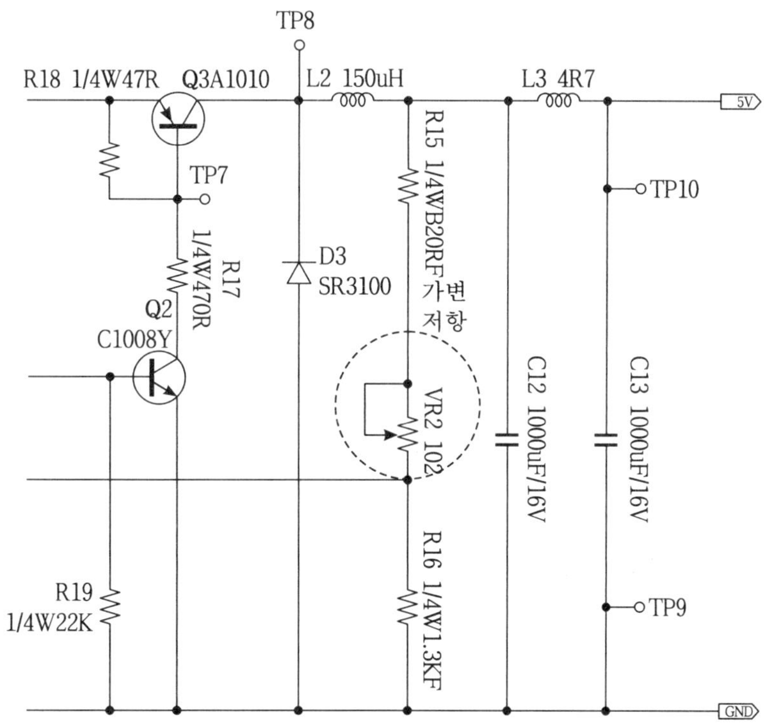

그림 8-18 출력전압 조정을 위한 가변저항의 사용

벅 컨버터 시뮬레이션 실습 내용이 포함되어 있는 6장에서는 그림 8-19에서와 같이 기준 레퍼런스 전압을 가변하면 출력전압이 조정되도록 하였다. 그림 8-5의 회로도를 사용한 실험에 있어서는 PWM 컨트롤러(KA3843B) 내부에 2.5[V] 기준 레퍼런스 전압(KA3843B 데이터 시트의 블록 다이어그램 참조 : 1/2Vref)을 제공하고 있으며, 이 내부 레퍼런스 전압을 이용하는 경우 레퍼런스 전압에 대한 변경이 어렵기 때문에 출력전압을 가변시키기 위해서는 별도의 방법을 사용하여야 한다. 따라서 기준 레퍼런스 전압이 고정되어 있는 경우 출력 전압을 조정하기 위해서 그림 8-18에서와 같이 출력단 전압을 검출하기 위한 분압회로에 가변저항을 사용할 수 있다.

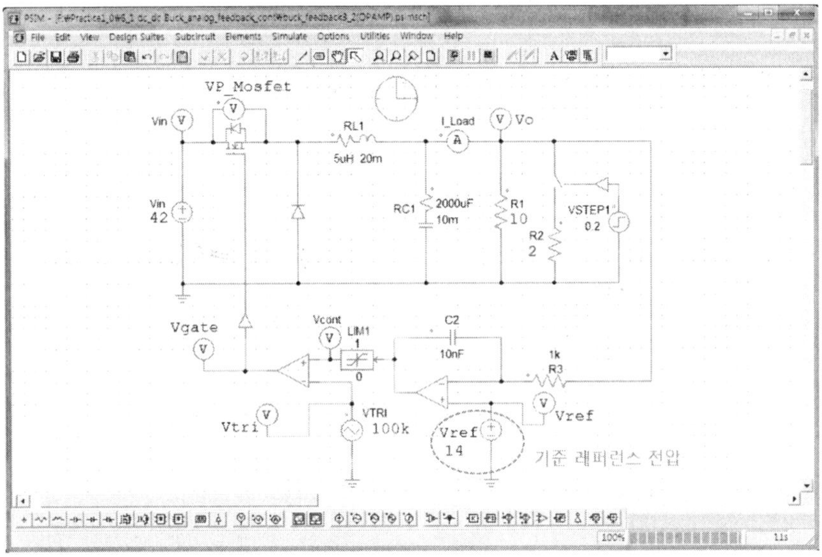

그림 8-19 출력전압 조정을 위한 기준 레퍼런스 전압의 조정

이는 분압회로의 가변저항을 조정하여 검출되는 전압의 분배비가 조정되게 함으로써 상대적으로 기준 레퍼런스 전압이 조정되는 것과 같은 효과를 얻도록 하는 것인데, 이에 대한 이해를 돕기 위해 실험에서와 비슷한 조건으로 시뮬레이션을 수행해 보면 다음과 같다.

그림 8-20~그림 8-22는 기준 레퍼런스 전압이 2.5[V]로 고정되어 있는 경우, 출력전압의 조정을 위하여 출력단 전압 검출 분압회로에서 가변저항을 가정한 저항 R_Div1의 값을 변경시키도록 하여 출력전압의 변화를 관찰한 것이다. 우선 그림에서 출력단 분압회로의 저항 R_Div1과 R_Div2의 값이 같다면 R_Div2를 통한 검출

전압의 크기는 출력전압의 1/2에 해당한다. 이는 달리 말해서 출력전압의 크기는 검출전압의 2배가 된다는 것을 의미한다. 따라서 저항 R_Div2에 걸리는 전압이 기준 레퍼런스 전압 2.5[V]를 따라 가도록 제어를 한다면 출력전압은 5[V]가 되며 이는 그림 8-20에서 보여주고 있는 결과와 같다.

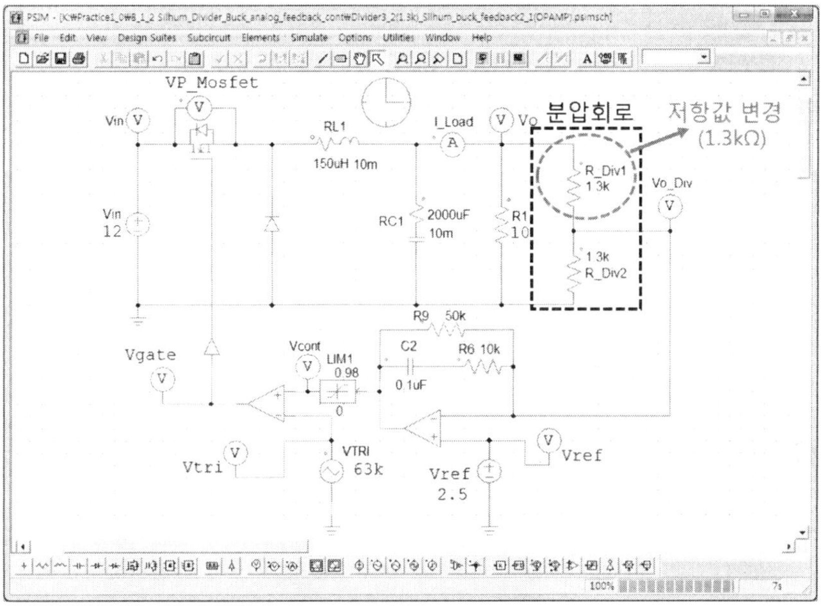

(a) R_Div1=1.3[kΩ]인 경우 시뮬레이션 회로

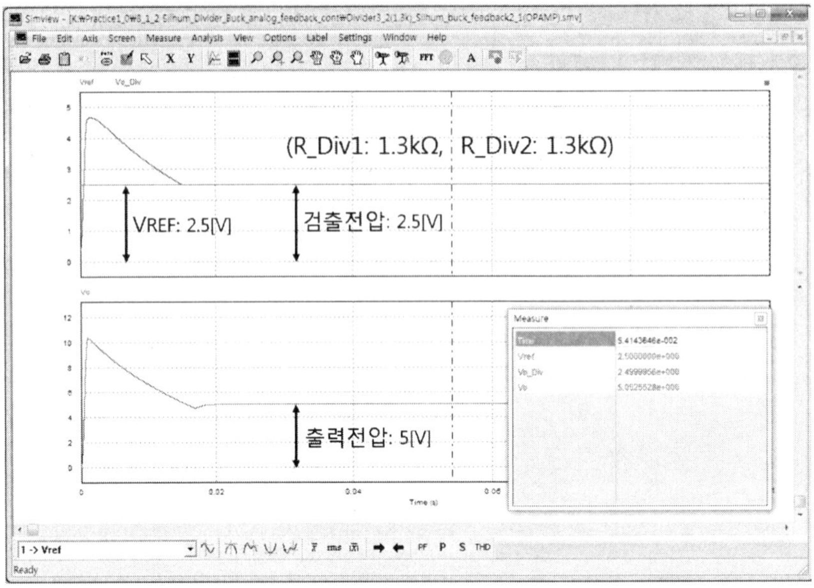

(b) R_Div1=1.3[kΩ]인 경우 출력파형

그림 8-20 분압회로 저항값 변경에 따른 출력전압 조정(R_Div1 : 1.3[kΩ]인 경우)

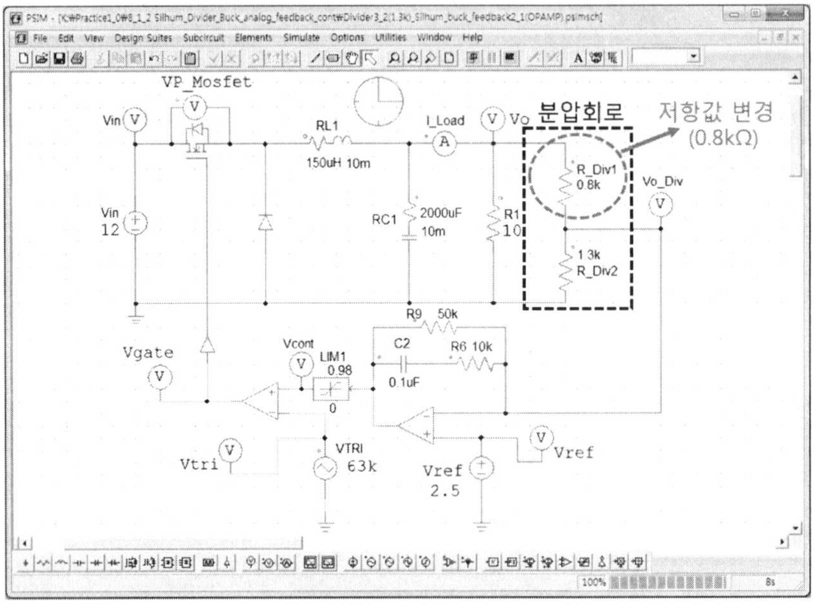

(a) R_Div1=0.8[kΩ]인 경우 시뮬레이션 회로

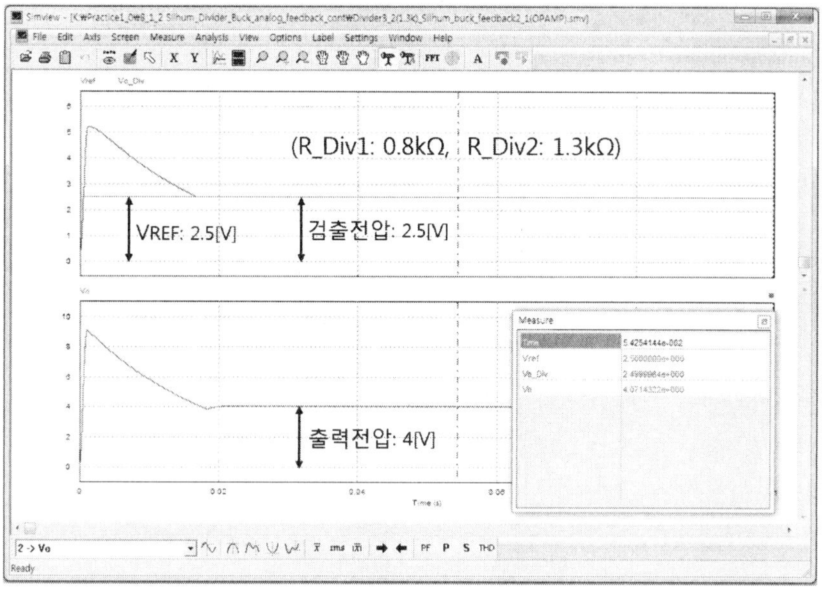

(b) R_Div1=0.8[kΩ]인 경우 출력파형

그림 8-21 분압회로 저항값 변경에 따른 출력전압 조정(R_Div1 : 0.8[kΩ]인 경우)

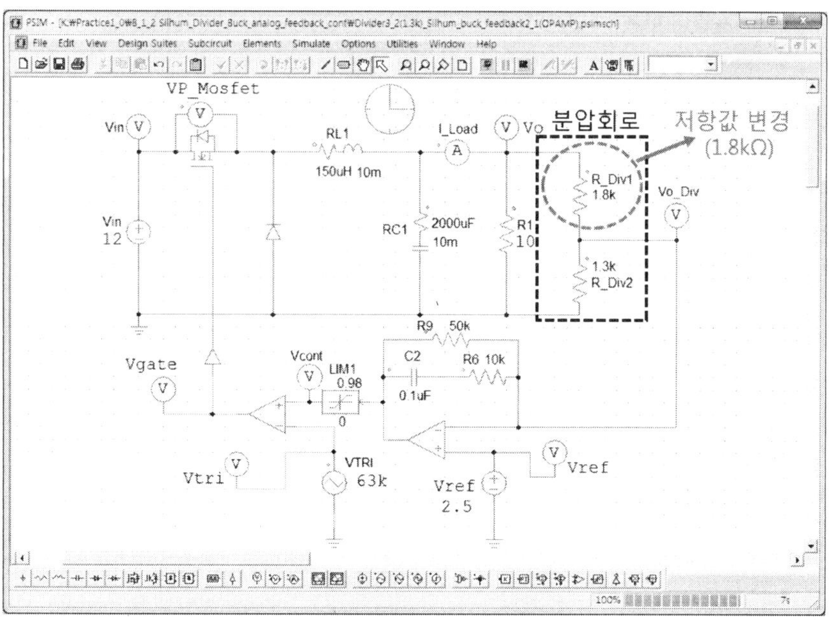

(a) R_Div1=1.8[kΩ]인 경우 시뮬레이션 회로

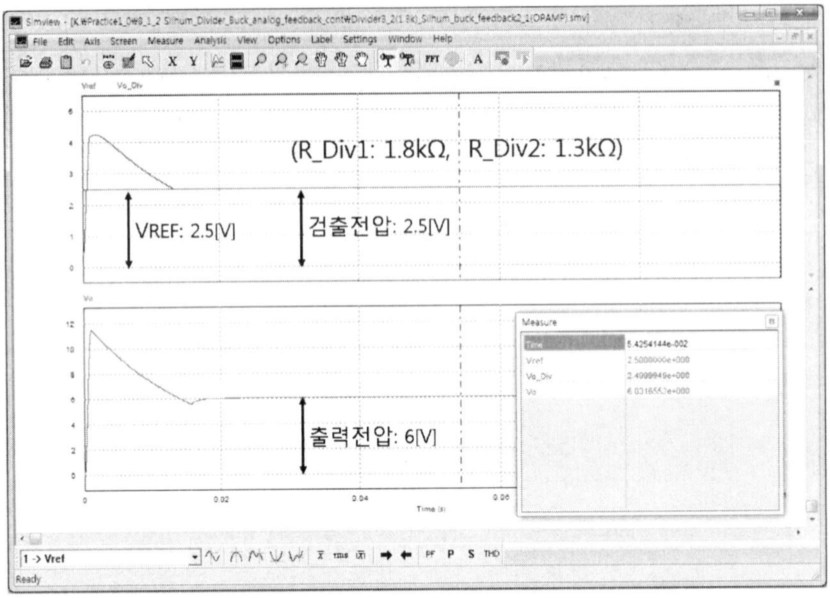

(b) R_Div1=1.8[kΩ]인 경우 출력파형

그림 8-22 분압회로 저항값 변경에 따른 출력전압 조정(R_Div1 : 1.8[kΩ]인 경우)

즉, 분압회로의 저항 R_Div1 및 R_Div2 각각을 모두 1.3[kΩ]으로 똑같이 설정을 하면 기준 레퍼런스 전압이 2.5[V]일 때 출력전압은 5[V]가 된다. 그런데 그림 8-21에서 보여 주고 있는 바와 같이 저항 R_Div1을 가변저항으로 가정하여 저항값을 1.3[kΩ]에서 0.8[kΩ]으로 낮추고 저항 R_Div2에 걸리는 전압이 기준 레퍼런스 전압 2.5[V]가 되도록 제어를 하게 되면 출력전압(Vo)은 4[V]로 낮아지게 된다. 반대로 같은 조건에서 그림 8-22에서와 같이 저항 R_Div1의 값을 1.8[kΩ]으로 높이게 되면 출력전압(V_o)은 6[V]로 상승을 하게 된다.

이와 같이 그림 8-18의 가변저항은 기준 레퍼런스 전압이 고정되어 있는 경우 출력전압을 조정하기 위한 수단으로 사용된다. 실험에 있어서도 출력전압의 가변범위는 4[V]에서 6[V] 사이로 조정되도록 설정되어 있으며 시계 드라이버와 같이 작은 드라이버를 사용하여 가변저항을 조정하도록 한다.

8.2.2 제작 컨버터의 외관 및 부품 위치 비교

실험의 편리성을 위하여 PCB 회로기판을 준비하면 지정된 위치에 부품을 꽂은 후 뒷면에 납땜을 하면 되므로 실험을 위한 제작 시간이 단축될 수 있다. 그림

8-23은 준비된 PCB 기판에 필요한 부품들을 장착하여 제작한 실물 사진을 나타내고 있으며, 회로 상에 나타나는 각 부품의 위치를 설명하고 있다. 만일 PCB 기판이 준비되어 있지 않다면 그림 8-5의 회로를 브레드 보드(Breadboard) 상에 구현하여 실험하는 것이 가능하다.

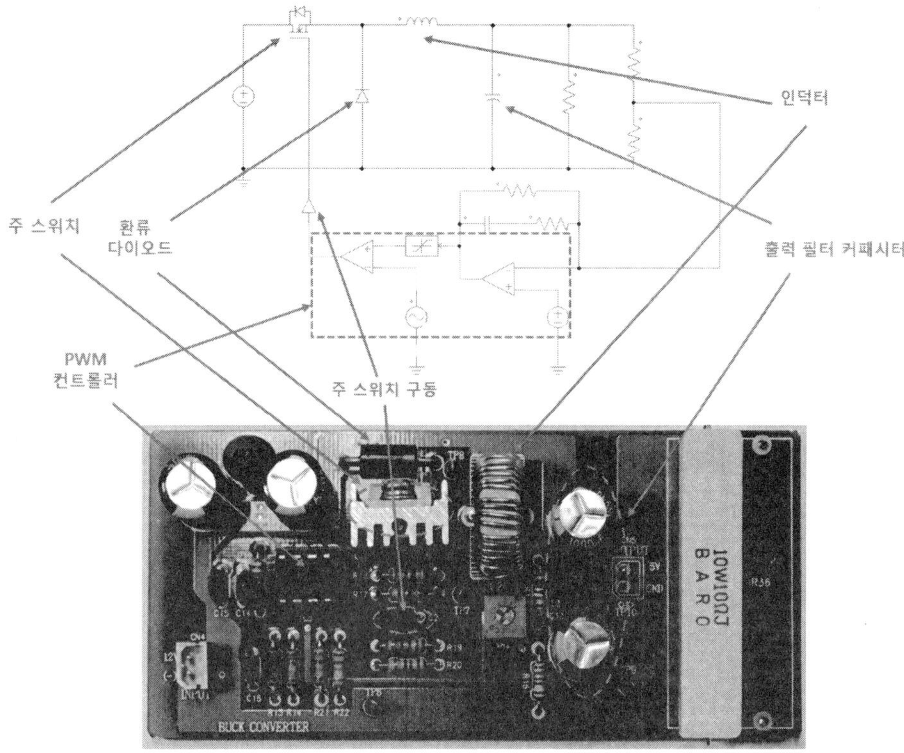

그림 8-23 제작된 벅 컨버터 회로 사진 및 부품 위치 비교

8.3 벅 컨버터 실험

8.3.1 주 스위치 온, 오프 게이팅 전압

실험에 사용된 그림 8-5의 벅 컨버터 회로는 주 스위치로 PNP형 트랜지스터(Q3 : KSA1010)를 사용하고 있으며 그 구동을 위해 별도의 트랜지스터(Q2 : KSC1008)를 또 하나 이용하고 있다. PNP 트랜지스터인 주 스위치가 온되기 위해서는 베이스로 부터 전류가 흘러 나와야 하므로 그림 8-5의 회로에서 주 스위치를 구동하기 위한 트랜지스터 Q2가 온되어 주 스위치의 베이스가 저항 R17을 통해

그라운드로 연결되어야 한다. 이때 NPN 트랜지스터 Q2를 온시키기 위해 트랜지스터 Q2의 베이스에는 양의 전압이 걸리도록 한다.

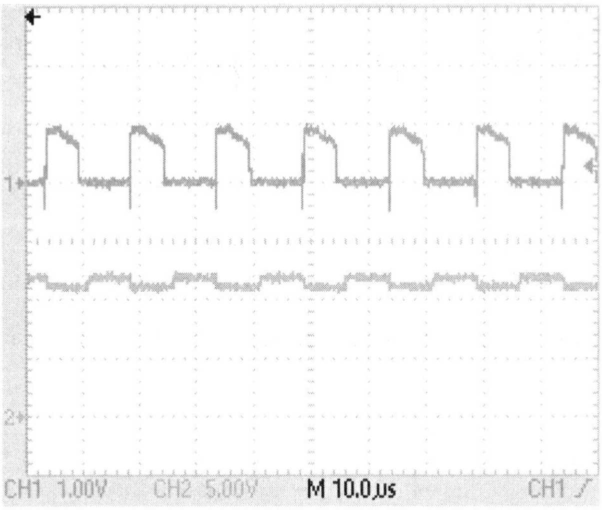

그림 8-24 Q2 및 Q3 베이스 전압 파형

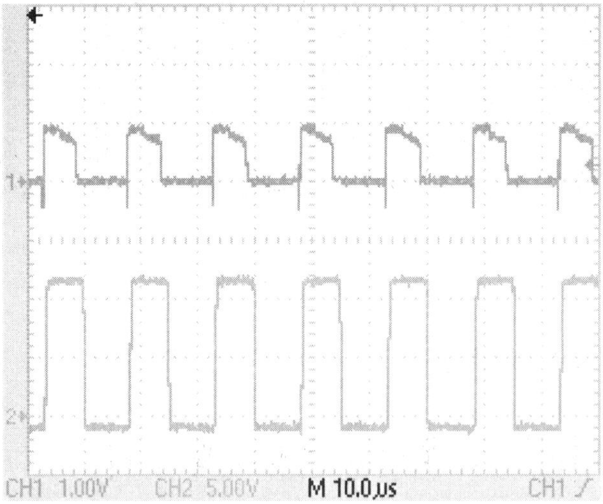

그림 8-25 Q2 베이스 전압 및 Q3 컬렉터(인덕터 입력단) 전압 파형

그림 8-24는 트랜지스터 Q2 및 Q3의 베이스 전압 파형을 각각 나타내고 있는 것으로, Q2의 베이스 전압이 High일 때 주 스위치는 온이 되고 반대로 Q2의 베이스 전압이 Low일 때 주 스위치는 오프 된다. 그림 8-25는 Q2 베이스 전압에 따른,

즉 주 스위치의 온, 오프에 따른 Q3 컬렉터단 또는 인덕터 입력단 전압 파형을 나타내는 것으로 주 스위치가 온되면 Q3 컬렉터단 전압은 입력전압의 크기가 되고 오프되면 Low 상태로 떨어지게 된다.

8.3.2 KA3843B RT/CT단자 및 CS 단자 신호

그림 8-26은 KA3843B 4번 핀(RT/CT단자) 및 3번 핀(CS 단자) 전압 파형을 나타내고 있는 것으로, 그림 8-5의 R12 및 C14는 오실레이터의 주파수를 결정하며, 오실레이터의 주파수를 산정하는 수식은 KA3843B 데이터 시트의 Note 부분을 참조하면 확인 할 수 있다. 그림 8-26에서 보여주고 있는 파형은 각각 KA3843B 4번 핀(RT/CT단자) 및 3번 핀(CS 단자)에 공급되며 KA3843B가 제어 동작을 수행하는데 사용된다.

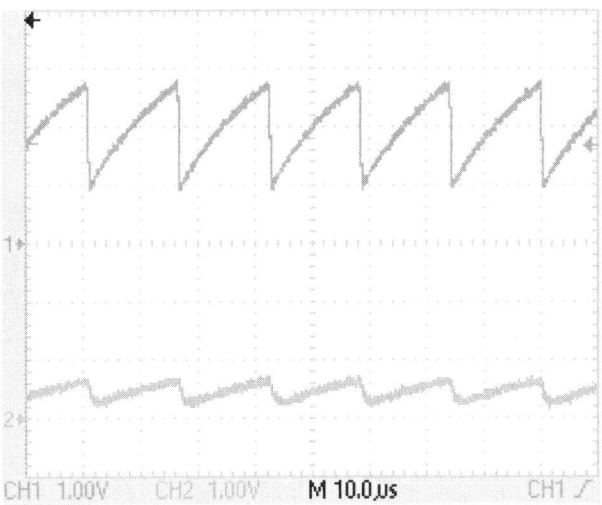

그림 8-26 KA3843 4번 핀(RT/CT단자) 및 3번 핀(CS 단자) 전압 파형

8.3.3 출력전압 크기에 따른 스위치 듀티 비

주 스위치를 온, 오프시 전체 스위칭 주기에 대한 온 시간의 비를 듀티(D : Duty)라 하며 벅 컨버터의 경우 듀티비가 커질수록 출력전압의 크기는 커지게 된다. 그림 8-18의 가변저항을 조정하면 출력 전압이 변하게 되는데 출력전압이 4[V]~6[V]까지 변경될 때의 출력전압과 주 스위치의 온 주기를 비교해 보면 그림 8-27~그림 8-29와 같다. 그림 8-27은 출력전압 4[V]인 경우에 대한 회로도 상의 Q2

베이스 전압과 출력전압의 파형을 나타내고 있으며, 출력전압 5[V]인 경우에 대한 Q2 베이스 전압과 출력전압은 그림 8-28에 나타낸 바와 같다. 마지막으로 출력전압이 6[V]인 경우에 대해서는 그림 8-29에 Q2 베이스 전압과 출력전압 파형을 보이고 있다.

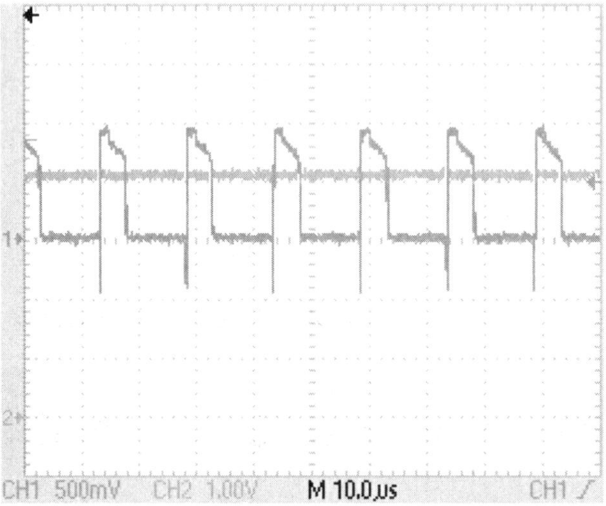

그림 8-27 Q2 베이스 전압 및 출력전압 파형(출력전압 : 4[V])

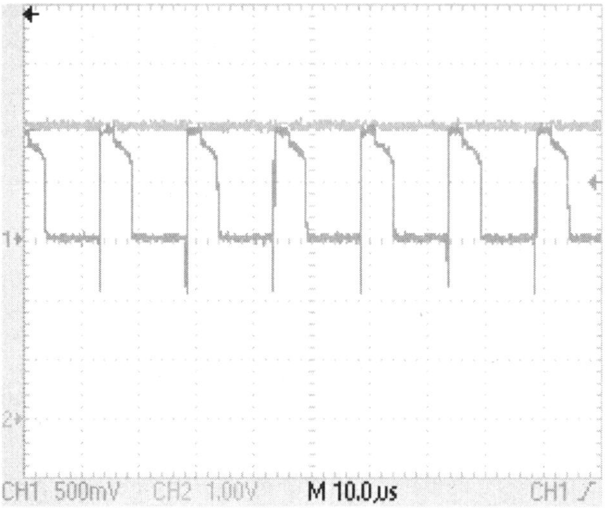

그림 8-28 Q2 베이스 전압 및 출력전압 파형(출력전압 : 5[V])

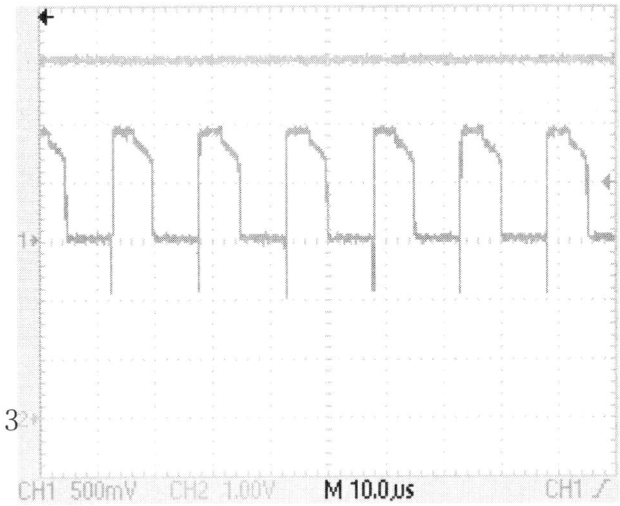

그림 8-29 Q2 베이스 전압 및 출력전압 파형(출력전압 : 6[V])

8.3.4 KA3843B RT/CT단자 전압 및 게이트 신호

그림 8-30~그림 8-32는 KA3843B 4번 핀(RT/CT단자) 전압 및 Q2 베이스 전압 파형을 보여 주고 있는 그림으로 그림 8-30은 출력전압이 4[V]인 경우, 그림 8-31은 출력전압이 5[V], 그림 8-32는 출력전압 6[V]인 경우를 각각 나타내고 있다. 그림에서 보여 주고 있는 것처럼 주 스위치 구동용 트랜지스터 Q2의 베이스에 인가되는 온 전압은 KA3843B 4번 핀(RT/CT단자) 전압이 하강하는 매순간 발생되며, Q2 베이스 인가 전압이 Low로 떨어지는 순간은 출력전압에 따라 변경됨을 알 수 있는데, 이는 KA3843B의 내부적인 제어 동작에 따라 결정되는 것으로, KA3843B 데이터 시트의 내부 블록 다이어그램에서 전압 레퍼런스(1/2 Vref), Error Amplif-ier 및 Comparator의 동작을 통해 이루어진다.

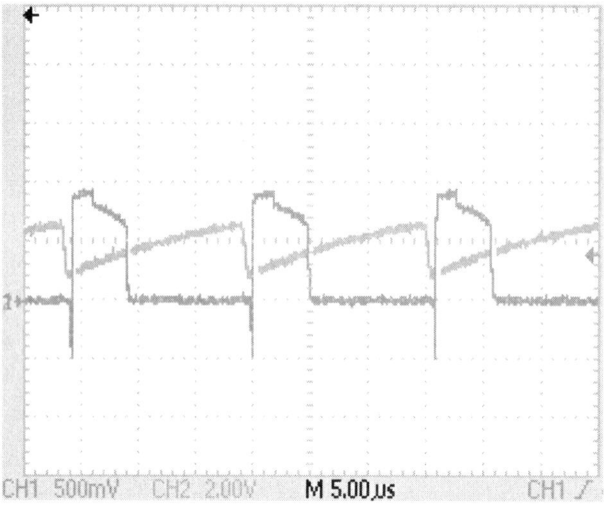

그림 8-30 KA3843 4번 핀(RT/CT단자) 전압 및 Q2 베이스 전압 파형(출력전압 : 4[V])

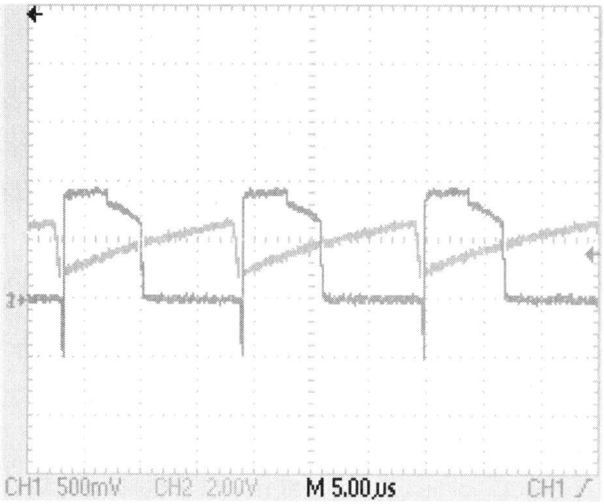

그림 8-31 KA3843 4번 핀(RT/CT단자) 전압 및 Q2 베이스 전압 파형(출력전압 : 5[V])

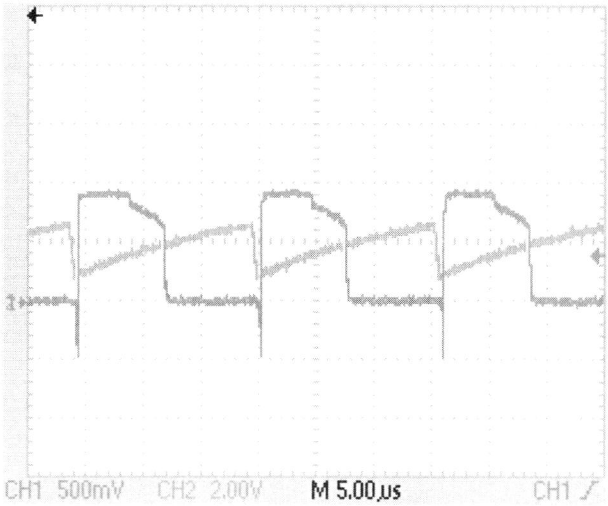

그림 8-32 KA3843 4번 핀(RT/CT단자) 전압 및 Q2 베이스 전압 파형(출력전압 : 6[V])

제9장 부스트 컨버터 제작 실습

부스트 컨버터(Boost Converter)는 직류 입력전압에 대해 출력전압의 크기가 커지는 형태의 DC/DC 컨버터이다. 스위치 온(on)시 입력단에 연결되어 있는 인덕터에 에너지를 저장하고 스위치 오프(off)시 입력 전원으로부터의 에너지와 인덕터에 저장되어 있는 에너지가 함께 부하측으로 공급됨으로써 부하측 전압의 크기가 입력전압에 비해 더 커지게 된다.

이번 장에서도 반도체 스위칭 소자와 PWM 컨트롤 IC를 이용하여 부스트 컨버터를 직접 구성하고, 부스트 컨버터의 실험 결과를 통해서 그 특성을 직접 확인해 볼 수 있도록 한다. 그림 9-1은 앞의 6장에서 소개 되었던 부스트 컨버터의 구조를 다시 보여 주는 것으로 크게 전력회로부와 제어부로 구성이 된다.

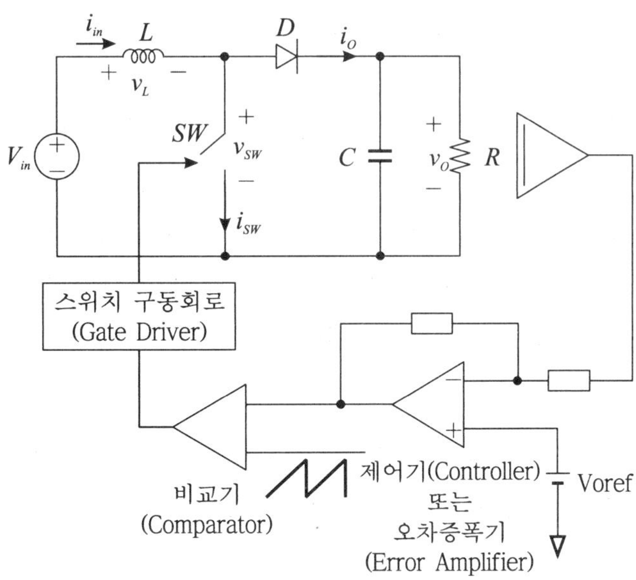

그림 9-1 제어부를 갖는 부스트 컨버터의 구성

전력회로부는 전원측 인덕터(L)와 반도체 스위치(SW), 부하측에서 전원측으로 에너지의 유입을 차단하기 위한 다이오드(D) 및 출력단 커패시터(C)로 구성된다. 제어부는 발생 출력전압을 검출(Sensing)하여 OP-Amp로 구성되는 제어기(Controller) 또는 오차 증폭기(Error Amplifier)로 궤환하고 제어기의 출력신호를 비교기의 톱니파와 비교하여 스위치를 온(on), 오프(off) 시키기 위한 펄스 형태의 스위치의 구동신호를 만들어 낸다. 부스트 컨버터의 실험에 있어서는 주 스위치를 온, 오프 하기 위한 게이트 전압을 KA3843B 컨트롤 IC로부터 직접 공급받도록 하며, 그림 9-1과 같이 부스트 컨버터의 실험에 있어서도 궤환 제어 즉, 피드백 제어(Feed-back Control) 방식을 사용한다.

9.1 부스트 컨버터의 설계식

부스트 컨버터에 사용되는 인덕터, 주 스위치, 다이오드 및 출력단 커패시터와 같은 부품의 정격을 결정하기 위한 설계식은 앞의 벅 컨버터에서와 같은 과정을 동일하게 적용함으로써 얻을 수 있다.

9.1.1 부스트 인덕터의 인덕턴스 산정

아래 그림 9-2의 부스트 컨버터 전력회로부에서 부스트 인덕터 L의 인덕턴스를 구하기 위해 인덕터에 걸리는 전압을 구하면 다음과 같다. 우선 주 스위치 SW가 온되어 있다고 가정을 하면 스위치 온 구간 동안의 인덕터 전압 v_L은 식 (9-1)과 같이 표현된다. 주 스위치가 온되어 있는 구간에서는 입력측 전류가 인덕터 및 스위치를 통하여 그라운드 쪽으로 흐르고 부하 저항에서 필요로하는 에너지는 출력 커패시터에서 공급을 하게 된다. 이때 인덕터에 에너지가 저장된다. 인덕터에 걸리는 전압은 식 (9-1)에서와 같이 입력전압(V_{in})과 같게 되고, 시간의 변화 dt를 Δt로 놓는다면 그림 9-3에서와 같이 Δt는 스위칭 주기 T_s에 듀티(Duty) D를 곱한 DT_s와 같이 표현되므로 인덕터에 걸리는 전압은 식 (9-2)와 같이 나타낼 수 있다. 따라서 식 (9-1)과 식 (9-2)를 통해서 결과적으로 식 (9-3)을 얻을 수 있다.

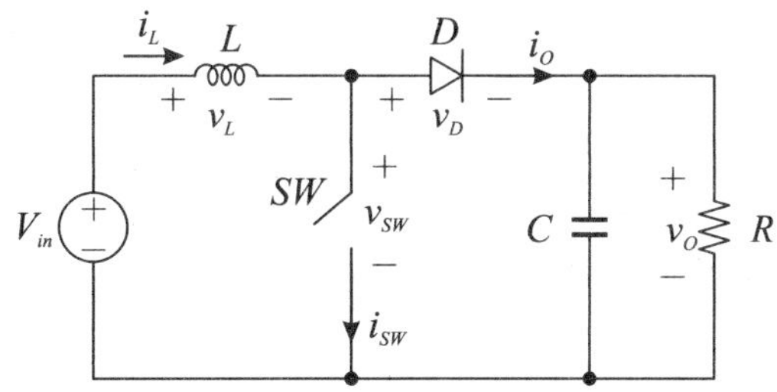

그림 9-2 부스트 컨버터의 전력회로부

스위치 SW 온(on)시 인덕터에 걸리는 전압

$$v_L = L\frac{di_L}{dt} = V_{in} \tag{9-1}$$

$$v_L = L\frac{di_L}{dt} \approx L\frac{\Delta i_L}{\Delta t} = L\frac{\Delta i_L}{DT_s} \tag{9-2}$$

$$V_{in} \approx L\frac{\Delta i_L}{DT_s} \tag{9-3}$$

식 (9-3)으로부터 스위치가 온되어 있는 구간 동안의 인덕터에 흐르는 전류의 변화 Δi_L은

$$\Delta i_L = \frac{V_{in} DT_s}{L} \tag{9-4}$$

와 같이 된다. 이로부터 부스트 인덕터의 인덕턴스는 다음 식 (9-5)와 같이 구할 수 있다.

$$\begin{aligned} L &= \frac{V_{in}}{\Delta i_L} DT_s \\ &= \frac{(D^{'} V_o) DT_s}{2I_o} \\ &= \frac{V_o D^{'}(1-D^{'}) T_s}{2I_o} \end{aligned} \tag{9-5}$$

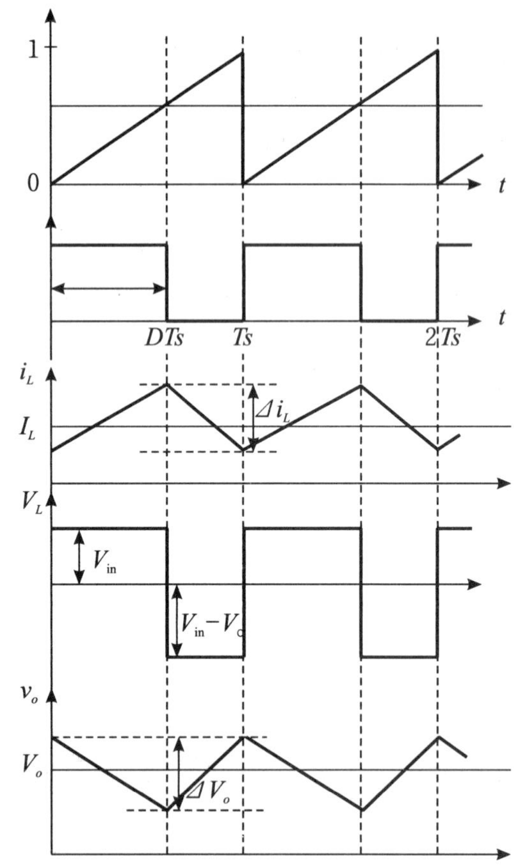

그림 9-3 부스트 컨버터의 스위칭 구간에 따른 각 부 파형

이제 주 스위치 SW가 오프인 구간 동안 인덕터에 걸리는 전압을 이용하여 부스트 인덕터의 인덕턴스 값을 산출해 보도록 한다. 주 스위치 SW가 오프 상태인 구간 동안 인덕터에 걸리는 전압은 식 (9-6) 또는 식 (9-7)과 같으므로, SW의 오프 시간 간격 즉, $T_s - DT_s = (1-D)T_s$에서 $(1-D)$를 D'이라 한다면 식 (9-6) 또는 식 (9-7)은 식 (9-8)로 얻어진다.

스위치 SW 오프(off)시 인덕터에 걸리는 전압

$$-v_L = -L\frac{di_L}{dt} = V_{in} - V_o \tag{9-6}$$

$$v_L = L\frac{di_L}{dt} = V_o - V_{in} \tag{9-7}$$

$$v_L = L\frac{di_L}{dt} \approx L\frac{\Delta i_L}{\Delta t} = L\frac{\Delta i_L}{(1-D)T_s} = L\frac{\Delta i_L}{D' T_s} \tag{9-8}$$

따라서,

$$V_o - V_{in} \approx L\frac{\Delta i_L}{D' T_s} \tag{9-9}$$

와 같으며, 식 (9-9)를 인덕터에 흐르는 리플 전류(Δi_L)로 표현하면

$$\Delta i_L = \frac{V_o - V_{in}}{L} D' T_s \tag{9-10}$$

와 같다. 이때 입력전압 V_{in}은 입출력 관계로부터 $D' V_o$와 같고 ($V_{in} = D' V_o$), 인덕터 전류의 리플을 그림 9-4와 같이 나타낸다면, Δi_L의 크기는 리플 전류 평균치 I_L의 2배에 해당하므로 이를 이용하여 부스트 인덕터의 인덕턴스는 식 (9-10)으로부터 식 (9-11)과 같이 나타낼 수 있다.

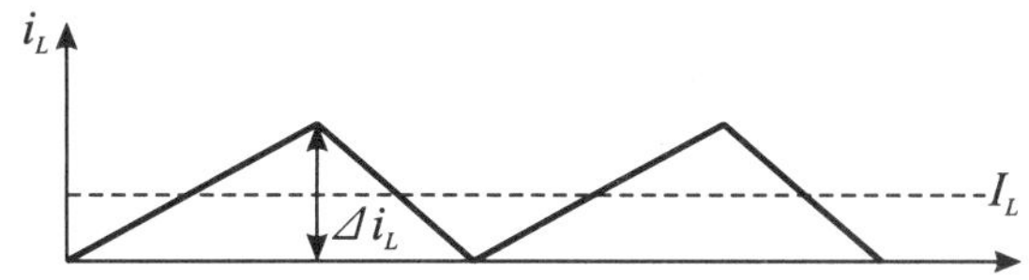

그림 9-4 인덕터 리플 전류

$$\begin{aligned} L &= \frac{(V_o - V_{in})D' T_s}{\Delta i_L} \\ &= \frac{(V_o - D' V_o)D' T_s}{2I_L} \\ &= \frac{V_o(1-D')D' T_s}{2I_L} \end{aligned} \tag{9-11}$$

여기서 $D' = 1 - D$이다.

식 (9-5)와 식 (9-11)을 비교해 보면 스위치 온 구간을 통해서 구한 인덕턴스의 값과 스위치 오프 구간을 통해서 구한 인덕턴스의 값이 동일하게 얻어짐을 확인할 수 있다.

9.1.2 출력 필터 커패시터의 커패시턴스 산정

출력 커패시터는 출력전압의 리플(Δv_o)을 최소화하도록 용량을 산정하는데, 출력전압 리플의 크기는 부하 전류량(I_o)과 커패시터의 커패시턴스 즉, 용량과 관계된다. 부하 출력전류가 커지면 커질수록 출력전압이 더 많이 떨어지게 되므로 부하가 큰 경우 이를 방지하기 위하여 더 큰 용량(커패시턴스)을 갖는 커패시터의 사용이 필요하다. 식 (9-12)는 출력 커패시터의 커패시턴스를 나타내는 수식으로 커패시턴스는 출력 부하전류의 크기에 비례한다. 또한 출력 커패시터는 출력전압의 리플(Δv_o)을 최소화하도록 설계 한다는 관점에서 출력 커패시터의 커패시턴스는 출력전압 리플의 크기에는 반비례 하게 된다.

$$C = \frac{I_{o(\max)} D}{f_s \Delta v_o} = \frac{I_{o(\max)} D\, T_s}{\Delta v_o} = \frac{V_o D T_s}{R \Delta v_o} \tag{9-12}$$

여기서 $I_{o(\max)}$는 부하 출력전류의 최대치를 나타내며 $I_{o(\max)} = V_o/R$의 관계를 갖는다. Δv_o는 출력전압의 리플을 나타내고 D는 스위칭 주기에 대한 스위치 온 시간의 비, 즉 듀티 비이며 f_s와 T_s는 각각 스위칭 주파수와 스위칭 주기를 나타낸다.

9.1.3 주 스위치 전압 및 전류 사양

그림 9-2의 주 스위치 SW의 전압 및 전류 정격은 다음과 같이 구할 수 있다. 우선 주 스위치 SW가 온되어 있는 경우는 이상적으로 스위치에 전압이 걸리지 않는다. 그러나 스위치가 오프되어 있는 경우에는 부스트 다이오드가 온 되면서 부스트 다이오드의 순방향 전압강하를 무시 한다면 스위치에는 출력전압(v_o)과 동일한 전압이 걸리게 된다. 따라서 스위치 전압정격은 식 (9-13)과 같이 결정된다.

$$V_{SW} = V_o \tag{9-13}$$

한편 주 스위치 SW에 흐르는 전류 I_{SW}는 스위치 온 구간에서 인덕터에 흐르는 전류와 동일하며 오프 구간에서는 전류가 흐르지 않게 된다. 따라서 주 스위치에 흐르는 최대 전류는 인덕터에 흐르는 입력측 전류의 최대치가 되며, 부스트 컨버터의 입출력 관계인 $\frac{V_o}{V_{in}}=\frac{I_{in}}{I_o}=\frac{I_L}{I_o}=\frac{1}{1-D}=\frac{1}{D'}$ 으로부터 $I_L=\frac{I_o}{D'}$이므로 스위치 전류의 정격은 다음과 같이 인덕터에 흐르는 직류 입력전류 $(I_L=\frac{I_o}{D'})$에 그림 9-3의 인덕터 리플전류$\frac{\Delta i_L}{2}$를 고려하여 식 (9-14)와 같이 얻어진다.

$$I_{SW}=\frac{I_o}{D'}+\frac{\Delta i_L}{2} \quad (9\text{-}14)$$

9.1.4 부스트 다이오드 전압 및 전류 사양

주 스위치가 온되어 있는 경우 부스트 다이오드는 출력전압의 크기로 역 바이어스가 걸리므로 오프되고, 출력전압이 다이오드에 역 방향으로 모두 걸리게 되므로 부스트 다이오드의 전압 정격은 다음과 같이 출력전압의 크기로 결정이 된다.

$$V_D=V_o \quad (9\text{-}15)$$

부스트 다이오드에 흐르는 전류는 주 스위치가 오프되는 구간에서 인덕터에 흐르는 전류와 같으므로, 다이오드 전류 정격은 주 스위치의 경우와 마찬가지로 그림 9-3에서와 같이 인덕터에 흐르는 직류 입력전류 $(I_L=\frac{I_o}{D'})$의 크기에 인덕터 리플전류 $\frac{\Delta i_L}{2}$를 고려한 형태로 식 (9-16)과 같이 나타나게 된다.

$$I_D=\frac{I_o}{D'}+\frac{\Delta i_L}{2} \quad (9\text{-}16)$$

9.2 부스트 컨버터 회로 제작

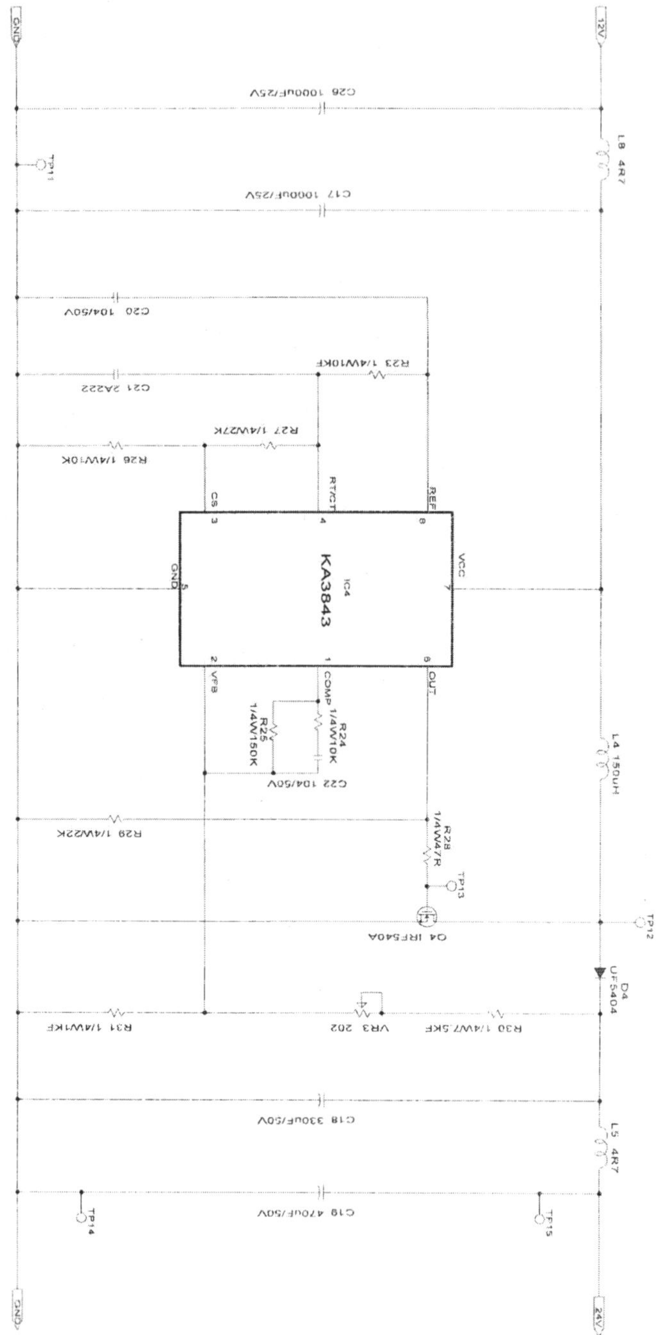

그림 9-5 부스트 컨버터 제작 회로

표 9-1 제작 부스트 컨버터 부품 리스트

BOOST CONVERTER						
No.	LOCATION	DESCRIPTION	VENDOR P/N	VENDOR	Q'TY	REMARK
1	PCB	PCB	FR-4 106×49×1.6t	CHOIL	1	
2	IC4	IC	KA3843B	FAIRCHILD	1	
3	Q4	MOSFET	IRF540	IR	1	
4	D4	DIODE	UF5404	DEC	1	
5	C17, C26	CAPACITOR ELEC.	KMG 25[V] 1000[uF]	SAMYOUNG	2	
6	C18	CAPACITOR ELEC.	NXH 50[V] 330[uF]	SAMYOUNG	1	
7	C19	CAPACITOR ELEC.	KMG 50[V] 470[uF]	SAMYOUNG	1	
8	C20, C22	CAPACITOR CER.	50[V] 100[nF](104)	NETRONTECH	2	
9	C23	CAPACITOR CER.	1[kV] 2.2[nF](222)	NETRONTECH	1	
10	C21	CAPACITOR MYLAR	100[V] 202[nF](2A222)	SEJIN	1	
11	L4	INDUCTOR TROIDAL	18ϕ 150[uH]	POSTECH	1	
12	L5, L8	INDUCTOR DRUM	4.7[uH](4R7)	POSTECH	2	
13	R24, R26	RESISTER	1/4[W] 10[kΩ] J	SUNGJIN	2	
14	R25	RESISTER	1/4[W] 150[kΩ] J	SUNGJIN	1	
15	R28	RESISTER	1/4[W] 47[Ω] J	SUNGJIN	1	
16	R29	RESISTER	1/4[W] 22[kΩ] J	SUNGJIN	1	
17	R27	RESISTER	1/4[W] 27[kΩ] J	SUNGJIN	1	
18	R23	RESISTER METAL	1/4[W] 10[kΩ] J	SUNGJIN	1	
19	R30	RESISTER METAL	1/4[W] 7.5[kΩ] J	SUNGJIN	1	
20	R31	RESISTER METAL	1/4[W] 1[kΩ] J	SUNGJIN	1	
21	VR3	RESISTER VOLUME	3362P_202(2[kΩ])	BOURNS	1	
22	HS3	HEATSINK	15×10×20(h)	보성정밀	1	
23	FOR HS3	SCREW	PH 3×8 M/C	믿음	1	
24	TP11, TP14	TEST POINT	LC-2-G(BLACK)	영진전자	2	
25	TP12, TP13, TP15	TEST POINT	LC-2-G(RED)	영진전자	3	
26	FOR IC4	IC SOCKET	DIP-8		1	
27	CN7	CONNECTOR	5267-02A	MOLEX	1	
LOAD RESISTER						
28	R37, R38	RESISTER CEMENT	10[W] 200[Ω] J AXIAL TYPE	SUNGJIN	2	

그림 9-5는 실습에 사용할 부스트 컨버터의 제작 회로로서 실험에서는 입력전압을 12[V], 출력전압을 24[V]로 설정하고, 회로도에서 보여주고 있는 바와 같이 컨버터의 주 스위치(Q4)에는 IRF540 MOSFET 스위치가 사용된다. 제어용 IC에는 벅 컨버터에서 사용되었던 것과 같은 PWM 컨트롤러인 KA3843B가 사용되었으며, 부하측에서 전원측으로 에너지의 역흐름을 방지하고 주 스위치 오프시 전원 및 인덕터에 저장되어 있던 에너지를 부하측으로 전달하는 경로를 제공하는 부스트 다이오드에는 UF5404가 사용되었다. 스위치 온시 에너지를 저장하고 오프시 저장된 에너지를 부하에 전달하는 부스트 인덕터의 인덕턴스는 150[uH]로 벅 컨버터에서 사용된 값과 같은 크기가 사용되었고, 출력측 커패시터는 330[uF] 및 470[uF] 짜리 커패시터 2개가 병렬로 연결되어 총 800[uF]이 사용되었다. 주 스위치인 MOSFET IRF540을 구동하기 위한 게이트 신호는 KA3843B의 6번 핀(OUT 단자)에서 저항 R28을 통해 직접 공급된다. 벅 컨버터의 경우에서와 같이 KA3843B PWM 컨트롤러 주변의 저항 및 커패시터들은 KA3843B의 구동 및 부스트 컨버터의 제어를 위한 주변 부품들이다. 부하로는 200[Ω], 10[W]의 Axial Type 시멘트 저항이 2개 병렬로 사용되었고, 표 9-1은 실험에 사용된 부품들의 리스트를 보여주고 있다.

9.2.1 실습 사용 부품

그림 9-6은 실험에 사용되는 부품들에 대한 사진을 보여주고 있는 것으로 그림 9-5의 회로를 구현하기 위한 PCB가 제작 되었으며 PCB가 없는 경우는 브레드 보드(Breadboard) 등을 이용하여 회로를 구성 및 실험하는 것이 가능하다.

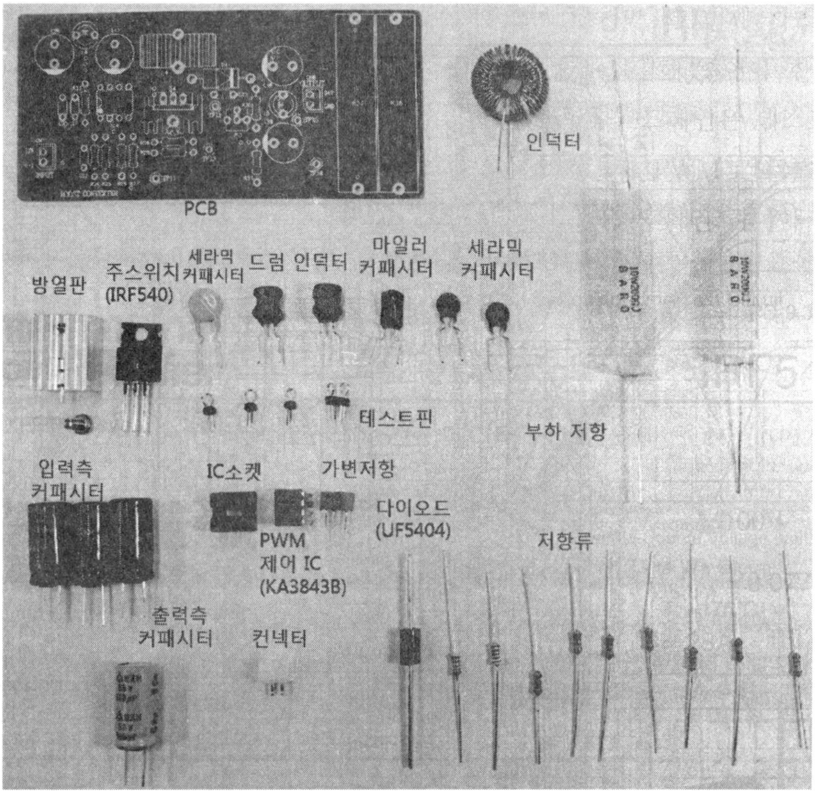
인덕터
PCB
방열판
주스위치
(IRF540)
세라믹
커패시터
드럼 인덕터
마일러
커패시터
세라믹
커패시터
테스트핀
부하 저항
입력측
커패시터
IC소켓
가변저항
다이오드
(UF5404)
PWM
제어 IC
(KA3843B)
저항류
출력측
커패시터
컨넥터

그림 9-6 실험 사용 부품

(1) 주 스위치(IRF540)

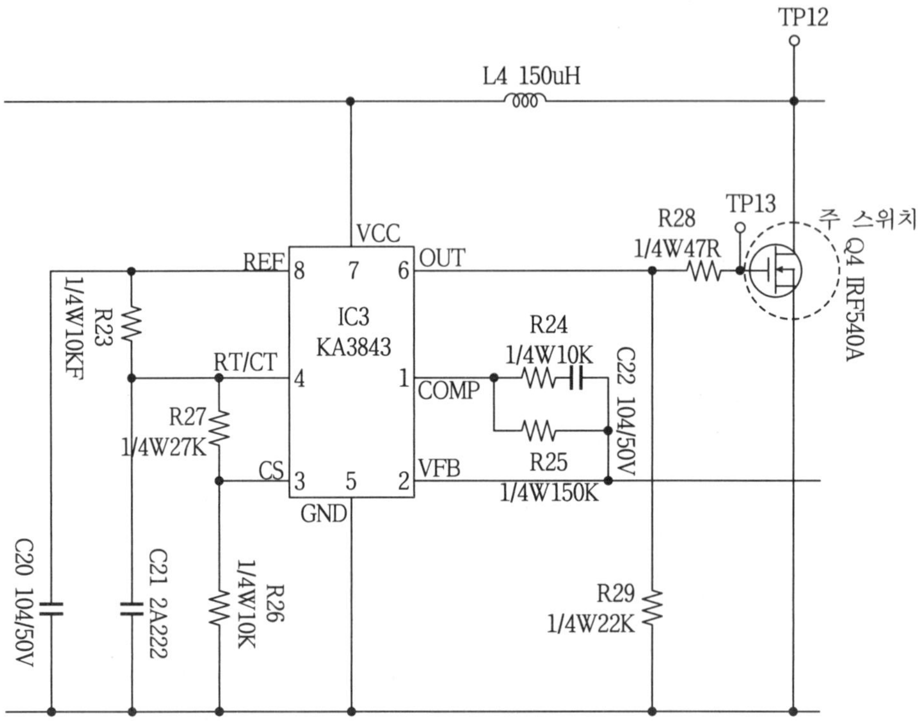

그림 9-7 회로 상에서 주 스위치의 위치

그림 9-7은 그림 9-5 실습 회로도 상의 일부를 확대하여 주 스위치의 위치를 표시한 것으로 사용된 스위치는 NPN 타입의 MOSFET인 IRF540이다. NPN 타입의 MOSFET를 턴 온 시키기 위해서는 스위치의 게이트(Gate)와 소스(Source) 단자 사이에 양(+)의 전압을 걸어주어야 하며 실험에서는 그림 9-7에서와 같이 PWM 컨트롤 IC의 출력단자인 핀 6번(OUT 단자)에서 발생하는 PWM 출력을 저항 R28을 통해 스위치의 게이트에 연결하고 있다. 따라서 PWM 컨트롤러의 출력이 High인 경우 주 스위치는 턴 온 되고 컨트롤러의 출력이 Low인 경우 스위치는 턴 오프 된다.

그림 9-8은 주 스위치로 사용되는 IRF540의 데이터 시트 일부를 발췌하여 보여주고 있는 것으로 드레인-소스 간 전압, 드레인 전류 및 Rds 온 저항 등의 정격과 여러 가지 전기적 특성들을 보여주고 있다.

NPN 타입의 MOSFET 스위치는 위에서 내려 보았을 때 맨 왼쪽 다리가 게이트

(Gate), 가운데에 있는 두 번째 다리가 드레인(Drain), 마지막 세 번째 다리가 소스(Source)이므로 기판에 MOSFET를 꽂을 때 잘 구분해서 삽입해 주어야 한다. 그림 9-5 및 그림 9-7에서 보여주고 있는 바와 같이 주 스위치의 드레인은 테스트 핀 12번(TP12) 쪽에 연결되어 있으며 게이트는 저항 R28을 통해 PWM 컨트롤 IC 6번 핀에 연결되고, 소스 단자는 그라운드에 직접 연결되어 있음을 확인 하여야 한다.

International
IOR Rectifier

PD-9.373H

IRF540

HEXFET® Power MOSFET

- Dynamic dv/dt Rating
- Repetitive Avalanche Rated
- 175°C Operating Temperature
- Fast Switching
- Ease of Paralleling
- Simple Drive Requirements

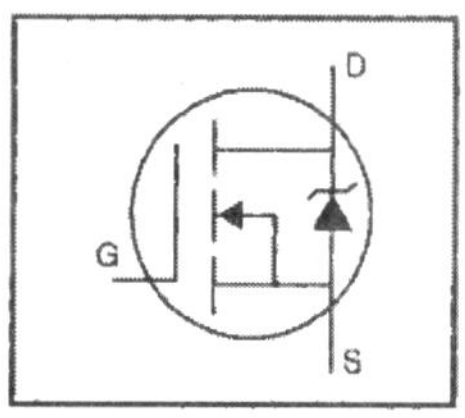

V_{DSS} = 100V

$R_{DS(on)}$ = 0.077Ω

I_D = 28A

Description

Third Generation HEXFETs from International Rectifier provide the designer with the best combination of fast switching, ruggedized device design, low on-resistance and cost-effectiveness.

The TO-220 package is universally preferred for all commercial-industrial applications at power dissipation levels to approximately 50 watts. The low thermal resistance and low package cost of the TO-220 contribute to its wide acceptance throughout the industry.

TO-220AB

Absolute Maximum Ratings

	Parameter	Max.	Units
I_D @ T_C = 25°C	Continuous Drain Current, V_{GS} @ 10 V	28	A
I_D @ T_C = 100°C	Continuous Drain Current, V_{GS} @ 10 V	20	
I_{DM}	Pulsed Drain Current ①	110	
P_D @ T_C = 25°C	Power Dissipation	150	W
	Linear Derating Factor	1.0	W/°C
V_{GS}	Gate-to-Source Voltage	±20	V
E_{AS}	Single Pulse Avalanche Energy ②	230	mJ
I_{AR}	Avalanche Current ①	28	A
E_{AR}	Repetitive Avalanche Energy ①	15	mJ
dv/dt	Peak Diode Recovery dv/dt ③	5.5	V/ns
T_J T_{STG}	Operating Junction and Storage Temperature Range	-55 to +175	°C
	Soldering Temperature, for 10 seconds	300 (1.6mm from case)	
	Mounting Torque, 6-32 or M3 screw	10 lbf•in (1.1 N•m)	

Thermal Resistance

	Parameter	Min.	Typ.	Max.	Units
$R_{θJC}$	Junction-to-Case	—	—	1.0	°C/W
$R_{θCS}$	Case-to-Sink, Flat, Greased Surface	—	0.50	—	
$R_{θJA}$	Junction-to-Ambient	—	—	62	

IRF540

IOR

Electrical Characteristics @ $T_J = 25°C$ (unless otherwise specified)

	Parameter	Min.	Typ.	Max.	Units	Test Conditions
$V_{(BR)DSS}$	Drain-to-Source Breakdown Voltage	100	—	—	V	V_{GS}=0V, I_D= 250μA
$\Delta V_{(BR)DSS}/\Delta T_J$	Breakdown Voltage Temp. Coefficient	—	0.13	—	V/°C	Reference to 25°C, I_D= 1mA
$R_{DS(on)}$	Static Drain-to-Source On-Resistance	—	—	0.077	Ω	V_{GS}=10V, I_D=17A ④
$V_{GS(th)}$	Gate Threshold Voltage	2.0	—	4.0	V	$V_{DS}=V_{GS}$, I_D= 250μA
g_{fs}	Forward Transconductance	8.7	—	—	S	V_{DS}=50V, I_D=17A ④
I_{DSS}	Drain-to-Source Leakage Current	—	—	25	μA	V_{DS}=100V, V_{GS}=0V
		—	—	250		V_{DS}=80V, V_{GS}=0V, T_J=150°C
I_{GSS}	Gate-to-Source Forward Leakage	—	—	100	nA	V_{GS}=20V
	Gate-to-Source Reverse Leakage	—	—	-100		V_{GS}=-20V
Q_g	Total Gate Charge	—	—	72	nC	I_D=17A
Q_{gs}	Gate-to-Source Charge	—	—	11		V_{DS}=80V
Q_{gd}	Gate-to-Drain ("Miller") Charge	—	—	32		V_{GS}=10V See Fig. 6 and 13 ④
$t_{d(on)}$	Turn-On Delay Time	—	11	—	ns	V_{DD}=50V
t_r	Rise Time	—	44	—		I_D=17A
$t_{d(off)}$	Turn-Off Delay Time	—	53	—		R_G=9.1Ω
t_f	Fall Time	—	43	—		R_D=2.9Ω See Figure 10 ④
L_D	Internal Drain Inductance	—	4.5	—	nH	Between lead, 6 mm (0.25in.) from package and center of die contact 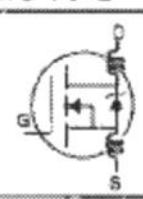
L_S	Internal Source Inductance	—	7.5	—		
C_{iss}	Input Capacitance	—	1700	—	pF	V_{GS}=0V
C_{oss}	Output Capacitance	—	560	—		V_{DS}=25V
C_{rss}	Reverse Transfer Capacitance	—	120	—		*f*=1.0MHz See Figure 5

Source-Drain Ratings and Characteristics

	Parameter	Min.	Typ.	Max.	Units	Test Conditions
I_S	Continuous Source Current (Body Diode)	—	—	28	A	MOSFET symbol showing the integral reverse p-n junction diode. 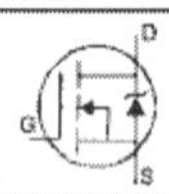
I_{SM}	Pulsed Source Current (Body Diode) ①	—	—	110		
V_{SD}	Diode Forward Voltage	—	—	2.5	V	T_J=25°C, I_S=28A, V_{GS}=0V ④
t_{rr}	Reverse Recovery Time	—	180	360	ns	T_J=25°C, I_F=17A
Q_{rr}	Reverse Recovery Charge	—	1.3	2.8	μC	di/dt=100A/μs ④
t_{on}	Forward Turn-On Time	Intrinsic turn-on time is neglegible (turn-on is dominated by L_S+L_D)				

Notes:

① Repetitive rating; pulse width limited by max. junction temperature (See Figure 11)

② V_{DD}=25V, starting T_J=25°C, L=440μH R_G=25Ω, I_{AS}=28A (See Figure 12)

③ I_{SD}≤28A, di/dt≤170A/μs, V_{DD}≤$V_{(BR)DSS}$, T_J≤175°C

④ Pulse width ≤ 300 μs; duty cycle ≤2%.

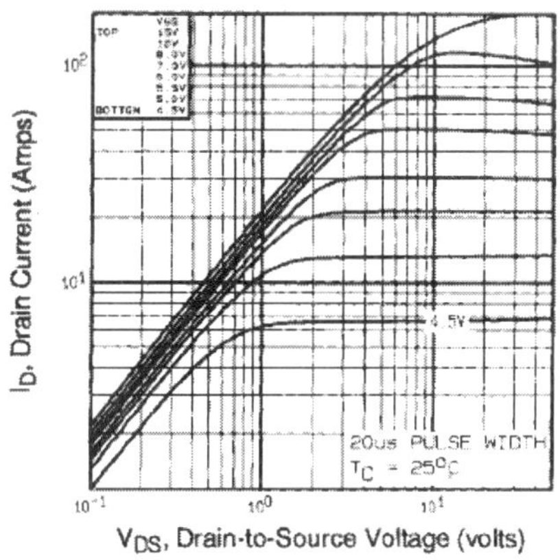

Fig 1. Typical Output Characteristics, T_C=25°C

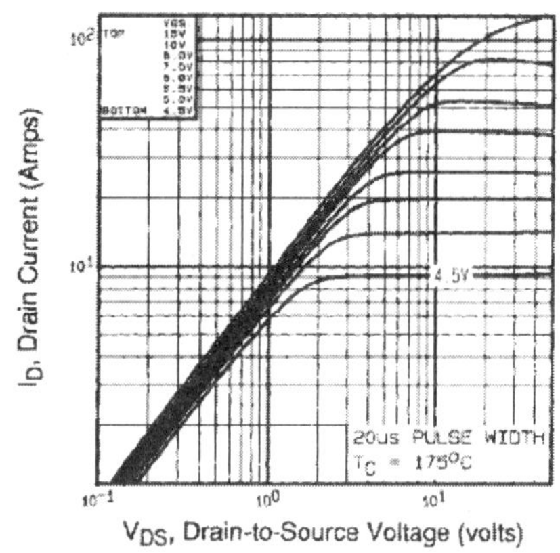

Fig 2. Typical Output Characteristics, T_C=175°C

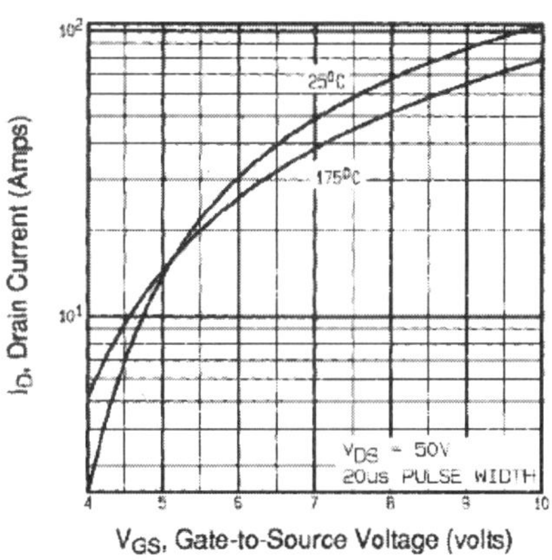

Fig 3. Typical Transfer Characteristics

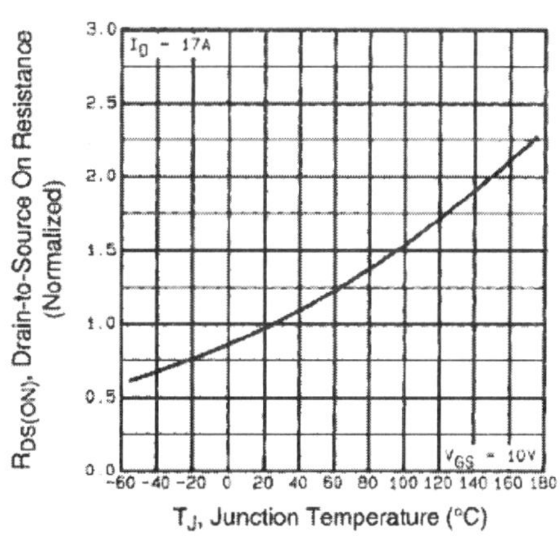

Fig 4. Normalized On-Resistance Vs. Temperature

IRF540

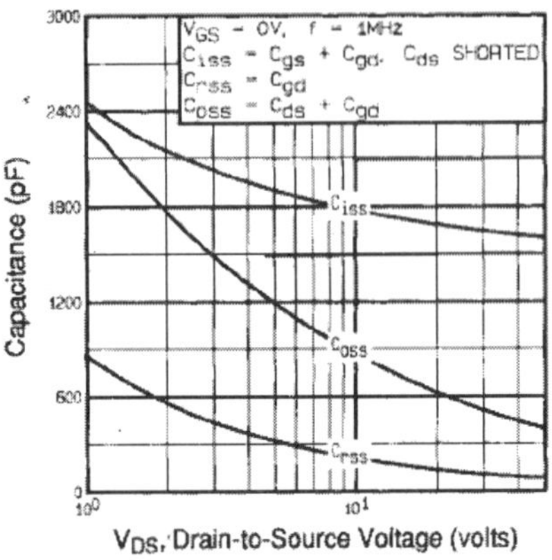

Fig 5. Typical Capacitance Vs. Drain-to-Source Voltage

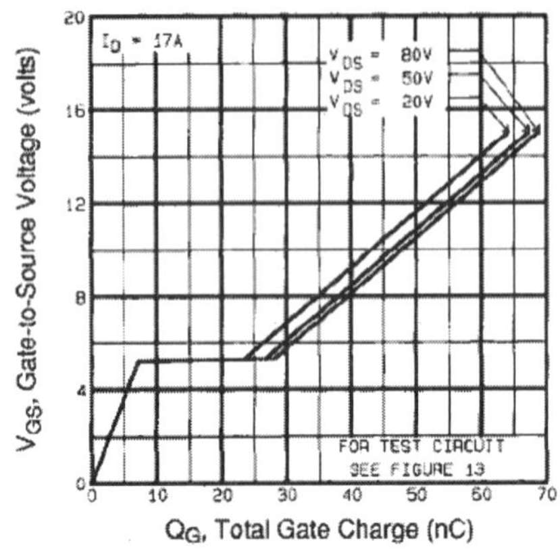

Fig 6. Typical Gate Charge Vs. Gate-to-Source Voltage

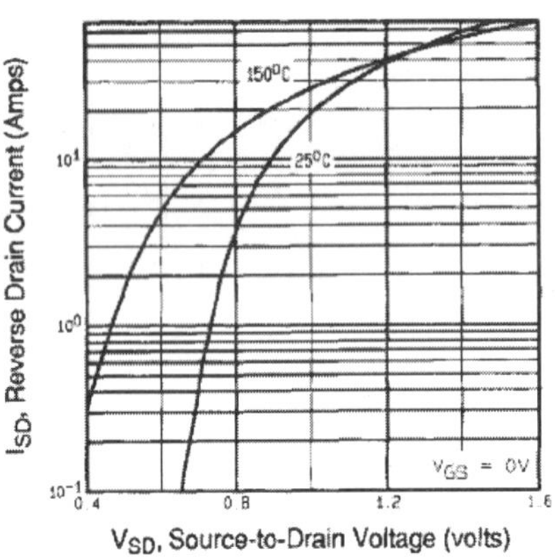

Fig 7. Typical Source-Drain Diode Forward Voltage

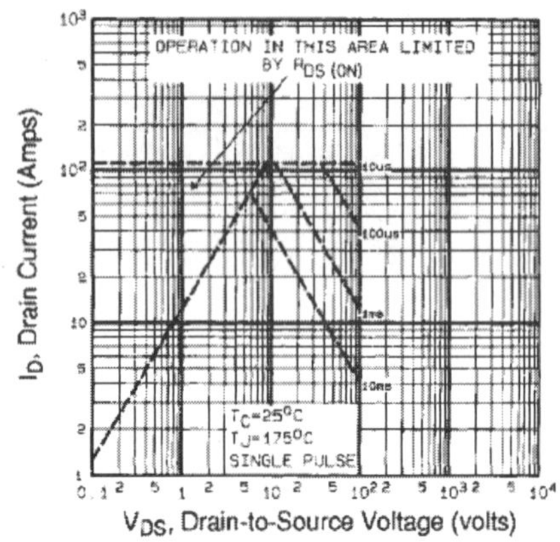

Fig 8. Maximum Safe Operating Area

IRF540

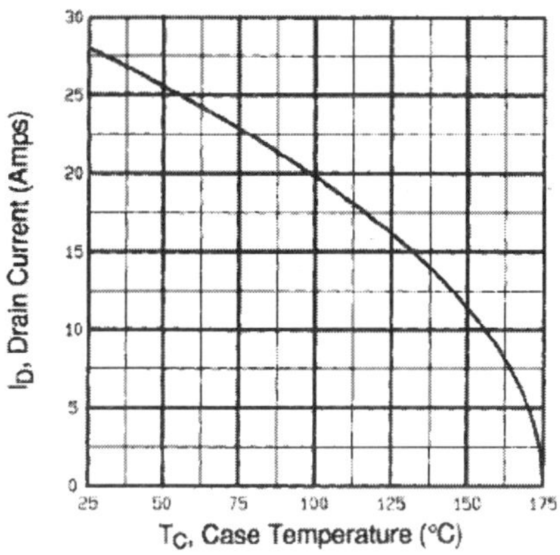

Fig 9. Maximum Drain Current Vs. Case Temperature

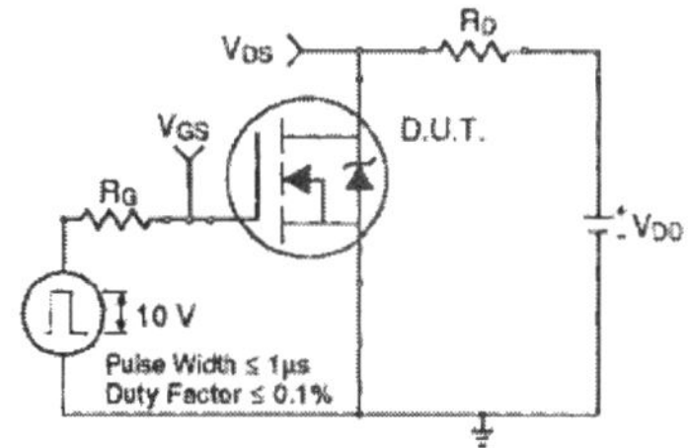

Fig 10a. Switching Time Test Circuit

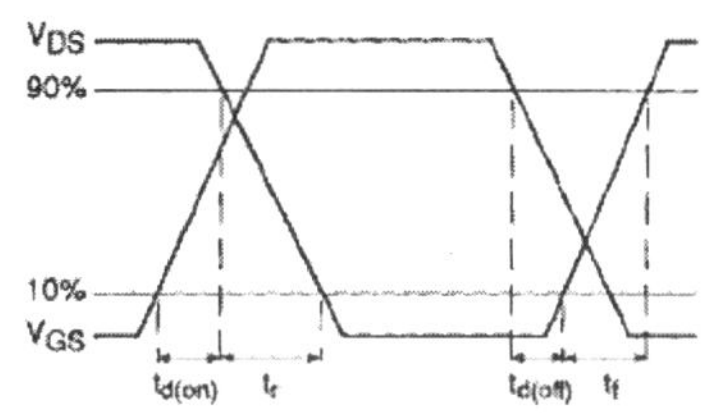

Fig 10b. Switching Time Waveforms

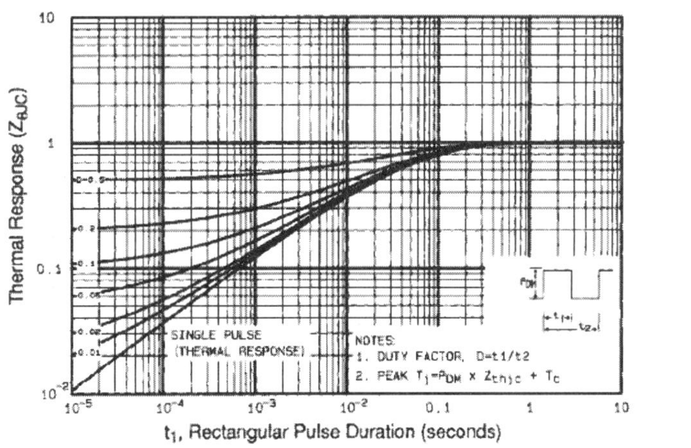

Fig 11. Maximum Effective Transient Thermal Impedance, Junction-to-Case

IRF540

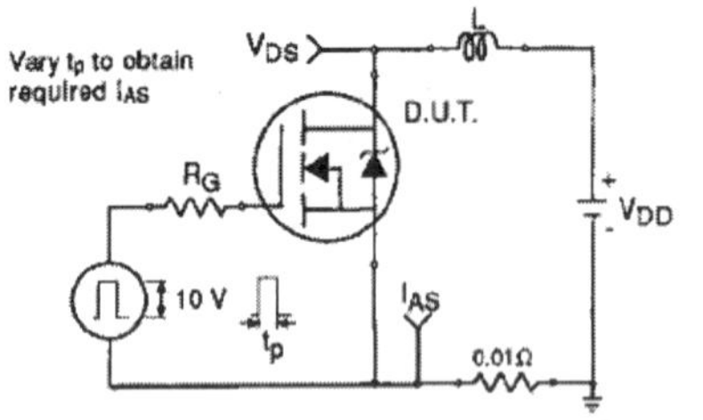

Fig 12a. Unclamped Inductive Test Circuit

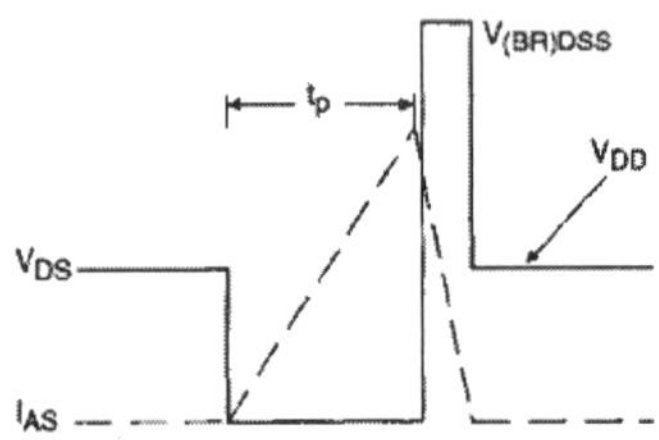

Fig 12b. Unclamped Inductive Waveforms

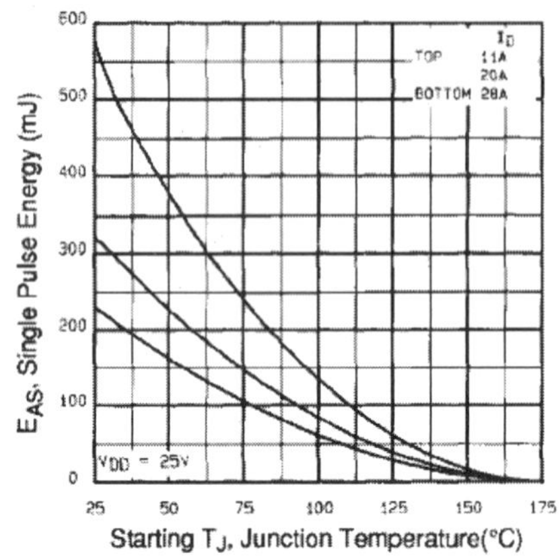

Fig 12c. Maximum Avalanche Energy Vs. Drain Current

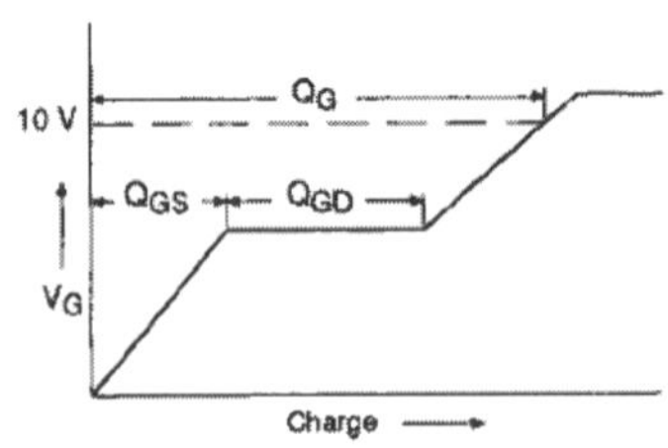

Fig 13a. Basic Gate Charge Waveform

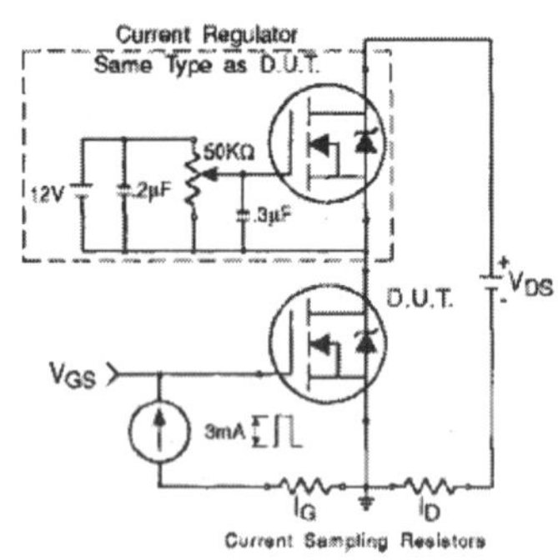

Fig 13b. Gate Charge Test Circuit

Appendix A: Figure 14, Peak Diode Recovery dv/dt Test Circuit – See page 1505

Appendix B: Package Outline Mechanical Drawing – See page 1509

Appendix C: Part Marking Information – See page 1516

Appendix E: Optional Leadforms – See page 1525

International IOR Rectifier

그림 9-8 주 스위치 데이터 시트(International Rectifier)

(2) 부스트 다이오드(UF5404)

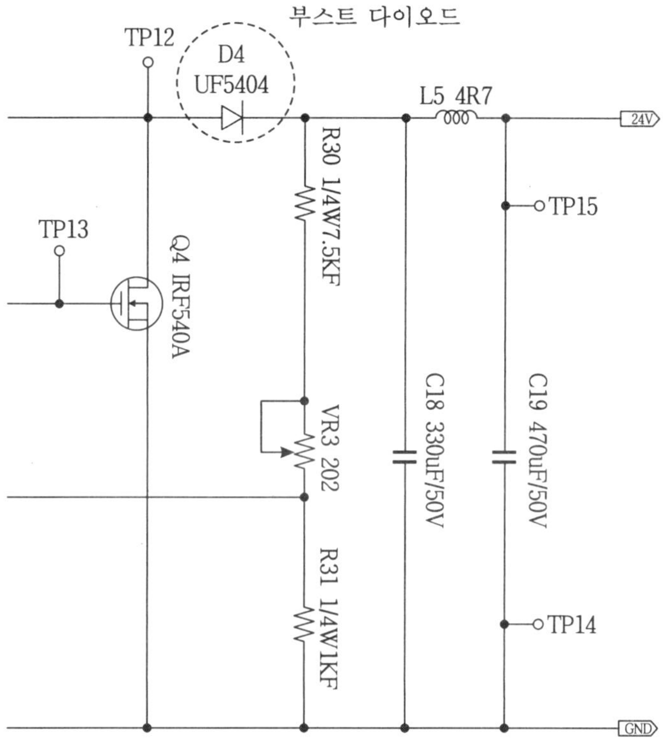

그림 9-9 회로 상에서 부스트 다이오드의 위치

부스트 컨버터에 사용된 다이오드 UF5404는 울트라패스트 실리콘 정류 다이오드(Ultrafast silicon rectifier diode)로서 UF5400~UF5408계열 중의 하나이다. UF 5404는 그림 9-10의 데이터 시트에서 확인 할 수 있는 것처럼 순방향 전류 3[A], 최대 역전압 400[V]를 정격으로 한다. 부스트 다이오드는 앞에서도 설명된 바와 같이 부하측에서 전원측으로의 에너지에 대한 역흐름을 방지하고 주 스위치 오프시 전원 및 인덕터에 저장되어 있던 에너지를 부하측으로 전달하는 경로를 제공한다. 부스트 다이오드는 주 스위치가 온되어 있는 구간동안 오프되며, 주 스위치가 오프되어 있는 구간 동안 온되어 입력측으로부터 에너지를 부하측으로 전달하는 경로가 된다.

부스트 다이오드의 애노드(Anode)는 부스트 인덕터와 주 스위치가 연결되어 있는 마디에 연결되며 캐소드(Cathod)쪽은 출력 커패시터단에 연결된다. 그림 9-6의 실물 사진이나 그림 9-10의 데이터 시트 다이오드 그림에서와 같이 소자에 줄이 표시되어 있는 쪽이 캐소드 쪽이며 반대쪽이 애노드 쪽으로서 기판에 회로를 연결할 때 방향에 주의하여 연결을 할 필요가 있다. 그림 9-10은 실험에서 부스트 다이오드로 사용된 UF5404를 포함한 데이터 시트의 한 가지 예를 나타낸 것으로 최대 역전압(Peak Reverse Voltage), 순방향 전류(Forward Current), 최대 역회복 시간(Max. Reverse Recovery Time) 및 여러 가지 최대 정격에 관한 정보를 보여주고 있다.

UF 5400...UF 5408

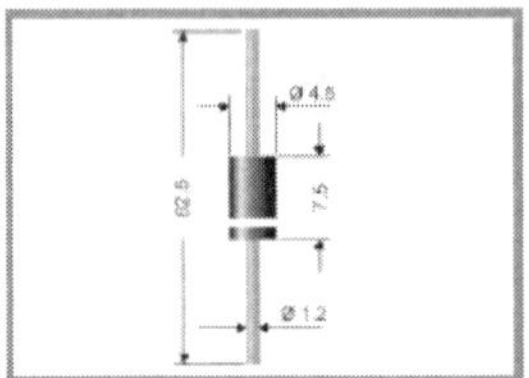

Axial lead diode

Ultrafast silicon rectifier diodes

UF 5400...UF 5408

Forward Current: 3 A

Reverse Voltage: 50 to 1000 V

Features

- Max. solder temperature: 260°C
- Plastic material has UL classification 94V-0

Mechanical Data

- Plastic case DO-201
- Weight approx.: 1 g
- Terminals : plated terminals solderable per MIL-STD-750
- Mounting position : any
- Standard packaging : 1700 pieces per ammo

1) Valid, if leads are kept at ambient temperature at a distance of 10 mm from case

2) I_F = 3 A, T_j = 25°C

3) T_A = 25 °C

Type	Repetitive peak reverse voltage V_{RRM} V	Surge peak reverse voltage V_{RSM} V	Max. reverse recovery time I_F = 0,5 A, I_R = 1 A, I_{RR} = 0.25 A, t_{rr} ns	Max. forward voltage V_F [2]
UF 5400	50	50	50	1,0
UF 5401	100	100	50	1,0
UF 5402	200	200	50	1,0
UF 5403	300	300	50	1,0
UF 5404	400	400	50	1,25
UF 5405	500	500	75	1,7
UF 5406	600	600	75	1,7
UF 5407	800	800	75	1,7
UF 5408	1000	1000	75	1,7

Absolute Maximum Ratings T_c = 25 °C, unless otherwise specified

Symbol	Conditions	Values	Units
I_{FAV}	Max. averaged fwd. current, R-load, T_A = 50 °C [1]	3	A
I_{FRM}	Repetitive peak forward current f > 15 Hz [1]	30	A
I_{FSM}	Peak forward surge current 50 Hz half sinus-wave [3]	100	A
i^2t	Rating for fusing, t < 10 ms [3]	50	A²s
R_{thA}	Max. thermal resistance junction to ambient [1]	25	K/W
R_{thT}	Max. thermal resistance junction to terminals [1]	8	K/W
T_j	Operating junction temperature	-50...+150	°C
T_s	Storage temperature	-50...+175	°C

Characteristics T_c = 25 °C, unless otherwise specified

Symbol	Conditions	Values	Units
I_R	Maximum leakage current, T_j = 25 °C; V_R = V_{RRM}	<10	μA
	T_j = 125 °C; V_R = V_{RRM}	<50	μA
C_J	Typical junction capacitance (at MHz and applied reverse voltage of V)	-	pF
Q_{rr}	Reverse recovery charge (U_R = V; I_F = A; dI_F/dt = A/ms)	-	μC
E_{RSM}	Non repetitive peak reverse avalanche energy (I_R = mA; T_j = °C; inductive load switched off)	-	mJ

Dimensions in mm

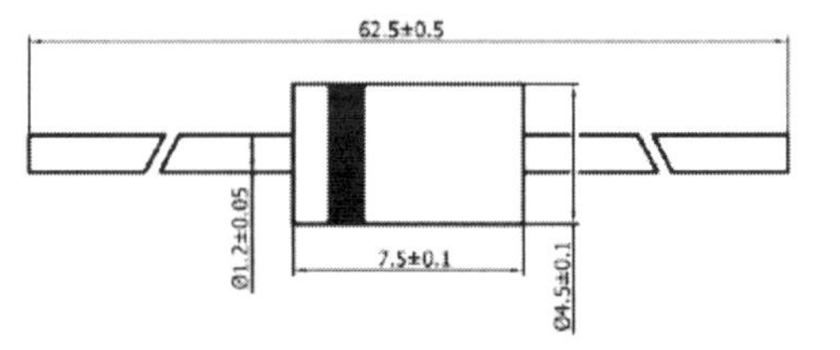

case: DO-201

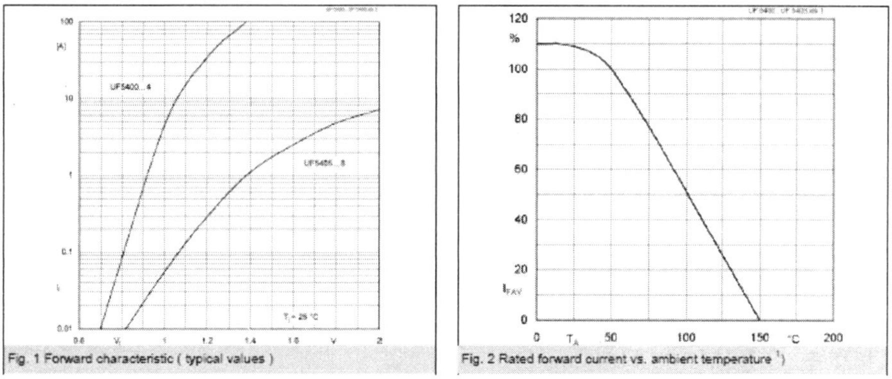

Fig. 1 Forward characteristic (typical values)

Fig. 2 Rated forward current vs. ambient temperature 1)

그림 9-10 부스트 다이오드 데이터 시트(SEMIKRON)

(3) 부스트 인덕터

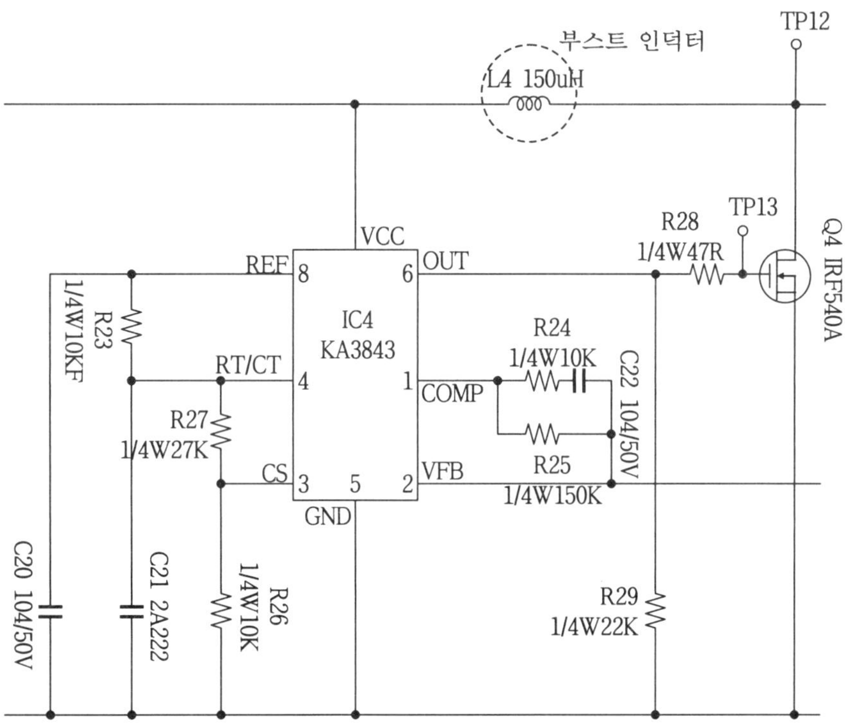

그림 9-11 회로도 상에서 부스트 인덕터의 위치

그림 9-11은 실습 회로도 상에서 부스트 인덕터의 위치를 보여주고 있는 것으로, 사용된 인덕터는 벅 컨버터에서 사용되었던 인덕터 사양과 같다. 사용된 코어는 18

ϕ의 아이언(Iron) 코어이며 0.7ϕ의 직경을 갖는 권선(Wire)이 45회(turn) 감겨져 있다. 사용된 인덕터의 인덕턴스는 150[μH]으로, 인덕터의 권선 사양 및 전기적 특성은 표 8-2~표 8-3에 나타나 있는 바와 같다. 인덕터의 경우에는 방향성이 없으므로, PCB 기판이 준비되어 있다면 인덕터의 방향에 상관없이 꽂아서 납땜하면 된다.

부스트 인덕터의 경우 주 스위치가 온되어 있는 구간 동안 에너지를 축적하며 주 스위치가 오프되는 순간 전원측 에너지와 함께 인덕터에 저장되어 있는 에너지를 부하측으로 공급하게 된다.

(4) 출력단 커패시터

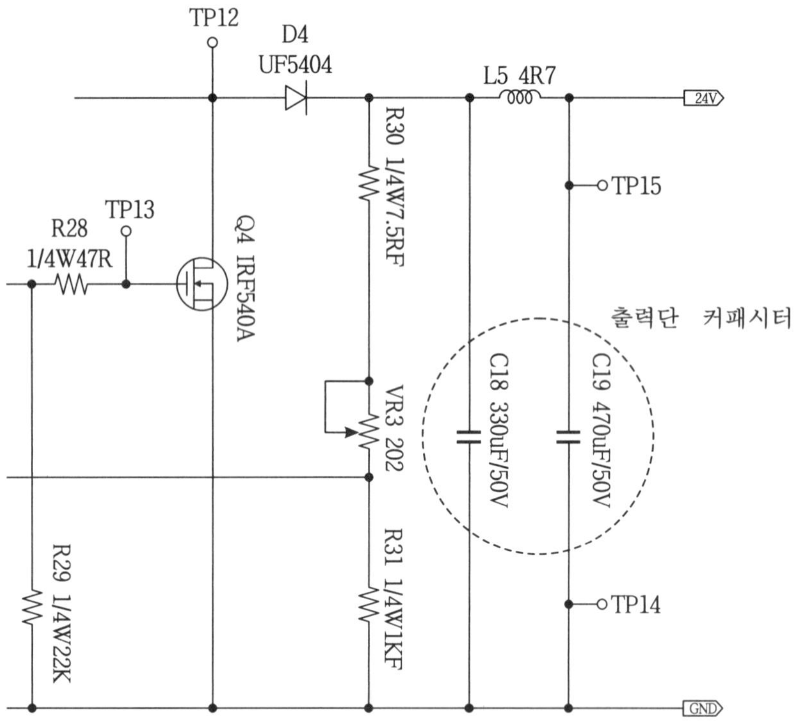

그림 9-12 회로 상에서 출력단 커패시터의 위치

그림 9-12는 실습 회로도 상에서 출력단 커패시터의 위치를 보여주고 있는 것으로, 330[μF]과 470[μF]의 커패시턴스를 각각 갖는 2개의 전해 커패시터가 병렬로 연결되어 사용되었음을 보여주고 있다. 사용된 커패시터의 동작 전압은 각각 50[V]

로 출력측 전압이 50[V]가 넘어가지 않도록 주의를 해야 할 필요가 있다. 실험에서는 출력단 전압을 21[V]~27[V]까지 제어 하도록 한다. 아울러 전해 커패시터는 +, − 극성이 있으므로 기판 상에 연결을 할 때 극성이 뒤바뀌지 않도록 주의를 해 줄 필요가 있다. 부하 저항은 회로도 상에 나타나 있지는 않으나 기판 상에서 출력단 커패시터와 병렬로 연결되도록 접속하며, 실험에서는 200[Ω], 10[W] 정격의 시멘트 저항 2개를 병렬로 연결하여 사용한다.

(5) PWM 컨트롤 IC(펄스폭 변조 제어 IC)

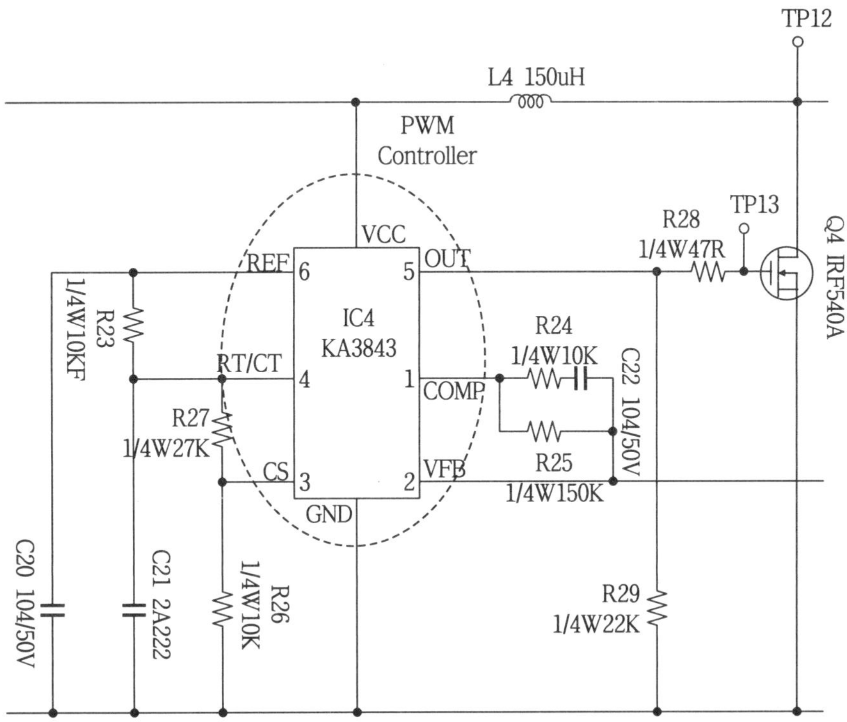

그림 9-13 회로 상에서 PWM Controller의 위치

부스트 컨버터의 실험에 있어서도 컨버터의 제어를 위해 PWM 컨트롤러인 KA3843B를 사용한다. KA3843B는 고정주파수 전류제어 모드 PWM 제어기(fixed frequency current-mode PWM controller)로 그림 9-13은 회로 상에서 PWM 컨트롤러의 위치를 나타낸다. 부스트 컨버터의 부하전압을 핀 2번(VFB 단자)을 통해 피드백 받아 주 스위치(Q4 : IRF540)를 구동시키기 위한 펄스 전압을 핀 6번(OUT 단자)을 통해 출력한다. 그림에서 R23 및 C21은 내부 오실레이터의 주파수와 최대

듀티 사이클을 결정하는데 사용하며, 컨트롤러의 1번 핀(COMP 단자)에 연결되는 주변 소자(R24, R25, C22)들은 제어기의 제어 파라미터를 구성하는데 사용된다. 8장 벅 컨버터 실험 부분의 그림 8-17은 PWM 컨트롤러로 사용된 KA3843B 데이터 시트를 정리해 놓은 것으로 IC의 특징과 내부 블록 다이어그램을 제공하고 있고, IC 동작을 위한 최대 정격 및 전기적 특성들을 설명하고 있으므로 필요시 참조를 할 필요가 있다.

한편 벅 컨버터 실험 부분에서 이미 설명된 바와 같이 부스트 컨버터의 경우에 있어서도 기판에 PWM 컨트롤러 IC를 바로 납땜하지 않고 IC 소켓을 이용하여 소켓을 먼저 납땜한 후 소켓에 컨트롤 IC를 꽂도록 한다. IC를 위에서 보았을 때 동그라미 모양으로 마킹되어 있는 부분의 핀이 1번 핀이므로 IC를 꽂을 때 IC의 방향이 거꾸로 되지 않도록 주의를 하도록 한다.

(6) 출력전압 조정을 위한 가변저항

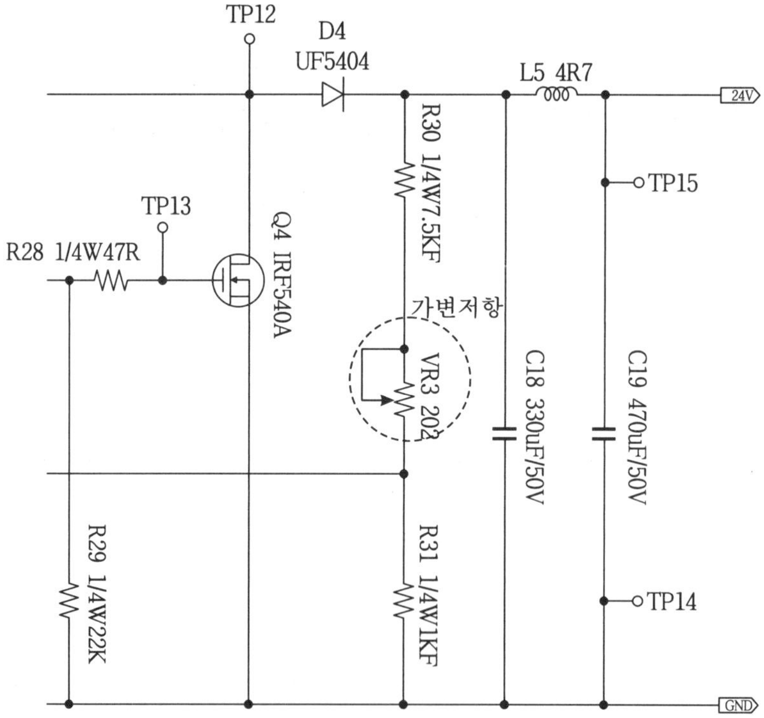

그림 9-14 출력전압 조정을 위한 가변저항의 사용

벅 컨버터 실습에서와 마찬가지로 부스트 컨버터의 실습에서도 출력전압의 조정을 출력단 전압 검출 분압회로에 위치하고 있는 가변저항을 이용하여 수행하도록 한다. 그림 9-5의 회로도를 사용한 부스트 컨버터 실험에 있어서 PWM 컨트롤러(KA3843B) 내부에 2.5[V] 기준 레퍼런스 전압(KA3843B 데이터 시트의 블록 다이어그램 참조 : 1/2VREF)을 이용하고 있으며, 이 내부 레퍼런스 전압을 이용하는 경우 레퍼런스 전압에 대한 변경이 어렵기 때문에 출력전압을 가변시키기 위해서 그림 9-14에서와 같이 출력단 전압을 검출하기 위한 분압회로에 가변저항을 사용하도록 한다. 이는 앞에서도 설명된 바와 같이 분압회로의 가변저항을 조정하여 검출되는 전압의 분배비가 조정되게 함으로써 상대적으로 기준 레퍼런스 전압이 조정되는 것과 같은 효과를 얻도록 하는 것이다. 이에 대한 자세한 설명은 8장 벅 컨버터의 해당 부분을 참조하도록 하며, 가변 저항 조정에 따른 출력전압의 변화를 관찰하기 위하여 다음과 같이 시뮬레이션 결과를 확인해 보도록 한다.

그림 9-15~그림 9-17은 기준 레퍼런스 전압이 2.5[V]로 고정되어 있는 경우, 출력전압의 조정을 위하여 출력단 전압 검출 분압회로에서 가변저항으로 가정한 저항 R_Div1의 값을 변경시켜 가면서 출력전압의 변화를 관찰한 것이다. 분압회로의 저항 R_Div2의 값을 1[kΩ]으로 하였을 때 R_Div1의 값을 변경하여 출력전압(V_o)을 각각 21[V], 24[V] 및 27[V]로 출력하도록 하고자 한다면 설정해야 하는 가변저항 R_Div1의 값은 다음과 같이 구할 수 있다.

$$\frac{\text{R\_Div2}}{\text{R\_Div1}+\text{R\_Div2}} \times V_o = 2.5 \tag{9-17}$$

여기에서 R_Div2의 값을 1[kΩ]로 두었으므로

$$\frac{1[\text{k}\Omega]}{\text{R\_Div1}+1[\text{k}\Omega]} \times V_o = 2.5 \tag{9-18}$$

와 같이 나타낼 수 있고 이로 부터 R_Div1은

$$\text{R\_Div1} = \frac{1[\text{k}\Omega](V_o - 2.5)}{2.5} \tag{9-19}$$

와 같이 얻어지고, 예를 들어 출력전압이 24[V]가 되도록 하고자 한다면 필요한 R_Div1의 저항값은 다음과 같이 8.6[kΩ]이 된다.

$$R\_Div1 = \frac{1[k\Omega](24-2.5)}{2.5} = 8.6[k\Omega] \qquad (9\text{-}20)$$

따라서 저항 R_Div2에 걸리는 전압이 기준 레퍼런스 전압 2.5[V]를 따라 가도록 제어를 한다면 출력전압은 24[V]가 된다. 출력 전압을 21[V], 및 27[V]로 하기 위한 R_Div1의 저항값은 위의 식 (9-17)~식 (9-20)의 과정을 통해서 각각 7.4[kΩ] 및 9.8[kΩ]임을 알 수 있고, 이상과 같은 결과를 통해서 얻어진 저항값들을 사용한 출력전압(V_o) 21[V], 24[V] 및 27[V]인 각각의 경우에 대한 시뮬레이션 결과는 그림 9-15~그림 9-17에 보여주고 있는 바와 같다. 즉, 결과적으로 R_Div1을 7.4[kΩ]으로 한 경우 출력전압은 21[V](그림 9-15), 8.6[kΩ]으로 설정한 경우는 24[V](그림 9-16), 9.8[kΩ]인 경우는 27[V](그림 9-17)의 출력을 얻을 수 있음을 시뮬레이션 결과로부터 확인할 수 있다. 이와 같이 기준 레퍼런스 전압이 고정되어 있는 경우 그림 9-15~그림 9-17에서와 같이 가변저항에 해당하는 R_Div1의 값을 바꾸면 출력전압을 조정할 수 있다. 실험에 있어서도 출력전압의 조정을 위해서 그림 9-14에서와 같이 가변저항을 사용하고 있으며, 시계 드라이버와 같이 작은 드라이버를 사용하여 가변저항을 조정하면 출력전압을 조정할 수 있다.

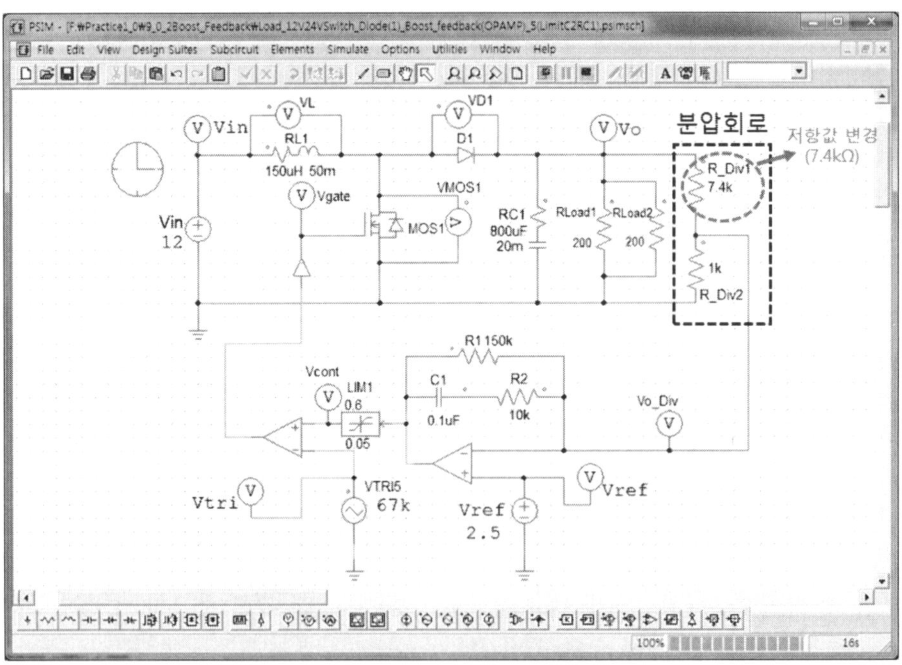

(a) R_Div1=7.4[kΩ]인 경우 시뮬레이션 회로

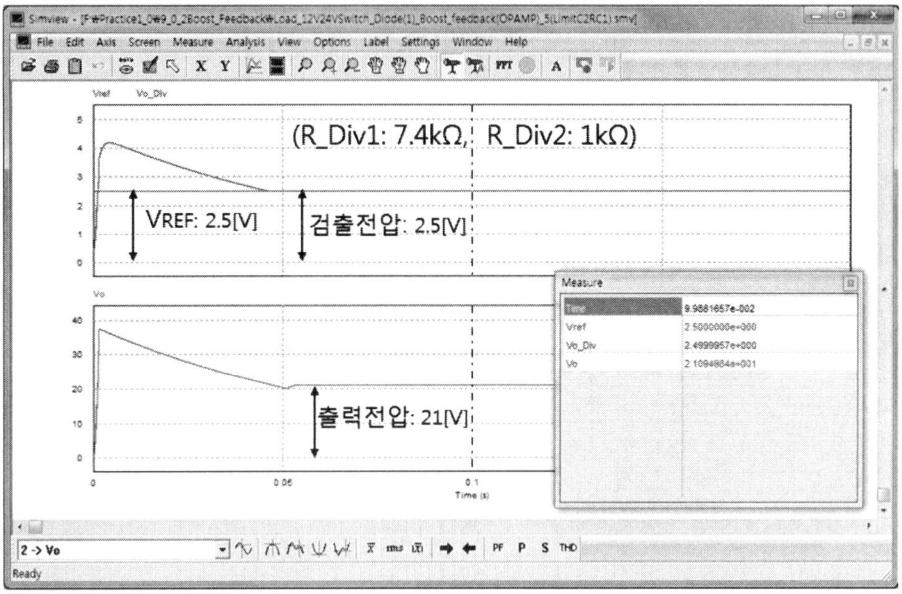

(b) R_Div1=7.4[kΩ]인 경우 출력파형

그림 9-15 분압회로 저항값 변경에 따른 출력전압 조정(R_Div1 : 7.4[kΩ]인 경우)

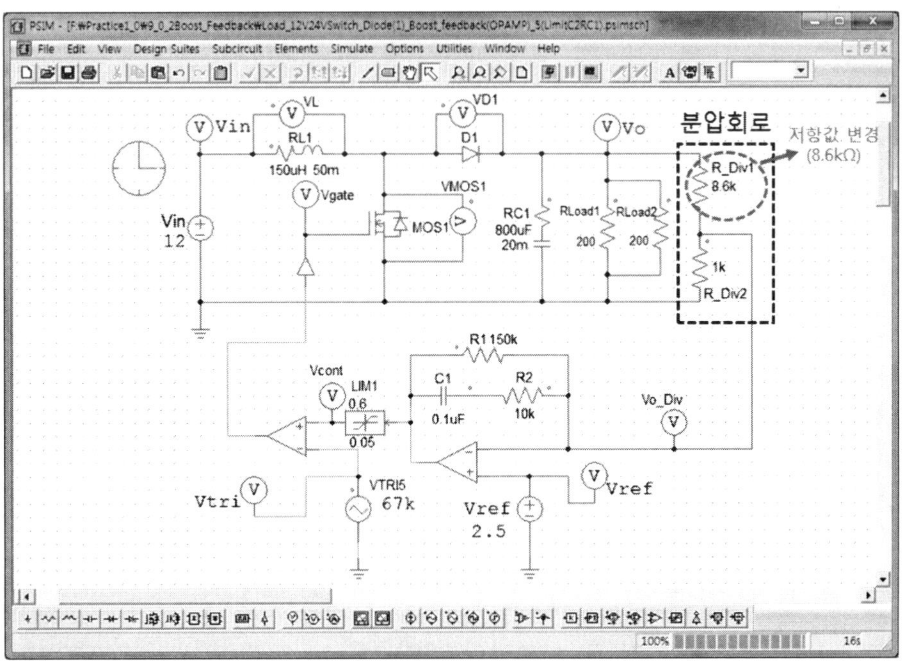

(a) R_Div1=8.6[kΩ]인 경우 시뮬레이션 회로

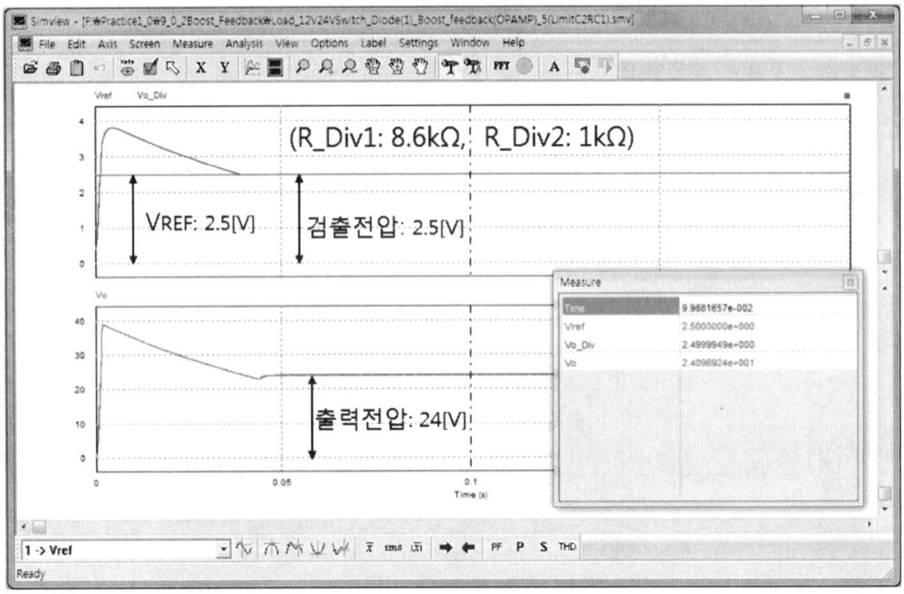

(b) R_Div1=8.6[kΩ]인 경우 출력파형

그림 9-16 분압회로 저항값 변경에 따른 출력전압 조정(R_Div1 : 8.6[kΩ]인 경우)

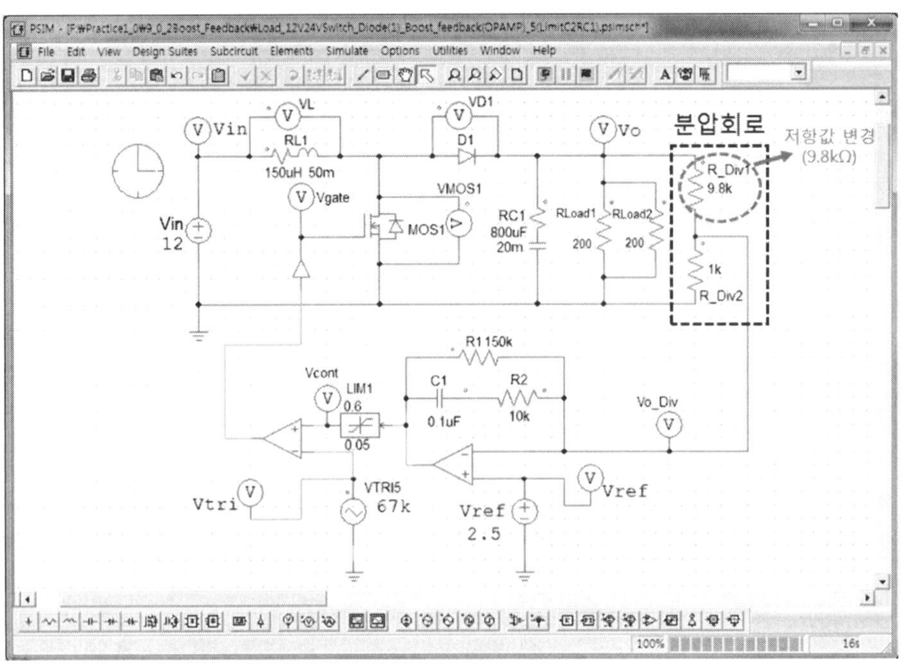

(a) R_Div1=9.8[kΩ]인 경우 시뮬레이션 회로

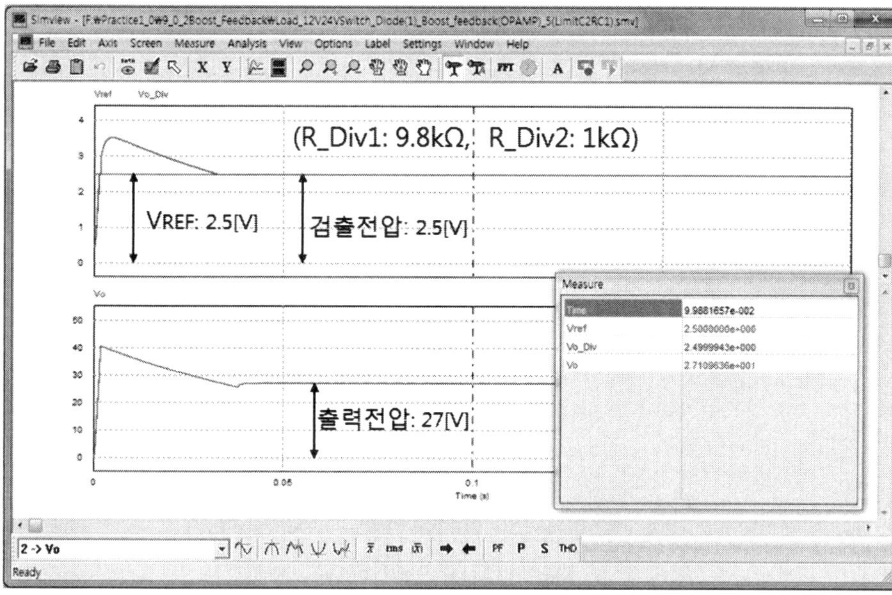

(b) R_Div1=9.8[kΩ]인 경우 출력파형

그림 9-17 분압회로 저항값 변경에 따른 출력전압 조정(R_Div1 : 9.8[kΩ]인 경우)

9.2.2 제작 컨버터의 외관 및 부품 위치 비교

실험의 편리성을 위하여 PCB 회로기판이 준비되어 있다면 지정된 위치에 부품을 꽂은 후 뒷면에 납땜을 하면 되므로 실험을 위한 제작 시간이 단축될 수 있다. 그림 9-18은 준비된 PCB 기판에 부스트 컨버터 제작을 위하여 필요한 부품들을 장착한 후 제작한 실물 사진을 나타내며, 각 부품의 위치를 회로도와 비교하여 설명하고 있다. 만일 PCB 기판이 준비되어 있지 않다면 그림 9-5의 회로를 브레드보드(Breadboard) 상에 구현하여 실험하는 것이 가능하다.

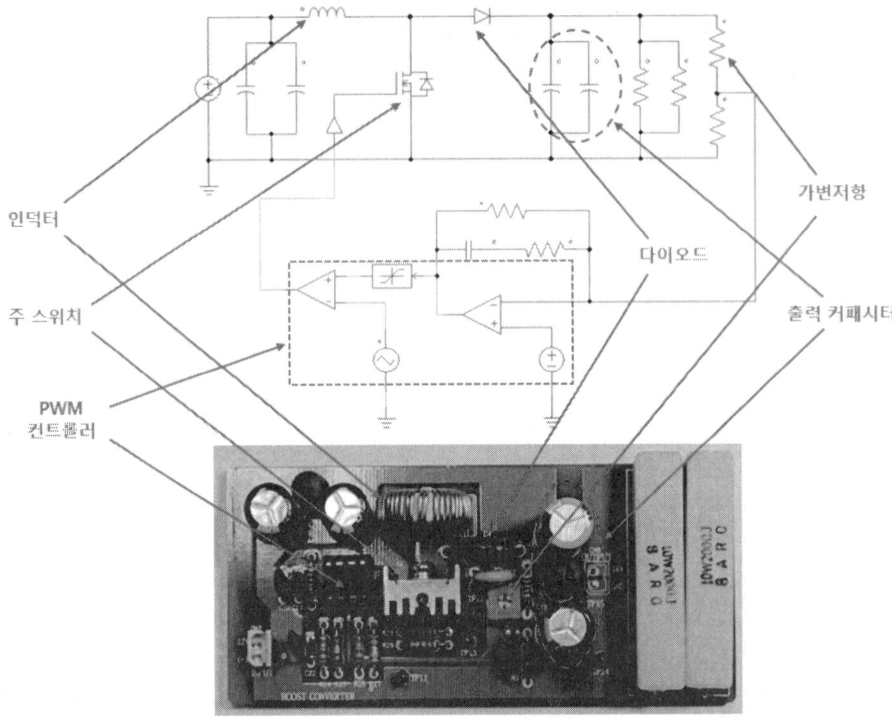

그림 9-18 제작된 부스트 컨버터 회로 사진 및 부품 위치 비교

9.3 부스트 컨버터 실험

9.3.1 주 스위치 게이트 전압 및 출력전압 파형

실험에 사용된 그림 9-5의 부스트 컨버터 회로에서 주 스위치(Q4 : IRF540)는 n 채널 MOSFET로서 게이트(Gate)와 소스(Source) 사이에 충분한 양(+)의 전압을 걸어 주면 스위치는 온되고, 전압이 걸리지 않거나 역(−) 전압이 걸리면 오프된다.

그림 9-19~그림 9-21은 스위치를 온, 오프 시키기 위한 게이트 전압 파형과 출력전압을 함께 나타낸 것으로, 그림 9-19는 출력전압이 21[V]인 경우를 나타내고 그림 9-20은 출력전압이 24[V], 그림 9-21은 27[V]인 경우를 각각 나타내고 있다. 그림에서 알 수 있는 바와 같이 출력전압이 커질수록 게이트 전압의 펄스폭이 넓어지고 있는 것을 확인 할 수 있으며, 게이트 전압은 PWM 컨트롤 IC인 KA3843B의 6번 핀(OUT 단자)으로부터 발생된다.

9.3.2 주 스위치 게이트 전압 및 드레인(Drain)-소스(Source) 간 전압 파형

그림 9-22는 주 스위치 게이트 전압 및 드레인(Drain)-소스(Source)간 전압파형을 나타내고 있는 것으로, 스위치 온시 스위치의 드레인(Drain)-소스(Source)간 전압은 0[V]이고(스위치 온 동작으로 스위치의 드레인 단자가 그라운드에 연결), 스위치 오프시 드레인(Drain)-소스(Source)간 사이의 전압은 출력전압으로 나타남을 확인 할 수 있다.

9.3.3 주 스위치 게이트 전압 및 KA3843 4번 핀(RT/CT단자) 전압 파형

그림 9-23~그림 9-25는 주 스위치 게이트 전압 및 KA3843 4번 핀(RT/CT단자) 전압 파형을 함께 나타낸 것으로 그림 9-23의 경우 출력전압이 21[V]인 경우이며 그림 9-24는 출력전압이 24[V], 그림 9-25는 출력전압이 27[V]인 경우를 각각 나타내고 있다.

KA3843B 4번 핀(RT/CT단자)에 연결되어 있는 R23 및 C21은 PWM 컨트롤러의 내부 오실레이터의 주파수를 결정하는 소자로 오실레이터의 주파수를 산정하는 수식은 KA3843B 데이터 시트의 Note 부분을 참조하면 확인 할 수 있고 실험에서 오실레이터의 주파수 즉, 스위칭 주파수는 약 67[kHz]이다.

그림 9-23~그림 9-25에서 보여 주고 있는 것처럼 주 스위치 구동 게이트 전압은 KA3843B 4번 핀(RT/CT단자) 전압이 하강하는 매순간 High로 되며, 게이트 전압이 Low로 떨어지는 순간은 출력전압의 크기에 따라 달라짐을 알 수 있는데, 이는 KA3843B의 내부적인 제어 동작에 따라 결정되는 것으로, 출력전압에 대한 피드백 신호와 KA3843B 데이터 시트의 내부 블록 다이어그램에서 전압 레퍼런스(1/2 VREF), Error Amplifier 및 Comparator의 동작을 통해 이루어진다.

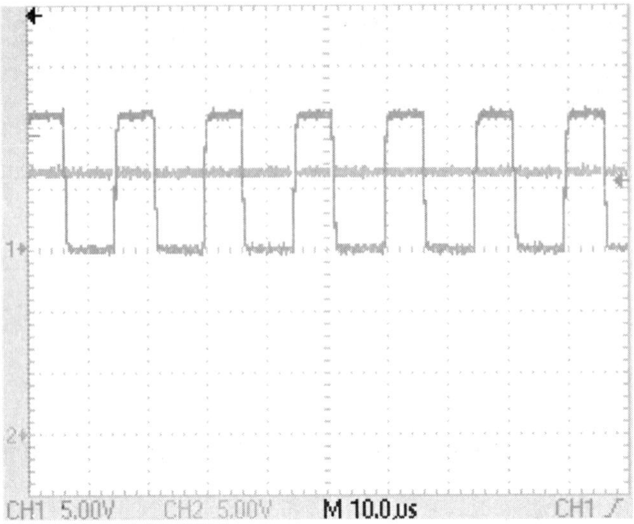

그림 9-19 주 스위치 게이트 전압 및 출력전압 파형(출력전압 : 21[V])

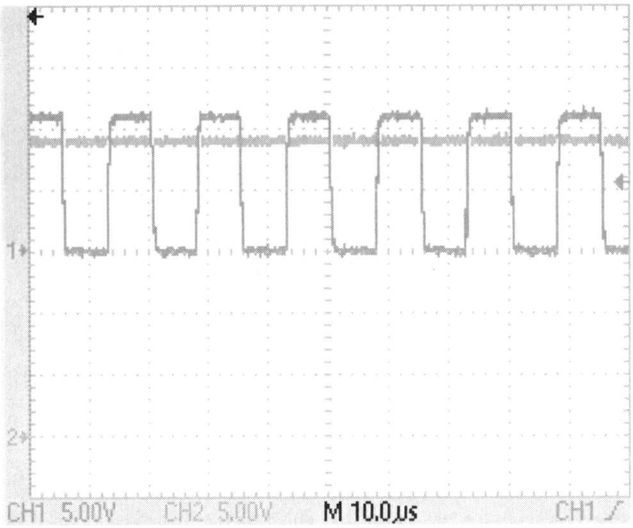

그림 9-20 주 스위치 게이트 전압 및 출력전압 파형(출력전압 : 24[V])

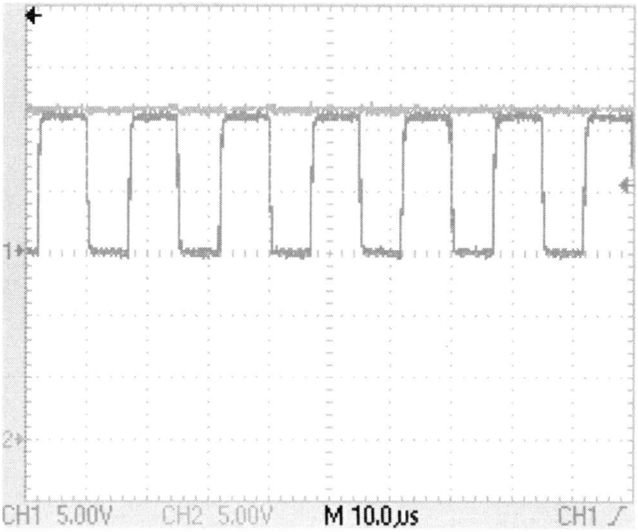

그림 9-21 주 스위치 게이트 전압 및 출력전압 파형(출력전압 : 27[V])

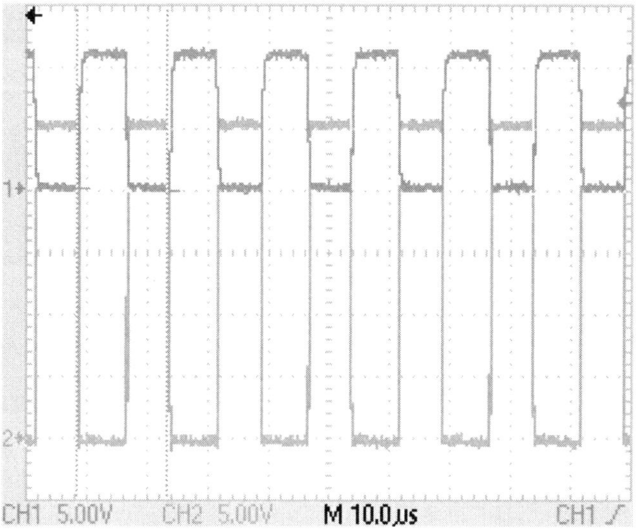

그림 9-22 주 스위치 게이트 전압 및 드레인(Drain)-소스(Source)간 전압파형

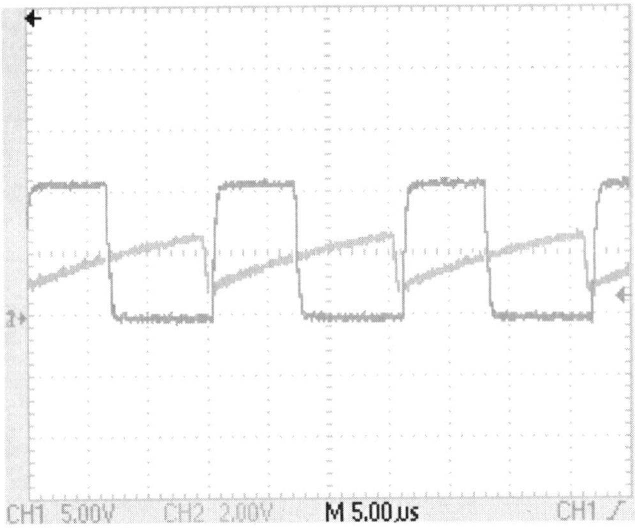

그림 9-23 주 스위치 게이트 전압 및 KA3843 4번 핀(RT/CT단자) 전압 (출력전압 21[V]인 경우)

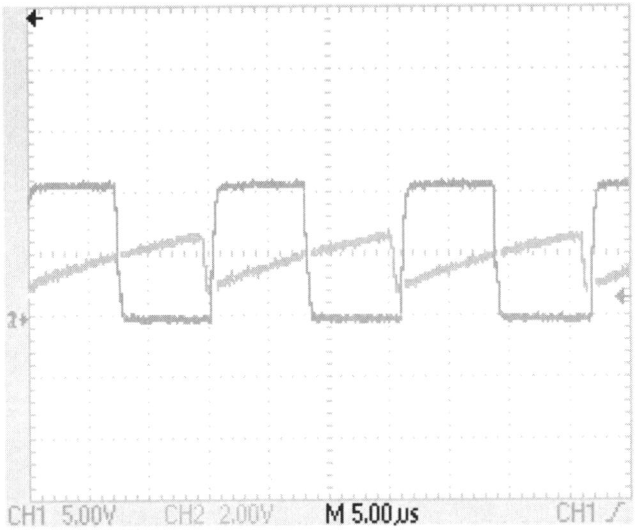

그림 9-24 주 스위치 게이트 전압 및 KA3843 4번 핀(RT/CT단자) 전압 (출력전압 24[V]인 경우)

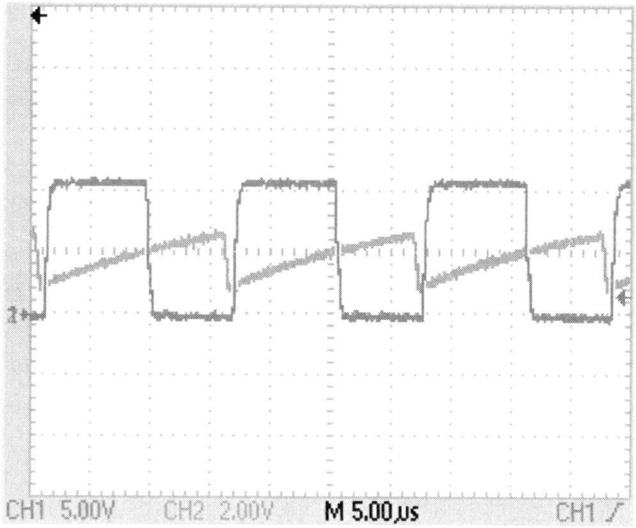

그림 9-25 주 스위치 게이트 전압 및 KA3843 4번 핀(RT/CT단자) 전압 (출력전압 27[V]인 경우)

참고문헌

1. N. Mohan, T. M. Undeland, and W. P. Robbins, "Power Electronics: conve-rters, Applications, and Design," John Wiley & sons, Inc. 1995.
2. 홍순찬, 전희종, 백형래, 원충연 공역, "PSpice를 활용한 전력전자공학," 도서출판 인터비젼 2000.
3. 노의철, 정규범, 최남섭, "전력전자공학," 문운당 1999.
4. 최규하, "반도체 전력변환을 중심으로 한 전력전자," 광문각 1999.
5. 이승요, "전력전자," 학진북스 2008.
6. 김희준, "스위칭 전원의 기본 설계," 성안당 2005.
7. PSIM User's Guide, Powersim Inc., 2012.
8. KSA1010 Data sheet, Fairchild Semiconductor Corporation, 2001.
9. KSC1008 Data sheet, Fairchild Semiconductor Corporation, 2001.
10. SB320-SB3100 Data sheet, Fairchild Semiconductor Corporation, 2001.
11. KA3842B/KA3843B/KA3844B/KA3845B Data sheet, Fairchild Semiconductor International, 2000.
12. IRF540 Data sheet, International Rectifier.
13. UF5400-UF5408 Data sheet, Semikron, 2006.

PSIM을 이용한 **전력전자실습**

2025. 2. 20 인쇄
2025. 2. 25 발행

판 권
소 유

저 자 : 전찬용 · 이승요 공저
발행자 : 이진권
발행처 : 도서출판 **태영문화사**

주 소 : 서울특별시 강서구 초원로 38
전 화 : 2661-8751
F A X : 2661-8798
등 록 : 1998년 11월 12일 제 2-2682호

정가 24,000원

ISBN 978-89-6354-285-0